环境科学与工程系列教材

环境科学与工程通识教程

（第二版）

卢桂宁　党　志　主编

科学出版社
北　京

内 容 简 介

本书系统介绍了环境科学与工程的基本概念、技术方法和研究现状，主要内容共 11 章，包括绪论、人口・资源与环境、环境生态学基础与应用、水环境及污染控制、大气环境及污染控制、土壤污染控制与修复、固体废物污染控制、环境物理性污染控制、环境管理及技术支撑、环境保护职业与产业、环境通识实验知识，并在相应章节中对饮用水安全、农产品安全、室内空气污染控制、固体废物资源化、电子垃圾污染控制、酸性矿山废水污染控制、海洋污染防治、温室效应与全球气候变化、新污染物、城市雾霾等热点环境问题与典型环境案例进行深入剖析，旨在通过不同专题让读者对环境科学与工程所涉及的各个领域有较全面了解。

本书可作为高等学校非环境类专业学生的环境通识教育课程教材，也可作为环境科学与工程专业导论课程参考用书，同时可供从事环境保护相关工作和关注环境保护的人员阅读参考。

图书在版编目（CIP）数据

环境科学与工程通识教程 / 卢桂宁，党志主编. —2 版. —北京：科学出版社，2023.7

（环境科学与工程系列教材）

ISBN 978-7-03-074599-6

Ⅰ. ①环… Ⅱ. ①卢… ②党… Ⅲ. ①环境科学－教材 ②环境工程－教材 Ⅳ. ①X

中国版本图书馆 CIP 数据核字（2022）第 255183 号

责任编辑：杨新改 李 洁/责任校对：杜子昂

责任印制：赵 博 /封面设计：东方人华

科学出版社 出版

北京东黄城根北街 16 号

邮政编码: 100717

http://www.sciencep.com

北京市金木堂数码科技有限公司印刷

科学出版社发行 各地新华书店经销

*

2017 年 12 月第 一 版 开本：720×1000 1/16

2023 年 7 月第 二 版 印张：24

2025 年 6 月第十二次印刷 字数：460 000

定价：98.00 元

（如有印装质量问题，我社负责调换）

《环境科学与工程通识教程（第二版）》编委会

主　　编：卢桂宁　党　志

副 主 编：周江敏　杨　琛　易筱筠　吴平霄

编　　委（按姓氏汉语拼音排序）：

蔡海明　蔡丽苗　陈锦帆　陈梅芹　邓辅财

杜晓冻　范　聪　郭楚玲　郭学涛　黄　飞

黄开波　靳小虎　蓝舟琳　雷　娟　李静华

梁佳豪　马伟文　潘　艳　唐　婷　陶雪琴

汪正东　吴佩雯　肖智方　谢莹莹　徐稳定

杨成方　叶　翰　郑雄开

丛 书 序

环境教育的兴起是20世纪以来人们对环境问题的严重性、资源的有限性以及生态环境破坏的难以恢复性的体验与认知的结果。1948年托马斯·普理查德（Thomas Pritchard）提出了“环境教育”一词，但真正现代意义上的“环境教育”起源和发展于20世纪60年代西方发达国家的“生态复兴运动”。环境教育的历史演进，从20世纪60年代出现在学校教育后，便常被视为是自然研习（nature study）、户外教育（outdoor education）、环境修复教育（environmental conservation education）的传承者。然而环境教育的特质与内涵，在社会、科学、技术三者的交互作用中，特别重视有关环境危机的问题，所以环境教育虽然继承于自然研习、户外教育及环境修复教育，但也有别于它们。而今进入21世纪，环境教育又蜕变为永续发展教育（sustainable development education）。

环境教育是国际环境界的新事物，是历史的产物，是随着公众社会的发展，为解决新出现的环境问题而产生的。随着社会经济的发展，公众的生产能力不断提高，规模不断扩大，致使许多自然资源被过度利用，生态环境日益恶化。面对全球日益严重的环境问题，国际社会达成了共识：通过宣传和教育，提高人们的环境意识，是保护和改善环境的重要治本措施。但是对环境教育的定义、性质、目标该当如何确定，由于个人的学术背景不同、观点兴趣各异，而产生了不同的见解。通过对环境教育定义的界定，能帮助我们进一步认识环境教育的本质。

环境教育的未来发展趋势，一是公众的环境教育，包括中小学的环境教育，旨在使广大人民群众养成自觉保护环境的道德风尚，提高全民族的环境与发展意识。通过环境通识教育，能够使人们更好地理解地球上的生命都是相互依赖的，提升公众的经济、政治、社会、文化及科技认识水平，加深人们对环境问题影响社会可持续发展的理解，使得公众能够更加有效地参与地方、国家和国际层面上有关环境可持续发展活动，推动整个社会向着更为公正和可持续发展的未来前进。二是专业性的环境教育，主要目的是培养和造就消除环境污染和防治生态破坏，改善和创造高质量的生产和生活环境所需的各种专门人才，培养和造就具有环境保护和持续发展综合决策及管理能力的各层次管理人才。

《环境科学与工程系列教材》丛书是华南理工大学环境学科多年从事环境科学与工程类课程的教学和实践经验的总结。这套丛书涵盖了目前较为缺乏的《环境物理学》、《环境生态学》、《环境统计学》、《城市水工程概论》、《固体废物处理处置工程》等专业理论课程教材，《水质分析实验》、《环境科学综合实验》等实验课程教材，以及《环境通识教育教程》、《环境科学与工程通识教程》等环境通识课程教材。

该丛书的内容丰富翔实，是作者们多年教学实践和相关科研成果的结晶，是环境科学与工程类教材的有益补充和丰富，必将从全局上有力推动环境教育的发展，值得同行重视和参考。

该丛书结构严谨、语言通俗、内容科学、案例经典，推荐环境科学与工程及相关领域的教师、学生、环保人员阅读使用。

2016 年 2 月

第二版前言

编者在高等院校开设“环境科学与工程导论”环境通识教育课程已有20余年，这是编者团队长期坚持、奋斗不懈的事业。本书第一版于2017年出版，是在编者十多年从事环境通识教育的基础上，经过系统梳理和完善完成的。该教材出版后被全国多所高等院校采用，至今已多次印刷。随着国家和地方生态环境管理部门设置的变化，国家和地方生态环境法律法规也在逐步完善，一些国家标准相继修订，一些新的技术、新的变化和新的要求需要吸纳到课堂上来、补充进教材之中。因此，有必要对原出版的教材进行改编和完善，以适应当前形势下环境通识教育的需求。本书在第一版的基础上，新增加一章内容“第11章　环境通识实验知识”，并补充、更新及完善原有章节中的一些内容，主要涉及人口生育政策变迁、碳达峰与碳中和、新污染物、生态文明思想、生活饮用水卫生标准、臭氧污染问题、土壤环境质量标准、新噪声法、农村环境与乡村振兴等。修订后的教材突出以下特点。

（1）新增实验知识章节（第11章），介绍环境通识实验知识，适应在课程中增加实践教学环节的需求。在通识教育选修课中设立实验见习课是一种新颖的教学方式。在环境通识教育课程中融入实践教学可以调动学生的积极性，通过实验室的教学推进多学科的渗透与交叉，可扩大学生知识面、开阔视野，促进跨学科思维方式和综合能力的培养。

（2）进一步深化突出理工结合的校本特色、强化工程技术知识基础，适应新工科背景下高素质复合型人才的培养需求。近年来，我国积极推进新工科建设，先后形成了“复旦共识”“天大行动”“北京指南”，旨在培养造就一批多样化、创新型卓越人才，为我国产业发展和国际竞争提供智力与人才支撑。培养新经济急需的能够引领未来技术和产业发展的复合型人才，已经成为全社会的共识。

（3）深入挖掘和融入课程思政元素，将生态文明思想贯穿到教材中，适应新时期“三全育人”和“立德树人”的教学要求。教材承载着教学内容，是落实课程思政的依据和保障。依托教材推进课程思政，有助于树立生态环保理念、践行生态文明思想、建设美丽中国。

本书内容框架由党志（华南理工大学，以下除特别注明外均为本单位人员）、卢桂宁、周江敏（温州大学）、杨琛、易筱筠、吴平霄、郭楚玲等基于历年的教学实践总结而共同策划和敲定，全书由卢桂宁和周江敏负责统稿、党志负责审定，各章主要编写人员如下：第 1 章，谢莹莹（韩山师范学院）、潘艳（徐州工程学院）；第 2 章，范聪（重庆工商大学）、陈锦帆；第 3 章，李静华（河南师范大学）、梁佳豪；第 4 章，郭学涛（西北农林科技大学）、雷娟（中原工学院）、吴佩雯；第 5 章，陈梅芹（广东石油化工学院）、蔡海明；第 6 章，徐稳定（河南城建学院）、汪正东；第 7 章，黄开波（海南大学）、邓辅财（广东石油化工学院）、叶翰；第 8 章，杨成方（徐州工程学院）、肖智方；第 9 章，陶雪琴（仲恺农业工程学院）、杜晓冻、蔡丽苗；第 10 章，黄飞（广东工业大学）、郑雄开；第 11 章，马伟文、蔡丽苗、杜晓冻。此外，蓝舟琳（广州新华学院）、陈锦帆、唐婷和靳小虎协助审阅了全书并提出了许多宝贵意见。在本书编写过程中，参考了众多国内外专著、教材、论文和网站上的文献资料，在文中难以一一注明，在此向相关编者表示由衷感谢！

本书编写工作得到了华南理工大学本科教研教改项目（C9203058）、本科精品教材专项建设项目（D6213170）和本科课程思政示范课程项目（C9217026）的资助，同时也得到了科学出版社的大力支持与无私帮助，在此一并致谢！

由于编者水平有限，书中难免存在不妥之处，敬请读者批评指正，以便有机会再印及再版时得以更正。

2023 年 5 月

第一版前言

人与环境之间是一个相互作用和相互影响的对立统一体，20 世纪中后期以来，人与环境之间的不和谐，使得人类面临着各种环境问题和危机。发展环境教育、提高环境意识，是解决环境问题和实施可持续发展战略的希望所在。环境科学与工程学科是伴随经济发展过程中出现的各种环境问题以及社会对解决环境问题的迫切需求而产生和发展的，是基于自然科学、技术科学、工程科学与社会科学而发展起来的综合性交叉新兴学科，是一门研究人与环境相互作用及其调控的学科。

编者团队负责人党志教授自 2001 年开始面向华南理工大学非环境类专业的本科生开设《环境科学与工程导论》环境通识教育课程，该课程于 2006 年入选华南理工大学第三批校级精品课程。经过十多年的教学实践和发展，该课程知识体系日趋完善，已成为编者所在学校开设的通识教育课程体系中科学技术领域的核心课程之一。为了更好地开展教学工作，提高学生的学习效率，编者于 2014 年完成自编讲义作为该课程的配套教材试用，并根据每学期反馈的情况进行了修订和完善，从而形成本书。

本书主要内容共 10 章，包括绪论、人口·资源与环境、环境生态学基础与应用、水环境及污染控制、大气环境及污染控制、土壤污染控制与修复、固体废物污染控制、环境物理性污染控制、环境管理及技术支撑、环境保护职业与产业等，旨在通过不同专题的介绍让读者对环境科学与工程所涉及的各个领域有较全面的了解。本书在内容编排中，注意科学与工程两方面的内容并重，并在书中穿插一些趣味阅读材料和典型环境问题及案例分析，力求突出理工结合特色、强化工程技术基础。因为对非环境专业学生来说，本课程有可能是他们选修的唯一一门环境类高等教育课程，在课程中除了使他们了解环境问题的一般概念外，还适当增加了环境问题防治方面的知识，以便学生对环境问题的产生及防治有更全面的了解，对他们在今后的工作中能自觉有效地保护环境具有重大意义。

本书内容框架由党志、卢桂宁、杨琛、易筱筠、黄少斌和郭楚玲等基于历年的教学实践总结而共同策划和敲定，全书由卢桂宁负责统稿、党志负责审定，各章主要编写人员如下：第 1 章，谢莹莹、卢桂宁；第 2 章，陈璋、范聪、伍银爱；第 3 章，佘博嘉、陶雪琴、隋欣恬、卢桂宁；第 4 章，郭学涛、伍银爱、汪涵、徐稳定、雷娟；第 5 章，廖侃、李晨晨、李宛蔓；第 6 章，王锐、包艳萍、万晶晶；第 7 章，黄开波、唐婷、邓辅财、魏燕富；第 8 章，杨成方、谢莹莹；第 9 章和第 10 章，卢桂宁、陶雪琴、杨行健。此外，卢丽敏和张婷协助审阅了全书并提出了许多宝贵意见。本书在编写过程中，参考了众多国内外专著、教材、论文和网站上的文献资料，在文中难以一一注明，在此向相关作者表示由衷感谢。

最后，衷心感谢中国工程院院士、清华大学环境科学与工程研究院院长郝吉明教授为本书所属的《环境科学与工程系列教材》丛书作序。

限于编者业务水平和经验，书中不免存在疏漏和不足之处，恳请广大专家和读者批评指正，以待日后改进。如有任何意见、建议和问题，请发送至电子邮箱：GNLu@foxmail.com，编者将不胜感激！

2017 年 2 月

目　　录

第1章 绪　　论

本章导读： 本章从环境的概念出发，简要介绍人与环境相互作用的核心规律——人与环境和谐，结合地球圈层的结构讨论大气圈、水圈、生物圈、岩石圈和土壤圈中人类所面临的环境问题，最后总结环境科学与工程的学科内涵、研究方法、学科方向及其发展概况。

1.1　人与环境的和谐

环境（environment）指以某一中心事物为主体的外部世界，是主体与周边相关客体的集合。客体可以是物质的、精神的和运动的。周边包含地域和非地域的概念，根据主体的影响能力，有一定的“辐射半径”。也就是说，环境是相对中心事物而言的，与某一中心事物有关的事物就是这个中心事物的环境。

1.1.1　人类环境的概念及分类

“人与环境系统”中的人指具有不同文化水平和不同社会组织程度的人的群体，可以将其简称为“文化人”、“文明人”或“社会人”。对人类来说，环境指人类赖以生存和发展的物质条件的整体，包括自然环境和社会环境（或称人工环境）。自然环境是人类生活和生产所必需的自然条件和自然资源的总称，是阳光、温度、气候、地磁、空气、水、岩石、土壤、动植物、微生物及地壳等自然因素的总和。而社会环境是人类在自然环境的基础上，为不断提高物质和精神生活水平，通过长期有计划、有目的的发展，逐步创造和建立起来的一种人工环境，是由人工形成的物质、能量和精神产品及人类活动中所形成的人与人之间的关系——上层建筑。社会环境是人类物质文明和精神文明发展的标志，它随经济和科学技术的发展而不断地变化。社会环境的发展受到自然规律、经济规律和社会发展规律的支配与制约。社会环境的质量对人类的生活和工作以及社会的进步都有极大的影响。以人为中心的环境既是人类生存与发展的终极物质来源，同时又承受着人类活动产生的各种废弃物。

2014年发布的新版《中华人民共和国环境保护法》对环境的概念做了具体的规定，指出：“本法所称环境，是指影响人类生存和发展的各种天然的和经过人工改造的自然因素的总体，包括大气、水、海洋、土地、矿藏、森林、草原、湿地、野生生物、自然遗迹、人文遗迹、自然保护区、风景名胜区、城市和乡村等。”由此可见，这里的环境概念不如一般意义上的环境概念广泛，仅限自然因素且有明确的对象，它是为了便于该法律的实施而做出的具体规定。

人类环境是一个十分庞大且复杂的体系，目前还没有形成一个统一的分类方法。一般按照环境的形成、功能、范围、要素及人类活动的影响等作不同的分类：①按照环境的形成可分为自然环境和人工环境，这是目前最常用的分类方法；②按照环境的功能可分为生活环境和生态环境，《中华人民共和国宪法》（第二十六条）采用了这种分类方法；③按照环境范围的大小可分为居室环境、车间环境、聚落环境、村镇环境、城市环境、区域环境、全球环境和宇宙环境等；④按照环境要素的不同可分为大气环境、水环境、土壤环境、生物环境、地质环境等；⑤按照人类活动的影响可分为原生环境和次生环境。

1.1.2　人与环境的相互作用

人与环境是相互作用、相互影响、相互依存的对立统一体。人类的生产和生活活动作用于环境，会对环境产生影响，引起环境质量的变化；反过来，被污染的或受到损害的环境也会对人类的身心健康和经济发展等造成不利的影响。

1. 人类是环境的产物

早在人类出现的几十亿年前，自然界就已经存在了。地球上最早本无生命，经过漫长的物理、化学变化过程才形成使生物能够产生、延续和进化的地表环境，如水、阳光、土壤、氧气、适宜的温度等。海洋是生命产生的温床，而生物圈的形成为人类的出现和繁衍提供了必要条件。生物界的发展经历了一个从简单到复杂、从低级到高级的漫长演化过程，而人类则是生命演化到高级阶段的产物。人类不能自认为是大自然的主人，可以主宰和支配一切，而应该树立一种强烈的科学意识：人类是环境的产物，人类的生存和发展同整个生物界一样，要完全依赖于地表的环境条件。

2. 人类是环境的改造者

人类不像一般动物那样完全被动地依赖和适应自然环境而生存，而是能通过劳动和社会性的生产活动创造并使用科学技术手段，有目的、有计划、大规模地改造自然环境，使其更适合人类的生存和发展。人类社会出现以后，自然界进入了在人类干预和改造下发展的新阶段。

目前，除某些原始森林、人迹罕至的荒漠、冰川地区外，人类已经很难在地球上找到完全的原生环境，绝大部分地球表面都经过了人类的加工、改造，这极大地改变了自然环境的面貌。这也体现了人类与日俱增地利用、改造自然环境的能力和水平。

人类在依赖自然环境进行生存和改造自然环境的过程中，与环境之间存在着一种十分复杂的关系——环境系统相互作用、相互制约的关系。这其中体现着两种规律——社会经济规律与自然生态规律，两种规律相互交织、融合并不以人的意志为转移地发挥作用。随着人类社会的进步，人类改造自然的规模不断扩大，向环境大规模地“摄取”和“输入”，其结果是一方面通过对环境的改造使环境更适合人类的生存和发展；另一方面破坏环境系统的动态平衡，出现环境问题。

1.1.3 环境问题与人类生存危机

环境问题（environmental problem）指人类活动作用于周围环境所引起的环境质量变化以及这种变化对人类的生产、生活和健康造成的影响。人与环境系统是一个复杂的动态系统和开放系统，系统内外存在着物质和能量的变化与交换。在一定的时空尺度内，若系统的输入等于输出，就会出现平衡，称为环境平衡或生态平衡。人类为谋求生存和发展会不断改造自然，打破原有的平衡，并试图建立新的平衡。但人类在改造自然的过程中，常由于盲目或受自身水平的限制，未能达到预期的效果，甚至得到相反的结果，导致环境问题的产生。

环境问题是伴随着人类的出现、生产力的发展和文明程度的提高而产生的，并由小范围、低危害向大范围、高危害的方向发展。根据范围的大小不同，环境问题可从广义和狭义两个层面去理解。广义上，环境问题是由自然或人为引起的生态平衡破坏，包括直接或间接地影响到人类的生存和发展的一切客观存在的问题；狭义上，环境问题是人类的生产和生活活动使自然生态系统失去平衡，反过来影响到人类生存和发展的一切问题。从引起环境问题的根源考虑，可将环境问题分为两类：一是由地震、洪涝、干旱、滑坡、火山、海啸等自然灾害引起的环境问题，称为原生环境问题，又称第一环境问题；二是由人类活动引起的环境问题，称为次生环境问题，又称第二环境问题，它又可分为环境污染和环境破坏两类。

科学技术的迅猛发展加速了人类更高层次文明的繁荣，也增强了人类对自然环境的影响能力。自工业革命以来，人类与环境不协调的相互作用引发了自然灾害、生态破坏、资源耗竭、人口剧增、环境污染等一系列环境问题，限制着人类的发展、影响着人类的健康、威胁着人类的安全。仅在20世纪中后期就因环境污染造成了八次较大的轰动世界的公害事件（表1-1）。

表 1-1　世界八大公害事件

事件名称	主要污染物	发生时间	发生地点	形成条件	致害原因	中毒情况
马斯河谷烟雾事件	烟尘及 SO_2	1930 年 12 月	比利时马斯河谷	①工厂集中、排烟尘量大 ②天气反常、逆温天气时间长、雾较大	SO_2 和 SO_3 烟雾的混合物，加上空气中的金属氧化物颗粒，加剧了对人体的刺激作用	几千人呼吸道发病，约 60 人死亡
多诺拉烟雾事件	烟尘及 SO_2	1948 年 10 月	美国多诺拉镇	①工厂过多 ②河谷盆地内适遇雾天和长时间逆温天气	SO_2、SO_3、金属元素及硫酸盐类气溶胶对呼吸道的影响	四天内有 43%的居民（约 6000 人）患病，17 人死亡
伦敦烟雾事件	烟尘及 SO_2	1952 年 12 月	英国伦敦	①煤烟中 SO_2 和粉尘量大 ②适遇逆温和大雾天气	SO_2 在金属颗粒物催化作用下生成 SO_3 及硫酸和硫酸盐气溶胶吸入肺部	五天内 4000 人死亡，后又连续发生三次
洛杉矶光化学烟雾事件	光化学烟雾	20 世纪 40～70 年代	美国洛杉矶	①汽车排气，使一千多吨碳氢化合物排入大气 ②适合的地理位置（三面环山等） ③不利的气象条件（逆温、静风等）	NO_x 及碳氢化合物在阳光（紫外线）作用下产生二次污染物	眼痛、头痛、呼吸困难；1952 年 12 月的一次光化学烟雾事件中，65 岁以上的老人死亡 400 多人
水俣病事件	甲基汞	1953 年开始发现	日本九州南部熊本县水俣镇	生产氯乙烯和乙酸乙烯时采用氯化汞和硫酸汞催化剂，使含汞废水排入海湾形成甲基汞，对鱼、贝类造成污染	甲基汞中毒，人通过食用受甲基汞毒害的鱼类而患病	至 1972 年有 180 人患病，死亡 50 人
骨痛病事件	重金属镉	1931～1972 年	日本富山县神通川流域	炼锌厂排放含镉废水进入河流污染农田和饮用水	吃含镉污染的大米，饮用含镉污染的水	患病超过 280 人，死亡 34 人
四日市哮喘事件	SO_2、煤尘、重金属粉尘	1970 年	日本四日市	工厂排出 SO_2 和粉尘的数量大，并含有钴、锰、钛等重金属粉尘	有毒重金属微粒及 SO_2 吸入肺部	患病 500 多人，其中有 10 多人在气喘病中死亡
米糠油事件	多氯联苯	1968 年	日本北九州市、爱知县等 23 个府县	生产米糠油时用多氯联苯作载热体，因管理不善，使毒物混进米糠油中	误食含多氯联苯的米糠油	患病 5000 多人，死亡 16 人，实际受害者超过 1 万人

1972 年在瑞典首都斯德哥尔摩召开了以“只有一个地球”为主题的第一次人类环境大会，1992 年在巴西里约热内卢召开了以“环境和发展”为主题的第二次人类环境大会，表明环境问题已引起世界各国的广泛关注。有效地解决环境问题

已成为世界各国的共识和共同责任。“人类与环境相互作用”与“环境与发展的相互关系”等问题，已列入联合国《21 世纪议程》，是今后长期摆在各国科学家、政治家和高层决策者面前的重大主题。近年来，以习近平生态文明思想为指引，我国积极推动物质文明、政治文明、精神文明、社会文明、生态文明协调发展。2017 年习近平在中国共产党第十九次全国代表大会上的报告中提出“人与自然是生命共同体”；2020 年习近平在第七十五届联合国大会一般性辩论上发表重要讲话，提出了碳达峰和碳中和的目标；2021 年举行的联合国《生物多样性公约》第十五次缔约方大会强调秉持生态文明理念，共同构建地球生命共同体。构建人与自然和谐共生、经济与环境协同共进、世界各国共同发展的地球家园愿景，引发国际社会广泛共鸣和深入思考。

人类生存和发展遭受环境问题严重困扰的现实，要求我们对历史的经验进行反思和重新总结，驱使人们去探讨和研究一系列涉及人类发展的问题。当前以人与环境系统、人与环境相互作用、环境与发展等为主题的学科有环境科学、人类生态学、现代地理科学和地球系统科学等。尽管这些学科的产生和发展各有自己的起点与途径，这些学科的学者在专业知识背景、科学兴趣、研究问题角度等方面各有差别，但他们都看到了当前人类在人口、资源、环境和发展方面面临的严峻挑战，都意识到了解决这一问题的紧迫性，都希望自己所研究的学科在解决这些问题上能有所作为甚至做出较大贡献。因此，他们正行进在殊途同归的道路上，做着一些共同的工作，研究着一些类似的问题。

1.2　地球圈层结构及其环境问题

人类生活在地球上，地球存在于宇宙中，茫茫宇宙，渺无边际，亿万星辰，交相辉映。地球是目前宇宙中已知的唯一有生命存在的星球，然而现正面临着严峻的环境问题，“拯救地球”已成为世界各国人民共同的强烈意愿。

1.2.1　地球在宇宙中的地位

目前人类所观测到的类似于银河系的天体系统就有 10 亿个左右，这些天体系统称为星系，所有的星系构成广阔无垠的宇宙。人类观测到的宇宙部分称为总星系，它有距地球约 150 亿光年的时空范围。在这一范围内，由若干级别的天体系统构成（图 1-1）。银河系是由众多恒星及星际物质组成的庞大天体系统。太阳系位于银河系赤道平面附近，距银河系中心约 3 万光年，太阳作为一颗普通的恒星绕银河系的中心运动。银河系中像太阳这样的恒星有 2000 多亿颗。太阳是离地球最近的恒星，太阳系有八大行星，距太阳由近及远的顺序依次为水星、金星、地球、火星、木星、土星、天王星、海王星。太阳系中，地球在位置上排行第三，体积和质量则排行第五（图 1-2）。地球是一个两极稍扁、赤道略鼓的椭球体，赤道半径是 6378 km，赤道周长约 40000 km。月球是地球唯一的天然卫星。作为行星中的一员，地球有很多特别之处：①唯一表面上存在大量液态水的行星；②迄今唯一适合人类生存居住的行星；③具有最大的卫星/行星比率的行星；④唯一的具有可移动的固态地表（大陆漂移、海底扩张、板块构造）的行星。

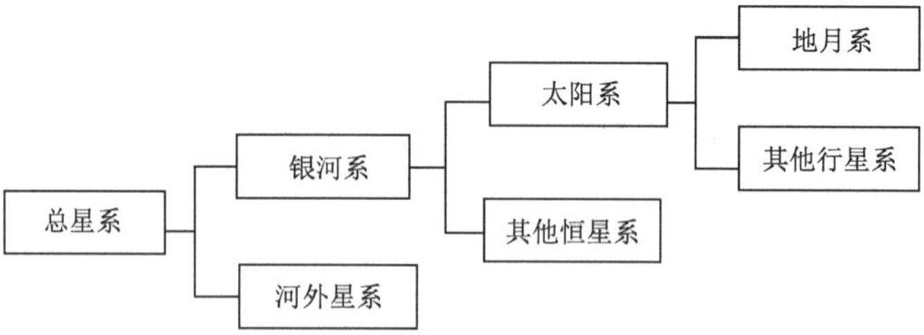

图 1-1　天体系统构成

图 1-2　太阳系的八大行星

1.2.2　地球圈层结构

地球不是一个均质体，它具有明显的圈层结构。地球圈层可分为内圈和外圈两大部分。其中，内圈可细分为地核、地幔和地壳；外圈则可划分为大气圈、水圈和生物圈。地球各圈层在分布上有一个显著的特点，即固体地球内部与表面之上的高空基本是上下平行分布的，而在地球表面附近，各圈层则是相互渗透甚至相互重叠的，其中，生物圈表现最为显著，其次是水圈。

在人与环境系统的相互作用中，地球表面的大气、水、土壤、岩石和生物等自然条件与人类生存密切相关，是人类赖以生存的物质基础。它们直接或间接地影响着人类社会的发展，地理科学和环境科学通常把这些自然条件划分为大气圈、水圈、生物圈、岩石圈、土壤圈五个自然圈。

1. 大气圈

大气圈（atmosphere）指包围在地球外部的空气层或大气层的总称。大气层的成分主要有氮气（占 78.1%）、氧气（占 20.9%），还有少量的二氧化碳、水蒸气和稀有气体（氦气、氖气、氩气、氪气、氙气、氡气）。大气的组分和物理性质在垂直方向上有显著的差异，但没有明显的界限。常见的分层法包括：①按温度垂直变化的特点分为对流层、平流层、中间层、暖层（电离层）和散逸层（外层）；②按大气成分结构分为均质层和非均质层；③按压力特性分为气压层和外大气层（散逸层）；④按电离状态分为中性层、电离层和磁层。此外，还可以按特殊的大气化学成分分出臭氧层。

2. 水圈

地球上的水以气态、液态和固态三种形式存在于大气层中、地表和地下，包括大气水、海水、陆地水（江河、湖泊、沼泽、冰雪、土壤水和地下水）及生物体内的水。这些水不停地运动并相互联系着，以循环的方式共同构成水圈（hydrosphere），它是一个连续但不很规则的圈层，也是地球外圈中作用最为活跃的一个圈层。上限可视为对流层顶，下限可视为深层地下水所及深度。从离地球数万千米的高空看地球，可以看到地球大气圈中水汽形成的白云和覆盖地球大部分的蓝色海洋，它使地球成为一颗“蓝色的行星”。水是人类和一切地球生物赖以生存的物质基础，也是地表环境的塑造者。

3. 生物圈

生物圈（biosphere）的概念是由奥地利地质学家休斯（E. Suess）在 1875 年首次提出的，它指地球上所有生命与其生存环境的整体。它在地球表面上至平流层，下至十几千米的地壳，形成一个有生物存在的包层。它包括地球上有生命存在和由生命过程变化及转变的空气、陆地、岩石和水。从地质学广义角度上来看，生物圈是结合所有生物及它们之间相互关系的全球性生态系统，包括生物与岩石、水和空气的相互作用。实际上，绝大多数生物生活在地球陆地之上和海洋表面以下各约 100 m 厚的范围内，在地球上之所以能够形成生物圈，是因为在这样一个层面同时具备阳光、水、适宜的温度和营养成分这四个生命存在的必要条件。

4. 岩石圈

岩石圈（lithosphere）指地球的刚性外壳层，是由一些能够相互独立运动的离散板块构成的。固体地球内部最基本的构造层为地壳、地幔和地核，岩石圈是由地壳和地幔最上部组成的固体地球最外部的圈层，具有较高的刚性和弹性，与土壤圈密切相连，被大气圈和水圈覆盖，大陆岩石圈的厚度在 100～400 km。地壳中含有化学元素周期表中所列绝大部分元素，而其中氧、硅、铝、铁、钙、钠、钾、镁 8 种主要元素占 98%以上，其他元素共占 1%～2%。

5. 土壤圈

土壤圈（pedosphere）是由覆盖于地球陆地表面和浅水域底部的土壤构成的一种连续体或覆盖层，犹如地球的地膜，通过它与其他圈层之间进行物质能量交换。它是岩石圈顶部经过漫长的物理、化学和生物风化作用的产物。现代土壤学、环境科学和生态学研究的推进加深了人们对土壤圈本质的理解。可以认为，土壤圈是“覆盖于地球陆地表面和浅水域底部的一种疏松而不均匀的覆盖层及其相关的生态和环境体系；土壤圈是地球系统的重要组成部分，处于大气圈、水圈、生物圈和岩石圈的界面和中心位置，既是它们长期共同作用的产物，又是对这些圈层的支撑”，土壤圈可以表达为

$$\mathrm{Sq}=f\left(\mathrm{L},\ \mathrm{H},\ \mathrm{B},\ \mathrm{A},\ \mathrm{i}\right) \tag{1-1}$$

其中，Sq 代表土壤圈；L 代表岩石圈；H 代表水圈；B 代表生物圈；A 代表大气圈；i 代表岩石圈、水圈、生物圈和大气圈之间的交互作用。土壤圈是最活跃、最富有生命力的圈层，它与其他圈层间进行着永恒的能量与物质交换；它具有记忆块的功能，有助于识别过去和现在土壤与环境的变化，并有一定的预测性；它具有时空特征，其空间特征主要表现在特定条件下土壤的形成过程、土壤类型和性质的差异，而时间特征则表现在土壤与生态和环境体系的形成及演变过程，同时在空间与时间特征上均体现生态与环境的演替性。简言之，土壤圈的时空特征主要体现在不同的历史阶段和区域，其类型及其组合、空间格局、土壤剖面构型与土层厚度等都处于不断发展变化之中。

1.2.3　地球圈层的环境问题

1. 大气圈的环境问题

在地球演化的历史进程中，大气与生物相互作用、相互影响，才形成今天的大气圈和生物圈。然而，随着人类社会的发展，人类的社会经济活动如工厂排污、汽车尾气排放、建筑工地施工等使大气的组成和性质也发生了变化，导致大气圈的污染。而大气圈的污染也同样危害着生物圈人类健康，对工业生产

和农作物的生长造成危害；大气污染物质还会影响气象条件和气候，如颗粒物使大气能见度降低，减少到达地面的太阳光辐射。尤其是大工业城市在烟雾不散的情况下，日光比正常情况减少 40%。高层大气中的氮氧化物、碳氢化合物和氟氯烃类等污染物使臭氧大量分解，引发的“臭氧层空洞”问题成为全球关注的焦点。

2. 水圈的环境问题

地球上的水通过循环在生物圈、大气圈、岩石圈、土壤圈、水圈之间储存和运动，在循环的过程中不断地释放和吸收热能，调节着地球各个圈层的能量，构成地球上各种形式的物质和能量交换系统，同时也对气候有着很大的影响。人类的生活生产与经济社会的发展都依赖于水，但在追求经济高速发展的同时，由此产生的污染物进入水体流域中，导致水圈的污染，同时由于水的流动加速污染物的迁移，使污染范围扩大，加剧环境问题。此外，森林砍伐、流域调水、围湖造田、地下水抽取等活动都在一定程度上影响水循环和水量平衡。

水圈与其他各个圈层之间都具有一定的联系和相互作用，如水圈-岩石圈相互作用。岩石的形成离不开水，水更是某些岩石的组成成分之一。由于水的参与，冰冻风化（冻融作用）、溶解作用、水合作用、水解作用、氧化作用、碳酸化作用等风化作用才能发生；同时也由于水的侵蚀作用，新的岩石才不断出露，岩石的风化作用得以不断地进行，才能改变岩石圈的表面形态。岩石圈与水圈相互作用、相互影响，形成正反馈作用的循环。岩石圈形变，改变水圈的结构（如水的分布或厚度），导致负荷均衡作用。负荷均衡作用引起新的岩石圈形变，从而进一步改变水圈的结构。当然，这样的反馈作用，也可以由水圈结构的改变开始。例如，滑坡、崩岸、泥石流、海啸是水圈-岩石圈相互作用的实例，是一定条件下水圈-岩石圈相互作用的产物。

3. 生物圈的环境问题

生物圈是环绕地球的有机体组成的一个连续圈。生物体从环境中吸收各类物质以维持自身的生存，如高等植物主要靠根系吸收环境中的氮、磷、钾及各种微量元素；人类通过摄取环境中的食材加工成的食物来维持机体的新陈代谢。然而，人类在改造自然的过程中，不可避免地会向生态系统排放有毒有害物质，这些物质会在生态系统中循环，并通过富集作用积累在食物链最顶端的生物体中，即污染物在沿食物链流动过程中随着营养级的升高而增加。有毒有害物质的生物富集曾引起包括水俣病、骨痛病等多起生态公害事件。

生物圈与水圈、岩石圈、土壤圈也存在一定的相互作用。例如，通过生物的物质循环，把大量的太阳能纳入成土过程，使分散于岩石圈、水圈和大气圈的多种养分聚集于土壤之中，使土壤的肥力不断得到补充；生物风化作用会引起岩石的分解；岩石圈的运动引起大陆漂移或者地面高低的变化，从而导致生物群落面貌的巨大变化。例如，印度从南极附近的高纬度地区漂移到现在的北半球低纬度地区，由冻原、冰原变为热带森林、草原环境。

4. 岩石圈的环境问题

地表形态的塑造过程也是岩石圈物质的循环过程，当温度发生变化，在水、大气及生物的作用下，岩石圈的岩石、土壤及其矿物等会发生崩裂、粉碎、分解和产生新的矿物岩石等，称为岩石的风化作用。岩石的风化作用会导致一系列的环境问题，如物理风化引起的表土损失及土地沙漠化、风沙灾害等；化学风化包括溶解作用、碳酸化作用、水合作用、水解作用等，让岩石中原有的镉、铜、锰等重金属元素以离子的形式溶解再释放，从而使已沉淀固定的重金属等物质更容易经过水循环而迁移，对水体造成污染。生物风化通过生物发育或生物分泌等作用，使岩石圈从宏观形态上发生变化，但本质上，生物风化还是要通过物理或者化学作用对岩石产生破坏。

5. 土壤圈的环境问题

土壤圈在地理环境中总是处于地球大气圈、水圈、生物圈和岩石圈之间的界面上，是地球各圈层中最活跃最富生命力的圈层之一。不同圈层之间不断地进行物质循环与能量平衡：①土壤圈与生物圈进行着养分元素的循环，土壤支持和调节生物的生长与发育过程，提供植物所需养分、水分和适宜的理化环境，决定自然植被的分布；②参与水分平衡与循环，影响降水在陆地和水体的重新分配，影响元素的表生地球化学迁移过程及水平分布，也影响水圈的化学组成；③土壤圈与气体的交换，影响大气圈的化学组成、水分与能量平衡；吸收氧气（O_2），释放二氧化碳（CO_2）、甲烷（CH_4）、硫化氢（H_2S）、氮氧化物（NO_x）和氨气（NH_3），影响全球大气变化；④土壤圈进行金属元素和微量元素的循环，覆盖在岩石圈的表层，对岩石圈有一定的保护作用，减少外营力的破坏。然而，土壤环境在一定程度上受到来自各个圈层的污染。例如，污水灌溉、农药和化肥的使用、土地资源的不当利用开发、地表径流，以及废气中含有的污染物质，特别是颗粒物，在重力作用下沉降等各种途径使污染物进入土壤中，除了造成土壤污染，导致土壤质量下降、农作物产量和品质下降外，更为严重的是土壤作为污染物的主要寄宿地，一些毒性大的污染物，如汞、镉等可通过植物吸收富集到作物果实中，经食物链危害人类的健康。

阅读材料：全球十大环境问题

——刘利等，2013

随着经济社会的发展，人类的各种社会活动引起环境质量下降，从一定程度上破坏了地球环境的生态平衡，各种环境污染事件层出不穷，尤其是最近几十年来，环境污染事件的发展规模日趋扩大、损害后果越发严重、污染类型多种多样。全球环境问题是超越国界的、区域性和全球性的环境污染与生态破坏，专家学者认为，目前人类面临十大环境问题，包括全球气候变暖、臭氧层破坏、生物多样性减少、酸雨蔓延、森林锐减、土地荒漠化、大气污染、水体污染、海洋污染、有毒化学品污染及危险物的越境转移。这些问题互为因果、相互关联。如果不能很好地解决这些环境问题，在不远的将来人类将面临生存危机。

1. 全球气候变暖

由于人口的增加和人类生产活动的规模越来越大，向大气释放的二氧化碳、甲烷、一氧化氮、氯氟碳化合物、四氯化碳等温室气体不断增加，导致大气的组成发生变化、大气质量受到影响和气候逐渐变暖的趋势。全球气候变暖将会对全球产生各种不同的影响，较高的温度会使极地的冰川融化，海平面每10年将升高6 cm，将导致一些海岸地区被淹没。全球变暖也可能影响到降雨和大气环流的变化，使气候反常，易造成旱涝灾害，这些都将导致生态系统发生变化和受到破坏，全球气候变暖将对人类生活产生一系列重大影响。

2. 臭氧层破坏

离地球表面10～50 km的大气平流层中集中了地球环境上90%的臭氧环境气体，在离地面25 km处臭氧环境浓度最大，形成了厚度约为3 mm的臭氧环境集中层，称为臭氧层。它能吸收太阳的紫外线，保护地球上的生命免遭过量紫外线的伤害，并将能量储存在上层大气，起到调节气候的作用。人类生产和生活排放出的一些污染物，如冰箱、空调等设备制冷剂的氟氯烃类化合物及其他用途的氟溴烃类等化合物，它们受到紫外线的照射后可被激化，形成活性很强的原子与臭氧层的臭氧（O_3）作用，使其变成氧分子（O_2），这种作用连锁般地发生，臭氧迅速耗减，使臭氧层遭到破坏。南极的臭氧层空洞就是臭氧层破坏的一个最显著的标志。

3. 生物多样性减少

《生物多样性公约》指出，生物多样性“是指所有来源的形形色色生物体，这些来源包括陆地、海洋和其他水生生态系统及其所构成的生态综合体；这包括物种内部、物种之间和生态系统的多样性”。在漫长的生物进化过程中会产生一些新的物种，同时，随着生态环境条件的变化，也会使一些物种消失。近百年来，由于人口的急剧增加和人类对资源的不合理开发，加之环境污染等原因，地球上的各种生物及其生态系统受到了极大的冲击，生物多样性也受到了很大的损害。

4. 酸雨蔓延

酸雨是由空气中二氧化硫（SO_2）和氮氧化物（NO_x）等酸性污染物引起的 pH 小于 5.6 的酸性降水。受酸雨危害的地区，出现土壤和湖泊酸化，植被和生态系统遭受破坏，建筑材料、金属结构和文物被腐蚀等一系列严重的环境问题。酸雨在 20 世纪五六十年代最早出现于北欧及中欧，当时北欧的酸雨是欧洲中部工业酸性废气迁移所致。70 年代以来，许多工业化国家采取各种措施防治城市和工业的大气污染，其中，一个重要的措施是增加烟囱的高度，这一措施虽然有效地改变了排放地区的大气环境质量，但大气污染物远距离迁移的问题却更加严重，污染物能够飘浮很远的距离，甚至越过国界进入邻国，形成了更广泛的跨国酸雨。此外，全世界使用矿物燃料的量有增无减，也使得受酸雨危害的地区进一步扩大。

5. 森林锐减

地球上的绿色屏障——森林，它在维持地球生态平衡中起着决定性的作用。但是最近 100 多年来，人类对森林的破坏达到了十分惊人的程度。目前，由于人类对木材和耕地等的需求，全球森林减少了一半，9%的树种面临灭绝，30%的森林变成农业用地，热带森林每年消失 13 万 km^2；地球表面覆盖的原始森林 80%遭到破坏，剩下的原始森林也是支离破碎、残次退化，而且分布极为不均。森林的减少使其涵养水源的功能受到破坏，造成了物种的减少和水土流失，对二氧化碳的吸收减少，进而加剧了温室效应等环境问题。

6. 土地荒漠化

土地荒漠化又称土地沙化，指在沙漠边缘的干旱与半干旱的草原地区，由于雨量稀少，蒸发量大，气候干旱多风，土地失去植被后，土壤受风蚀而逐渐演变为沙漠地带的现象。土地荒漠化使土地失去生物生产能力，沙土侵占农田、草地和林地，威胁交通与村镇的生存发展。

7. 大气污染

大气污染指一些危害人体健康及周边环境的物质对大气层造成的污染。工厂与机动车的废气排放是形成污染的主要原因。大气中的污染物主要包括氮氧化物、颗粒物和二氧化碳等。它们的主要来源是工厂排放、汽车尾气、农垦烧荒、森林失火、炊烟（包括路边烧烤）、尘土（包括建筑工地）等。大气污染对人体健康的危害：人一旦吸入受污染的空气，可导致呼吸系统、心血管及神经系统发病。在浓度较高的地区，污染的空气甚至造成老人、儿童患病致死。比较普遍的情况是人长期受低浓度大气污染的危害，会患慢性疾病，体质下降，有精神不振等症状。大气污染既危害人体健康，又影响动植物的生长，破坏经济资源，严重时可改变大气的性质。

8. 水体污染

水体污染指水体因某种物质的介入，超过其自净能力，导致其物理、化学、生物等方面特征的改变，从而影响到水的利用价值，危害人体健康或破坏生态环境，造成水质恶化的现象。人类的活动会使大量的工业、农业和生活废弃物排入水中，使水受到污染。目前，全世界每年有 4200 多亿 m^3 的污水排入江河湖海，污染了 5.5 万亿 m^3 的淡水，这相当于全球径流总量的14%以上。

9. 海洋污染

海洋污染通常指人类改变海洋原来的状态，使海洋生态系统遭到破坏。有害物质进入海洋环境而造成的污染，会损害生物资源、危害人类健康、妨碍捕鱼和人类在海上的其他活动、损坏海水质量和环境质量等。可由陆源污染、船舶污染、海上事故、海洋倾倒、海岸工程建设等引起。随着城市化的快速发展和人口数量的增长，海洋污染日益严重，入海流域周边的生活污水、工业废水、石油产品泄漏、海上石油开采、海水养殖的添加剂对我国近海造成了严重的污染，也导致鱼类种群的灭绝、自然灾害的频发等。

10. 有毒化学品污染及危险废物的越境转移

有毒化学品指进入环境后，可通过环境蓄积、生物蓄积、生物转化或化学反应等方式损害健康和环境，或者通过接触对人体具有严重危害和具有潜在危险的化学品。危险废物指除放射性废物外，具有化学活性或毒性、爆炸性、腐蚀性和其他对人类生存环境存在有害特性的废物。化学品的广泛使用，使全球水体、土壤、大气等受到了不同程度的污染，同时化学品通过食物链的蓄积，严重威胁人类的健康。另外，某些发达国家向发展中国家输出危险废物，造成危害。例如，美国每年可产生 5000 万～6000 万 t 的危险废物，通过越境向外转移的有几百万吨；费城有 1.5 万 t 工业焚烧废灰被倾倒在几内亚的卡萨岛上；西欧各国每年产生大量危险废物，有 25 万 t 通过越境转移。

1.3 关于环境科学与工程

环境科学与工程（environmental science and engineering）所研究的环境，是以人类为主体的外部世界，即人类赖以生存和发展的物质条件的综合体。环境科学与工程学科是伴随经济发展过程出现的各种环境问题以及社会对解决环境问题的迫切需求而产生和发展的，它以研究与解决环境问题为核心任务。

环境科学与工程是基于自然科学、技术科学、工程科学与社会科学而发展起来的综合性交叉新兴学科，是一门研究人与环境相互作用及其调控的学科。主要研究人类-环境系统的发展规律，调控二者之间物质、能量与信息的交换过程，寻求解决环境问题的途径和方法，实现人类-环境系统的协调和可持续发展。

1.3.1 学科内涵

1. 研究对象

环境科学与工程的研究对象包括：全球范围内的环境演化规律；人类活动同自然生态系统的相互作用关系；环境变化对地球生命及其支持系统的影响；污染物在环境中的迁移转化规律及其对人体健康与生态系统的影响；环境污染防治与资源循环利用技术；人类与环境和谐共处的途径与方法。

2. 理论体系

作为一门交叉性学科，环境科学与工程学科的理论体系尚处于不断完善的过程之中。总体来说，环境科学与工程学科的理论体系包括环境自然科学、环境技术科学、环境工程科学及环境人文社会科学等领域。主要理论包括：多污染物多介质作用机理及协同控制理论；污染的健康、生态、气候效应理论；污染的产生、预防、控制与再资源化的全过程控制理论与技术；环境领域的科学、技术、工程与管理等集成理论；经济、社会与环境协调发展理论等。

1.3.2 研究方法

在认识和解决实际问题的过程中，环境科学与工程学科在构建自身理论体系的同时，学科的研究方法论也不断发展和完善，概括起来主要包括以下三种方法学。

1）复杂环境体系分析方法论

环境系统是一个开放的、动态变化的复杂体系，具有多物质、多界面、多过程、多机制、多效应的特征，无法简单地采用单一要素、单一过程的研究方法进行分析，必须建立复杂环境体系的方法论。首先运用多学科视野对环境问题发生的多种原因进行全面、准确的定性描述，然后运用多学科方法对其进行半定量、定量的分析，最后运用多种手段将科学研究与社会决策进行整合以提出解决环境问题的方案。

2）环境质量系统控制方法

环境质量是人与环境和谐的核心问题，需要建立以“基准-标准-监测-评价-控制-管理”等内容为核心的环境质量全过程系统控制方法，主要包括研究环境基准与环境质量标准、建立环境监测方法、开展环境影响评价、构建多种控制技术与环境管理手段等。

3）环境污染防治与资源化方法

在系统分析环境中污染物来源与形态和含量的基础上，选取技术上可行、经济上合理的处理与处置手段，将污染物进行隔离、分离并转化，最终实现污染物的高效、快速去除和资源化利用。

1.3.3 学科方向

环境科学与工程学科下含环境科学和环境工程两个重要方向（在我国学科目录中，环境科学和环境工程是环境科学与工程一级学科下设的两个二级学科专业）。同时，环境科学与工程学科也涉及多学科的理论和技术，具有显著的交叉特征。与该学科密切相关的学科包括化学工程与技术、生物工程、生态学、大气科学、土木工程等。

1. 环境科学

环境科学（environmental science）是研究人与环境相互作用及其调控的科学，是基于传统自然技术科学和人文社会科学而发展起来的一门新兴学科。其具有问题导向型、综合交叉型和社会应用型三大基本特征，主要任务是研究环境演化规律、揭示人类活动同自然生态系统的相互作用关系及探索人类与环境和谐共处的途径及方法。环境科学充分借鉴自然科学、技术科学和人文社会科学的原理与方法，在解决环境问题的过程中形成环境科学特色的理论与方法体系，为协调经济社会与环境之间的关系提供支持。环境科学的主要研究领域涉及环境领域中的科学、技术与管理问题，包括环境自然科学、环境技术科学与环境人文社会科学。

《中国大百科全书·环境科学》对环境科学的性质做了这样的概括："环境科学在宏观上研究同环境之间的相互作用、相互促进、相互制约的对立统一关系，揭示社会经济发展和环境保护协调发展的基本规律；在微观上研究环境中的物质，尤其是人类活动排放的污染物的分子、原子等微小粒子在环境中和在生物有机体内迁移、转化和积蓄的过程及其运动规律，探讨它们对生命的影响及作用机理等。"

2. 环境工程

环境工程（environmental engineering）主要涉及环境领域中的工程问题，在化学、物理学、生物学、地学等传统学科原理和方法的基础上，运用给排水工程、化学工程、机械工程、卫生工程等技术原理和手段，来保护和合理利用自然资源、防治环境污染，以改善环境质量，实现可持续发展。环境工程的主要研究内容包括大气污染防治工程、水污染防治工程、土壤污染防治工程、固体废物的处理利用、环境物理性污染控制工程、环境系统工程等几方面。

环境工程学是一个庞大而复杂的技术体系。它不仅研究防治环境污染和公害的措施，而且研究自然资源的保护和合理利用，探讨废物资源化技术、改革生产工艺、发展少害或无害的闭路生产系统，以及按区域环境进行运筹学管理，以获得较大的环境效益、经济效益和社会效益，这些都成为环境工程学的重要发展方向。

1.3.4 学科发展

人们当前所认识的科学与工程，始于 18 世纪的繁荣期。尽管人们倾向于将环境科学的起源也追溯到 18 世纪，然而实际的情况是，在 20 世纪 60 年代以前，在文献中找不到任何有关环境科学的参考资料，人们现在了解的环境科学的先驱或许是蕾切尔·卡森（Rachel Carson），特别是她的《寂静的春天》（*Silent Spring*）一书。解决环境问题的迫切需要成为推动环境科学产生和发展的巨大社会力量。自 20 世纪 50 年代以来，由于经济的恢复和发展，生产和消费规模日益扩大，许多工业发达国家对环境造成了严重的污染和破坏，因而明确地提出了"环境问题"或"公害"的概念，用以概括和反映人类与环境系统关系的失调，并开辟了专门的科学领域进行研究。首先承担起这一学科研究任务的是一些有关的先导科学，然后逐渐形成一些独立的新分支科学并明确提出"环境科学"这一新词汇，用以概括这些新的分支科学。它们分别是从不同学科内部分化出来的产物，具有一定的继承性，所以它们分别用不同理论和方法研究与解决不同性质的环境问题，是属于多学科性的。人们把这一阶段称为多学科发展阶段。它的特点是一系列环境科学分支的分别发展，大大促进各项专门课题的研究。但在某种程度上还处于各自分别研究状态，环境科学也只是一个多学科的集合概念，还没有形成一个较完整的统一体系。

人类与环境系统的关系十分复杂，它是一个以人类为中心的生态系统。环境科学在多学科发展阶段已初步形成的分化形态和它所研究对象的整体性越来越不相适应，这就促进环境科学向整体化方向发展。虽然多学科发展阶段还远未结束，新的环境科学分支学科还在不断地产生，但由分化向整体化飞跃，已是当前环境科学发展的新阶段。它的特点是强调研究对象的整体性，把人类与环境系统看作具有特定结构和功能的有机整体。运用系统分析和系统组合的方法，对人类与环境系统进行全面研究。

环境科学在中国的发展与其在国际上的发展几乎是同步的。早在环境科学开始迅猛发展的 20 世纪 70 年代，中国不少学者就曾对当时新兴的环境科学的对象、任务、内容等进行过广泛的讨论。中国地理学家刘培桐在 1982 年指出，“环境科学是以人类-环境系统为研究对象，研究人类-环境系统的发生、发展、调节和控制，以及改造和利用的科学”。中国生态学家马世骏在 1983 年指出，“环境科学是研究近代社会经济发展过程中出现的环境质量变化的科学。它研究环境质量变化的起因、过程和后果，并找出解决环境问题的途径和技术措施”。

环境工程学是在人类保护和改善生存环境并同环境污染做斗争的过程中逐步形成的，这是一门既有悠久历史又正在新兴发展的工程技术学科。作为一门学科，环境工程的建立与 19 世纪中各种土木工程学会（如美国土木工程师学会成立于 1852 年）的形成相一致，在当时直至 20 世纪初，环境工程被称为卫生工程，因为它根源于水的净化。例如，中国在明朝以前就开始用明矾净水；英国在 19 世纪初开始用砂滤法净化自来水，并在 1850 年用漂白粉进行饮用水消毒，防止传染病的流行；1852 年美国建立了活性炭过滤的自来水厂；19 世纪后半叶，英国开始建立公共污水处理厂；第一座有生物滤池装置的城市污水处理厂建于 20 世纪初；1914 年出现了活性污泥法处理污水的新技术。

自 20 世纪以来，人们根据化学、物理学、生物学、地学、医学等基本理论，运用卫生工程、给排水工程、化学工程、机械工程等技术原理和手段，解决废气、废水、固体废物、噪声污染等问题，使单项治理技术有了较大的发展，成为环境工程学诞生的基础。60 年代后期，美国的《国家环境政策法》（*National Environmental Policy Act*）规定环境影响评价的制度。从此，对环境系统工程和环境污染综合防治的研究工作迅速发展起来，环境工程这门新的学科由此形成。我国环境工程学科是在 70 年代中后期才迅速发展起来的，其标志是 1977 年清华大学在原有给水排水专业的基础上成立了我国第一个环境工程专业，这也标志着我国的环境工程专业开始了自己的发展历程。

环境科学与工程学科是 20 世纪后半叶以来发展最快、普及最为迅速的新兴学科之一。在短短半个世纪里，环境相关的词汇、术语从大学教科书和科技期刊进入了公众的日常生活范畴，它们每天都要出现在各类新闻媒体上。环境意识的有无和强弱已成为判断国民素质高低的一个重要标志。随着经济和社会的发展及人们对环境质量要求的提高，环境科学与工程学科也将逐步得到发展和完善。多年来，在发展中国家尽管人们为控制各种环境污染付出了巨大的代价，但往往只是局部有所控制，总体上仍未得到解决，环境至今仍在继续恶化。因此，人们认识到控制环境污染不仅要采用单项治理技术，还需要将经济、法律和管理各层面的手段和工程技术相结合，并运用现代系统科学的方法和计算机技术，对环境问题及其防治措施进行综合分析，以求得整体上的最佳效果或优化方案。在这种背景下，环境规划与管理、环境污染综合整治和环境系统工程的研究工作迅速发展起来，逐渐成为环境科学与工程学科新的重要分支。

阅读材料：科学家与工程师

——依互联网资料整理

大家对科学家（scientist）与工程师（engineer）这两个名称一定相当熟悉，但对大多数人来说，他们并不能搞清楚两者间的区别。有一句古老的说法："科学家发现事物，工程师使用事物"（Scientists discover things; engineers make them work）。冯·卡门教授也有句名言："科学家研究已有的世界，工程师创造未来的世界"（Scientists study the world as it is; engineers create the world that has never been）。

科学家与工程师的区别最先在于科学与工程两个概念的区别：科学在于探索客观世界中存在的客观规律，所以科学强调分析，强调结论的唯一性；工程是人们综合应用科学理论和技术手段去改造客观世界的实践活动，所以工程强调综合，强调方案比较论证。这也就是科学与工程的主要不同之处。工程师常说的一句话："Everything is possible!" 对他们来说只有想不到的，没有做不到的；而科学家就缺少这种肯定性，他们认为每件事都有很多可能性，当然经过一段时间论证后，有些可能性变成必然性。科学家的思维方式与工程师有很大的不同，在科学家看来，几个简单的动作，到了工程师那里进行实现时可以被细分解成几十个小步骤。工程师要训练成机械性且严谨的思维，而科学家需要大胆的假设，同时也要对假设进行严谨的推理论证。这个也能从高等教育培养机制窥见一斑，工程师的培养模式是科学基础＋工程规范，科学家的培养模式是科学基础＋形象思维。科学家主要在回答“为什么”，在回答“为什么”时，他们往往需要将问题分解再分解，直到研究对象成为一个简单到可以被认识的东西；而工程师则主要在回答“怎么办”，在回答“怎么办”时，他们往往不得不同时考虑各种外界条件的制约，把各方面的诉求和限制都综合起来，给出全套的解决方案，以使这个方案尽可能巧妙地处理各方面的矛盾。分析与综合的方法经常同时出现在工程实践与科学研究中，科学家可能也需要完成某些工程作业（如设计试验仪器、制造原型），工程师经常也要做研究。

虽然科学和工程完成的是两种完全不同的任务：一个是理论层面，另一个是实践层面，但是两者是断不能割裂开来的，可以说没有坚实的基础科学，技术转化就无从谈起，同时技术的进步也可以带来科学研究的重大发现。例如，正是电技术的出现导致了电磁场理论的重大发现。科学和工程相辅相成：科学的进步推动着工程的发展，工程的发展反过来又为科学提出新的问题。但这种相互依存的关系并不会自我维持，而需要一些媒介。这些媒介具有双重的角色，他们一方面将科学成果转化为推动工程进步的力量，解决“怎么办”的问题；另一方面在工程实践中提炼出科学问题，回答“为什么”的问题。这些媒介是谁？那就是研究型的工程师或者工程型的科学家。

环境科学家与环境工程师如何一起工作？让我们来看一个实例：高速公路旁服务区的化粪池系统，在周末、假日等交通繁忙期往往会超过其设计负荷。为了解决这一问题，人们不是修建更大的化粪池系统或传统的污水处理厂，而是在高速公路中间的分界安全岛修建坡面漫流系统。环境工程师设计工程系统，将废水从服务区输送到坡面漫流地区；坡面漫流系统的坡度及其长度由环境科学家和环境工程师共同确定；坡面上植物的选择则是环境科学家的任务。

本书在内容编排中，坚持环境科学与环境工程并重，充分发挥本课程的重要作用，因为对非环境专业学生来说，本课程有可能是他们选修的唯一一门环境类课程。本课程除使他们了解到环境问题的一般概念外，适当增加环境问题防治方面的知识，以便学生对环境问题的产生及防治措施有更全面的了解，对他们在今后的工作中自觉、有效地保护环境具有重大意义。

思　考　题

1. 如何理解人与环境相互作用的核心规律是人与环境和谐？
2. 简述地球的圈层结构及其存在的环境问题。
3. 环境科学与工程学科的学科内涵是什么？
4. 简述环境科学与工程学科的发展历史。

主要参考文献

陈怀满. 2005. 环境土壤学[M]. 北京: 科学出版社.
邓南圣, 吴峰. 2005. 环境化学教程[M]. 2 版. 武汉: 武汉大学出版社.
国务院学位委员会第六届学科评议组. 2013. 学位授予和人才培养一级学科简介[M]. 北京: 高等教育出版社.
刘利, 潘伟斌, 李雅. 2013. 环境规划与管理[M]. 2 版. 北京: 化学工业出版社.
龙湘犁, 何美琴. 2007. 环境科学与工程概论[M]. 上海: 华东理工大学出版社.
许兆义, 李进. 2010. 环境科学与工程概论[M]. 2 版. 北京: 中国铁道出版社.
中国大百科全书总编辑委员会《环境科学》编辑委员会, 中国大百科全书出版社编辑部. 1983. 中国大百科全书·环境科学[M]. 北京: 中国大百科全书出版社.
Davis M L, Masten S J. 2007. 环境科学与工程原理[M]. 王建龙, 译. 北京: 清华大学出版社.

第 2 章　人口·资源与环境

本章导读： 本章从古今中外人口思想的变迁、人口变动及人口结构引入，简述世界及我国的人口问题，论述人口发展对环境的影响；在介绍资源及资源危机的基础上，归纳人类面临资源危机提出的一些新理念，阐述资源合理配置、节约保护、循环利用和开拓培育的行动方案；最后简述人类活动带来的环境污染及污染物的环境效应。

2.1　人类文明与环境

2.1.1　古今中外的人口思想

人是社会生活的主体。古今中外，人们根据自己所处社会的人口发展实践，提出了许多关于人口问题的观点和主张，其中不乏真知灼见，为科学人口理论的产生提供重要借鉴。

1. 古代及中世纪欧洲人口思想

古代及中世纪欧洲人口思想大致可分为两个阶段。

古希腊是欧洲典型的奴隶社会，在古典希腊时期，一些哲学家出于维护奴隶制国家利益的考虑，提出了自己对人口现象的见解。柏拉图基于人口“适度”原则，认为国家应该注意调节人口数量，使国家人口维持在一个理想的数量，同时强调重视人口素质，提出身体健康、生理无缺陷的孩子才能得到抚养。亚里士多德也主张人口应维持一个适当的数目，认为城市人口的最适度是既能自给，又不造成难以管理局面的最高限度的数目。为此，国家必须对人口进行严格的控制。

古典希腊时期以后到资本主义以前，也有不少人口问题的新主张，其中中世纪末期意大利的乔万尼·博太罗的人口思想集中反映了欧洲封建社会末期新兴资产阶级的人口思想。他认为人口是国家力量和财富的源泉，拥有众多人口的统治者才会拥有丰富的货币。正是基于对人口数量和国力强弱的认识，他主张君主要增加人口可以用两种办法：一是奖励生育，鼓励繁殖；二是掠夺人民，从其他统治者手中获取臣民。他虽然主张人口是财富的源泉，但又认为人口数量不能无限增长，人类的“生殖力”和“供养力”必须适应，“生殖力”无限，而“供养力”有限，因此生殖需受供养的限制。

2. 近现代西方人口思想

西方社会进入资本主义后，一些经济学家包括重商主义、重农主义学派及资产阶级古典政治经济学的主要代表，从经济学的角度探讨了人口问题，阐述了人口观点。

重商主义认为人口密度大、人口众多是国家富强的源泉，主张增加人口数量；重农主义学派则主张人口数量必须和财富数量相适应。英国古典政治经济学创始人威廉·配第认为土地和人口是构成社会经济生活的首要因素，一个国家人口的价值在于他们创造社会财富的能力；亚当·斯密也认为经济的发展决定人口的增殖，他否定了重农主义学派对土地的重视，他认为劳动才是最重要的，而劳动分工将能大量提升生产效率；大卫·李嘉图继承了亚当·斯密的人口思想，认为人口增减受劳动市场需求的调节，提出了工资铁律——人口过剩将导致工资连勉强糊口的层次都无法达到；马尔萨斯将亚当·斯密的理论进一步延伸至人口过剩上，提出了人口数量在无妨碍时按几何级数增长，生产资料按算术级数增长，人口增长必然超过生产资料的增长。他主张通过贫困、瘟疫、战争限制人口增长的积极抑制及通过采取预防性措施控制出生率限制人口增长的道德抑制来解决人口问题。

3. 古代中国人口思想

古代中国人口思想大致经历了三个阶段。

早期人口思想始于先秦时期。连续不断的战争、灾荒、瘟疫使人口死亡率居高不下，人口增长缓慢。同时，生产力水平低下，发展经济对劳动力有依赖从而对人口增长的要求变强烈，于是形成了以增殖人口为主的先秦人口思想。

先秦后期，出现了反对人口增殖的主张。韩非将人口过多、财富不足、生活困难归结为社会不安定的根源，并在我国人口思想史上第一次提出了人口与生产资料相互制约的观点。

从秦汉到鸦片战争前，中国封建统治历经两千多年，在此期间，以儒家思想为基础的鼓励人口增长的思想在总体上占据统治地位。同时，也不乏“为农者十倍于前而田不加增，为商贾者十倍于前而货不加增，为士者十倍于前而佣书授徒之馆不加增”这样主张抑制人口增长的思想。

纵观古代中国人口思想，无论是主张增加人口数量还是抑制人口数量，都是为巩固历代帝王的专制统治服务的。除此之外，不同王朝面临的政治、经济、社会问题不同，以及各人所处环境、经历不同，也会使不同的人在人口思想上表现出差异。

4. 近现代中国人口思想

1840 年鸦片战争后到 1949 年前，在半殖民地半封建的社会背景下，社会政治经济矛盾更为复杂，多种人口思想发生碰撞。地主阶级改革派的代表人物龚自珍主张实行“农宗”的受田制度，使人口不脱离土地，并恢复宗法关系的自然经济。资产阶级改良派主张效法西方，推动实现工业化来为贫民提供就业机会。严复从物竞天择的观点去理解马尔萨斯人口论，认为中国人口量多质劣，难与西方抗衡，主张变法，提倡优生。梁启超则批评了马尔萨斯人口论，他积极提倡晚婚，认为越文明越晚婚。

近代中国民主革命派和进步思想家都批判马尔萨斯人口论和“人多致乱”“人多致贫”的观点，这其中就包括孙中山、廖仲恺及李大钊。中国近代资产阶级学者也有人信奉马尔萨斯人口论，陈长蘅曾主张“人多致贫”的观点，断言中国民贫的最大原因是“人民滋生太繁，地力有限，生育无限”，如果不节制生育，“则人口之增加恒速于财富之增加，虽实业兴，财源辟，人民将贫困如故”。他提倡实行晚婚节育，实现“适中的人口密度”。

5. 当代中国人口思想

1955 年马寅初明确提出，中国在社会主义条件下也有必要控制人口增长。1957 年他发表的《新人口论》中指出，由于中国人口增加过快，资金积累较慢，而形成一系列的矛盾；如果人口继续无限制地增长，势必成为社会主义工业化的障碍。他认为解决上述矛盾的根本途径是发展生产，同时控制人口增长和提高人口质量。直到 1978 年以后，多数学者认同人口发展和经济发展之间，人类自身生产和物质资料生产之间必须相互适应，并保持适当的比例。社会主义计划经济要求实行计划生育，必须有计划地控制人口增长，提高人口质量，才有利于社会主义现代化建设。因此，我国需根据国情阶段性地调整人口政策。1980 年起，我国正式施行计划生育政策，以控制人口增长；2000 年后，国家相继颁布“单独二孩”“全面二孩”“三孩政策”等优化生育的政策，逐步放松对个体生育的限制。

2.1.2　人口变动与人口结构

1. 人口自然变动

人口自然变动（natural variation of population）指由出生和死亡而引起的人口数增减变动。就没有迁移变动的封闭人口来说，自然变动是引起人口总数变动的唯一因素。人口自然变动的绝对数表现为一定时期内人口出生数和死亡数之差，通常称为人口自然增加（或减少）数。人口自然变动的相对数表现为一定时期内人口自然增加数和该时期平均人口总数之比，通常称为人口自然增长率。人口自然变动指标主要包括出生率、死亡率、自然增长率和人口性别比例等。

出生率（birth rate）指某地一年内出生人数与平均人口总数之比。一般以千分数表示，说明一年内每一千名人口中出生人数。其计算公式为

$$出生率=\frac{年内出生人口数}{年平均人口总数}\times 1000‰ \tag{2-1}$$

死亡率（mortality rate）指表明某一地区的人口在一定时期内死亡强度的相对指标。通常以年为时间单位计算。其计算公式为

$$死亡率=\frac{年内死亡人口数}{年平均人口总数}\times 1000‰ \tag{2-2}$$

自然增长率（rate of natural increase）指某地区某时期人口自然增长数与这一地区本时期内的平均人口总数之比，常用的是年自然增长率，通常用千分数表示。它表明人口自然增长的程度和趋势。其计算公式为

$$自然增长率=\frac{年自然增长数}{年平均人口总数}\times 1000‰ \tag{2-3}$$

通常发展中国家具有较高的人口自然增长率，发达国家则较低，甚至出现零增长、负增长的现象。人口零增长（zero population growth，ZPG）指出生人数加迁入人数正好等于死亡人数加迁出人数的现象；人口负增长（negative population growth，NPG）指出生人数加迁入人数少于死亡人数加迁出人数的现象。

人口性别比例（sex ratio）指一定人口中男性或女性的比，通常用 100 个女性对多少个男性的比来表示。其计算公式为

$$性别比例=\frac{男性人数}{女性人数}\times 100\% \tag{2-4}$$

在任何社会生产方式下，出生和死亡都以生物学规律为自然基础，但也受生产力发展水平、社会经济条件、文化教育水平、卫生保健条件等的制约。属于意识形态范畴的婚姻生育观、宗教信仰、伦理道德观，以及战争、自然灾害、统治阶级推行的人口政策等也都影响人口的出生、死亡和相应的自然变动。因此，从本质上讲，人口自然变动是由社会经济因素决定的。

2. 人口结构

人口结构（demographic structure），又称人口构成，指将人口以不同的标准划分而得到的一种结果。其反映一定地区、一定时点人口总体内部各种不同质的规定性的数量比例关系，主要有性别结构和年龄结构。构成这些标准的因素主要包

括年龄、性别、人种、民族、宗教、教育程度、职业、收入、家庭人数等。人口结构可以反映出一个国家大体的社会和经济状况。当论及这一问题时，年龄是最重要的因素。人口金字塔能清晰地反映一个地区、国家或世界人口出生率和死亡率。以年龄划分人口的时候，大致上有三个模型，如图 2-1 所示。第一种是扩张型（expanding stage）（又称成长型）（第一阶段和第二阶段），即出生率大大超过死亡率，人口中的青少年比例非常大。这种类型的社会人口将会在较短的时间内快速地增加。第三世界国家包括非洲大部分国家、东南亚国家、南美洲国家都是这种类型。第二种是稳固型（stationary stage）（又称静止型）（第三阶段），即人口的出生率与死亡率大抵相当。青壮年占社会人口的比例中等偏上。这种类型的社会中人口数量会保持在一个较为稳定的状态，不会出现较大幅度的增加或减少。第三种是缩减型（contracting stage）（又称衰老型）（第四阶段），即人口的出生率略低于或等于死亡率，老年人在人口中所占比例较大，并且会越来越大，这种类型的社会人口趋于老龄化和减少。人口老龄化（ageing）指某地区某段时间内总人口中老年人口比例增长的动态过程。除美国外，世界上主要的发达国家都逐渐向老龄化的社会发展，生活和医疗水平的提高，加上人口出生率的减少，导致老龄化的国家缺乏足够的劳动力。这已经引起非常大的社会问题，如养老保险、老年人的医疗、社会负担的加重等。

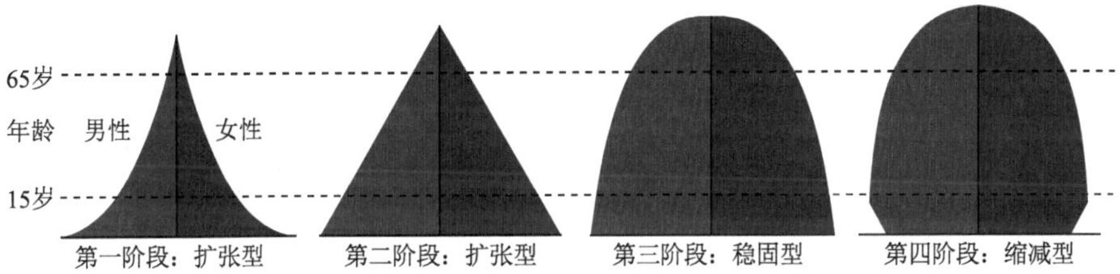

图 2-1　人口金字塔

2.1.3　世界及我国的人口问题

人类自身生产是人类社会可持续发展的关键。在人类影响环境的诸多因素中，人口是最主要、最根本的因素。人口问题是一个复杂的社会问题，也是人类面临的一个基本的生态学问题。人口支持系统包括人类社会赖以生存发展的社会经济系统与自然生态系统。随着人口的发展，社会经济与生态环境正面临着人口增长的无限与地球容量的有限、需求增长的无限与资源供给的有限及经济扩张的无限与自然承载能力的有限这三对矛盾。

1. 世界人口问题

从原始社会到 18 世纪中叶英国工业革命前，受科学技术与生产力发展水平的限制，人口增长十分缓慢，制约着人类社会经济发展的水平。到了近现代，人类生活水平提高，居住与营养条件改善，再加上临床医学的进步和医疗器械的充实，死亡率迅速下降，使人口增长速度日渐加快。自 1830 年以来，世界人口的总体增长速率呈现上升趋势（图 2-2），每增加 10 亿人口的时间不断缩短，世界人口增长到 10 亿用了几十万年的时间，此后用了 200 年左右，人口增长了 7 倍。联合国人口数据库显示，截至 2012 年，世界人口已超过 70 亿人；2022 年报道的世界人口已达到 80 亿人。此外，该数据库预测 2050 年世界人口将多达 97 亿人，峰值将出现在 21 世纪 80 年代，达到 104 亿人左右，此后将稳定在这一水平，直到 2100 年。过多的人口数量或将成为影响人类社会经济发展，甚至危及人类自身生存的重大问题。

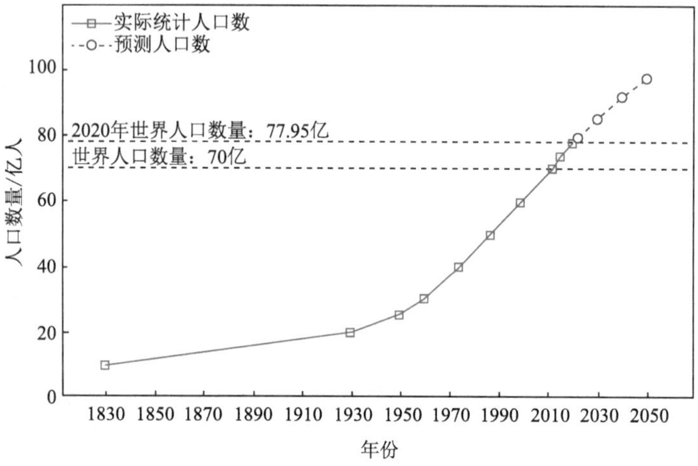

图 2-2　自 1830 年以来世界人口总数变化趋势（数据来源：联合国人口数据库）

2. 我国人口问题

我国人口问题主要表现为两方面：一是人口对经济增长的影响仍然明显；二是人口与资源、环境的矛盾加剧。人口多、底子薄、耕地少是我国的基本国情。人口问题是人口发展与社会经济发展不相适应，与资源生态环境不相协调所带来的各种矛盾和困难。图 2-3 显示 1949～2020 年我国人口呈逐年递增趋势。1949 年我国人口总数为 5.42 亿人，随后人口总数呈现平稳上升的趋势。人口数量超过 10 亿人、13 亿人及 14 亿人的时间节点分别为 1982 年、2005 年及 2017 年；而 2020 年全国人口普查数据显示，中国总人口数量达到 14.43 亿人，是世界上人口最多的国家。

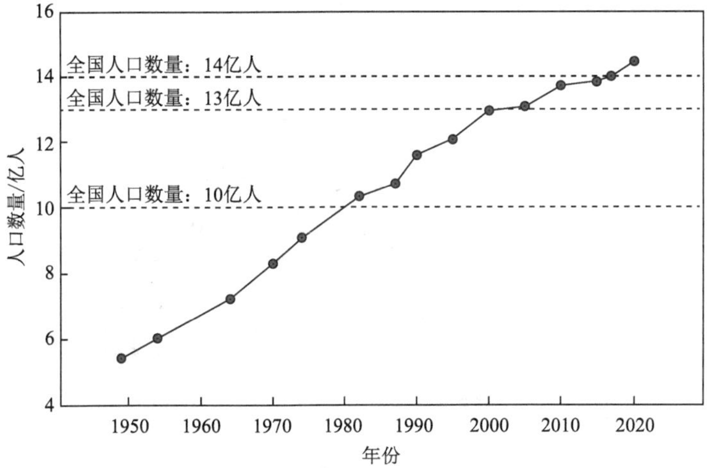

图 2-3　1949～2020 年全国人口总数变化趋势（数据来源：国家统计局）

2020 年我国第七次人口普查数据表明（图 2-4），0～14 岁人口占总人口比例为 17.95%，而 1982 年、1990 年、2000 年与 2010 年的人口普查数据显示，这个比例分别为 33.6%、27.7%、22.9%与 16.60%，低龄人口比例总体保持下降趋势。此外，我国还面临着人口老龄化的问题（图 2-4 与图 2-5），数据显示，我国 65 岁以上的人口比例从 2015 年的 10.46%提升至 2020 年的 13.52%，且 2020 年的人口数据显示我国人口结构为衰老型，这意味着我国迫切需要为未来出现的人口老龄化问题提前进行措施部署。

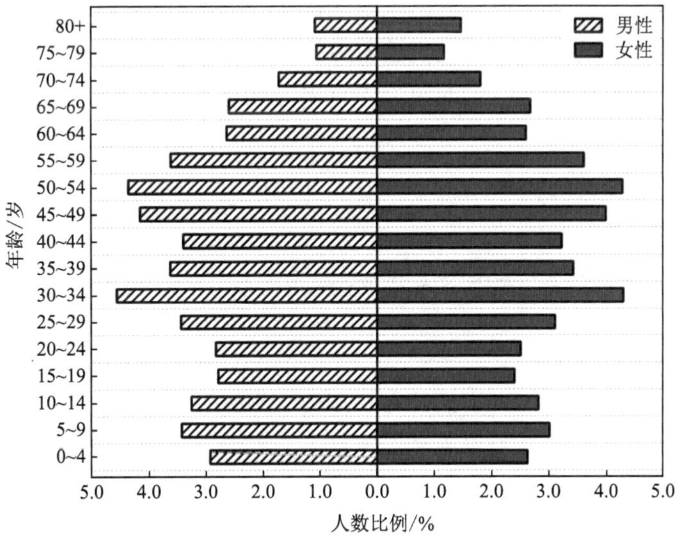

图 2-4　2020 年人口年龄构成比例（数据来源：国家统计局）

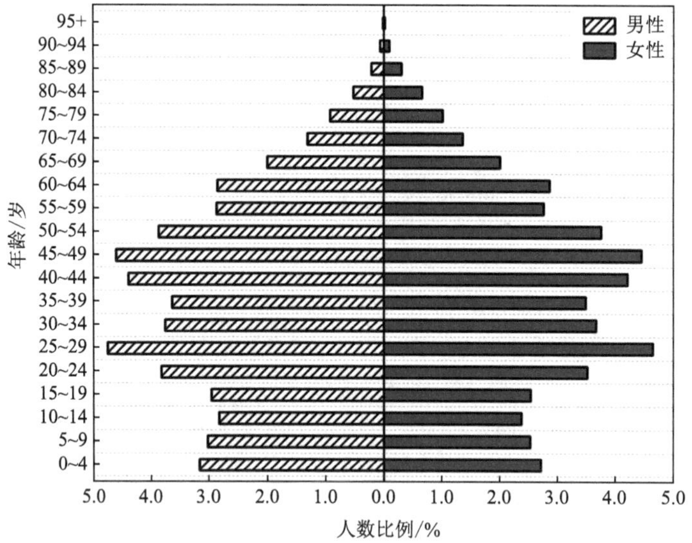

图 2-5　2015 年人口年龄构成比例（数据来源：国家统计局）

中国正迈入老龄化社会，生育率低、人口结构老化、社保制度滞后已成为未来发展的重大隐患。从经济学角度看，人的生育本质就是劳动力资源的生产和再生产，所以超低生育率将使我国面临劳动力日益减少的局面。这些年来，中国之所以能成为“世界工厂”，主要是因为有丰富的劳动力资源，一旦劳动力减少，在世界市场上的优势就会逐渐消失。在新的人口环境和发展背景下，适时适度调整人口政策、提高生育率水平，将是解决我国人口问题的出路。从另一角度出发，中国人口年龄结构的变化，也说明随着中国经济社会快速发展，以及人民生活水平和医疗卫生保健事业的巨大改善、生育率持续保持较低水平，老龄化进程逐步加快。

阅读材料：建党以来我国的人口生育政策变迁

——马红鸽和贺晓迎，2021

人口生育政策是人口政策的核心要素。我国是农业大国，也是人口大国。中国共产党成立后至中华人民共和国成立后二十多年时间里，积极、宽松的人口生育政策为我党、我国经济社会发展提供了充裕的劳动力，并形成了持续多年的人口红利，创造了我国经济持续快速增长的世界“奇迹”。“计划生育”政策的实施将家庭的生育自主权只限定在一个子女，导致我国人口生育率断崖式下跌并从此保持在较低的水平上，人口红利逐步消失，人口结构快速老化。2013 年“单独二孩”政策开启了将更多的生育决策交由家庭的历程。自此，我国人口生育政策逐步趋向宽松。2015 年“全面二孩”政策出台，2021 年“三孩政策”实施，表明我国人口生育政策依据我国人口总量与人口结构变化不断调整的政策遵循。

（一）1921～1949 年：积极人口生育政策

1931～1945 年抗日战争期间，党的革命根据地为应对不断涌入的难民，通过系列举措及颁布新政策，促进了革命根据地的经济发展和人口增殖，以此应对战争和生产的需要。

（二）1950～1970 年：紧缩性人口生育政策

1953 年全国第一次人口普查结果显示，我国人口总数为 6 亿多人，与中华人民共和国成立初期人们认知的四万万人口严重不符。人口过快增长与社会资源供给不足的矛盾不断凸显，人口生育政策由最初的“鼓励”逐渐转变为“节制”生育。

（三）1970～1980 年：计划生育政策形成

1978 年，“实行计划生育”第一次被写进《宪法》。自此，以“晚、稀、少”为主要特征的人口政策基本形成。1980 年底逐渐发展为“晚婚”“晚育”“少生”“优生”人口政策。通过“计划生育”实现了人口出生率的迅速下降，很大程度上缓解了我国人口增长过快的压力。

（四）1980～2000 年：“计划生育政策”正式施行

计划生育政策实施初期由于各种协同政策的缺位与不足，以及人们传统生育观念的根深蒂固，造成 20 世纪末将人口总数控制在 12 亿以内的目标难以实现，不得不加大“计划生育”政策的推行力度。1980 年初，中央下发正式文件，鼓励每个家庭只生养一胎。该项政策的执行虽取得一定成效，但“一刀切”的政策也给农业生产及养老带来诸多问题。对此，1984 年中央召开计划生育委员会，强调计划生育工作在农村可以依据实际情况酌情放宽。

（五）2000 年至今：逐步放松对个体生育限制

2000 年中共中央、国务院颁布《关于加强人口与计划生育工作稳定低生育水平的决定》，强调“控制人口数量、稳定当前生育水平、实现人口由数量到质量的转变”。

2013 年发布的《中共中央关于全面深化改革若干重大问题的决定》中提出“可以引导单独一方是独生子女的家庭再生育一孩”的政策。

2015 年第十二届全国人民代表大会常务委员会第十八次会议中初次审议了《中华人民共和国人口与计划生育法修正案（草案）》，该草案的实施对“全面二孩”政策的开展具有决定性的作用。

2021 年 5 月 31 日中共中央政治局审议了《中共中央　国务院关于优化生育政策促进人口长期均衡发展的决定》并提出了“一对夫妻可以生育三个子女政策”；此外，围绕“三孩政策”出台了一系列配套支持措施。

2.1.4　人口发展对环境的影响

一个国家或地区的环境人口容量（environmental population capacity），指在可预见的时期内，利用本地资源及其他资源和智力、技术等条件，在保证符合社会文化准则的物质生活水平条件下，该国家或地区所能持续供养的人口数量。人口的急剧增加是引起当前环境问题的主要因素。近百年来，世界人口的增长速度达到了人类历史上的最高峰，人类生产和消费活动需要大量的自然资源来支持。工业革命时期蒸汽机的发明、电力的使用等，导致世界产业结构发生了空前的变化，现代工业的发展促使人类社会开采大量的化石燃料，核能、海洋资源及宇宙物质的开发，也成为当代社会发展与进步的标志。随着人口增加、生产规模的扩大，一方面所需要的资源急剧增多；另一方面排出的废弃物也相应剧增，带来了许多前所未有的环境问题。例如，过度放牧导致的草场退化、矿石冶炼带来的水体和土壤重金属污染、乱砍滥伐导致的森林面积锐减和森林生态多样性受损、化石燃料的大量开采使用带来的化石燃料资源紧张和温室效应、性质未知的合成化学品在环境中与其他物质发生化学反应产生对环境不利的效应，甚至还出现了种种环境事件，如马斯河谷烟雾事件、多诺拉烟雾事件、伦敦烟雾事件、洛杉矶光化学烟雾事件、水俣病事件、骨痛病事件、四日市哮喘事件及米糠油事件等，这些血的教训给人类敲响了保护环境的警钟。地球上一切资源都是有限的，特别是土地资源，不仅总面积有限，而且还是不可迁移的和不可重叠利用的。如果人口急剧增加，超过了地球环境的合理人口容量，则将造成生态破坏和环境的进一步污染。因此，从环境保护和合理利用环境及可持续发展的角度来看，根据人类各个阶段的科学技术水平，计划和控制人口数量是保护环境持续发展的主要措施。

阅读材料：温室效应与全球气候变化

——依互联网资料整理

温室效应（greenhouse effect）指透射阳光的密闭空间由于与外界缺乏热交换而形成的保温效应，就是太阳短波辐射可以透过大气射入地面，而地面增暖后放出的长波辐射却被大气中的二氧化碳（CO_2）等物质吸收，从而产生大气变暖的效应。大气中的 CO_2 就像一层厚厚的玻璃，使地球变成一个大暖房。如果没有大气，地表平均温度就会下降到–23℃，而实际地表平均温度为 15℃，这就是说温室效应使地表温度提高 38℃。大气中的 CO_2 浓度增加，阻止地球热量的散失，使地球发生可感觉到的气温升高，这就是有名的“温室效应”。自工业革命以来，人类向大气中排入的 CO_2 等吸热性强的温室气体逐年增加，大气的温室效应也随之增强，其引发的一系列问题已引起世界各国的关注。

大气中能吸收地面反射的太阳辐射并重新发射辐射的气体称为温室气体（greenhouse gas）。地球的大气中重要的温室气体包括下列数种：CO_2、水汽（H_2O）、臭氧（O_3）、氧化亚氮（N_2O）、甲烷（CH_4）、氢氟氯碳化物类（CFCs、HFCs、HCFCs）、全氟碳化物（PFCs）及六氟化硫（SF_6）等。由于水汽及臭氧的时空分布变化较大，因此在进行减量措施规划时，一般都不将这两种气体纳入考虑。1997 年于日本京都召开的《联合国气候变化框架公约》（*United Nations Framework Convention on Climate Change*）第三次缔约国大会中通过的《联合国气候变化框架公约的京都议定书》中规定，对其中 6 种温室气体进行削减，包括二氧化碳、甲烷、氧化亚氮、氢氟氯碳化物、全氟碳化物及六氟化硫，其中，后三类气体造成温室效应的能力最强，但对于全球升温的贡献比例，二氧化碳由于含量较多，所占比例也较大，约为 25%（除二氧化碳外，水汽所产生的温室效应占整体温室效应的 60%～70%）。

温室气体浓度的增加会减少红外线辐射放射到太空外，地球的气候因此需要转变来使吸取和释放辐射的分量达到新的平衡，从而引起全球气候变化。这种转变包括全球性的地球表面及大气低层变暖，因为这样可以将过剩的辐射排放出去。虽然如此，地球表面温度的少许上升可能会引发其他的变动。例如，大气层云量及环流的转变当中，某些转变可使地面变暖加剧（正反馈），某些则可令变暖过程减慢（负反馈）。

世界各地的观测都表明，CO_2的全球浓度上升十分显著。CO_2的浓度变化是工业革命以后大气组成变化的一个十分突出的特征，其根本原因在于人类生产和生活过程中化石燃料的大量使用。一些理论认为，温室气体的增加，使地球整体所保留的热能增加，导致全球变暖（global warming）。1981～1990 年全球平均气温比 100 年前上升了 0.48℃。许多科学家认为，全球变暖的主要原因是人类在近一个世纪以来大量使用矿物燃料（如煤、石油等），排放出大量的 CO_2 等多种温室气体。变暖的危害将从自然灾害到生物链断裂，涉及人类生存的各方面。

联合国政府间气候变化专门委员会（IPCC）认为：人类活动对全球气候具有确实的影响。IPCC 利用复杂的气候模型估计全球的地面平均气温会在 2100 年上升 1.4～5.8℃。但是还有很多未确定的因素会影响这个推算结果。

有一些学者对 CO_2 导致全球变暖一说质疑。麻省理工学院地球大气科学专家 R. Lindzen 认为：地球气候长久以来一直处于不断变化的过程中，其间存在各种复杂原因，而不是如全球变暖支持者所说的仅仅是由于CO_2的排放。他指出 20 世纪全球温度上升最快阶段是 1910～1940 年，此后则迎来长达 30 年的全球降温阶段，直到 1978 年全球温度重新开始上升。如果工业 CO_2 排放是全球暖化的主要原因，那么如何解释 1940～1978 年的降温阶段？众所周知，该时期是全球绝大部分地区开始大规模工业化大发展的时代，即所谓战后景气时代。也有学者认为，如果以过去一千年的气候变化为背景，那么近期气候变暖并非异常现象。英国广播公司播出的纪录片《全球暖化大骗局》则认为，太阳活动才可能是全球暖化的主要原因。

2.2　资 源 危 机

2.2.1　资源概述

1. 资源的概念与分类

资源（resources）是一个具有广泛意义的词汇，由于研究领域和研究角度的不同，人们在“资源”概念的解释和使用上，有着广义和狭义之分。广义的资源指构成社会、经济、生态环境三大运行系统需要的一切物质的和非物质要素的总和，包括人力、智力、信息、技术、管理等经济资源和社会资源，还包括阳光、空气、水、矿产、土壤、植物、动物等自然资源；狭义的资源主要指自然资源。

自然资源（natural resources）指自然界中能够被人类用于生产、生活的物质和能量的总和，包括生物资源、土地资源、气候资源、森林资源、矿产资源、水资源，以及能量循环体系、生态体系、自然环境条件等。自然资源是由多因素、多层次组成的具有多种功能的系统。

根据自然资源的一般概念，可从不同的角度和不同的目的来对其进行分类。

按照综合地理要素，可分为矿产资源、土地资源、水资源、生物资源、能源资源、海洋资源、旅游资源和气候资源等。

按照资源的可再生性，可分为可再生资源和不可再生资源。

（1）可再生资源（renewable resources）是在正常情况下可通过自然过程再生的资源，又称为可更新资源。可再生资源包括气候资源（太阳辐射、风）、地热资源（地热与温泉）、水资源、生物资源等。它是经使用、消耗、加工、燃烧、废弃等程序后，能在一定周期（可预见）内重复形成的、具有自我更新和复原的特性，并可持续被利用的一类自然资源。

（2）不可再生资源（non-renewable resources）是地壳中储量固定的资源。包括地质资源和半地质资源。前者如矿产资源中的金属矿、非金属矿、核燃料、化石燃料等，其成矿周期往往以数百万年计；后者如土壤资源，其形成周期虽较矿产资源短，但与其消费速度相比，也是十分缓慢的。这类资源形成周期漫长或不可再生，应尽可能综合利用，注意节约，避免浪费和破坏。

2. 资源开发利用现状

自然资源以自然状态存在于自然系统中，必须经过有目的的物质变换过程自然资源潜在的经济价值、社会价值才得以实现，从而实现自然资源的开发利用。人类文明发展的历史也是一个对自然资源施加越来越大压力的历史，这种压力不仅仅表现为资源的消耗快速增加、人口与资源之间的供需矛盾越来越突出，还表现为人类对自然资源破坏的程度随时间的延续而增大，某些资源已经出现匮乏的现象。

随着人口数量的增加和世界经济的不断增长，人们对资源的需求量在日益增加，人类可以利用的自然资源则在加速耗竭。自 20 世纪 60 年代末以来，几乎所有资源出现了短缺，特别是土地、森林、水、能源和矿藏等人类生存生产必需的资源。再加上工业、城市、交通占地不断增加和土地荒漠化、盐碱化等原因，人均可用耕地面积不断减少，使得土地资源危机愈发明显。与此同时，全球淡水用量也在飞速增长，再加上淡水资源污染等原因，淡水供需矛盾日益突出。为满足人类的需求，人们将木材、秸秆、粪便等开发为可利用的能源。但受限于科技与经济发展水平，人类仍主要消耗石油、天然气和煤炭等能源，解决能源短缺问题迫在眉睫。相对于人类历史的大部分时期，全球森林面积减少是随人口增长而推进的。为满足衣食住行的需求，人们不断进行掠夺性开发。例如，毁林造田、毁林建房、过度放牧和乱砍滥伐，使得越来越多的森林遭到破坏，森林面积的减少直接导致森林功能的衰退。非燃料矿产资源（如铁、锰、铝、铜、锌等金属矿和石墨、石棉、硫、磷等非金属矿）形势也不容乐观，人们对这些资源的消耗量也在日益增加。

然而，人类社会的生存发展却无法离开自然资源，自然资源是构成人类生存环境的基本要素。自然资源的开发利用是社会生存发展首要的物质前提，人类社会的发展以自然资源消费量增长为基础。地球上任何自然资源都是有限的，任何一种自然资源都不可能无限制地供人们开发利用。然而，自然资源存量的边界又是模糊的。因为在自然界中，所有物质系统均属于开放系统，自然系统自身发展加上人类社会的干预和影响，使得自然资源存量始终处于动态变化之中。在现有的历史和社会条件下，尽可能客观地把握自然资源存量及其动态变化的趋势。科学合理地开发、利用和保护自然资源对人类社会而言至关重要。

2.2.2　人类面临的资源危机

资源危机（resources crisis）是当资源耗竭和破坏作用积累到一定程度时，受损资源系统的部分或整体功能已难以维持人类经济生活的正常需要，甚至可能直接威胁到人类生存与发展的状态，它包括能源危机、矿产危机、水危机、生态危机等。可以说，资源危机是矿物、淡水、耕地、森林等自然资源在世界人口不断增长和生活水平日益提高的情况下逐渐显现出日益紧缺的趋势。

世界人口的逐渐膨胀和生活水平的不断提高，不可避免地导致自然资源压力的不断增大。一系列资源危机相继出现：水危机集中体现在淡水资源的短缺、时空上的分布不均及人均占有量少等；土地危机主要体现在耕地面积锐减，水土流失加剧，土地沙漠化严重；矿产危机集中体现在矿产资源消耗量过大、消耗速度过快、浪费和破坏严重，金属资源特别是稀有金属的短缺和全球使用的不均衡；能源危机集中体现在石油资源的短缺和全球使用的不均衡。这些危机归根到底都是资源危机，解决资源危机问题刻不容缓。

1. 水危机

水是自然界中最活跃的物质。在各种自然资源中，水资源（water resources）最重要的特征是它在循环中不断地被复原。水循环过程作用于每个地区，而且是永久性地进行着。水资源包括可供灌溉、发电、给水、航运、养殖等用途的地表水和地下水，以及江河、湖泊、井、泉、潮汐、港湾和养殖水等。水资源是发展国民经济不可缺少的重要自然资源。在世界许多地方，对水的需求已经超过水资源所能负荷的程度，同时有许多地区也濒临水资源利用不平衡带来的危机。

地球上水的总量不小，但与人类生产生活关系密切又容易开发利用的淡水资源仅占全球总水量的 0.3%，主要为河流和地下水。陆地上的淡水资源分布很不均匀，空间上，世界各大洲的自然条件不同，降水、径流和水资源概况差异较大。一方面，欧洲和亚洲集中了世界上 72.19%的人口，而仅拥有河流径流量的 37.61%；另一方面，南美洲人口占全球的 5.89%，却拥有世界河流径流量的 25.1%。水资源在时间尺度上也具有挑战性，干旱季节水资源缺乏，问题突出。淡水资源的分布极不均衡，导致一些国家和地区严重缺水。北非和中东许多国家降水量少，蒸发量大，因此径流量很少，人均及单位土地的淡水占有量都极少；相反，冰岛、厄瓜多尔、印度尼西亚等国家以每公顷土地计的径流量比贫水国高出 1000 倍以上。

目前世界水资源正面临日益短缺和匮乏的现实：许多河流濒临枯竭、受到不同程度的污染（有机物污染、重金属污染、水体富营养化）、全球气候变化引发一些地区的水文异常（旱灾、洪灾）等。水资源短缺与目前不合理的开发利用方式密切相关，水资源的供需持续增加和用水浪费严重加剧水资源短缺。世界范围内水资源短缺不仅制约着经济发展，影响着人类赖以生存的粮食产量，还对生态环境产生不利影响，并直接损害着人们的身体健康，而且对水资源的争夺甚至可能会引发战争和地区冲突。

我国水资源形势也不容乐观。我国水资源总量为 2.8 万亿 m^3，居世界第六位，但人均水资源占有量为 2200 m^3，仅为世界人均水资源占有量的 1/4，居世界第 110 位，属于水资源短缺的国家。除此之外，我国水资源的主要问题在于地区分布不均匀，水资源呈东南多西北少的分布趋势，南北水资源量相差悬殊。另外，江河泥沙含量高也是我国水资源的一个突出问题。

2. *土地危机*

土地是人类赖以生存的空间，人类社会的发展离不开对土地资源的利用和再造。土地资源（land resources）是已经被人类利用和可预见的未来能被人类利用的土地。土地资源数量有限，位置固定，根据土地的不同功能和性质，一般可分为耕地、林地、草地、沼泽、荒地等。

土地资源损失尤其是可耕地资源损失已成为全球性的问题，发展中国家尤为严重。目前，人类开发利用的耕地和牧场，由于各种原因，正在不断减少或退化，而全球可供开发利用的后备资源已经很少，许多地区已经近于枯竭。随着人口的快速增长，人均占有的土地资源正在迅速下降，这对人类的生存构成直接威胁。

（1）世界人口增加对土地资源构成巨大的压力。土地资源具有固定的人口承载力。人口的增长将会给本就十分紧张的土地资源特别是耕地资源造成更大的压力。

（2）世界土地资源的数量不断减少。全世界每年有近 500 万 hm^2 的土地被工业或其他项目占有，世界大城市的面积正以比人口增长速度高出两倍的速度扩展。同时全球的农业用地却在逐年减少，这样下去，将难以保障粮食安全供给，给人类的生存和发展敲响了警钟。

（3）世界土地资源的质量逐步下降。当前，人类的不合理开发与使用造成了全球土地资源质量的下降。全球范围内水土流失情况严重，水土流失是土地资源遭受破坏带来的结果，而水土流失又反过来影响土地资源的质量。同时，世界范围内土壤盐渍化加重、土地资源沙漠化趋势在扩展，全球沙化、半沙化面积逐年增加，土壤污染加剧，这些都使全球的土地资源质量严重下降。

我国土地资源的特点：①土地总量较大，人均占有量少；②山地多，平原少；③土地类型较多，土地适宜性差别大；④农业用地比例偏低，人均占有耕地少；⑤利用难度大的土地面积比例大。我国近年来由于工业化、城市化加快，投资规模逐年加大，各项建设用地需求量大，也占用了相当数量的耕地，这些造成了我国耕地面积锐减。耕地是我国最为宝贵的资源，耕地安全是粮食安全的重要保障和基础。2013 年 12 月召开的中央农村工作会议强调 18 亿亩[①]耕地红线必须坚守，同时现有耕地面积必须保持基本稳定。我国土地资源的发展趋势不仅在于资源人均占有量和总资源数量的日益减少，土地资源质量下降的现象更令人担忧，水土流失、荒漠化及石漠化也呈现加剧的趋势。可见，我国的土地资源形势严峻，一方面，在人口增长与经济发展的压力下，土地资源短缺状况日益突出；另一方面，土地资源粗放利用、浪费严重，以及土地资源管理不当，加剧形势的严峻性。因此，必须优先保护土地资源，合理开发利用我国土地资源，实现土地资源的持续利用。

3. *矿产危机*

矿产资源（mineral resources）是经过地质或成矿作用形成的，天然赋存于地下或露出地表并具有开发利用价值的矿物或有用元素的集合体。矿产资源作为一种耗竭性的自然资源，是人类生活与生产资料的主要来源，是人类生存和社会发展的重要物质基础。随着全球经济迅猛发展和人民生活水平的不断提高，矿产资源的消耗不断增大，资源紧张已露端倪，即使其储量很大，也会出现资源枯竭的情况，这是当前全世界所关注的问题之一。

---

① 1 亩≈$666.7m^2$。

矿产资源是在地球演化过程的不同阶段形成的，其再生速度十分缓慢，或不能再生。它在自然生态系统中虽不占据重要位置，但却是人类生态系统中不可缺少的重要组成部分。矿产资源对推动人类社会发展所起的作用是巨大的，用青铜时代、铁器时代、钢铁时代划分人类发展的各个时期，就充分显示了人类社会的进步同矿产资源利用之间的密切关系。因此，充分、合理开发利用矿产资源具有十分重要的意义。

现代人类社会利用的主要矿产资源已达 100 多种。根据用途可以将矿产资源划分为四大类：①矿物燃料，如碳氢化合物；②金属矿产，如铜、铁、锡等；③非金属矿产，如氯化钠、硫黄、硝酸盐等；④建筑材料，如花岗石、石灰石、砂石和黏土等。随着人口的增长和经济的发展，人类对矿产资源的需求量不断增加，但矿产资源的储量又是有限的，而且在一定生产力水平下矿产资源的开采量也是一定的。因此，在许多国家已出现矿产资源供应紧张的局势。尤其是在工业发达国家，高品位的矿物正在被迅速消耗，这些国家对矿产资源的需要正越来越多地依赖从别国进口。这种趋势必将损害发展中国家未来工业化的利益，并导致矿产资源供应短缺和物价上涨。

矿产资源是一种储量有限的非再生资源，如果不加节制地开采必然会陷入资源枯竭。因此，要想保证未来有足够的矿产资源供应，就必须对这类资源进行有效的科学管理。人类必须从自然循环的生态学角度去看待每一种矿产资源，不管一种矿物对人类的生产和生活有多大价值，人类都必须认识到，这些矿物的自然循环过程一旦遭到严重破坏，就必然会给人类及其他生物带来危害。

4. 能源危机

能源是人类社会赖以生存和发展的重要物质基础，其开发利用极大地推进了世界经济和人类社会的发展。纵观历史，人类文明的每一次重大进步都伴随着能源利用的改进和更替。过去 200 年，建立在煤炭、石油、天然气等化石燃料基础上的能源体系极大地推动了人类社会的发展。然而，人们也越来越认识到大规模使用化石燃料所带来的严重后果：资源日益枯竭，环境日渐恶化，政治经济纠纷不断，甚至诱发战争、导致全球气候异常变化。

能源资源（energy resources）指为人类提供能量的天然物质。按不同的分类方式，能源资源可分为以下几类。

（1）一次能源和二次能源：在自然界中天然存在的、可直接取得而不改变其基本形态的能源称为一次能源（primary energy sources），如原煤、原油、天然气、油页岩、核能、太阳能、水能、波浪能、潮汐能、地热、生物质能和海洋温差能等。一次能源可以进一步分为可再生能源（renewable energy sources）和不可再生能源（non-renewable energy sources）两大类。在自然界中可以不断再生并有规律地得到补充的能源称为可再生能源，如太阳能和由太阳能转换而成的水能、风能、生物质能等，它们可以循环再生，不会因长期使用而减少。经过亿万年形成的、短时间内无法恢复的能源称为不可再生能源，如煤炭、石油、天然气、核燃料等，随着开采利用，它们的储量越来越少，总有枯竭的时候。由一次能源经过加工或转换得到的其他种类和形式的能源称为二次能源（secondary energy sources），包括煤气、焦炭、汽油、煤油、柴油、重油、电力、蒸气、热水、氢能等。一次能源无论经过几次转换所得到的另一种能源都被称为二次能源。在生产过程中的裕压、余热，如锅炉烟道排放的高温烟气，反应装置排放的可燃废气、废蒸气、废热水，密闭反应器向外排放的有压流体等也属于二次能源。

（2）常规能源和新能源：在相当长的历史时期和一定科学技术水平下，已经被人类长期广泛利用的能源为常规能源（conventional energy sources），如煤炭、石油、天然气、水力、电力等。新近开发并有发展前途的能源为新能源（new energy resources），或替代能源，如太阳能、地热等。

（3）燃料能源和非燃料能源：属于燃料能源（fuel energy）的有矿物燃料（煤、石油等）、生物燃料（薪柴、沼气、有机废物等）、化工燃料和核燃料四类。非燃料能源（non-fuel energy）多具有机械能，如水能、风能等，有的含有热能，有的含有光能。

世界经济的现代化，得益于化石能源，如石油、天然气、煤炭的广泛投入使用，因而现代经济是建立在化石能源基础上的一种经济。然而，这一经济的资源载体将在 21 世纪上半叶迅速接近枯竭。按石油储量的综合估算，可支配的化石能源的极限为 1180 亿～1510 亿 t，以 1995 年世界石油的年开采量 33.2 亿 t 计算，石油储量大约在 2050 年宣告枯竭。天然气储备估计在 131800～152900 Mm^3，年开采量维持在 2300 Mm^3，将在 57～65 年内枯竭。煤的储量约为 5600 亿 t，按照 1995 年煤炭的开采量 33 亿 t 计算，可以供应 169 年。化石能源与原料链条的中断，必将导致世界经济危机和冲突的加剧，最终葬送现代市场经济。事实上，近几十年来，中东、海湾地区及非洲的战争都是由化石能源的重新配置而引发的。这种军事冲突，今后还将更猛烈、更频繁。在国内，老能源基地也可能资源枯竭，进而可能引发新的矛盾和冲突。

我国能源总量比较丰富，特别是化石能源中的煤炭资源，位列世界第三，但人均拥有量低。我国能源赋存分布不均匀，煤炭资源主要赋存于华北、西北地区，水力资源主要分布在西南地区，石油、天然气资源主要赋存于东、中、西部地区和海域。相比其他国家，我国煤炭资源地质开采条件差，大部分需要井下开采，石油天然气资源地质条件复杂，勘探开发技术要求高，未开发的水力资源多集中在西南部的高山深谷，开发难度大且成本高。

改革开放加速了中国工业化的进程，使得能源需求激增，中国能源更多依靠外部“输血”。一次能源结构中，我国煤炭的消费量达 68.8%，石油天然气为 23.1%，总体上看我国还处在煤炭时代。1993 年中国成为石油净进口国，成为一支晚了近百年的世界石油消费国俱乐部里的“新生”力量。2012 年中国原油进口量约为 2.71 亿 t，原油进口依存度接近 60%。自 2009 年起中国从一个煤炭净出口国变成煤炭净进口国。2012 年中国累计进口煤炭 2.9 亿 t，进口量居世界第一，超第二名的日本近亿吨。此外，近年来，中国天然气也开始大量进口，可见能源危机迫在眉睫。

2.2.3　资源危机的出路探求

1. 理论基础

为了应对出现的全球资源危机，人们基于生态学、自然资源、化学化工、地学、工程技术、经济与管理等诸多学科，围绕新材料、新能源、节能环保和生态文化等战略性新兴产业发展及生态文明建设，提出了可持续发展、低碳技术、低碳经济、循环经济、“3R”原则、清洁生产、节能减排、零排放等新的理念，旨在促使资源达到科学、有效循环利用及促进低碳、清洁生产和可持续发展，从而解决资源危机。

可持续发展（sustainable development）是既满足现代人的需求，又不对后代人满足其自身需求的能力构成危害的发展。换言之，就是经济、社会、资源和环境保护协调发展，它们是一个密不可分的系统，既要达到发展经济的目的，又要保护好人类赖以生存的大气、淡水、海洋、土地、森林等自然资源和自然环境，使子孙后代能够永续发展和安居乐业。

低碳技术（low-carbon technology）是最大限度减少煤炭和石油等高碳能源消耗及减少温室气体排放的各种技术途径或手段。涉及电力、交通、建筑、冶金、化工和石化等部门，包括可再生能源、新能源、煤的清洁高效利用、油气资源和煤层气的勘探开发、二氧化碳捕获与埋存等领域开发的有效控制温室气体排放的新技术及方法。

与低碳技术相对应，低碳经济（low-carbon economy）则是在可持续发展理念指导下，通过技术创新、制度创新、产业转型、新能源开发等多种手段，尽可能地减少石油、煤炭和天然气等高碳能源的消耗，减少温室气体的排放，达到经济和社会发展与生态环境保护双赢的一种经济发展形态。

循环经济（circular economy）是一种将经济活动转变为“资源—产品—废弃

物—再生资源”的闭环经济发展模式。其特征是低开采、高利用、低排放。物质和能源在循环流程中得到合理和持久的利用，以把经济活动对自然环境的影响降低到尽可能小的程度，实现经济效益与生态效益的共赢。循环经济通常以“减量化（reduce）、再利用（reuse）、再循环（recycle）”为行为准则（简称“3R”原则）。其中减量化原则以资源投入最小化为目标；再利用原则以废物利用最大化为目标；再循环原则又称为资源化原则，则是以污染排放最小化为目标。“3R”原则的优先顺序是减量化、再利用、再循环。

低碳经济和循环经济既有联系又有区别，在最终目标上，都是要实现人与自然和谐可持续发展。但循环经济追求的是经济发展、资源能源节约和环境友好三位一体的三赢模式，而低碳经济聚焦于经济发展与气候变化的双赢。在实现途径上，二者都强调通过提高效率和减少排放来实现人与自然的和谐可持续发展。但低碳经济强调的是通过改善能源结构提高能源的效率，从而减少温室气体的排放。而循环经济强调的是提高所有的资源能源的利用效率，减少所有废物的排放。

清洁生产（cleaner production）指将综合预防的环境保护策略持续应用于生产过程和产品中，减少对人类和环境的风险。从本质上讲，清洁生产是对生产过程与产品采取整体预防的环境策略，减少或者消除它们对人类及环境的可能危害，同时充分满足人类的需要，是使社会效益和经济效益最大化的一种生产模式。

节能减排（energy conservation and emission reduction），广义上指节约物质资源和能量资源，减少废弃物和环境有害物（包括“三废”和噪声等）排放；狭义上指节约能源和减少环境有害物排放。节能减排包括节能和减排两大技术领域，二者既有联系，又有区别。一般来讲，节能必定减排，而减排却未必节能。因此，减排项目必须加强节能技术的应用，避免因片面追求减排结果而造成的能耗激增，注重社会效益和环境效益均衡。

零排放（zero discharge）指无限地减少污染物和能源排放直至为零的活动，即利用清洁生产、“3R”原则及生态产业等手段，实现对自然资源的完全循环利用，从而不给大气、水体和土壤遗留任何废弃物。就其过程来讲，指将一种产业生产过程中排放的废弃物变为另一种产业的原料或燃料，从而通过循环利用使相关产业形成产业生态系统。

2. 行动方案

缓和资源危机，可从资源的合理配置、资源的节约保护、资源的循环利用和资源的开拓培育四方面着手。

1）资源的合理配置

就自然资源的合理配置而言，其核心是对自然资源的区域性不平衡进行调节，这是由自然资源区域性特点所决定的。地球表面的任何一个地区都有其相对稳定的自然地理要素，不同的经纬度、海陆位置、地质构造、气候地带等都会影响该地区自然资源的形成和分布，造成地球表面和地壳内部各种自然资源无论在数量上还是在种类上，均具有明显的地域性和不平衡性。资源存量分布的区域性不平衡主要包括两方面：一是资源总量的区域性不平衡；二是资源结构的区域性不平衡。这种不平衡，客观上造成自然资源存量不足，因此，应首先从资源分布的区域性不平衡入手，通过总量和结构两方面的调节，实现资源存量的合理配置。

长期以来，美国、加拿大、日本等发达国家，一直努力实施全球资源战略，鼓励本国公司到海外勘探开发矿产资源。其意图是优化资源配置，获取廉价、优质的矿产资源，扩大对全球资源的控制能力，保证本国资源需求，确保国家经济安全。以日本为例，日本作为一个矿产资源贫乏的岛国，其矿产资源全球战略是推行“海外投资立国”。日本通过财政、金融、税收等多种手段，全方位鼓励矿业企业的跨国经营，把国内剩余的生产能力向外转移，并从政治、外交等不同角度支持和促进在海外建立矿产资源供应基地。日本还通过组建专门机构，大力推行“技术援助、经济援助及合作计划”，为矿业企业的跨国经营提供全方位支持，并通过“以合作求发展”的战略，与国际投资机构、有欧美背景的跨国矿业公司及资源公司加强合作，大力推进跨国矿业公司以不同方式广泛地参与全球矿产资源勘察开发。此外，日本也大量进口国外的原材料及资源初级产品，进行有计划的资源储备，储备对象包括有色金属和稀有金属中的镍、铬、钨、钴、钼、钒、锰等，后来逐步扩展到稀土原料。

南水北调、西气东输、西电东送、北煤南运（西煤东运）是我国 21 世纪四大资源跨区域调配工程。工程实施的原因是一致的，即自然资源区域分布的不平衡性和区域间发展的不平衡性使各地区对自然资源的需求与该区所赋存的自然资源不匹配。例如，南水北调工程的实施主要是因为我国南方和北方水资源配合欠佳，北方地区耕地面积广大，水资源短缺；南方地区耕地面积相对较少，水资源却非常丰富。而北煤南运（西煤东运）则主要是因为我国煤炭储量和产量集中在北方，尤其是“三西”地区（山西、陕西、内蒙古西部）及新疆、宁夏等地，正是通过该工程，将所产煤炭运往消费重心所在的东南沿海地区。西电东送和西气东输工程的实施都是因为我国中西部地区能源资源丰富，但经济不发达，能源需求量少，供过于求；而东部地区经济发达，能源不足，供不应求。

2）资源的节约保护

生产活动中，就资源的节约而言，首先要进行产业结构调整，淘汰高消耗、低产出的产业，发展低耗高效产业及高新技术产业；其次应当加大科研开发力度，研发新设备，推广节能、节水、节材、节时技术，不断提高资源的开采效率和资源的投入产出率。就资源的保护而言，在开采开发和利用不可再生资源的同时，应注意保护和培育可再生资源，避免对可再生资源的污染和破坏；在可再生资源的使用过程中，避免因过度开发和利用而影响其再生能力。

人类在生活中也应强化对资源的节约与保护意识。一是改进传统的居住模式，推进城市化进程，提高供电供水等的效率；二是改革传统的消费模式，摒弃不利于资源节约和保护的生活习惯与消费习惯；三是提高资源的节约和保护意识，加大资源节约保护相关宣传和推广的力度。

人口众多、资源相对不足、环境承载能力较弱是中国的基本国情。今后一个时期，随着人口增长，人均资源占有量少的矛盾将更加突出。中国经济社会发展进入新的历史阶段，国家明确提出了建设节约型社会，就是要在社会生产、建设、流通、消费的各个领域，在经济和社会发展的各个方面，切实保护和合理利用好各种资源，提高资源利用效率，以尽可能少的资源消耗获得最大的经济效益和社会效益。这是关系到我国经济社会发展和中华民族兴衰的具有全局性与战略性的重大决策。

就节约能源资源来说，国家在“十一五”期间首次提出了“节能减排”的约束性指标：单位国内生产总值能耗降低20%左右，主要污染物排放总量减少10%。国家“十二五”规划也明确提出了到2015年单位GDP二氧化碳排放降低17%、单位GDP能耗下降16%、非化石能源消费量占一次能源消费比例从8.3%提高到11.4%、主要污染物排放总量（化学需氧量、二氧化硫、氨氮和氮氧化物）减少8%～10%的目标。“十二五”规划提出的约束性指标更加明确了国家节能减排的决心。在消费领域，我国强制实施产品的能效标识，并鼓励使用节能、节水认证产品和环境标志。能效标识只是表明该产品的能耗等级，分5个等级：1、2级达到节能指标，3级为中等，4、5级为高耗能。也就是说，有能耗标识只能说明该产品满足上市的最低要求，不代表真的节能，低于等级5要求的产品不允许生产和销售。图2-6是我国产品的能效标识及节能产品的认证标志。“十三五”规划指出要落实节约资源和保护环境基本国策，以提高能源利用效率和改善生态环境质量为目标，以推进供给侧结构性改革和实施创新驱动发展战略为动力，坚持政府主导、企业主体、市场驱动、社会参与，加快建设资源节约型、环境友好型社会。“十三五”规划将能源消费总量和强度控制目标分解到各省（自治区、直辖市），提出了主要行业和部门节能目标，明确了各地区化学需氧量、氨氮、二氧化硫、氮氧化物和重点地区挥发性有机物排放总量控制计划。

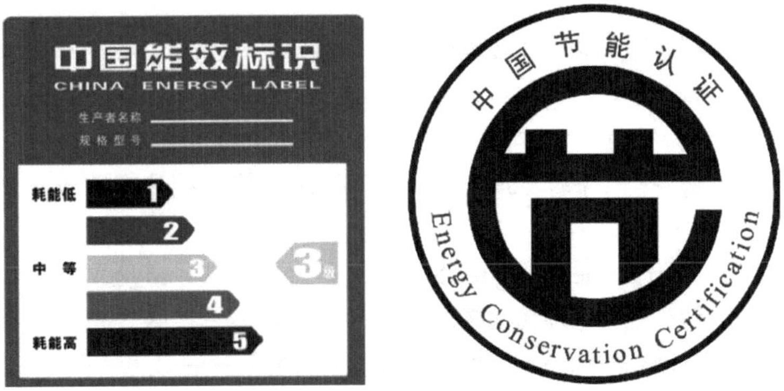

图 2-6　中国产品的能效标识及节能产品的认证标志

2021 年国务院印发的《“十四五”节能减排综合工作方案》指出，完善实施能源消费强度和总量双控、主要污染物排放总量控制制度，组织实施节能减排重点工程，进一步健全节能减排政策机制，推动能源利用效率大幅提高、主要污染物排放总量持续减少，实现节能降碳减污协同增效、生态环境质量持续改善，确保完成“十四五”节能减排目标，为实现碳达峰、碳中和目标奠定坚实基础。

阅读材料：碳达峰与碳中和

——依互联网资料整理

中国的人口基数大并且一次能源消费以煤炭为主，根据世界能源统计年鉴，中国 2018 年的二氧化碳排放总量占世界排放总量的 27.9%（不含港澳台数据）。中国目前仍是发展中国家，在将来必然面临更大的国际减排压力。

2020 年 9 月 22 日，习近平主席在第七十五届联合国大会一般性辩论上，首次向世界庄重承诺我国二氧化碳排放力争于 2030 年前达到峰值，努力争取 2060 年前实现碳中和，描绘了未来实现绿色低碳高质量发展的蓝图，吹响了全国碳达峰与碳中和行动号角。在 2021 年 3 月 15 日，习近平主席在中央财经委员会第九次会议上强调实现碳达峰、碳中和是一场广泛而深刻的经济社会系统性变革，要把碳达峰、碳中和纳入生态文明建设整体布局。

碳达峰（peak carbon dioxide emissions）就是在某一个时点，二氧化碳的排放不再增长达到峰值，之后逐步回落，如图 2-7 所示。碳达峰是二氧化碳排放量由增转降的历史拐点，标志着碳排放与经济发展实现脱钩，达峰目标包括达峰年份和峰值。“十四五”是实现碳达峰关键期、推进碳中和起步期，其间要完成碳达峰任务的 60%，争取在 2028 年实现碳达峰，为碳中和打好基础。

碳中和（carbon neutrality）指国家、企业、产品、活动或个人在一定时间内直接或间接产生的二氧化碳或温室气体排放总量，通过植树造林、节能减排等形式，以抵消自身产生的二氧化碳或温室气体排放量，实现正负抵消，达到相对“零排放”，如图 2-7 所示。

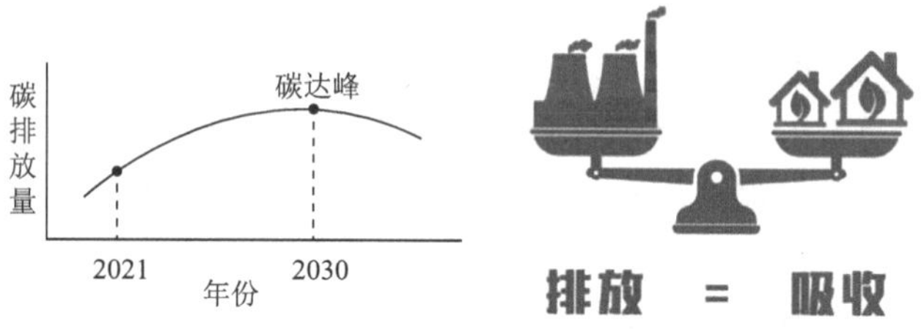

(a)碳达峰示意图　　(b)碳中和示意图

图 2-7　碳达峰与碳中和示意图

“双碳”，即碳达峰与碳中和的简称。“双碳”目标倡导绿色、环保、低碳的生活方式。加快降低碳排放步伐，有利于引导绿色技术创新，提高产业和经济的全球竞争力。中国持续推进产业结构和能源结构调整，大力发展可再生能源，在沙漠、戈壁、荒漠地区加快规划建设大型风电光伏基地项目，努力兼顾经济发展和绿色转型同步进行。

关于政策颁布的缘由及背后隐藏的利害关系，人们需要进行一定的思索。2021 年 3 月 10 日，欧盟议会投票通过“碳边界调整机制”议案，该议案称，若与欧盟有贸易往来的国家不能遵守碳排放相关规定，危害地球环境，欧盟将对这些国家进口商品征收关税。争夺碳排放权规则制定者的身份并非朝夕之功，欧美用了数十年推演出来的阳谋势在必行。如果不参与，贸易就会被碳壁垒限制。既然遵守碳排放规则已势在必行，何不尽早动身进行规划？因此两会期间，中国向世界郑重承诺 2030 年之前达到碳达峰，2060 年实现碳中和。伴随着国家碳达峰和碳中和承诺，国内碳交易市场也将进行相应的冲刺。实际上，“双碳”目标就是人们自己在争取碳排放权，在谋求经济发展的时间。

3）资源的循环利用

资源循环利用（resource recycle）指根据资源的成分、特性和赋存形式，对自然资源综合开发、能源原材料充分加工利用和废物回收再生利用，通过各环节的反复回用，发挥资源的多种功能，使其转化为社会所需物品的生产经营行为。资源循环利用可以通过“3R”原则提高资源的利用效率。废物资源化（waste utilization）通常指对退出生产环节或消费领域的废弃物质，通过技术、经济手段与管理措施，在实现无害化处置和减少污染物排放的同时，回收大量有价物质和能源。废物资源化简明技术路线如图 2-8 所示。

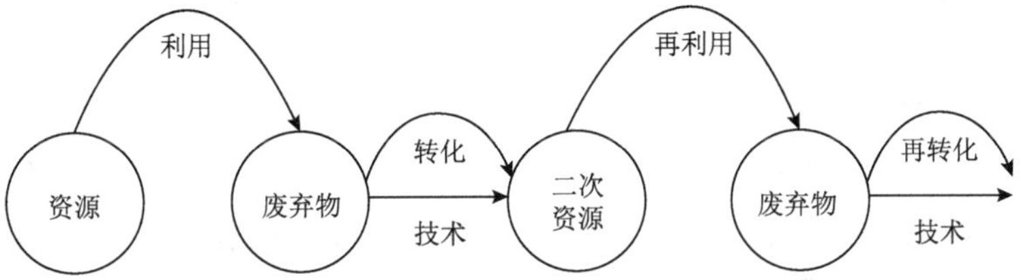

图 2-8　废物资源化简明技术路线

当前我国仍处于工业化和城镇化快速发展阶段，对矿产资源的需求巨大，但国内矿产资源严重不足，难以支撑经济增长，铁矿石等重要矿产资源对外依存度越来越高。与此同时，我国每年产生大量废弃资源，若能有效利用，可替代部分原生资源，减轻环境污染。2008 年，我国 10 种主要再生有色金属产量约为 530 万 t，占有色金属总产量的 21%。2008 年我国废钢利用量达 7200 万 t，与利用原生铁矿石炼钢相比，相当于减少废水排放 6.9 亿 t，减少固体废物排放 2.3 亿 t，减少二氧化硫排放 160 万 t。大规模、高起点、高水平开发利用“城市矿产”资源具有十分重要的意义，既能节省大量资源，弥补我国原生资源不足，又能“变废为宝，化害为利”，为缓解我国资源环境约束做出积极贡献。“城市矿产”是对废弃资源再生利用规模化发展的形象比喻，是工业化和城镇化过程中产生和蕴藏于废旧机电设备、电线电缆、通信工具、汽车、家电、电子产品、金属和塑料包装物及废料中，可循环利用的钢铁、有色金属、贵金属、塑料、橡胶等资源。

4）资源的开拓培育

新资源的勘探与开采。勘探、开采新资源，是增加自然资源供给量的主渠道。目前地球上可能还存在很多未被发现的资源，受人类现有勘探力和开采力的限制，许多资源仍然沉睡在地下、海底而有待发掘，不断勘探发掘新资源将是人类永不停息努力的方向。

可再生资源的培育、保护与利用。培育和保护可再生资源，是扩大自然资源增量的一个重要渠道。一方面，由于资源分布的地域性不平衡，使得可再生资源的分布具有明显的地域性差异。另一方面，人类利用自然和改造自然活动的加剧，使得相当一部分可再生资源的再生能力大大下降。

可替代资源的研发与利用。由于某些资源存量的有限性或环境负效应性，人们不得不进行科技创新，研发新型可替代资源。目前，科技研发可替代资源主要有三种：一是可替代能源，如光、热、风、水、海洋能、核能等的开发；二是运用现代生物技术如基因工程、细胞工程、酶工程、发酵工程和蛋白质工程等对动植物进行新品种杂交培育；三是研制开发新材料，拓宽可利用资源的种类，提高可利用资源的质量。

近年来，部分可再生能源利用技术已经取得了长足的进展，并在世界各地形成了一定的规模，生物质能、太阳能、风能、地热能等的利用技术已经得到应用。国际能源署（IEA）研究认为，在未来30年内全球非水利的可再生能源发电将比其他任何燃料的发电都要增长得快。为了应对全球出现的资源危机，围绕新材料、新能源、节能环保和生态文化等发展的战略性新兴产业及生态文明建设举措，能促使资源达到科学、有效循环利用并促进低碳、清洁生产和可持续发展。

阅读材料：资源综合利用的经验与实践

——依互联网资料整理

1. 日本川崎生态工业园区

川崎生态工业园区是1997年日本第一个被批准的生态工业园区，它创建的宗旨在于将各种垃圾作为其他产业的原料进行回收利用，尽可能实现不排放垃圾（零排放），建造资源循环社会。川崎生态工业园区项目的具体内容是集中开展家电、汽车、塑料瓶等各种物品的再利用项目。其中，硬件项目主要包括制备用作鼓风炉原料的废塑料回收厂、制备混凝土模板作业用的NF板制造厂、难回收纸的回收处理厂、制备氨用原料的废塑料回收厂、废PET瓶回收再生厂，其他项目包括废家用电器回收系统、用工业废物制造水泥厂、不锈钢制造厂废物的回收利用项目。

2. 南海国家生态工业示范园区

南海国家生态工业示范园区位于广东佛山市南海区丹灶镇，是国家环境保护总局于2001年11月批准成立的全国首个国家级生态工业示范园区，全国八大环保产业园之一、佛山市重点工业园区。园区遵循生态工业和循环经济的理念，着重引入和培植绿色、环保的优质产业及朝阳产业，打造面向未来的优势产业集群和提高产业竞争力。经过十多年的建设和发展，园区生态工业理念得到了很好的贯彻实施，现在已形成以汽车零部件、精密机械、新材料、节能环保等为核心的低碳产业集群和循环经济产业链：形成了较为完整的五金产业工业群落、产品代谢链条；在废物代谢方面，形成了"废旧金属→加工处理→金属原材料"及"废PET塑料瓶→加工处理→塑料产品"的产业链，经济效益和环境效益十分显著；清洁生产逐步在园区企业当中推行实施，节能降耗、低排放使企业创造了可观的经济效益，带来了良好的环境效益。

3. 天津静海子牙产业园区

天津静海子牙产业园区成立于2003年11月，位于天津静海西南部，与河北文安、大城交接。子牙产业园区是经天津市人民政府批准、天津市生态环境局和天津市静海区人民政府共同规划建立的国家第七类废旧物资拆解基地，子牙循环经济产业区先后被国家发展和改革委员会、工业和信息化部和生态环境部批准为"国家循环经济试点园区""国家级废旧电子信息产品回收拆解加工处理示范基地""国家进口废物'圈区管理'园区""国家'城市矿产'示范基地"，也是中日循环型城市重点合作项目。子牙产业园区在产业发展、资源循环利用、污染控制、园区管理四方面建立了较为合理的循环经济发展模式。

4. 海绵城市改造的成功试点

海绵城市，是新一代城市雨洪管理概念，指城市能够像海绵一样，在适应环境变化和应对雨水带来的自然灾害等方面具有良好的弹性，国际通用术语为"低影响开发雨水系统构建"，下雨时吸水、蓄水、渗水、净水，需要时将蓄存的水释放并加以利用，实现雨水在城市中自由迁移。

江西萍乡与四川遂宁均在近年来的暴雨中体现了海绵城市的建设效果。2016年7月，萍乡万龙湾社区降雨79.8 mm，路面积水平均深度0.8～1.0 m，海绵城市建设后，2017年6月，降雨94.2 mm，路面积水平均深度不足3.0 cm。2017年7月，遂宁出现暴雨天气，多个站点雨量超过200 mm，但海绵城市改造后遂宁却并没有受到很大的影响。遂宁通过三年海绵城市建设试点，"大雨不内涝、小雨不湿脚"的城市生活正在逐步实现。

2.3 环境污染

人类在改造自然的进程中，以空前的速度建立了现代物质文明，其丰富了人类的生产和生活，使人类过上更加多样化的生活。但是在物质文明高速发展的同时，人类对自然环境造成了巨大的破坏。现在的许多疾病可以认为是人类对迅速改变的环境的适应性失调所引起的。人类赖以生存的环境体系，正日益受到各种污染的挑战。这种环境质量的变质不仅关系到当代人的健康，还影响到子孙后代，与人类的延续和经济可持续发展有着密切的关系。而环境质量的改变，主要是由环境污染引起的。因此，人类对环境污染必须予以高度的关注与重视。

2.3.1 环境污染概述

环境污染（environmental pollution）指有害物质或因子进入环境，并在环境中扩散、迁移、转化，使环境系统的结构与功能发生变化，对公众及其他生物的生存和发展产生不利影响的现象。环境污染既可以是人类活动引起的，如人类生产和生活活动排放的污染物对环境的污染；又可以是自然因素引起的，如火山爆发释放的尘埃和有害气体对环境的污染。环境保护中所指环境污染主要指人类活动造成的污染。

环境污染的类型常因目的、角度的不同而有不同的划分方法，常见分类如下：①按照污染属性分显性污染和隐性污染；②按照污染涉及的范围可分为局部性、区域性和全球性污染；③按照污染源的性质分为点源污染、线源污染和面源污染；④按照环境要素划分为大气污染、水污染、土壤污染等；⑤按照污染物的属性划分为物理污染、化学污染和生物污染；⑥按照污染物的特性分为累积性污染和非累积性污染；⑦按照污染物的排放特征分为持续性排放污染和非持续性排放污染；⑧按照污染物的形态可分为废气污染、废水污染、固体废物污染及噪声污染、放射性污染等；⑨按照污染产生的原因可分为生产污染和生活污染，生产污染又可分为工业污染、农业污染、交通污染等。

2.3.2 环境污染物

环境污染物（environmental pollutants）是进入环境后使环境的正常组成和性质发生改变，直接或间接有害于人类与生物的物质。环境污染物主要来源于人类生产和生活活动中产生的各种物质或因子（如一氧化碳、二氧化硫、氮氧化物等有害气体，铅、汞、镉等重金属和滴滴涕、六六六、灭蚁灵等有机物）和自然界释放的物质（如火山爆发喷射出的气体、尘埃等）。污染物质对环境的污染有一个从量变到质变的发展过程，当其物质浓度或总量超过环境的自净能力，就会产生危害，环境就受到污染。能量的介入也会使环境质量恶化，如噪声污染、热污染、电磁辐射污染等。

环境污染物种类繁多，一般根据其物质属性分为物理因素污染（如噪声、振动、光、热、放射性、电磁波等）、生物性污染物（包括细菌、病毒、水体中反常生长的藻类等）和化学性污染物（包括各种天然的和人工合成的化学污染物质，其引起的污染占环境污染的 80%～90%）。另外，可以按污染物在环境中的物理和化学变化分为一次污染物和二次污染物。一次污染物指直接从污染源排放的污染物质，如汞、镉、砷、二氧化硫、氮氧化物、氰化物、酚、多氯联苯、化学农药等。二次污染物则是由一次污染物在自然界中物理、化学和生物因子的影响下其性质和状态发生变化而形成的新的污染物，如一次污染物二氧化硫在空气中氧化成硫酸盐气溶胶，汽车排放尾气中的氮氧化物、碳氢化合物在日光照射下发生光化学反应生成的臭氧、过氧乙酰硝酸酯、甲醛和酮类等二次污染物。二次污染物对环境和人体的危害通常比一次污染物严重。例如，甲基汞比汞及其无机化合物对人体健康的危害更大。此外，为了强调污染物的某些有害作用，还可将污染物分为致畸污染物、致突变污染物和致癌污染物（“三致”污染物）等。

1. 优先污染物

人们从众多的污染物中筛选出来的，具有较大生产量（或排放量）并广泛存在于环境中，毒性效应强，对环境和人体健康具有严重现实危害或潜在危险的进行优先控制的污染物，称为“优先污染物”（priority pollutants，也称“优控污染物”）。美国环境保护局（USEPA）于 1976 年率先公布了 129 种优先污染物。中国在进行研究和参考国外经验的基础上也提出了 14 类共 68 种化学污染物列为优先污染物（表 2-1），为中国优先污染物的控制和检测提供了依据。

表 2-1　中国水中优先控制污染物黑名单

序号	类别	种类
1	挥发性卤代烃类	10 种：二氯甲烷、三氯甲烷、四氯化碳、1,2-二氯乙烷、1,1,1-三氯乙烷、1,1,2-三氯乙烷、1,1,2,2-四氯乙烷、三氯乙烯、四氯乙烯、三溴甲烷
2	苯系物	6 种：苯、甲苯、乙苯、邻二甲苯、间二甲苯、对二甲苯
3	氯代苯类	4 种：氯苯、邻二氯苯、对二氯苯、六氯苯
4	多氯联苯	1 种：多氯联苯
5	酚类	6 种：苯酚、间甲酚、2,4-二氯酚、2,4,6-三氯酚、五氯酚、对硝基酚
6	硝基苯类	6 种：硝基苯、对硝基甲苯、2,4-二硝基甲苯、三硝基甲苯、对硝基氯苯、2,4-二硝基氯苯

续表

序号	类别	种类
7	苯胺类	4 种：苯胺、二硝基苯胺、对硝基苯胺、2,6-二氯硝基苯胺
8	多环芳烃类	7 种：萘、荧蒽、苯并[*b*]荧蒽、苯并[*k*]荧蒽、苯并[*a*]芘、茚并[1,2,3-*cd*]芘、苯并[*ghi*]芘
9	酞酸酯类	3 种：酞酸二甲酯、酞酸二丁酯、酞酸二辛酯
10	农药	8 种：六六六、滴滴涕、敌敌畏、乐果、对硫磷、甲基对硫磷、除草醚、敌百虫
11	丙烯腈	1 种：丙烯腈
12	亚硝胺类	2 种：*N*-亚硝基二乙胺、*N*-亚硝基二正丙胺
13	氰化物	1 种：氰化物
14	重金属及其化合物	9 种：砷及其化合物、铍及其化合物、镉及其化合物、铬及其化合物、铜及其化合物、铅及其化合物、汞及其化合物、镍及其化合物、铊及其化合物

2. 新污染物

随着人类工业化的发展，人造化学品逐步被研制和开发出来，给人们的生产和生活带来巨大的效益和便利，得到了广泛的生产和使用。但这些化学品可通过生产、使用、储存和运输等途径进入环境。随着环境分析技术和环境毒理学的发展，人们陆续发现，这些进入环境的化学品有一部分具有潜在的生态风险，被称为新污染物（emerging contaminants，也曾被人们译为“新兴污染物”或“新型污染物”）。目前，国内外尚无有关新污染物的权威定义。科学界比较关注在危害特性或致毒机理等方面有待进一步深入探究的新污染物。从环境管理角度来看，新污染物一般指新近发现或被关注，对生态环境或人体健康存在风险，尚未纳入管理或者现有管理措施不足以有效防控其风险的污染物。

美国地质调查局（United States Geological Survey，USGS）将新污染物定义为：“通常在环境中未被监测到，但具有进入环境、并造成已知或疑似不良生态和（或）人体健康影响的任何合成或天然化学物质或微生物。一方面，新型化学或微生物污染物的排放可能已经持续相当长的一段时间，但直到新检测方法出现后才被发现。另一方面，出现新合成化学品，或对现有化学品的使用和处置，也可能是新污染物的来源。”

新污染物多具有生物毒性、环境持久性、生物累积性等特征，在环境中即使浓度较低，也可能具有显著的环境与健康风险，其危害具有潜在性和隐蔽性。与常规污染物相比，新污染物具有以下几种特点：一是新污染物的环境危害或环境风险具有隐蔽性；二是新污染物种类繁多，来源广泛；三是常规污染物管控方法无法有效控制新污染物的环境风险。

根据生态环境部颁布的《重点管控新污染物清单（2021年版）》，我国关注的新污染物主要包括以下三类污染物：一是近期国内外高度关注的且在我国已具备管控条件的环境内分泌干扰物和抗生素类物质；二是《关于持久性有机污染物的斯德哥尔摩公约》管控的化学物质；三是《有毒有害大气污染物名录》《有毒有害水污染物名录》管控的且现有常规管控措施不足以有效控制其环境风险的污染物。

当前世界范围内较为关注的新污染物主要包括内分泌干扰物、药品与个人护理品、持久性有机污染及其他具有致突变、致癌变、致畸变作用的“三致”物质。有的污染物具有多重性，如多氯联苯，不但是内分泌干扰物，也是持久性有机污染物，而且还属于致癌物质。

1）内分泌干扰物

内分泌干扰物（endocrine disrupting compounds，EDCs）也称为环境激素或环境荷尔蒙，指可通过干扰生物或人体为保持自身平衡和调节发育过程而在体内产生的天然激素的合成、分泌、运输、结合、反应和代谢等，从而对生物或人体的生殖、神经和免疫系统等功能产生影响的外源性化学物质。

常见的内分泌干扰物分类方法主要有两种。按照内分泌干扰物的来源，可分为人工合成的药用雌激素（如己烯雌酚）、植物性雌激素（如异类黄酮）、真菌性雌激素（如玉米赤霉烯酮）、农药（如滴滴涕）、工业化学品（如多氯联苯）及生产和生活过程中无意产生的副产品（如二噁英类物质）。按照与受体的结合形式，可分为具有雌性激素作用的物质（如双酚A）、干扰雌性激素的物质（如多氯联苯）、抗雄性激素作用的物质（如4,4-滴滴伊）和干扰甲状腺激素的物质（如二噁英类物质）。

阅读材料：塑化剂风波

——依互联网资料整理

2011年，台湾引发了一场重大的“塑化剂风波”，且如滚雪球般愈演愈烈，几乎所有食品厂商卷入其中。当时，国家质量监督检验检疫总局公布的“台湾受塑化剂污染的问题企业及其相关产品名单”上，问题企业就高达300多家，涉事产品达近千种。这些产品包括人们几乎每天接触到的各种运动饮料、面包、蛋糕、果汁等，甚至连儿童药品、钙片都未能幸免。其中，台湾食品巨头统一企业集团，有多款饮料产品上榜。这些食品含有塑化剂的原因主要是上游生产厂商在生产一种食品中添加剂“起云剂”的时候，为了降低成本，使用了更廉价的塑化剂邻苯二甲酸二辛酯（DEHP）代替棕榈油。

DEHP 属于邻苯二甲酸酯类（PAEs）化合物，通常作为增塑剂（软化剂，即台湾地区所称的塑化剂）使用，添加于塑料制品中可让微粒分子更均匀散布，因此能增加延展性、弹性及柔软度。主要用于聚氯乙烯树脂的加工，在聚氯乙烯（PVC）塑膜中的用量通常为 30%～50%，由于 DEHP 是脂溶性的，不以共价键结合于 PVC 分子上。因此，随着使用时间的推移，DEHP 可不断地从膜中释出，挥发至大气、土壤和水域中，造成对环境、生物、食品的污染。

DEHP 具有类雌激素作用，可能引起男性内分泌紊乱，导致精子数量减少、生殖能力下降等，儿童比成人更易受到伤害。特别是尚在母亲体内的男性婴儿通过孕妇血液摄入 DEHP，产生的危害更大。有研究表明，孕妇血液中的 DEHP 浓度越高，产下的男婴有越高的风险发生阴茎变细、肛门与生殖器距离变短、睾丸下降不全等症状。也有研究发现，与 DEHP 或类似物质接触较多的人群中（如从事 PVC 塑料生产行业的人），肿瘤、呼吸道疾病的发病率相对较高，其中女性易发生月经紊乱和自然流产，男性的精子活性也似乎受到影响。此外，DEHP 在肥胖症、心脏中毒等疾病中也可能发挥一定影响。并且已有研究指出女性若代谢功能差且长期暴露在塑化剂下，会增加罹患乳腺癌的风险。

经由 DEHP 事件，内分泌干扰物的污染问题进入公众视野，引起了人们的广泛关注，各国也开始开展相关调查及研究。

2）药物与个人护理品

药物与个人护理品（pharmaceuticals and personal care products，PPCPs）是 21 世纪以来备受科学界和公众关注的一类“新型”化学物质。PPCPs 的概念最早由 Daughton 于 1999 年提出，涵盖所有人用与兽用的医药品（包括处方类和非处方类药物及生物制剂）、诊断剂、保健品、麝香、化妆品、遮光剂、消毒剂和其他在 PPCPs 生产制造中添加的组分，如赋形剂、防腐剂等。目前大约有 4500 种医药品广泛用于人类或动物的疾病预防与治疗等领域，如抗生素、止痛剂、抗癫痫药、降血压药、降脂剂、抗癌剂、抗抑郁药等。随着现代医学技术的发展，医药品的销售和使用量也在逐年增加，全球个人护理品的年生产超过 100 万 t。PPCPs 主要用于低生理剂量下在治疗终点产生生物化学活性进而达到治疗目的。然而，许多 PPCPs 还可能在低浓度下同时与非目标受体结合，进而产生各种不可预知的生理作用，并可能随着 PPCPs 的持续不断输入而逐渐放大，最终对野生生物甚至生态系统产生深远的影响。

阅读材料：抗生素抗性基因

——依互联网资料整理

一些医疗保健药品和个人护理品的频繁使用及养殖业中抗生素的长期滥用，导致大量具有耐药性的细菌出现。这些抗性细菌在数量、多样性及抗性强度上都在显著增加，许多菌株具有多重耐药性，甚至出现了能耐受大多数抗生素的“超级细菌”。水产养殖和畜牧业抗生素长期滥用的直接后果很可能诱导动物体内抗生素抗性基因(antibiotic resistance genes，ARGs)，ARGs 经排泄后将对养殖区域及其周边环境造成潜在基因污染。ARGs 还极有可能在环境中传播、扩散，可能比抗生素本身的环境危害更大，对公共健康和食品、饮用水安全构成威胁。为此，2006 年 Pruden 等提出将 ARGs 作为一种新型的环境污染物。

2011 年世界卫生日的主题为“抵御耐药性——今天不采取行动，明天就无药可用”，就是号召要遏制抗生素耐药性的蔓延。近年来，虽然新型抗生素的发现和开发速度持续下降，但相关的 ARGs 却快速出现和扩散，极大地影响了抗生素的治疗效果，严重威胁人类健康。

3. 持久性有机污染物

持久性有机污染物（persistent organic pollutants，POPs）指通过各种环境介质能够长距离迁移并长期存在于环境，具有环境持久性、生物蓄积性、远距离环境迁移性，对人类健康和生态环境具有严重危害的天然或人工合成的有机污染物质。

2001 年 5 月，国际社会在瑞典斯德哥尔摩共同签署了《关于持久性有机污染物的斯德哥尔摩公约》，启动了对 POPs 的全球统一控制行动。《关于持久性有机污染物的斯德哥尔摩公约》首批确认了 12 种 POPs，包括滴滴涕、艾氏剂、氯丹、狄氏剂、异狄氏剂、七氯、灭蚁灵、毒杀芬、六氯苯、多氯联苯、多氯二苯并-对-二噁英（PCDDs）和多氯二苯并呋喃。2009 年 5 月，在瑞士日内瓦举办的《关于持久性有机污染物的斯德哥尔摩公约》第四次缔约方大会达成共识，同意减少并最终禁用 9 种严重危害人类健康与自然环境的有毒化学物质，分别是 α-六六六、β-六六六、γ-六六六（林丹）、商用五溴联苯醚、商用八溴联苯醚、六溴联苯、开蓬（十氯酮）、五氯苯、全氟辛烷磺酸及其盐类和全氟辛烷磺酰氟。POPs 的受控物质从此前的 12 种增加到 21 种。POPs 名单是开放的，随着科学技术的发展和人们对 POPs 认识的不断加深，根据《关于持久性有机污染物的斯德哥尔摩公约》规定的 POPs 的 4 个甄选标准（持久性、生物蓄积性、远距离环境迁移性、不利影响），将会有更多的有机污染物被确定为 POPs 而加以控制和消除。

按照 POPs 的产生过程和来源，POPs 可以分为有意生产和无意生产两大类。前者指人类社会有意开发、生产的具有某种应用价值的人工合成化学品，如滴滴涕、多氯联苯等农业、工业用途化学品；后者指在化工生产或废物焚烧等人类经济活动过程中无意产生和排放的、无任何经济价值的副产物或污染物，如二噁英等。

比 POPs 概念外延更大的概念是持久性有毒物质（persistent toxic substances，PTSs），可以认为 PTSs 是在环境中可以长期存在、能够被生物蓄积的有毒物质。从定义上看，PTSs 更强调持久性与毒性这两种特性，因此 PTSs 比 POPs 的定义范围更广。除 POPs 外，被广泛关注的 PTSs 包括多环芳烃、邻苯二甲酸酯（PAEs）、金属有机化合物（如有机汞化合物、有机锡化合物、有机铅化合物等）、烷基酚（如辛基酚、壬基酚等）、硫丹、阿特拉津、得克隆、短链氯化石蜡等化合物。

2.3.3 污染物的环境效应

由自然过程或人为活动导致的环境系统的结构和功能的改变，称为环境效应（environmental effect）。污染物进入环境系统后对其结构和功能将产生十分复杂的影响，如按照污染物引起的环境变化的性质划分，可分为环境物理效应、环境化学效应和环境生物效应。

1. 环境物理效应

各种因素引起的环境物理性质的改变称为环境物理效应，如热岛效应、雨岛效应、温室效应、噪声等。城市人口密集、燃料燃烧排放大量热量，加之街道和建筑群辐射的热量，使城市气温高于周围地带，称为热岛效应；由于城市热岛所产生的局地气流的上升有利于对流性降水的发生、发展，城区空气中颗粒物的大量存在增加了云雾的凝结核，大核（如硝酸盐）存在时有促进暖云降水作用，形成雨岛效应。大气中 CO_2 和其他温室气体的不断增加，产生温室效应。颗粒物、粉尘进入大气使大气能见度下降。高强度噪声引起墙体开裂、玻璃破碎等。

2. 环境化学效应

在各种环境因素的影响下，物质间发生化学反应产生的环境效应即环境化学效应，如土壤酸碱化、水体酸化及地下水硬度升高、局部地区的光化学烟雾等。酸雨导致地面水体和土壤酸化、土壤肥力降低及各种建筑物被腐蚀。大量碱性或含盐废水进入土壤或水体导致土壤盐碱化、水体碱化和盐化，导致土壤和水体性质恶化。需氧有机物的降解会产生酸、碱、盐等物质，受其影响，碳酸盐矿物和大量交换态钙、镁离子在水中的溶解度增加，最终导致水的硬度增加。氮氧化物和碳氢化合物排入大气，在特定条件下，可导致光化学烟雾，直接危害生物生长和人体健康。

3. 环境生物效应

环境因素变化导致生态系统变异而产生的后果称为环境生物效应。例如，酸雨不仅会产生环境化学效应，同时还由于土壤和水体的酸化，陆生和水生生态系统的生物组成和结构发生变化。有毒有害物质排入水体，对水生生物产生不同程度的毒害，有的敏感生物甚至灭绝。具有“三致”作用的污染物质通过不同途径进入人体，引起畸形及癌症患者增多，严重威胁人类健康。

思　考　题

1. 根据学科背景，简述影响古今中外人口思想变迁的因素有哪些？
2. 什么是人口金字塔？结合定义及图 2-1、图 2-4，分析我国当前可能存在的人口问题。
3. 针对我国当前存在的人口问题，说说你的看法，并提出你认为行之有效的解决方案。
4. 结合身边实例，谈谈人口发展对环境造成的影响。
5. 什么是温室效应？温室气体有哪些？
6. 什么是资源危机？简述资源危机的分类，试举几个例子。
7. 简述资源危机的出路。
8. 结合环境资源危机的现状，简述“双碳”目标对我国行业发展的影响有哪些？
9. 简述常见的环境污染类型。
10. 简述一次污染物和二次污染物的区别。
11. 列举几种典型的持久性有机污染物。
12. 简述污染物的环境效应。

主要参考文献

陈景文, 全燮. 2009. 环境化学[M]. 大连: 大连理工大学出版社.
陈英旭. 2012. 环境科学与人类文明[M]. 杭州: 浙江大学出版社.
崔宝秋. 2012. 环境与健康[M]. 北京: 化学工业出版社.
戴树桂. 2006. 环境化学[M]. 2 版. 北京: 高等教育出版社.
邓南圣, 吴峰. 2004. 环境中的内分泌干扰物[M]. 北京: 化学工业出版社.
何爱平, 任保平. 2010. 人口、资源与环境经济学[M]. 北京: 科学出版社.
黄民生, 何岩, 方如康. 2011. 中国自然资源的开发、利用和保护[M]. 北京: 科学出版社.
黄伟. 2010. 环境化学[M]. 北京: 机械工业出版社.
梁吉义. 2011. 自然资源总论[M]. 太原: 山西经济出版社.
罗义, 周启星. 2008. 抗生素抗性基因(ARGs)——一种新型环境污染物[J]. 环境科学学报, 28(8): 1499-1505.
马红鸽, 贺晓迎. 2021.建党百年来中国共产党人口生育政策变迁及其启示[J]. 西安财经大学学报, 34(5): 29-38.
欧阳金芳, 钱振勤, 赵俭. 2009. 人口·资源与环境[M]. 2 版. 南京: 东南大学出版社.
钱易, 唐孝炎. 2010. 环境保护与可持续发展[M]. 2 版. 北京: 高等教育出版社.
曲向荣. 2011. 清洁生产与循环经济[M]. 北京: 清华大学出版社.
谭文兵, 王永生. 2007. 发达国家的矿产资源战略以及对我国的启示[J]. 中国矿业, 16(6): 20-22.
王天津, 田广. 2012. 环境人类学[M]. 银川: 宁夏人民出版社.
张亚雷, 周雪飞. 2012. 药物和个人护理品的环境污染与控制[M]. 北京: 科学出版社.
赵景联. 2005. 环境科学导论[M]. 北京: 机械工业出版社.
中国科学院可持续发展战略研究组. 2013. 2013 中国可持续发展战略报告——未来 10 年的生态文明之路[M]. 北京: 科学出版社.
中华人民共和国国家统计局. 2013. 2013 中国统计年鉴[M]. 北京: 中国统计出版社.
周启星. 2013. 资源循环科学与工程概论[M]. 北京: 化学工业出版社.
周文敏, 傅德黔, 孙宗光. 1990. 水中优先控制污染物黑名单[J]. 中国环境监测, 6(4): 1-3.
Pruden A, Pei R T, Storteboom H, et al. 2006. Antibiotic resistance genes as emerging contaminants: Studies in Northern Colorado [J]. Environmental Science and Technology, 40: 7445-7450.
Searchinger T, Hanson C, Ranganathan J, et al. 2014. World Resources Report 2013～2014—A Menu of Solutions to Sustainably Feed More Than 9 Billion People by 2050[M]. Washington D. C.: World Resources Institute.
United Nations Department of Economic and Social Affairs. 2014. United Nations Demographic Yearbook 2012[M]. New York: United Nations Publications.

第 3 章　环境生态学基础与应用

本章导读：本章简述生态系统的组成、结构、分类及其特征，介绍生态系统生物生产、能量流动、物质循环和信息传递的基本功能，探讨生态平衡的调节机制及生态破坏的原因，阐述城市生态系统的特点及生态城市建设的内容、模式和中国生态城市的建设概况，最后总结环境生态工程与生态修复的概况与应用。

3.1　生态系统概述

生态系统（ecosystem）指在自然界的一定空间内，生物与环境构成的统一整体。在这个统一整体中，生物与环境之间相互影响、相互制约，并在一定时期内处于相对稳定的动态平衡状态。生态系统是生态学领域的一个主要结构和功能单位，其范围可大可小，相互交错，最大的生态系统是生物圈。

3.1.1　生态系统的组成

生态系统的基本组分包括两大部分：非生物成分和生物成分，如图 3-1 所示。

- 生态系统
  - 非生物成分（生命支持系统）
    - 非生物环境
      - 能源：太阳能及其他能源
      - 气候：光照、温度、湿度、降水、风等
      - 基质和介质：岩石、土壤、水、空气等
    - 物质代谢原料
      - CO_2、H_2O、O_2、N_2等
      - 无机盐（矿物质原料）
      - 腐殖质、脂肪、蛋白质、碳水化合物等
  - 生物成分
    - 生产者：绿色植物、蓝藻、绿藻、光合细菌、化能合成细菌等
    - 消费者
      - 植食动物
      - 肉食动物
      - 杂食动物
      - 寄生动物和食碎屑者
    - 分解者（还原者）
      - 小分解者（细菌、真菌、放线菌等）
      - 大分解者（甲虫、蚯蚓、粪金龟子等）

图 3-1　生态系统的组成成分

非生物成分主要包括非生物环境（能源、气候、基质和介质等）和物质代谢原料（无机盐、二氧化碳、水、氧气、氮气、腐殖质、脂肪、蛋白质和碳水化合物等），它们是生物生活的场所，也是生物物质和能量的来源，被称为生命保障系统。

生态系统中的生物成分按其在生态系统中的地位和作用可划分为三大类群：生产者（producer）、消费者（consumer）和分解者（decomposer），它们也被称为生态系统三大功能类群。

1. *生产者*

生产者是生态系统中的自养生物和初级生产者，主要包括绿色植物、浮游植物（蓝藻、绿藻和硅藻等）和少数化能合成细菌，担负着大部分有机物生产的使命。例如，绿色植物（含有叶绿素的非单细胞植物）可以通过光合作用把水和二氧化碳等无机物质合成为糖类、蛋白质和脂肪等有机化合物，并将太阳能转化为化学能储存在有机物质中。另外，由于海洋深处没有太阳光，深海中的生命体是通过化学合成的方式积累有机质为自己创造食物。生产者在生态系统中起基础性作用，是生态系统物质循环和能量流动的关键成分。

2. *消费者*

消费者是指直接或间接以生产者制造的有机物为食物的异养生物，主要是动物。根据它们食性不同，可以分为植食动物、肉食动物、杂食动物、寄生动物和食碎屑者。植食动物又称一级消费者，以植食动物为食的一级肉食动物为二级消费者，以一级肉食动物为食的为三级消费者。消费者都是依靠生产者来获取能量的，它们也是生态系统中重要的一环。

3. *分解者*

分解者也称还原者，指生态系统中细菌、真菌和放线菌等具有分解能力的生物，也包括某些原生动物和腐食性动物。分解者的作用是把动植物残体内固定的复杂有机物分解为生产者能重新利用的简单化合物，并释放出能量。所有动植物的尸体和枯枝落叶都必须经过分解者进行还原分解，才能归还于环境。如果没有分解者的分解作用，生态系统中的物质循环也就停止了，所以分解者是生态系统不可缺少的重要组成部分。

3.1.2　生态系统的结构

生态系统的结构主要指构成生态的诸要素及其量比关系，包括各组分在时间、空间上的分布，以及各组分间能量、物质、信息流的途径与传递关系。生态系统中不论生物成分或非生物成分多么复杂，虽然其位置和作用各不相同，但彼此紧密相连，构成一个统一的整体。生态系统的结构包括物种结构、营养结构和时空结构。

1. 生态系统的物种结构

生态系统的物种结构反映生态系统中物种组成的多样性，是由生态系统中许多不同生物类型或品种及它们之间不同的数量组合关系所构成的系统结构。它是描述生态系统结构和群落结构的方法之一。物种多样性和生境的特点与生态系统的稳定性是相联系的。衡量生态系统中生物多样性的指数较多，如 Simpson 指数、Shannon-Wiener 指数、均匀度、优势度、多度和频度等。

2. 生态系统的营养结构

生态系统的营养结构以营养为纽带，把生物和非生物结合起来，使生产者、消费者、分解者和非生物环境之间构成一定的密切关系，如图 3-2 所示。环境中的营养物质被绿色植物吸收，在光能的作用下转化为化学能储存在植物体内，消费者从植物中获取营养，有机体经分解者的分解还原，使有机物转变为无机物归还于环境，供生产者利用，形成以物质循环为基础的营养结构。

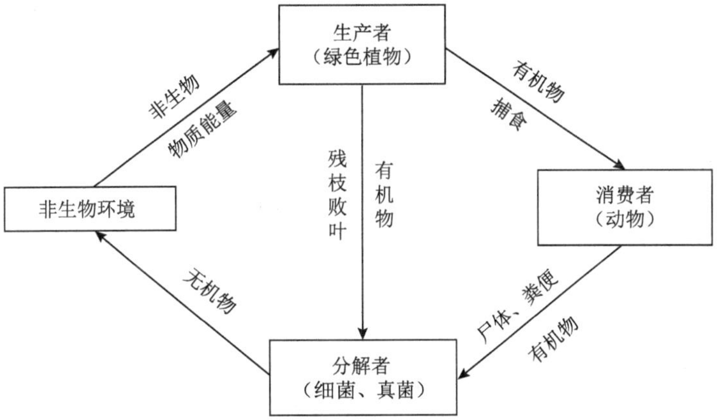

图 3-2　生态系统的营养结构示意图

3. 生态系统的时空结构

生态系统的结构和外貌随时间变化而变化，这反映生态系统在时间上的动态变化。生态系统的时间结构一般可以从三个时间度量上来考察，即长时间尺度、中时间尺度、短时间尺度。在长时间尺度上，以生态系统进化为主要内容；在中时间尺度上，以群落演替为主要内容；在短时间尺度上，以昼夜、季节和年份等的周期性变化为主要内容。短时间的变化是生态系统中较为普遍的现象，生态系统短时间结构的变化，反映生态系统中的动植物等对环境因子周期性变化的适应，往往也反映生态系统中环境质量的高低。同时，任何一个生态系统都有空间结构，即生态系统的分层现象，包括垂直结构和水平结构。垂直结构指生态系统中各组成要素或各种不同等级的亚系统在空间上的垂直分布和成层现象。例如，森林生态系统分层从上到下依次为乔木层、灌木层、草本层和地被层。生态系统的水平结构指系统在水平方向上的配置状况或水平格局，生物种群在水平上的镶嵌性。光照、土壤、水分、地形等生态因子的不均匀及生物间生物学特性的差异，构成了生态系统的水平结构。例如，在森林生态系统中，森林边缘与森林内部分布着明显不同的动植物种类。

3.1.3　生态系统的分类

生态系统类型众多，按不同的分类标准，可被划分为不同的类型。

按照环境性质划分：可分为陆地生态系统和水域生态系统。陆地生态系统根据其组成成分和植被特点等可以进一步分类，而水域生态系统也可根据地理和物理状态等不同而细分，如图 3-3 所示。

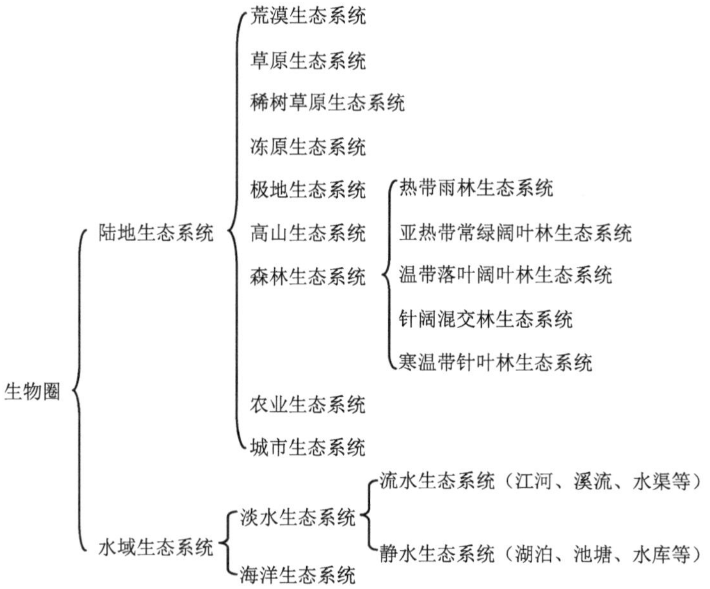

图 3-3　生态系统分类图

按照生物成分划分，可分为植物生态系统、动物生态系统、微生物生态系统、人类生态系统等；按照生态系统结构和外界物质与能量交换状况划分，可分为开放生态系统、封闭生态系统、隔离生态系统等；按照人类活动及其影响程度划分，可分为自然生态系统、半自然生态系统、人工复合生态系统等。

实际上在两个生态系统之间还有一些过渡类型，如淡水与咸水之间、沼泽与水生之间、水生与陆地之间等有许多过渡地带，很难将其归于某种生态系统类型，所以上述的划分并不完善。例如，湿地生态系统是陆地与水域之间水陆相互作用形成的特殊自然综合体。该系统不同于陆地生态系统，也有别于水生生态系统，它是介于两者之间的过渡生态系统，是世界上生物多样性最丰富、单位生产力最高的自然生态系统。湿地指天然或人工形成的沼泽地等带有静止或流动水体的成片浅水区，还包括在低潮时水深不超过 6 m 的水域。广阔众多的湿地、森林和海洋并称为全球三大生态系统，具有多种生态功能，孕育着丰富的自然资源。湿地被人们称之为“地球之肾”“物种储存库”“气候调节器”，在调节径流、维持生物多样性、蓄洪防旱、控制污染等方面具有其他生态系统不可替代的作用。

3.1.4　生态系统的特征

任何“系统”都是具有特定结构、各组分之间发生一定联系并执行一定功能的有序整体。从这种意义上说，生态系统与物理学上的系统是相同的。但生命成分的存在决定生态系统具有不同于机械系统的许多特征，这些特征主要表现在以下几方面。

1. 代谢特征——生态系统是开放的“自持系统”

生态系统并不是孤立存在的，不仅在系统内部时刻进行着物质和能量交换、信息的传递，它还总是与外界进行物质、能量与信息的交流。生态系统的开放性促进要素间不断地交换，促使系统内各要素间关系始终处于动态变化过程中。生态系统的开放性决定系统的动态和变化，开放给生态系统提供可持续发展的可能性。生态系统的代谢机能是其功能可以连续自我维持的基础，这种代谢机能是通过系统内的生产者、消费者和分解者三个不同营养水平的生物类群完成的，它们是生态系统“自维持”的结构基础。

2. 调节特征——生态系统具有自我调节的功能

如果自然生态系统未受到人类或者其他因素的严重干扰和破坏，其结构和功能是非常和谐的，这是因为生态系统具有自我调节的能力。所谓自我调节功能，指生态系统受到外来干扰而使其内部稳定状态发生改变时，系统靠自身机制再次返回稳定状态的能力。生态系统的调节能力和结构复杂程度呈正相关，也就是说，生态系统的结构越复杂，其自我调节能力越强。

3. 时间特征——生态系统是一个动态功能系统

生态系统是有生命存在并与外界环境不断进行物质交换和能量传递的特定空间。生态系统具有有机体的一系列生物学特征，如发育、代谢、繁殖、生长和衰老等，这就意味着生态系统具有动态变化的能力。任何一个生态系统总是处于不断发展、进化和演变过程中，这就是通常说的系统演替。生态系统的这一特性为预测未来和情景评估提供重要的科学依据。

4. 空间特征——生态系统具有一定的区域特征

生态系统往往和特定的空间相联系，反映一定的地区特性及空间结构。各种空间都存在不同的环境条件，栖息着与之相适应的生物类群，使生态系统的结构和功能反映一定的地区特性。同为森林生态系统，寒温带长白山区的针阔混交林与海南岛热带雨林的生态系统相比，无论是物种结构、物种丰度还是系统功能等均有明显的差别。这种差异是区域自然环境不同的反映，也是生命成分在长期进化过程中对各自空间环境适应和相互作用的结果。

3.1.5 生态系统的功能

生态系统的功能指生态系统的自然过程和组分直接或间接地提供可以满足人类需要的产品与服务的能力。生态系统的结构及其特征决定它的基本功能，其主要包括生物生产、能量流动、物质循环和信息传递。生态系统的这些基本功能是相互联系、紧密结合的，而且是由生态系统中的生命部分即生物群落来实现的。食物链（网）和营养级是实现这些功能的保证。

1. 食物链（网）和营养级

植物固定的能量通过一系列的取食和被取食关系在生态系统中传递，这种关系称为食物链（food chain）。食物链构成生态系统物质循环和能量流动的渠道。受能量传递效应的影响，一般食物链由4～5个环节构成。按照生物与生物之间的关系可将食物链分为3种类型：①捕食食物链，以生产者为起点，其构成方式为植物—食草动物—食肉动物。这种食物链既存在于水域，又存在于陆地环境，但是在大多数陆地生态系统和浅水生态系统中它并不是主要的食物链，仅在某些水生生态系统中，捕食食物链才会成为能流的主要渠道。②寄生食物链，寄生食物链由宿主与寄生生物构成，在寄生食物链中，宿主体积最大，沿着食物链，寄生生物的数量越来越多，体积越来越小。受寄生生物及其复杂生活史的影响，寄生食物链也非常复杂，有些寄生生物可以借助食物链中的捕食者在不同寄主间进行转移。另外，寄生食物链也可以存在于寄生生物之间。例如，寄生在哺乳动物和鸟类身上的跳蚤反过来可以被细滴虫寄生。③腐食食物链，以死的生物或腐屑为起点，其构成方式为碎食物—碎食物消费者—小型肉食性动物—大型肉食性动物。在森林中，90%的净生产以碎屑方式的食物为消耗品，如落叶和枯木等作为食物。在水中也有很多碎屑存在于水体有机沉淀物中。故腐食食物链是陆地上最主要的食物链。

食物网（food web）指在生态系统中，生物成分之间通过能量传递形成复杂的普遍联系，并由多个食物链形成的网络系统。生态系统中的食物营养关系是很复杂的，一种生物常常以多种食物为食，而同一种食物又常常被多种消费者取食。因此，一种生物不可能固定在一条食物链上，而是同时加入数条食物链，于是，食物链彼此交错和关联，形成食物网。一般认为，食物网越复杂，生态系统抵抗外力干扰的能力就越强，反之，食物网越简单，生态系统越容易发生波动甚至崩溃。

食物链（网）概念的重要性还在于它揭示环境中有毒污染物质的转移和积累原理与规律。生物富集和生物放大就是与食物链（网）相联系的环境现象。生物富集（bio-concentration），又称生物浓缩，指生物个体或处于同一营养级的许多生物种群通过对环境中某些元素或难分解化合物的积累，使这些物质在生物体内的浓度超过环境中浓度的现象。生物富集常用富集系数或浓缩系数（生物体内污染物的平衡浓度与其生存环境中该污染物浓度的比值）来表示。生物放大（biological magnification）是指在生态系统的同一食物链上，由于高营养级生物以低营养级生物为食物，某种元素或难分解化合物在机体中的浓度随着营养级的提高而逐步增大的现象。由此可见，食物链（网）也是污染物的重要传递途径，这是一个值得注意的问题。

营养级（trophic level）是指处于食物链某一环节上的所有生物物种的总和。营养级之间的关系不是一种生物和另一种生物之间的营养关系，而是一类生物和处于不同营养层次上另一类生物之间的关系；随着营养级的升高，营养级内生物种类和数量在逐渐地减少；营养级的数目不可能很多，一般限于 3～5 个；很难将所有动物依据它们的营养关系放在某一特定的营养级中，在实际中常依据主要食性来确定其营养级。

低位营养级是高位营养级的营养及能量的供应者，但低位营养级的能量仅有10%左右能被高一营养级利用。为了保证生态系统中能量的流通，自然界就形成了生物数量金字塔、生物量金字塔和生产力金字塔等。在寄生性食物链上，生物数量往往呈倒金字塔形；在海洋中的浮游植物与浮游动物之间，其生物量也往往呈倒金字塔形。

2. 生物生产

一般来说，生态系统的生产指绿色植物把太阳能转化为化学能，再经过动物生命活动将其转化为动物能的过程。生物生产包括初级生产和次级生产两个过程。前者是生产者（主要是绿色植物）把太阳能转化为化学能的过程，故又称为植物性生产；后者是消费者（主要是动物）的生命活动将初级生产品转化为动物能的过程，故称为动物性生产。在一个生态系统中，这两个生产过程彼此联系，进行着能量和物质交换，但又是分别独立进行的。

1）初级生产过程

生态系统初级生产的能源来自太阳辐射能，绿色植物通过光合作用吸收和固定太阳能，将无机物合成、转化成复杂的有机物，并释放出氧气。可见，生态系统初级生产实质上是一个能量的转化和物质的积累过程，是绿色植物的光合作用过程。光合作用是植物固定太阳能的唯一有效途径，其全过程非常复杂，包括多步化学反应。其总反应式可以表示为

$$6CO_2 + 12H_2O \xrightarrow{\text{叶绿素、太阳光}} C_6H_{12}O_6 + 6O_2 + 6H_2O \tag{3-1}$$

绿色植物的这种生产过程称为初级生产，植物所固定的太阳能或所制造的有机物质称为初级生产量或第一性生产量（primary production）。

地表单位面积、单位时间内光合作用生产有机物质的数量称为总初级生产量（gross primary production）。绿色植物为了维持自己的生存也需要呼吸，所以在初级生产量中，有一部分被植物自身的呼吸消耗掉了，剩余部分才以有机物的形式用于植物的生长与繁殖，这部分生产量称为净初级生产量（net primary production）。用式（3-2）表示：

$$NP = GP - R \tag{3-2}$$

式中，NP 为净初级生产量；GP 为总初级生产量；R 为呼吸量。

净初级生产量随着时间的积累形成植物生存量，净初级生产量被植食性动物消耗，一部分枯枝落叶被分解者分解。

初级生产在空间上和时间上都是分配不均匀的，陆地生态系统中初级生产在热带最旺盛，产生的初级生产量也最高，从热带向两极逐渐减少；在任何纬度，当降雨减少时，初级生产量也减少。相同气候带的草原比森林生产量要低些。在海洋，因为缺少养分，生产量很低。

生态系统中的初级生产量在水平上存在差异，在垂直变化上也有不同，森林中一般是乔木层初级生产量最高，灌木层次之，草本层更低。地下部分也有着相似的变化。水体中阳光直接照射的水面，并不是生产量最高的地方，而通常是在数米深的水层。它取决于水的清晰度和浮游植物的密度，过强的阳光对浮游植物生长不利，早晨和傍晚的光照强度比较适合。

此外，初级生产过程还受许多因素制约。就光合作用所需物质而言，除水分和 CO_2 外，还必须从土壤中吸收各种营养物质。许多环境因素如光照时数和强度、温度、降雨及植物群落的垂直结构也影响着初级生产的过程。人类活动对生态系

统的干扰及大气污染物对生态系统生物生产的危害作用也非常明显。

2）次级生产过程

生态系统的次级生产指消费者和分解者利用初级生产物质进行同化作用建造自身与繁殖后代的过程。次级生产所形成的有机物（消费者体重增长和后代繁衍）的量称为次级生产量。简单地说，次级生产就是异养生物对初级生产物质的利用和再生产过程。从理论上讲，净初级生产量可以全部被异养生物利用，转化为次级生产量。实际上，任何一个生态系统中的净初级生产量都有可能流失到这个生态系统以外的地方，还有很多植物生长在动物根本达不到的地方，因此也无法被利用。总的来说，初级生产量总是有相当一部分不能被利用。即使是被动物吃进体内的植物，也有相当一部分会通过动物的消化道被原封不动地排出体外。在被吸收的能量中，有一部分用于动物的呼吸代谢来维持自身生命的需要，这一部分能量最终以热的形式散失到环境中，剩下的那部分才能用于动物各器官组织的生长和繁殖新的个体。

总之，一个种群出生率最高和个体生长速度最快的地方，就是这个地区自然环境中净初级生产量最高的区域，因为次级生产量是依靠消耗初级生产量而得到的。在一个正常的生态系统中，初级生产过程和次级生产过程彼此相互联系，进行着物质和能量的交换，构成生态系统中的物质生产过程。

3. 能量流动

生态系统的能量流动指能量通过食物网络在系统内的传递和耗散过程。简单地说，就是能量在生态系统中的行为。它始于生产者的初级生产，止于分解者功能的完成（图 3-4），整个过程包括能量形态的转变，以及能量的转移、利用和耗散。

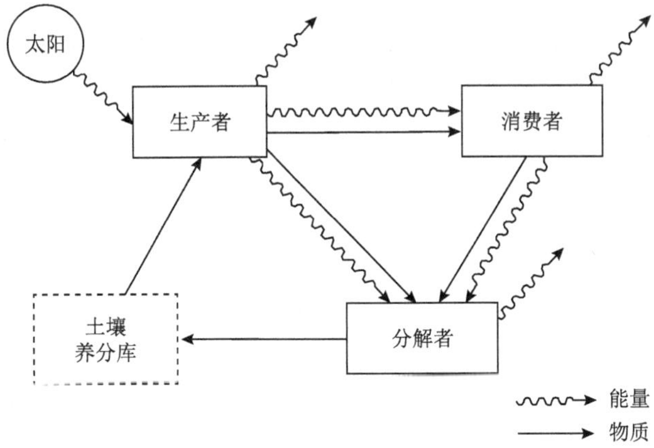

图 3-4 生态系统中的能量流动和物质循环

1）生态系统中能量流动的途径

第一条途径：能量沿食物链中各营养级流动，每一营养级都将上一级转化来的部分能量固定在本营养级的生物有机体中，但最终随着生物体的衰老死亡，经微生物分解将全部能量归还于非生物环境。

第二条途径：在各营养级中都有一部分死亡的生物有机体、排泄物或残留体进入腐食食物链，在分解者作用下，有机物被还原，有机物中的能量以热的形式散发于非生物环境。

第三条途径：无论哪一级有机体在生命代谢过程中都进行呼吸作用，将化学能转化为热散发于非生物环境。

2）生态系统中能量流动的特点

生态系统中能量的转换完全符合热力学定律。生态系统中能量增加，环境能量减少，但总能量不变。不同的是，太阳能转化为化学能，再转化为热能、机械能等其他形式。生产者即绿色植物对太阳能的利用率很低，只有 1.2%左右。

生态系统中的能量流动是单向、非循环的，主要表现在：太阳的辐射能以光能的形式输入生态系统后，通过光合作用被植物固定，不可能再以光能的形式返回；自养生物被异养生物摄食后，能量就从自养生物转到异养生物体内，也不可能再返还给自养生物；从总的能量流动途径来看，能量只是一次性流过生态系统，是不可逆的。

由于各个营养级生物需维持自身生命而消耗一部分能量，能量沿着食物链方向的流动而呈现逐级减少现象。据估计每经过一个营养级之后剩余的能量约为原有能量的 10%，其余的都被消耗了。

4. 物质循环

生态系统的物质循环又称生物地球化学循环（biogeochemical cycle），在该过程中，各种化学元素在不同层次、不同大小的生态系统乃至生物圈里，沿着特定的途径从环境到生物体、从生物体再回归到环境，不断地进行着流动和循环（图 3-4）。在生态系统中能量不断流动，而物质不断循环，能量流动和物质循环是生态系统中的两个基本过程，正是这两个过程使生态系统各个营养级之间和各种成分（生物和非生物）之间组成一个完整的功能单位。

生态系统中的物质循环可以分为三大类型，即水循环（water cycle）、气体型循环（gaseous cycle）和沉积型循环（sedimentary cycle）。生态系统中的所有物质循环都是在水循环的推动下完成的，没有水的循环，生态系统中其他物质的循环流动就无从谈起，生命也将难以维持。在气体型循环中，物质的主要储存库是大气和海洋，其循环与大气和海洋密切相关，具有明显的全球性，循环性最为完善，如 O_2、CO_2、N_2、Cl_2、Br_2 和 HF 等气体的循环。沉积型循环的主要储存库是土壤、沉积物和岩石，循环性能很不完善，属于这类循环的物质有磷、钙、钾、钠、镁等。这些物质主要通过岩石的风化和沉积物的分解转变为可被生态系统利用的营养物质。

1）水循环

水和水的循环对生态系统具有重要的意义。不仅生物体的大部分（约 70%）是由水构成的，而且生态系统中所有物质循环都是在水循环的推动下完成的。因此，没有水循环，也就没有生态系统的功能，生命也就难以维持。生态系统中的水循环包括截留、渗透、蒸发、蒸腾和径流等（图 3-5）。

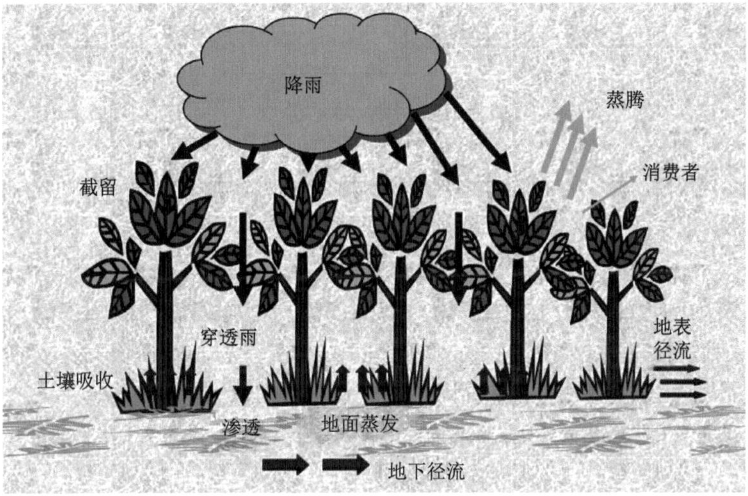

图 3-5 水循环示意图

2）碳循环

碳是构成生物体的主要元素之一，也是植物有机物质的主要组分之一。岩石圈、海洋、陆地生态系统和大气是地球上的主要碳库，碳元素在大气、陆地和海洋等各大碳库之间不断地循环变化。大气中的 CO_2 被陆地和海洋中的生物吸收，然后通过动植物的呼吸作用、地质过程及人类活动的干预，又以 CO_2 的形式返回大气中。碳的全球循环主要指碳在岩石圈、水圈、大气圈和生物圈之间的循环。然而，地球上的碳除在全球范围进行地质大循环外，CO_2 通过光合作用被固定在有机物中，然后通过食物链的传递，在生态系统中进行循环。图 3-6 说明生态系统中的碳循环过程。

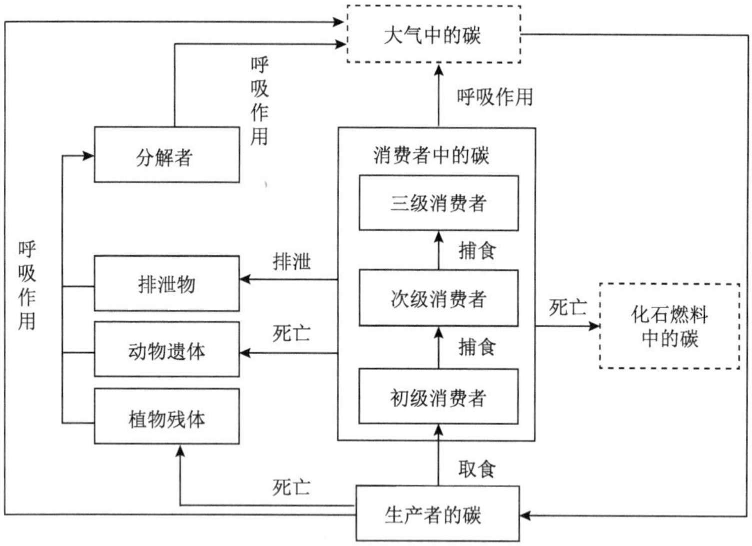

图 3-6　碳循环示意图

在过去的几千年中，海洋和陆地生态系统等自然碳源排入大气的大量 CO_2 通过光合作用与海洋吸收等自然过程的清除作用基本处于平衡状态，浓度维持在 280 cm^3/m^3（ppm）左右。自工业革命以来，大气中的 CO_2 浓度不断增加，2013 年地球大气层中的 CO_2 浓度已超过 400 ppm。这些大量增加的 CO_2 主要来源于煤、石油、天然气等矿物燃料的燃烧。与此同时，人类砍伐森林、开垦草原等土地利用行为又使得地球上利用 CO_2 进行光合作用的植物量急剧减少。人类活动造成的碳收支失衡不断增长和积累，碳循环的平衡被破坏。大气中 CO_2 浓度的增加首先将引起全球气候变化，同时受气候变化的影响，生物的发育节律与物候现象也将出现明显的变化，这将有可能使在长期进化中建立起来的物种之间的关系发生改变，一些物种面临着灾难，甚至灭绝。

3）氮循环

氮是生命物质的关键组分，地球上的氮素很多，但有 94%在岩石圈中，不参与循环，其余 6%中的大部分储存在大气中，而大气中分子态的氮不能被大多数绿色植物或动物直接利用。因此，自然界的氮循环是大气中的氮先经固氮作用，然后被生物吸收、传递、转化并再返回大气，如图 3-7 所示，氮在大气圈、水圈、生物圈和土壤圈之间的流动和循环。大气中的氮进入生物体的主要途径有生物固氮（豆科植物、细菌、藻类等）、工业固氮（合成氮）、岩浆固氮（火山活动）、大气固氮（闪电、宇宙线作用等）。其中，生物固氮能使大气中的氮直接进入生物有机体，其他途径则以氮肥的形式或随雨水间接进入生物有机体。人类对自然界中氮循环的干扰表现在：含氮有机物燃烧产生大量的氮氧化物（NO_x）使得大气环境受到污染；工业固氮造成氮素局部富积和氮循环失调；过度耕种使土壤氮素肥力下降；不合理施肥造成氮素流失从而污染水体（地表水和地下水），如常见的湖泊富营养化等问题。

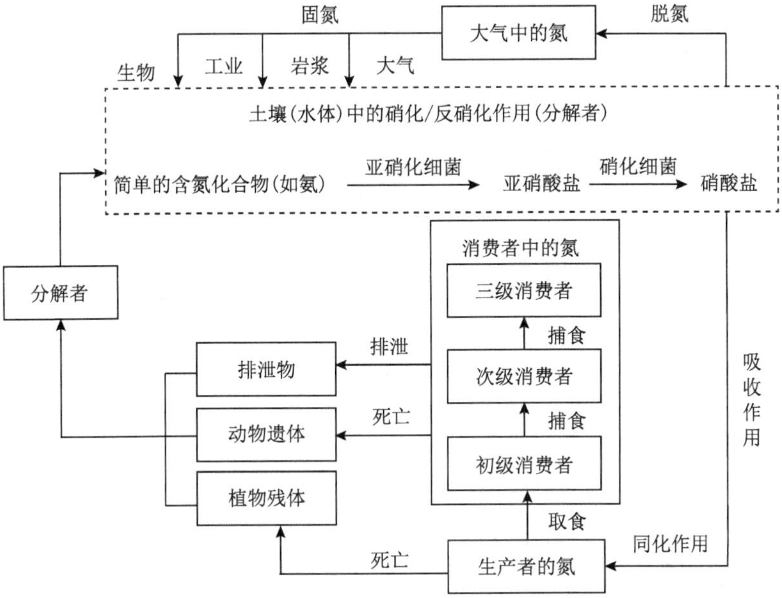

图 3-7　氮循环示意图

4）磷循环

生态系统中的磷是生物体的重要营养成分之一。磷的循环是比较典型的沉积型循环，这种类型的循环实际上有两种物质存在相：岩石相和溶盐相。磷的主要储存库是天然磷矿。由于风化、侵蚀作用和人类的开采活动，磷才被释放出来。一些磷经由植物、植食动物和肉食动物在生物体之间流动，待生物死亡后释放的磷被植物重新利用；另外，磷的有机化合物可被细菌分解为磷酸盐，其中一些被植物吸收，另一部分则转化为不能被植物利用的化合物。陆地上的一部分磷则随水流进入湖泊和海洋，最终被固定在湖泊和海洋的沉积物中，如图 3-8 所示。人类对自然界中磷循环的干扰主要表现在两方面：一是大量开采磷矿制造磷肥和洗涤剂；二是通过农田退水、大型养殖场排水和城市污水，将大量磷酸盐排放到水环境中，造成水中蓝细菌、藻类和水生植物的暴发性生长，在淡水水体中称为“藻花”或“水华”，在海洋中称为“赤潮”，是富营养化的极端表现。

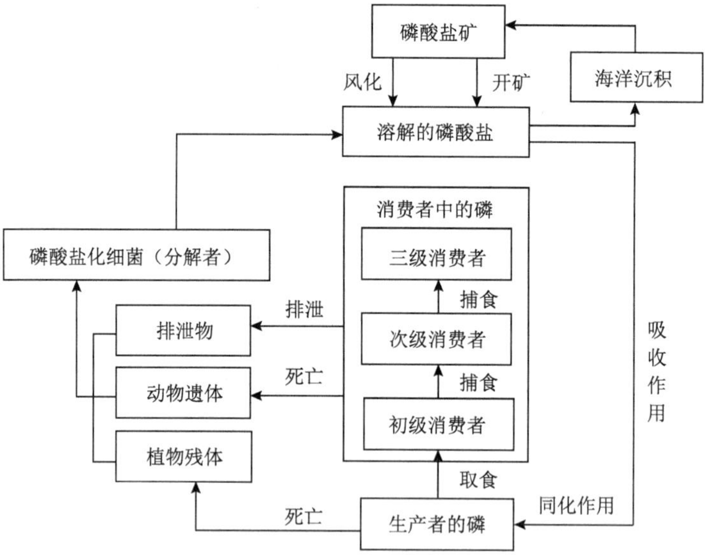

图 3-8　磷循环示意图

5）有毒物质循环

有毒物质通过大气、水体、土壤等环境介质，进入微生物、植物、动物和人体体内，然后又随着植物的枯枝落叶或动物和人的尸体、排泄物，经分解者分解回到土壤、水体和大气中，如此周而复始，称为有毒物质的生物循环。有毒物质分为有机和无机两大类。有许多无机毒物（如汞、铅、砷、镉、铬、氟等）能在生物体中富集、转化和积累。有机毒物（如酚、氰、有机氯、有机磷、有机汞、乙烯等）按降解难易程度又可分为易降解的（如酚、氰等）和难降解的（如有机氯、有机汞等）两类。前者在生物循环过程中往往容易被分解为简单的物质而解毒；后者的化学性质稳定，不易被生物分解，对人畜危害较大。大多数有毒物质尤其是人工合成的大分子有机化合物和不可分解的重金属元素，在生物体内具有浓缩现象，不能经代谢过程排出体外，而是被生物体同化，长期停留在生物体内，造成有机体中毒或死亡。因此，有毒物质的生态系统循环与人类健康密切相关，但又是最为复杂的。有毒物质在生态系统中与其他物质的循环不同，表现在：它在食物链营养级上进行循环流动并逐级浓缩富集；在生物体代谢过程中不能被排出而是被生物体同化，长期停留在生物体内；有些有毒有害物质不能分解，相反经生态系统循环后其毒性甚至加强。

5. 信息传递

生态系统中，种群与种群之间、种群内个体与个体之间及生物与环境之间都存在着信息交流，彼此进行着信息传递，称为信息流。信息传递是生态系统的基本功能之一，正是这种信息流，才使生态系统产生了自动调节机制。生态系统中包含多种多样的信息，大致可分为营养信息、物理信息、化学信息和行为信息等。

1）营养信息

在生态系统中，食物链和食物网代表着一种信息传递系统，食物链和食物网是生物的营养信息系统。各种生物通过营养关系形成一个相互依从和相互制约的整体。食物网中的各营养级中的生物体要求具有一定的比例关系，也就是数量金字塔关系。通过营养交换，把信息从一个种群传到另一个种群。例如，当生态环境中生产者的数量减少时，因食物匮乏，动物会离开原生环境，去其他食物充足的地方继续生活，进而减轻同种群的食物竞争压力。

2）物理信息

生态系统中以物理过程为传递形式的信息称为物理信息。声、光、热、电、磁等，这种信息传递方式在动植物中普遍存在。例如，合欢树叶片在白天张开，在黑夜合拢；鳗鱼和鲑鱼等能按照洋流形成的地电流来选择方向与路线；候鸟能依靠自身产生的电磁场，与地球磁场相互作用来确定方向和方位，成群结队迁徙，并能准确到达目的地；含羞草在外界触动的刺激下，会表现出小叶合拢、叶柄下垂的运动。

3）化学信息

在生态系统中，有些生物通过代谢产物（如性激素、生长素等化学物质）进行信息传递，称为化学信息的传递。这种信息传递有时也能影响生物种内及种间的关系。生态系统的各个层次都有生物代谢产生的化学物质参与传递信息、协调各种功能，这种传递信息的化学物质称为信息素，动物可利用信息素作为种间和个体间的识别信号。生物之间传递的化学信息，有的是相互制约或促进，有的是相互吸引或排斥。

4）行为信息

动物的异常行动及植物的异常表现都是在传递着某种信息，这些信息表示为识别、威胁、挑战等，还有的表示为从属、配对等。同种类的动物不同个体相遇时，常常会表现出有趣的行为信息。例如，蜜蜂发现蜜源时，会表现出一种舞蹈的动作来“告诉”它的同类去采蜜，并用各种形态的蜂舞来表示蜜源的方向和远近。

3.2　生态平衡与生态破坏

3.2.1　生态平衡

生态平衡（ecological balance）指在一定时间内生态系统中的生物和环境之间、

生物各个种群之间，通过能量流动、物质循环和信息传递，使它们相互之间达到高度适应、协调和统一的状态。也就是说，当生态系统处于平衡状态时，系统内各组成成分之间保持一定的比例关系，能量和物质的输入与输出之间在较长时间内趋于平衡，结构和功能处于相对稳定状态。当受到外来干扰时，能通过自我调节恢复到初始的稳定状态。生态平衡是动态的平衡，是一种相对的平衡。

1. 生态平衡的标志

1）生态系统之间的协调

在一定区域内，一般包括多种类型的生态系统，如森林、草地、农田、江河水域等。如果在一个区域内能根据自然条件合理配置森林、草地、农田等生态系统的比例，它们之间就可以相互促进，否则就会对彼此造成不利的影响。例如，在一个流域内，陡坡毁林开荒，会造成水土流失，土壤肥力减退，并且淤塞水库、河道，农田和道路被冲毁及抗御水旱灾害能力下降等后果。

2）生态系统内部生物种类和数量的相对稳定

生物之间是通过食物链维持着自然的协调关系，控制物种间的数量和比例。如果人类破坏了这种协调关系和比例，使某种物种明显减少而另一些物种却大量滋生，就会破坏系统的稳定和平衡，带来灾害。例如，大量施用农药使害虫天敌的种类和数量大大减少，从而带来害虫的再度猖獗；大肆捕杀以鼠类为食的肉食动物，会导致鼠害的日趋严重。

3）生态系统中物质和能量的输入与输出之间的相对平衡

任何生态系统都是不同程度的开放系统，既有物质和能量的输入，也有物质和能量的输出，能量和物质在生态系统之间不断地进行着开放性流动。只有生物圈这个最大的生态系统，对物质运动来说是相对封闭的，如全球的水分循环是平衡的，营养元素的循环也是全球平衡的。生态系统中输出多，输入相应也多，如果入不敷出，系统就会衰退。若输入多、输出少，则生态系统有积累，处于非平衡状态。人类从不同的生态系统中获取能量和物质，增加系统的输出，应给予相应的补偿，只有这样，才能使环境资源保持永续再生产。

4）在生态系统整体上，生产者、消费者、分解者应构成完整的营养结构

对于一个处于平衡状态的生态系统，生产者、消费者、分解者都是不可或缺的，否则食物链会断裂，导致生态系统的衰退和破坏。生产者减少或消失，消费者和分解者就没有足够赖以生存的食物来源，系统就会失衡崩溃。例如，大面积毁林毁草，迫使各级消费者转移或消逝，分解者种类和数量也会因土壤遭到侵蚀而大大减少。消费者与生产者在长期共同发展过程中，已形成相互依存的关系，

如生产者靠消费者传播与搬运种子、果实、花粉及树叶和整枝等。没有消费者的生态系统也是一个不稳定的生态系统。分解者完成物质和能量归还、还原或再循环的任务，是任何生态系统所不可缺少的。

2. 生态平衡的调节机制

生态系统平衡的调节主要是通过系统的反馈机制、抵抗力和恢复力来实现的。

1）反馈机制

反馈可分为正反馈（positive feedback）和负反馈（negative feedback），两者的作用是相反的。正反馈可使系统更加偏离置位点，所以它不能维持系统的稳态。生物的生长、种群数量的增加等均属于正反馈。要使系统维持稳态，只有通过负反馈机制。这种反馈就是系统的输出变成决定系统未来功能的输入。在种群数量调节过程中，密度制约作用是负反馈机制的体现。负反馈调节作用的意义就在于通过自身的功能来减缓系统内的压力以维持系统的稳定。例如，当草原上迁入的食草性动物数量过多时，植物会因动物的过度啃食而不断减少，随着植物量的下降，反过来又会抑制动物数量的增加。有人把生态系统比作弹簧，它能忍受一定的外来压力，压力一旦解除就能恢复初始的稳定状态。生态系统正是由于具备负反馈调节功能，才能在很大程度上克服和消除外来的干扰，保持自身的稳定性。

2）抵抗力

抵抗力是生态系统抵抗外界干扰并维持系统结构和功能原始状态的能力，是维持生态平衡的重要途径之一。抵抗力与系统发育阶段状况有关，其发育越成熟、结构越复杂、抵抗外界干扰的能力越强。例如，我国长白山红松针阔混交林生态系统，生物群落垂直层次明显、结构复杂，系统自身储存大量的物质和能量，这类生态系统抵抗干旱和虫害的能力远远超过结构单一的农田生态系统。环境容量和自净能力等都是系统抵抗力的表现形式。

3）恢复力

恢复力是生态系统遭受外界干扰破坏后，系统恢复到原始状态的能力。例如，污染水域切断污染源后，生物群落的恢复就是系统恢复力的表现。生态系统恢复力是由生命成分的基本属性决定的，即由生物顽强的生命力和种群世代延续的基本特征所决定的。因此，恢复力强的生态系统，生物体的生命周期较短，结构比较简单。例如，草原生态系统遭受破坏后恢复速度要比森林生态系统快得多。反之，如果生物成分（主要是初级生产这一层次）生命世代周期较长，结构较复杂的生态系统，一旦遭到破坏则难以恢复或需较长时间方可恢复。但就抵抗力的比较而言，两者的情况却完全相反，恢复力越强的生态系统其抵抗能力一般比较低，反之亦然。

3.2.2 生态破坏

生态系统对外界干扰具有调节能力才使之保持相对的稳定，但是这种调节能力不是无限的。不使生态系统丧失调节能力或未超过其恢复能力的外界干扰及破坏作用的强度称为“生态平衡阈值”（ecological equilibrium threshold limit）。一旦超出这个限度，调节就不再起作用，生态平衡就会遭到破坏。如果现代人类的活动使自然环境剧烈变化，或进入自然生态系统中的有害物质数量过多，超过自然生态系统调节功能或生物与人类能够忍受的程度，那么就会破坏自然生态平衡，使人类和生物受到损害。

1. 生态平衡失调

当外界干扰（自然的或人为的）所施加的压力超过生态系统自身调节能力和补偿能力，将造成生态系统结构破坏，功能受阻。正常的生态功能被打乱及反馈自控能力下降而不能恢复到初始状态，生态平衡就失调了。生态平衡失调的主要标志有以下两点。

1）结构上的标志

生态平衡的失调，首先表现在结构上，包括一级结构缺损和二级结构变化。

生态系统的一级结构指生态系统生物成分，即生产者、消费者和分解者。当组成一级结构的某一种或几种成分缺损时，即表明生态平衡失调。例如，当一个森林生态系统遭遇毁林开荒，就会发生水土流失，使原有的生产者消失，各级消费者也会由于栖息地的破坏和食物来源的枯竭而被迫转移或消失，与此同时，分解者也会因生产者和消费者残体大量减少而减少，最终导致该森林生态系统的崩溃。

生态系统的二级结构指生态系统中各组分的物种组成及其特征，如各种植物种类组成生产者的结构、各种动物种类组成消费者的结构等。二级结构变化指组成二级结构的各种成分发生变化。例如，当一个草原生态系统长期超载放牧时，适口性优质草类会减少，而带刺劣质草类会增加，这种草原生态系统生产者种类的改变就是典型的生态系统二级结构变化。草原生态系统生产者种类的改变将导致该草原生态系统载畜量下降，随着该情况的持续发展，最终造成草原生态系统的崩溃。

2）功能上的标志

生态平衡失调表现在功能上指能量流动受阻和物质循环中断。

能量流动受阻指能量流动在某一营养级上受到阻碍。例如，水域生态系统中悬浮物的增加会导致水体透明度下降，进而影响水体中藻类的光合作用，造成其产量减少，即能量流动在第一营养级上受到阻碍。能量流动在第一营养级上受阻将会减少系统生物生产产量，最终导致生态平衡失调。

物质循环中断指物质循环在某一环节上中断。在草原生态系统中，枯枝落叶和牲畜粪便被微生物等分解者分解后，把营养物质重新归还给土壤，供生产者利用，这是保持草原生态系统物质循环的重要环节。但如果把枯枝落叶和牲畜粪便用作燃料烧掉，使营养物质不能归还土壤，造成物质循环中断。长期下去，土壤肥力必然下降，草本植物生产力随之降低，生态平衡失调。

2. 生态系统破坏的原因

生态平衡的破坏从产生因素上分主要有以下两方面：自然因素和人为因素。

自然因素主要指自然界发生的异常变化或自然界本来就存在的对人类和生物有害的因素，如火山爆发、森林火灾、山崩海啸、水旱灾害、地震、台风、流行病等自然灾害，这些都会使生态平衡遭到破坏。然而，这些自然因素常常是局部的，出现的频率并不高。例如，秘鲁海面每隔 6～7 年才会发生一次海洋变异现象。但是这种海洋变异现象会使一种来自寒流系的鱼大量死亡，进而导致以该鱼为食的海鸟失去食物而无法生存。

人为因素主要指人类对自然资源不合理的开发利用及工农业生产等。人为因素对生态平衡的影响往往是渐进的和长效性的，破坏程度与作用时间、作用强度紧密相关。在人类生活和生产过程中，导致生态系统失去平衡的主要原因如下。

1）物种关系的改变

当人类有意或无意地向生态系统中引入某一物种并使其大量繁殖或者使生态系统中某一物种消失时，都可能对整个生态系统造成影响，甚至破坏一个生态系统。例如，秘鲁是一个盛产磷石肥料的国家，海鸟和鸬鹚的粪便是磷石肥的基本来源，而海鸟和鸬鹚以一种鲤鱼为生，由于人类对该鱼类资源的大肆捕捞，海鸟、鸬鹚数量及其粪便锐减，最终造成秘鲁农业中磷肥的施用量大大减少，磷肥的外贸经济也遭受重大损失。

2）环境因素的改变

工农业生产的迅速发展使大量污染物质进入环境，从而改变环境因素，影响整个生态系统，甚至破坏生态平衡。例如，由于埃及的阿斯旺水坝在修筑时没有事先充分考虑其对尼罗河入海口、地下水、生物群体等生态系统可能的多方面影响，其建成后虽然实现了发电和灌溉功能，但同时也带来了农田盐渍化、红海海岸被侵蚀、捕鱼量锐减、寄生血吸虫的蜗牛和传播疟疾的蚊子增加等不良后果，这是一个生态平衡失调的突出例子。

3）信息系统的破坏

许多生物在生存过程中都能释放出某种信息素（一种特殊的化学物质）以驱赶天敌，排斥异种，与同类取得直接或间接的联系以繁衍后代。例如，某些动物在发情期，雌性个体会排出一种性信息素，靠这种性信息素吸引雄性个体来繁衍后代。然而，当人们排放到环境中的某些污染物质与该性信息素发生反应，使其丧失引诱雄性个体作用时，就会破坏这种动物的繁殖过程，改变生物种群的组成结构，使生态平衡受到影响。

阅读材料：生态文明思想

——依互联网资料整理

【材料一：生态文明与生态安全】 生态文明是人类为保护和建设美好生态环境而取得的物质成果、精神成果和制度成果的总和，是以人与自然、人与人、人与社会和谐共生、良性循环、全面发展、持续繁荣为基本宗旨的社会形态。生态文明是贯穿于经济建设、政治建设、文化建设、社会建设全过程和各方面的系统工程，反映一个社会的文明进步状态。300 年的工业文明以人类征服自然为主要特征，世界工业化的发展使征服自然的文化达到极致，一系列全球性的生态危机说明地球再也没有能力支持工业文明的继续发展，需要开创一个新的文明形态来延续人类的生存，这就是“生态文明”，如果说农业文明是“黄色文明”，工业文明是“黑色文明”，那生态文明就是“绿色文明”。

中国作为全球最大的发展中国家，自改革开放以来，长期依赖增加物质投入为主的粗放型经济增长方式，导致资源和能源的大量消耗与浪费，同时也让中国的生态环境面临着非常严峻的挑战。实际上，我国早已意识到尊重和维护生态环境的重要性，党的十八大报告中提到：“面对资源约束趋紧、环境污染严重、生态系统退化的严峻形势，必须树立尊重自然、顺应自然、保护自然的生态文明理念，把生态文明建设放在突出地位，融入经济建设、政治建设、文化建设、社会建设各方面和全过程，努力建设美丽中国，实现中华民族永续发展。”

人类对生态的破坏越来越严重，如水土流失、干旱洪涝、沙尘暴、泥石流、水污染、大气污染等都在直接或间接地威胁着人类的健康和社会经济的发展，部分地区由于人口激增，人类对自然资源的开发消耗过度，资源的不当利用活动日益频繁，使得生态环境日趋恶化，已直接威胁人类的生存。生态风险的实现使人们得以对生态问题予以高度重视，并提出了生态安全这种新的安全观。生态安全指人的环境权利及其实现受到保护，自然环境和人的健康及生命活动处于无生态危险或不受生态危险威胁的状态。生态安全一般认为包括两层基本含义：一是防止生态环境的退化对经济基础构成威胁，主要指环境质量状况和自然资源的减少与退化削弱经济可持续发展的支撑能力；二是防止环境问题引发人民群众的不满特别是导致环境难民的大量产生，从而影响安定。在我国，2000 年 11 月 26 日，国务院印发《全国生态环境保护纲要》，首次提出维护“国家生态环境安全”的目标；2014 年 4 月 15 日，中央国家安全委员会第一次会议召开，明确将生态安全纳入国家安全体系，生态安全正式成为国家安全的重要组成部分。

【材料二：“绿水青山就是金山银山”理念】“我们既要绿水青山，也要金山银山。宁要绿水青山，不要金山银山，而且绿水青山就是金山银山”，这是习近平总书记统筹经济发展与生态环境保护做出的重要论断，为我国在新时代营造绿水青山，建设美丽中国，转变经济发展方式，建设社会主义现代化强国提供了有力的思想指引。更好地满足人民日益增长的美好生活需要，推动中国特色社会主义事业行稳致远，需要准确把握“绿水青山就是金山银山”理念蕴含的丰富内涵与深远意义，即推动解决我国社会主要矛盾，实现人民对美好生活的向往；建设社会主义生态文明，开创新时代中国特色社会主义事业新局面；为全球生态治理提供中国方案、做出中国贡献。“绿水青山就是金山银山”理念是马克思主义生态观的时代发展。裨益于科学系统的辩证发展观、生态经济观、民生福祉观、综合治理观的形成和发展，这一理念对于推动解决新时代我国社会主要矛盾，开创新时代中国特色社会主义事业新局面，推动全球生态治理，都将具有重要的作用。

【材料三：人民日报刊文：山水林田湖草是生命共同体】自党的十八大以来，习近平总书记从生态文明建设的整体视野提出“山水林田湖草是生命共同体”的论断，强调“统筹山水林田湖草系统治理”“全方位、全地域、全过程开展生态文明建设”。推进生态文明建设，需要符合生态的系统性，坚持系统思维和协同推进。而生态环境保护领域之所以发生历史性变革和取得历史性成就，一个重要原因就在于牢固树立和深入践行了“山水林田湖草是生命共同体”的系统思想。

“山水林田湖草是生命共同体”的系统思想，要求人们树立生态治理的大局观、全局观，面对自然资源和生态系统，不能从一时一地看问题，一定要树立大局观，算大账、算长远账、算整体账、算综合账，如此才能形成系统性的治理，实现生产、生活、生态的和谐统一。还要求人们在生态环境治理中更加注重统筹兼顾，统筹山水林田湖草系统治理，旨在从系统工程和全局角度寻求新的治理之道，通过统筹兼顾、整体施策、多措并举，推动生态环境治理现代化。打通地上和地下、岸上和水里、陆地和海洋、城市和农村、一氧化碳和二氧化碳，对山水林田湖草进行统一保护、统一修复，必将为打好污染防治攻坚战、建设美丽中国夯基筑台、保驾护航。

3.3 生态城市建设

3.3.1 城市生态系统与生态城市

城市生态系统（urban ecosystem）是城市居民与其环境相互作用而形成的统一整体，也是人类对自然环境的适应、加工、改造而建设起来的特殊的人工生态系统。城市生态系统由自然系统、经济系统和社会系统组成。城市中的自然系统包括城市居民赖以生存的基本物质环境，如阳光、空气、淡水、土地、动物、植物、微生物等；经济系统包括生产、分配、流通和消费的各个环节；社会系统涉及城市居民社会、经济及文化活动的各个方面，主要表现为人与人之间、个人与集体之间及集体与集体之间的各种关系。这三大系统之间通过高度密集的物质流、能量流和信息流相互联系，其中，人类的管理和决策起着决定性的调控作用。城市生态系统的主要特征是以人为核心，对外部的强烈依赖性和密集的人流、物质流、能量流、信息流、资金流等。

在城市生态系统中，人起着重要的支配作用，这一点与自然生态系统明显不同。在自然生态系统中，能量的最终来源是太阳能，在物质方面则可以通过生物地球化学循环而达到自给自足。城市生态系统不同，它所需求的大部分能量和物质，都需要从其他生态系统（如农田生态系统、森林生态系统、草原生态系统、湖泊生态系统、海洋生态系统等）人为地输入。同时，城市中人类在生产生活中所产生的大量废物由于不能完全在本系统内分解和再利用而必须输送到其他生态系统中去。由此可见，城市生态系统对其他生态系统具有很大的依赖性，因而也是非常脆弱的生态系统。图 3-9 为城市生态系统模式图。由于城市生态系统需要从其他生态系统中输入大量的物质和能量，同时又将大量废物（废水、废气、垃圾等）排放到其他生态系统中去，必然会对其他生态系统造成强大的冲击和干扰。如果人们在城市的建设和发展过程中，不能按照生态学规律办事，就很可能会破坏其他生态系统的生态平衡，最终会影响到城市自身的生存和发展。

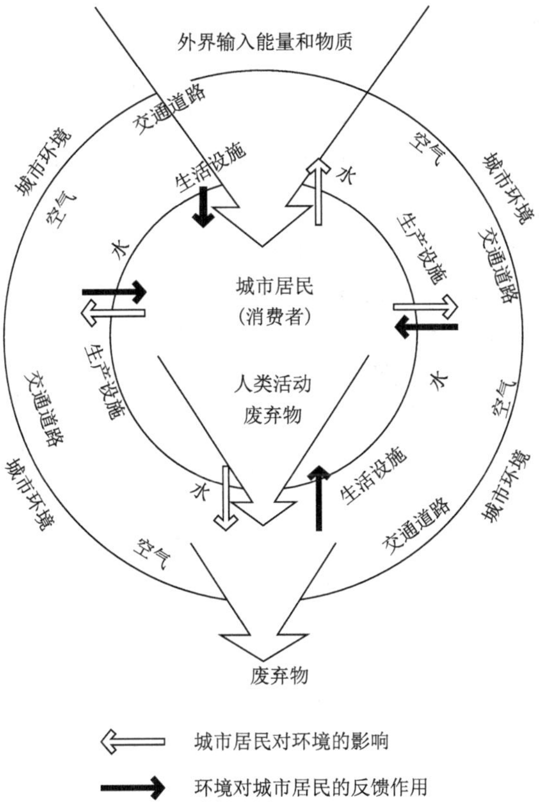

图 3-9　城市生态系统模式图

1971 年，联合国教育、科学及文化组织（United Nations Educational，Scientific and Cultural Organization，UNESCO）在第 16 届会议上，提出了“关于人类聚居地的生态综合研究”（人与生物圈计划的第 11 项专题），首次提出了“生态城市”（ecological city）的概念。明确提出要从生态学的角度用综合生态方法来研究城市，在世界范围内推动了生态学理论的广泛应用和生态城市、生态社区、生态村落的规划建设与研究。生态城市是一个经济高度发达、社会繁荣昌盛、人民安居乐业、生态良性循环四者保持高度和谐，城市环境及人居环境清洁、优美、舒适、安全，失业率低、社会保障体系完善，高新技术占主导地位，技术与自然达到充分融合，最大限度地发挥人的创造力和生产力，有利于提高城市文明程度的稳定、协调、持续发展的人工复合生态系统。生态城市已超越传统意义上“城市”的概念，超越单纯环境保护与建设的范畴，它融合社会、经济、技术、文化和生态等方面的内容，强调社会-经济-自然复合共生系统的全面可持续发展，其真正目标是创造人与自然系统的整体和谐。

3.3.2　生态城市建设的内容

生态城市的建设应贯彻“健康、安全、活力、发展”的基本理念，遵循生态和经济发展的客观规律，运用生态学和系统工程原理，以城市主要生态问题为切入点，以生态经济、生态环境、生态人居、生态文化建设为重点，把自然系统、社会系统、经济系统作为一个整体，制定区域长远发展目标，优化经济结构和产业布局，建设优美生态人居环境，培育区域生态文化体系，拓展生态支持系统支撑能力，提高城市生态系统的整体健康水平，建立区域联动互补的管理体系，将城市建设成为生态系统健康、生态环境安全、具有生态活力、保持可持续发展、具有本地特色、适宜创业发展和生活居住的生态城市。

在我国深圳召开的第五届国际生态城市大会（2002 年）通过了《生态城市建设的深圳宣言》，呼吁人与自然的和谐相处，把生态整合办法和原则应用于城市规划和管理。该宣言阐述建设生态城市包含的五方面内容。

（1）生态安全即向所有居民提供洁净的空气、安全可靠的水、食物、住房和就业机会及市政服务设施和减灾防灾措施的保障。

（2）生态卫生即通过高效率低成本的生态工程手段，对粪便、污水、垃圾进行处理和再生利用。

（3）生态产业代谢即促进产业的生态转型，强化资源的再利用、产品的生命周期设计、可更新能源的开发、生态高效的运输，在保护资源和环境的同时，满足居民的生活需求。

（4）生态景观整合即通过对人工环境、开放空间（如公园、广场）和街道桥梁等连接点和自然要素（水路和城市轮廓线）的整合，在节约能源和资源、减少交通事故和空气污染的前提下，为所有居民提供便利的城市交通。同时，防止水环境恶化，以及减少热岛效应和人为活动对全球环境恶化的影响。

（5）生态意识培养，主要是帮助人们认识其在自然关系中所处的位置和应负的环境责任，引导人们的消费观念和行为，改变传统的消费方式，增强城市环境自我调节的能力，以维持城市生态系统的高质量运行。

3.3.3　生态城市建设的模式

虽然目前世界上还没有真正意义上的生态城市，但从 20 世纪 70 年代生态城市概念提出至今，在深入理论研究的同时，国外在以“生态城市”为目标的城市建设尝试与实践中取得了一定的进展，积累了一些经验，为其他城市提供了建设范例，无疑也给我国生态城市建设带来了一定的参考与借鉴价值。通过对国内外生态城市建设案例的分析，可将其建设模式划分为规划调控型、环境美化型、污染治理型、资源循环型及功能转化型五大类。

1. 规划调控型

在城市建设过程中，从城市整体规划、土地利用模式和交通运输体系规划等宏观调控层面上，应用生态学原理，制定明确的生态城市建设目标、原则和途径，并指导和落实到城市生态化建设的具体措施上。以澳大利亚阿德莱德为代表的一些城市在这方面取得了一些成功的经验。根据城市的发展状况，制定了从 1836 年早期欧洲移民到澳大利亚，到 2136 年生态城市建成，时间跨度为 300 年的生态城市建设发展规划。该规划由代表阶段性目标的 6 幅规划图组成，并针对各阶段性目标分别提出具体的建设措施，体现生态城市建设是一个长期的、循序渐进的过程。我国规划调控型模式的典型代表则为深圳，深圳在建市之初，即提出生态立市的战略目标，生态理念贯穿于城市整体发展规划过程中。

2. 环境美化型

都市生活的便利与乡村优美环境的完美结合是霍华德所追求的理想城市。其田园都市理论立足于建设城乡结合、环境优美的新型城市，体现了人们要求与大自然融合、恢复良好生态环境的愿望，是城市与自然平衡的良好展示。“花园城市”新加坡，环境优美、生活富裕、社会和谐，是世界公认的最适宜居住的城市之一，是环境美化型生态城市建设的典型代表。新加坡在城市建设初期开始引入“花园城市”的理论，并坚持不懈地予以实施，将城市与自然紧密结合。其确保在城市化进程飞速发展的条件下，仍拥有绿色和清洁的环境，通过充分利用水体和绿地来提高居民的生活质量。在规划和建设中特别注意到建设更多的公园和开放空间；将各主要公园用绿色廊道相连；重视保护自然环境；充分利用海岸线并使岛内的水系满足适合休闲的需求。而我国环境美化型生态城市建设的典范是杭州，当城市建设走过了设置完善、布局合理的过程后，是否具有美感成为杭州城市建设的重心，“交通美学”也成为其城市建设的新理念，山东威海、辽宁大连等也属于此类型。

3. 污染治理型

随着社会经济的高度发展，特别是工业的大发展，城市环境也逐渐恶化。全球范围内都市环境污染问题日益严重，灾难性事件频发，逐渐危害人类的健康和生存。针对城市发展中普遍存在的环境和生态窘状，从治理环境污染、维护居民健康、改善人居环境的角度，以世界七大公害（大气污染、水质污浊、土壤污染、噪声、震动、地基下沉、恶臭）为环境治理对象，将成为城市发展中的重要环节，如德国弗赖堡是针对城市环境污染进行生态城市建设的典型。经过长期有序地建设城市有轨交通和公共汽车交通，形成了与整个周边地区融为一体的公交换乘网络，统一了在价格上极具吸引力的票价体系，鼓励市民在所有公交换乘地点换乘城市公共交通，方便到达城市和郊区的各个出行点，减少私人汽车的出行，降低空气污染。另外，通过积极发展与郊区相连的自行车道路网络，在市区增建自行车停车场和停车位，使自行车交通在城市交通中的比例逐年得到提高，极大地减少了交通发展导致的环境污染。此外，弗赖堡在生态城市建设中推广节能建筑，广泛应用高技术节能设备，并注重城市空间的绿化，使该市的城市环境保护对德国其他城市产生了巨大的影响，成为德国的“环保首都”。由于中国城市大多面临着工业和交通源等污染问题，其污染治理也就成为其生态城市建设的一个主要方面。

4. 资源循环型

资源循环型城市的建设将循环经济模式贯穿和渗透在城市发展的产业结构、生产过程、基础设施、居民生活及生态保护等各个方面。资源循环型城市是建立在城市功能的合理定位、充分有效利用现有资源和高科技基础之上而进行的生产与消费活动的城市，是新形势下实现城市发展新思路的重要探索。日本北九州是该类生态城市建设的典范。从 20 世纪 90 年代始，在对城市污染进行强化治理的基础上，日本北九州开始了以减少垃圾和实现循环型社会为目标的生态城市建设，提出了“从某种产业产生的废弃物为别的产业所利用，地区整体的废弃物排放为零”的生态城市建设构想。具体规划包括环境产业的建设（如家电、废玻璃、废塑料等回收再利用的综合环境产业区）、环境新技术的开发（建设以开发环境新技术、并对所开发的技术进行实践研究为主的研究中心）、社会综合开发（建设以培养环境政策、环境技术方面的人才为中心的基础研究及教育基地），取得了良好的效果。资源循环型生态城市的建设是我国天津、南京和贵阳等城市的主要目标。

5. 功能转化型

资源型城市是依托资源开发而兴建或发展起来的城市，其城市发展必然要经历建设—繁荣—衰退—转型—振兴或消亡的过程。因此，资源枯竭城市的功能转型是个世界性难题，通过生态城市建设使得资源枯竭型城市的功能转型是这些城市发展的新出路。法国洛林的城市转型走出了一条成功的道路。法国洛林（煤钢城）位于法国东北部，是法国历史上以铁矿、煤矿资源丰富而著称的重化工基地。20 世纪 60 年代末至 70 年代初，因资源、环境和技术条件的变化及外部市场的竞争压力，洛林下决心实施了“工业转型”战略。一是彻底关闭了煤矿、铁矿、炼钢厂和纺织厂等成本高、消耗大、污染重的企业；二是根据国际市场的需求，重点选择了核电、计算机、激光、电子、生物制药、环保机械和汽车制造等高新技术产业；三是用高新技术改造传统产业，大力提高钢铁、机械、化工等产业的技术含量和高附加值；四是制定优惠政策，吸引外资。经过大约 30 年的时间，洛林变成了蓝天绿地、环境优美的工业新区，由衰退走向了新生。在我国，矿产资源丰富的淮北、抚顺、大庆等城市则面临着资源枯竭。城市发展亟须功能转型，国际上功能转型生态城市建设的成功案例对这些城市的发展具有重要的借鉴意义。

3.3.4　中国生态城市建设

在我国，城市作为政治、经济和人民文化生活的中心，城镇化水平逐渐提升。但在城市化进程加快的同时生态环境恶化和城市问题也逐渐凸现，使得人们意识到建设生态城市的重要性，建设生态城市是城市发展的必由之路。在生态建设实践方面我国正在进行积极的探索。

1. 中国生态城市发展历史

我国城市生态学的研究虽然起步较晚，但发展较快。1972 年中国参加了人与生物圈计划的国际协调理事会并当选为理事国；1978 年建立了中国人与生物圈国家委员会；1979 年中国生态学会成立；1982 年 8 月 28 日在第一次城市发展战略思想座谈会上提出“重视城市问题，发展城市科学”的重要主张和城市生态学正式议题，把北京和天津的城市生态系统研究列入 1983～1985 年的国家“六五”计划重点科技攻关项目。1984 年 12 月在上海举行了“首届全国城市生态科学研讨会”，重点讨论了城市生态学的研究对象、目的、任务和方法，可以认为是我国城市生态学研究、城市规划和建设领域的一个里程碑。同年成立了中国生态学会城市生态专业委员会，为推进中国生态学研究的进一步开展和国内外的学术交流开创了广阔的前景。1986 年 6 月在天津召开了全国第二届城市生态科学研讨会，其重点探讨了城市生态学的理论研究及城市生态学在城市规划、建设和管理中的实际应用问题。1987 年 10 月联合国教育、科学及文化组织“人与生物圈”委员会在北京召开了城市及其周围地区生态与发展学术讨论会，为促进我国城市生态学研究与国际的广泛交流与合作创造了条件。1997 年 12 月，“全国第三届城市生态学术讨论会”和“城镇可持续发展的生态学专题讨论会”在深圳和香港相继召开，对“探索有中国特色的城镇可持续发展的生态学理论、方法与实践”这一主题进行了专题研讨。2002 年 8 月 1 日在深圳市召开了第五届国际生态城市大会，大会讨论通过了《生态城市建设的深圳宣言》，呼吁实现人与自然的和谐共处，把生态整合办法和原则应用于城市规划和管理。2006 年，我国先后制定了《全国生态县、生态市创建工作考核方案（试行）》和《国家生态县、生态城市考核验收程序》，为生态城市建设、验收、评价、考核等工作提供了具体的考察标准和有力的政策指导。2008 年首届中加城市生态化建设论坛在北京举行，并于同年 6 月 21 日，由中华人民共和国住房和城乡建设部、中国河北省人民政府主办的“2008 城市发展与规划国际论坛暨中国河北城市规划建设博览会”在廊坊落下帷幕。这些都对我国城市生态学的发展和生态城市的建设产生了深远的影响。

2. 中国生态城市建设现状

我国在城市环境综合整治中，相继开展了“卫生城市”“园林城市”“环境保护模范城市”“可持续城市”等的创建与试点活动，并制定了相应的技术指标和考核制度；大规模建立各级自然保护区、广泛开展无公害食品、绿色食品、有机食品基地建设；进行生态村、生态镇、生态示范区（县）等不同层次的试点建设。截至 2012 年底，我国开展了七批国家级生态示范区命名工作，形成了 528 个国家级生态示范区，这对我国生态城市建设起到了巨大的推动作用。2016 年 12 月我国颁布了《全国城市生态保护与建设规划》，将城市生态空间、生态园林与生态修复、城市生物多样性保护、污染治理、资源能源节约与循环利用、绿色建筑和绿色交通等作为该规划的主要任务，并提出了具有考核性与引导性两种类型的指标体系，对我国开展城市生态规划起到了进一步的促进。

我国从 20 世纪 80 年代初开始进行生态城市研究。北京、天津、上海、长沙、宜春、深圳、马鞍山等城市都相应开展了相关工作，主要集中在城市生态系统分析评价和对策研究上。其中，江西宜春的规划与建设是我国第一个生态市的试点，取得了良好的效益。它是应用环境科学的知识、生态工程的方法、系统工程的手段、可持续发展的思想，在一个市的行政范围内，来调控一个自然、经济、社会的复合生态系统，使其结构和功能向最优化方向发展，保证能流物质畅通和高效利用。宜春填补了我国在生态城市建设方面的空白。随后，我国一些城市如上海、大连、常熟、北京、广州、深圳、杭州、苏州、天津、哈尔滨、扬州、常州、成都、乐山、桂林、张家港、秦皇岛、唐山、襄樊（现改名为襄阳）、十堰、烟台、日照等也相继提出要建设生态城市的设想，海南、吉林、黑龙江、陕西等省提出了建设生态省的奋斗目标。

总体上看，我国的生态城市建设仍处于起步阶段，还未建成一个真正的生态城市，但人们越来越意识到建设生态城市的重要性和迫切性，许多城市纷纷提出生态城市建设，并且在如火如荼地进行中。

3. 中国生态城市未来建设之路

随着经济全球化的发展，城市化进程的逐步加速，世界上国与国之间的竞争越来越表现在城市与城市之间的竞争。面对世界各国生态城市建设的热潮，我国必须在借鉴国内外生态城市发展理论和实践的基础上，深入研究和探索适合我国城市发展的生态城市建设之路。

（1）树立科学的城市生态可持续发展观。纵观国内外生态城市建设的实践，可以清醒地认识到我国要建成生态城市，创设一流的城市人居环境，必须树立科学的城市生态可持续发展观。生态城市是中国城市可持续发展的道路和方向，它是根据城市生态学原理，合理调控城市生态系统的物质循环和能量流动，使城市生态系统中自然生态和谐、经济生态高效、社会生态文明的城市可持续发展模式。其优点在于充分调控生态系统内部自然、社会和经济三个子系统的关系，使城市发展与生态平衡相得益彰，既能取得最大的经济效益，又能保持生态环境的良性循环和社会环境的文明和谐。可以设想，如果中国出现较多的生态城市，不仅生态环境会发生明显好转，而且中国城市的经济实力和社会文明将显著提高，中国的综合国力也必定会显著增强。

（2）制定明确的生态城市建设的阶段性目标、指导原则和具体措施。生态城市的建设是一个长期的循序渐进的过程，需要一代又一代的人们付出不懈努力才能建成。因此，各城市需要根据自己的发展状况制定相应的建设目标和指导原则。从时间的纵向安排上，可将建设生态城市的进程分为几个阶段，逐步实现生态城市建设。例如，上海生态城市建设分三个阶段进行：第一阶段，到 2005 年，建成国家园林城市。本市总体环境质量处于全国大城市先进水平，水清岸洁，空气优良，成为国际国内适宜居住的城市之一。第二阶段，到 2010 年，形成上海生态型城市的框架。世界博览会举办时，主要环境指标与国际标准接轨，可持续发展能力不断增强，生态环境质量得到改善，资源利用效率显著提高。第三阶段，基本建成生态型城市。到 2020 年，上海环境要达到同类型国际化城市的水平。从空间和横向上看，生态城市建设从小规模的生态社区、生态村镇着手，然后逐渐延伸扩展到建设生态城区、生态县市，最后集量变为质变形成有较大规模的“生态城市”，如北京远郊区县卫星城市、小城镇绿化美化工程，建立生态村镇。

（3）树立区域协调发展的观点，将生态城市的规划建设置于更大的区域背景中。国外城市在生态城市建设方面非常重视城市与区域的协调，而我国很多城市的规划却忽视了这一点。城市的发展从来不是孤立的，而是与区域发展密切相关的，城市是区域的核心，区域是城市的基础，两者相互依存，互相促进。生态城市是城乡复合体，也是一个城市化区域，因此我国的城市规划必须着眼于更大的区域背景，必须结合城乡区域进行生态整体规划，使城乡建设符合生态规律，既能促进经济发展，社会进步，又能保持生态的良性循环。

（4）构建生态城市建设标准体系，研发生态城市建设新技术。为建设生态城市，英国政府制定了一系列约束性建设标准，如绿色建筑的能源性能标准，有效地降低了建筑的能源消费量。同时英国政府还非常重视新技术的开发利用，以新技术推动能源消费的转型，实现节能减排的目标。而我国多数城市在这方面相对薄弱，应加大对生态城市适用技术研究的投入，引进高层次人才，建立技术和资金保障体系，依靠科技进步来保证生态城市的发展和建设。结合我国实际，制定生态城市的评价指标体系，并试验新技术的可行性，如在试点区开展生态农业、建设生态工业园、发展循环经济、开展绿色建筑试点等。

（5）加强公共教育，重视社区公众参与，引导低碳生活方式。

生态城市建设需要有公众的热情参与，英国生态城市建设中提出的可持续社区建设模式，极大地激发了公众参与生态城市建设的积极性。他们之所以能够积极参与，除政府的引导外，主要在于公民的生态环境意识比较强，教育水平比较高。现阶段，我国生态城市建设应加强对公众的宣传与教育，使公众认识到建设生态城市的必要性和迫切性。向不同年龄层次，不同文化层次的公民灌输生态教育，普及生态文明，有效引导公众对能源消费模式和生活方式进行反思，并让公众真正体会到低碳生活带来的好处，使越来越多的公民自觉自愿地加入生态城市运动中来，以公众之力推动生态城市的良性发展。

阅读材料：丹麦生态城市建设

——黄肇义和杨东援，2001

丹麦生态城项目（1997～1999 年）是一个内容十分丰富的综合性项目，试图建立一个生态城区开发的示范性项目，在城市密集区内实现可持续发展。该项目在丹麦首都哥本哈根人口密集的 Indre Norrebro 城区进行，区内有 3 万人。开展该项目是为了通过建立一系列策略和方法，将环境因素与地方规划和管理整合为一体，提高市民对地方环境和全球环境的意识和责任感，减少城市的资源消费量，并推动有利于城市环境的地方生产和其他活动。项目采取基层组织和区议会之间的合作形式，增加了市民的参与性，并从 1997 年 2 月 1 日启动。

项目的主要资金来源是欧盟的 LIFE 项目（LIFE 项目旨在通过发展经济推动欧盟和邻近地区的环境改善）拨款，约合 136 万美元；此外还有区议会、地方生态组织、绿色组织和瑞典哥德堡市 Lundby 城区的资金支持。该项目是丹麦第一个生态城市的建设项目，旨在建立一个生态城市的示范城区，为丹麦和欧盟的生态城市建设取得经验。

1. 项目目标

（1）组织和制定实施办法：制定一套手册指导并促进地方居民和其他欧洲城市进行同样的建设；建立绿色账户作为地方管理公共学校和住宅区进行一体化可持续发展的工具；制定适于地方管理部门的 21 世纪议程行动计划；通过生态城市项目的准备和实施，促进不同层次民间组织和政府部门的密切协作。

（2）环境目标：试验区内水的消费量减少 10%；电消费量减少 10%；回收家庭垃圾以减少城区垃圾生产；通过建立 60 个堆肥容器，回收 10%的有机垃圾以制作堆肥；回收 40%的建筑材料。

2. 项目内容

丹麦生态城市的建设内容主要围绕上述目标进行，其别具特色的内容包括以下几点。

（1）建立绿色账户：绿色账户记录一个城市、一个学校或者一个家庭日常活动的资源消费，提供有关环境保护的背景知识，有利于提高人们的环境意识。使用绿色账户，能够比较不同城区的资源消费结构，确定主要的资源消费数量，并为有效削减资源消费数量和促进资源循环利用提供依据。在学校和居民区建立的绿色账户，可有效确定水、电、供热和其他物质材料的消费量与排放量。

（2）生态市场交易日：这是改善地方环境的又一创意活动。从 1997 年 8 月和 9 月开始，每个星期六，商贩携带生产品（包括生态食品）在城区的中心广场进行交易。生态市场交易日一方面鼓励了生态食品的生产和销售，另一方面也让公众了解到生态城市项目的其他内容。

（3）吸引学生参与：吸引学生参与是发动社区成员参与的一部分。丹麦生态城市项目十分注重吸引学生参与，其绿色账户和分配资源的生态参数与环境参数试验对象都选择了学校，在学生课程中加入生态课，甚至一些学校的所有课程设计都围绕生态城市主题，对学生和学生家长进行与项目实施有关的培训，还在一所学校建立了旨在培养儿童和青少年对生态城市的兴趣并增加相关知识的生态游乐场。

3. 实施效果

根据项目实施的中期报告，项目进展良好。尤其在垃圾分拣和堆肥制作项目上，取得了相当大的环境收益。初步的结果表明，垃圾量减少 50%，垃圾回收也由原先的 13%提高到 45%。

3.4　环境生态工程与生态修复

3.4.1　生态工程概述

生态工程（ecological engineering）一般指人工设计的、以生物种群为主要结构组分、具有一定功能的、宏观的、人为参与调控的工程系统。美国生态学家H. T. Odum于1962年首先提出生态工程的名词，并将其定义为“为了控制生态系统，人类应用来自自然的能源作为辅助能对环境的控制”。此外，国外不少人还提出生态工艺（ecological technology或ecotechnology），定义为在深入了解生态学原理的基础上，通过最少代价和对环境的最少损伤，将管理技术应用到生态系统中。

我国生态学家马世骏在1984年对生态工程提出了较为完整的概念，即生态工程指应用生态系统中物种共生与物质循环再生的原理，根据结构与功能协调原则，结合系统工程的最优化方法，设计的促进分层多级利用物质的生产工艺系统。生态工程的目标是在促进自然界良性循环的前提下，充分发挥资源的生产潜力，防治环境污染，达到经济效益与生态效益同步发展的目的。生态工程的思路是利用自然生态系统无废弃物质和物质循环再生等特点来解决环境污染问题。它利用太阳能作为基本能源，并保持或增加生态系统内部的物种多样性，是一类低消耗、多效益、可持续的工程体系。生态工程的“工具箱”是所有的生态系统、生物群落及物种。人类设计生态工程的目的是多种多样的，有生产人们所需物质的工艺工程，其中包括粮食、蔬菜、生物药品、工业生产等；有以治理环境污染物为目的的生物工艺过程；有以保护自然、保护物种为目的的自然保护区的调控系统等。

3.4.2　环境保护生态工程

全球性的资源破坏和环境污染问题促使人们不断探索治理与保护环境的途径及方法。20世纪60年代建立起来的环境工程学科在环境污染防治方面取得了一系列有价值的环境技术。实践证明，要达到无污染的零排放是不可能的。例如，在提供一种环境技术时，往往将污染物从一种介质（如空气）转移到另一种介质（如水）中去；另外，当采用环境工程常规方法治理污染时，常常需要化石能，为了生产、供应这部分所需的能，往往又产生或增加另一类污染，会改变或减少生态系统的生物多样性。因此，需要寻找一种在治理污染的同时，又能保护自然生态系统和非再生性资源的方法。为此，人们试图运用生态工程的某些原理和工艺来达到治理、保护和持续发展的目的，从而产生了环境生态工程（ecological engineering of environment）。

环境生态工程是研究如何利用或强化生态系统的功能及如何修复被破坏的生态系统的一门科学。环境生态工程学现已发展成为当今生态学科的前沿领域。利用一般的环境工程学方法只能对有固定排放口而且能用管道等收集起来的点源污染进行集中高效治理，但不能解决广大的面源污染问题。而环境生态工程学的方法是通过一些措施（如生态学和工程学措施等）来强化生态系统本身具有的自净能力，实现对环境污染物的削减与治理，最终达到环境生态系统修复的目的。环境生态工程提供了这样的思想，即利用自然生态系统无废弃物和物质循环等特点来解决环境污染问题，它以太阳能为基本能源，并保持或增加生态系统内部的物种多样性。与传统环境工程相比，环境生态工程是一类低消耗、多效益、可持续的工程体系。

1. 环境生态工程建设原则

环境生态工程应具有环境保护的功能，同时又具有对生产过程中产生的废弃物进行生物转化、利用、处理等功能。建立一个良好的环境生态工程模式，必须考虑如下几个原则。

（1）因地制宜原则。根据不同地区的实际情况来确定本地区的环境生态工程主导模式。

（2）开放有效平衡的系统原则。在环境生态工程的建设中必须充分重视生物系统及环境系统之间的物质、能量和信息的输入、运转及输出的相互关系，加强与外部环境的物质交换，提高环境生态工程的有序化和长效性，提高系统的效率及效应。

（3）集约综合原则。在环境生态工程的建设发展中，必须注重劳动、资金、能源和技术等密集相交叉的集约综合原则，达到既有高的产出，又能促进系统内各组分之间的互补和互利，协调发挥环境生态工程的综合效能。

2. 环境生态工程基本原理

1）环境生态位原理

生态位（ecological niche）是生态学研究中广泛使用的名称，它指在生态系统中一个种群在时空上所占据的位置及其与相关种群之间的功能关系与作用，又称生态龛，表示生态系统中每种生物生存必需的生境最小阈值。在环境生态工程的构建中，选择生物的结构组成时要考虑其环境生态位的特点，特别是在半人工或人工的生态系统中，人为的干扰和控制常常使其物种呈现单一性，从而产生了较多的空白生态位。因此，在环境生态工程设计及技术应用中，如能合理运用生态位原理，把适宜系统环境且具有经济效益、环境净化和美化价值的物种引入系统中，填补空白的生态位，从而阻止污染物的输入及病虫或有害生物的侵袭，因此形成一个具有物种多样化及种群稳定的生态系统，从而保持生物同水体和土壤环境的稳定平衡。

2）食物链原理

在人工生态系统与环境生态工程中，设计的食物链往往较自然界中的食物链有所缩减，不利于能量的有效转化和物质的有效利用，同时还降低了生态系统的稳定性。因此，在环境生态工程构建过程中，可以将各营养级因食物选择而废弃的生物物质和作为粪便排泄的生物物质通过加环与相应的生物进行转化，延长食物链的长度，并提高生物能的利用率。

3）整体效应原理

环境生态工程的建设欲达到能流的高效转化、物流的合理循环和信息流的畅通无阻，就要合理调配、组装和协调环境生态系统的各个组成部门，从而使整个系统的效率得以提高。

4）环境及生物协同进化原理

生物的生长发育依赖于环境，并受外界环境的强烈影响。外界环境中影响生物生命活动的各种能量、物质和信息因素称为生态因子。生态因子中既有生物和生命活动所需的利导因子，也有限制生物生存和生命活动的限制因子，因而在环境生态工程建设中必须充分分析当地的利导因子及限制因子的数量和质量，以选择适宜的物种和环境协调模式。

3. 环境生态工程实践

环境生态工程是国际上发展较为迅速的领域，已成功地应用于污水资源化处理、湖泊富营养化控制、废弃地恢复等方面。例如，在 *Ecological Engineering: An Introduction to Ecotechnology*（《生态工程：生态技术概论》）一书介绍的 12 项应用实例中，有 9 项与环保及污染物处理和利用有关。在美国，有多处成功的污水处理生态工程。如在佛罗里达 Garimsville 处种植柏树使之成为森林湿地，处理污水中的污染物（可去除 50%以上的有机质、营养盐和重金属元素）；在加利福尼亚州，应用湿生植物香蒲等去除重金属，改善水质，并进行复垦；在俄亥俄州，应用蒲草为主的湿地生态系统处理煤矿排放的含 FeS 酸性废水，处理后的废水含铁量减少 50%～60%，电导率和 pH 均上升。丹麦通过建立防治富营养化的生态工程，成功去除进入湖污水中 90%～98%的磷。德国建立了以芦苇为主的湿地处理废水的生态工程；瑞典建立了应用室内水生植物处理污水的生态工程。在荷兰有学者通过调控湖泊中的生物种类结构（食物链上一些环节）比例的方法防治湖泊的富营养化，另外在一些居民小区中建立了小型生态工程处理生活污水，即由一些垂直分布的充气和厌气土壤滤器纵向组合构成，并据此在计算机上建立了营养盐流动的数学模型。匈牙利应用中国传统的综合养鱼经验，建立了污水养鱼生态工程。

中国长期以来就有废物利用、再生和循环的传统经验，如将生活污水粪便用作农田肥料、培育食用菌或养蚯蚓等。但通过研究和设计，人们系统地应用生态工程是从 20 世纪 50 年代开始的。20 世纪 50 年代，马世骏等首先开始通过调控湿地生态系统结构和功能以防治蝗虫。60 年代开始较大规模地发展污水养鱼；70 年代对被有机磷和有机氮严重污染的鸭儿湖进行防治研究。80 年代开始利用污水处理与生态工程，对一些河流和湖泊的有机污染进行治理，并发展和完善了污水生态工程土地处理系统。例如，沈阳西部污水生态工程处理系统将氧化塘与土地处理结合起来，创造了林、农一体化的污水资源化生态工艺。90 年代以后，环境保护生态工程更是以前所未有的速度发展，出现了许多新工艺、新技术，成为我国生态工程研究中发展较快的领域。

我国环境保护生态工程的特点是以整体观为指导，以生态系统或复合生态系统为对象，实现全面区域规划。在此过程中，对污染的控制、输入的物质与能源的量仅作为条件，不单纯过分限制工厂、生活区的排污量，通过调控生态系统内部结构和功能，来提高生态系统的自净能力与环境容量，从而避免激化环境保护和生产发展的矛盾。与此同时，通过分层多级利用，使污染物质资源化，变废为宝，最终同步取得生态、经济和社会效益。

生态工程技术已成功地应用于水、土、气等环境介质的污染防治，主要应用领域有污水处理生态工程（如污水土地处理、污水稳定塘处理、污水人工湿地处理）、大气污染防治生态工程（如大气污染植物净化技术、烟气的微生物净化技术）、固体废弃物利用生态工程（如固废的肥料化、饲料化和能源化等）、环境污染生态修复工程（如受损水体生态修复、污染土壤生态修复）等。根据生态工程的性质及其主要目标，我国的环境保护生态工程大致有以下类型。

（1）无（或少）废生态工程。兼顾工业生产和保护环境的工艺称为无污染工艺，若干此种工艺所构成的工程体系称为无污染工程。例如，在一些工厂和工业城市中的废物再生和利用系统，将废热源再利用，以及工厂废水的净化再循环，达到无污染和少污染目的。

（2）分层多级利用废物生态工程。模拟不同种类生物群落的互生功能，包含分级利用和各取所需的生物结构，使生态系统中每一级生产过程产生的废物变为另一级生产过程的原料，且调节各环节的合适比例，使所有废物均被充分利用。如养殖场的粪便经发酵生产沼气，沼液无土栽培蔬菜，沼渣制备混合饲料等。

（3）复合生态系统内废物循环和再生生态工程，如桑基鱼塘生态工程。

（4）污染自净与利用生态工程。例如，污水土地处理系统利用土壤-植物系统的自净能力，既净化生活污水，又利用其中的营养元素作为肥料。利用生活污水养鱼，将污水中的营养盐和有机物作为鱼的饵料，促进鱼类的生长并净化污水。

（5）城乡结合的生态工程。生态系统结构中进行的物质循环存在于农业生产和以农产品为原料的加工业中。在工农业发展中相互补偿原料，保持稳定的生产体系，减少废物，并改善农村生态环境的生态工程称为工农业联合生态工程。

3.4.3　污水人工湿地处理工程

人工湿地（artificial wetland）是人工设计的、模拟自然湿地结构和功能的复合体。由水、处于水饱和状态的基质、挺水植物、沉水植物和动物等组成，并通过其中一系列生物、物理、化学过程实现污水净化。虽然自然湿地可以应用于处理废水，但在地点和负荷量上难以与实际需求相符合，而人工湿地生态系统中的生物种类多种多样，并处于人为控制之下，综合处理废水的能力由人工设计控制，处理能力完全超过自然湿地。

1. 人工湿地的类型

人工湿地最初按植物形式进行分类，包括浮生植物系统、挺水植物系统和沉水植物系统，后来由于系统多采用挺水植物，故在挺水植物的前提下，按照水的流动状态分为表面流人工湿地和潜流人工湿地，潜流人工湿地又可分为水平潜流人工湿地、垂直潜流人工湿地和波形潜流人工湿地，其基本构造示意图如图 3-10 所示。

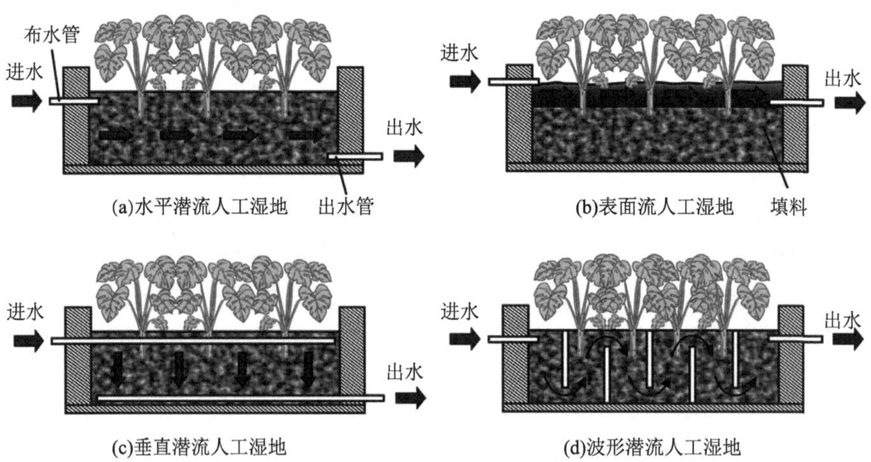

图 3-10　常见人工湿地的构造示意图

1）水平潜流人工湿地

水平潜流人工湿地，水在填料表面下水平渗流，因污水从一端水平流过填料床而得名。它由一个或多个填料床组成，床体填充基质，床底设有防渗层，防止污染地下水。与表面流人工湿地相比，水平潜流人工湿地的水力负荷和污染负荷均较大，对生化需氧量、化学需氧量、悬浮性固体、重金属等污染指标的去除效果均较好，处理效果受气候影响较小，且很少有恶臭和滋生蚊蝇现象。目前，水平潜流人工湿地已被美国、日本、澳大利亚、德国、瑞典、英国、荷兰和挪威等国家广泛使用。

2）表面流人工湿地

表面流人工湿地，又称水面湿地。水力路径以地表推流为主，在处理过程中，主要通过植物茎叶拦截、基质吸附与过滤、污染物自然沉降达到去除污染物的目的，水面处于基质面之上，暴露于空气中。它与自然湿地较为接近，绝大部分有机物的去除由长在水下的植物茎或秆上的生物膜来完成。尽管表面流人工湿地具有建造工程量少、投资省、运行费用低、操作简单等优点，但负荷低、去污能力有限。在我国北方地区，由于冬季低温，易发生表面结冰，影响处理效果，故较少采用。

3）垂直潜流人工湿地

垂直潜流人工湿地中往往填有大量的碎石、卵石、砂或土壤，基质表面栽种植物，水在基质床中由上而下垂直渗流，水面低于介质面，因而可充分利用填料表面及植物根系上的生物膜及其他各种作用来处理污水。垂直潜流人工湿地的硝化能力高于水平潜流人工湿地，可用于处理氨氮含量较高的污水。

4）波形潜流人工湿地

波形潜流人工湿地增加了水流的曲折性，使污水以波形的流态多次经过湿地内部基质。通常在传统水平潜流或垂直潜流人工湿地内部增设导流板，将布水方式设计成波形流动。波形潜流人工湿地集合了水平潜流人工湿地和垂直潜流人工湿地的优点，优于传统潜流人工湿地。

实际的生产和生活废水来源多种多样，一般情况下用一种单一的湿地系统很难达到预期的处理效果。基于此，由多种类型的湿地系统串联而成的组合湿地系统或复合潜流人工湿地应运而生，越来越受到广泛的关注。例如，为了提高总氨含量较高的污水去除效率，经常将水平潜流与硝化作用较好的垂直潜流组合应用；或者将垂直潜流和表面流串联以处理污染组分较复杂的河水；也可以考虑将湿地系统与各种传统的物理化学水处理系统联合使用（砂滤、絮凝、接触氧化等系统），为了解决了人工湿地在高负荷下运行时易堵塞和效率低的问题，可联合使用低溶解氧接触氧化与微曝气垂直流人工湿地技术。

总之，应根据实际工程概况和预算，综合考虑各方面的因素，选择适宜的处理工艺。

2. 人工湿地的净化机理

人工湿地是一个通过模拟天然湿地，由植物、微生物、原生动物和基质构成的生态系统。它利用生态系统中物种共生和物质循环再生原理，结构和功能协调的原则，在促进废水中污染物质良性循环的前提下，充分发挥资源的生产潜力，防止环境的再污染，获得污水处理与资源化的最佳效益。人工湿地对污水的作用机理十分复杂，一般认为，人工湿地生态系统通过物理、化学及生物三重协同作用净化污水。物理作用主要是过滤、截留污水中的悬浮物，并使其沉积在基质中；化学反应包括化学沉淀、吸附、离子交换、拮抗和氧化还原反应等；生物作用则是利用植物、微生物和水生动物在好氧、兼氧及厌氧状态下，通过生物酶将复杂大分子分解成简单小分子等，实现对污染物的降解和去除。

1）基质净化

传统的人工湿地基质主要由土壤、细砂、粗砂、砾石、碎瓦片、粉煤灰、泥炭、页岩、铝矾土、膨润土、沸石等介质中的一种或几种构成。在人工湿地污水净化过程中，基质起着极其重要的作用。去除机理就是依赖其巨大的表面积，并在其表面形成一层生物膜，当污水流经颗粒表面时，大量的固体悬浮物和不溶性的有机物被填料阻挡截留，起到沉淀、过滤和吸附的作用，有机污染物进一步被生物代谢和转化。

2）植物净化

人工湿地中，植物对氮、磷的去除途径主要包括三方面：一是植物本身直接吸收同化含氮、磷化合物；二是其根系分泌物可促进某些嗜磷、嗜氮细菌生长，提高整个湿地生态系统微生物数量，促进氮和磷的释放、转化，从而间接提高净化率；三是植物呼吸过程释放的CO_2与基质中阳离子（如钙离子）结合形成碳酸盐，此过程可裹挟着磷形成共沉淀而去除。植物对有机物的去除主要通过三种途径：一是植物直接吸附或吸收有机污染物；二是植物根系释放分泌物和酶促进有机物的分解；三是植物和根际微生物的联合作用。

植物对氮、磷的去除机制具体指植物在生长过程中能吸收污水中的无机氮和无机磷等，供其生长发育。例如，对无机氮的去除主要是通过氨的挥发作用、铵根离子的交换、吸收、硝化和反硝化作用等；对污水中无机磷的净化主要是通过植物吸收及同化作用，将无机磷转化为植物的腺苷三磷酸（ATP）、脱氧核糖核酸（DNA）等有机成分，最后通过植物的收割从系统中去除。

除营养元素外，人工湿地选用的凤眼莲、香蒲、菖蒲、芦苇、水葱等水生植物对铜、铅、镉、铬、汞、锌、银等重金属具有良好的富集作用。重金属以金属螯合物的形式蓄积于植物体内的某些部位，或通过植物的产氧作用使根区含氧量增加，促进污水重金属的氧化或沉降，还可通过植物挥发或甲基化等作用去除汞和砷等元素，达到对污水和受污染土壤的生物修复目的。

3）微生物净化

湿地微生物主要有菌类、藻类、原生动物和病毒，由于生物化学反应大多是在微生物和酶的相互作用下进行的，微生物在人工湿地污水处理系统中起着极其重要的作用。其中，人工湿地中的氮主要通过微生物的硝化和反硝化作用去除，植物对无机氮的吸收只占 8%～16%，其他如氮的挥发、基质的吸附和过滤也只占一小部分。含硝污水中有机物的降解和转化主要是由湿地微生物活动来完成的，有机物通过沉淀、过滤和吸附作用很快被截留，然后被微生物利用；可溶性有机物通过生物膜的吸附和微生物的代谢被去除。微生物也能分解污水中的硫化物，有机硫化物经矿质化被分解成硫化氢和硫酸，它们与基质中的离子结合形成无机硫化物。无机硫化物一部分会被植物吸收利用，也有一部分会在反硫化细菌的作用下经反硫化作用形成硫化氢，硫化氢再逸出湿地或再次参与硫化作用。

湿地微生物还具有吸附作用。在微生物生长过程中，需要吸收一些营养元素和微量重金属元素以保证其生长与代谢，它们分泌的高分子聚合物对重金属有较强的络合力。另外，还可以通过胞外络合作用、胞外沉淀作用固定重金属，或把重金属转化为低毒状态。

4）水生动物净化

人工湿地中的水生动物具有提高基质通气性和透水性，以及促进有机物的分解转化等生态功能。底栖动物螺蛳、螃蟹、小型软体动物、摇蚊幼虫、水蚯蚓、贝壳等和淡水鱼虾形成湿地生态系统中食物链的消费者。水中的浮游生物是鱼类的饵料，通过改变鱼类的数量结构来操纵植食性浮游动物的群落结构，促进滤食效率高的植食性浮游动物生长，进而降低藻类生物量，改善水质。蚌类的增多可使水质变清，从而为轮藻类植物的大量生长提供有利条件，为草食性水禽提供食物，扩大水禽的数量及停留时间。

3. 人工湿地应用实例

运用人工湿地处理污水可追溯到 1903 年，英国约克郡伊尔比（Earby）建立了世界上第一个用于处理污水的人工湿地。20 世纪 70 年代后，人工湿地技术被广泛应用于各种污水的处理，特别是在一些发展中国家。由于低成本、易操作和维护等原因，人工湿地技术被大力推广。

国内最早将人工湿地技术引入城市绿地建设是在深圳的洪湖公园。1997 年深圳市环境科学研究所在深圳市洪湖公园建成了人工湿地研究试验基地，并于 1999 年设计了洪湖公园人工湿地系统水质净化工程。它净化严重受污染的河水，并补充到景观湖泊，从而使污水得到回用。此外，1998 年成都建立了以人工湿地技术处理污水的环境科学主题公园——活水公园。此后，上海梦清园、长春南湖公园、北京奥林匹克森林公园、东莞生态园等都相继建设了人工湿地系统。

阅读材料：成都活水公园

——依互联网资料整理

成都活水公园坐落于成都市中心府南河畔，占地 24000 多平方米，是一个具有国际知名度的环境治理成功案例，世界上第一座以水为主题的城市生态环境公园。园中庞大的水处理工程，大大改善了府南河的水质，也因此让市民目睹了水由污变清的自然进程并为之骄傲。水源取自府南河水，依次流经厌氧池、流水雕塑、兼氧池、植物塘、植物床、养鱼塘等水质净化系统。河水或涓涓细流，或激情跌宕，多姿多彩，并发生质的变化，向人们演示了水于自然界由"浊"变"清"、由"死"变"活"的生命过程。园内的中心花园、雕塑喷泉、自然生态河堤、"黄龙五彩池"等自然风景和几十种水生植物及观赏性鱼类巧妙地融合在一起，集教育、观赏和游玩为一体，使人们在走近自然、融入自然的过程中，充分体验到大自然的美妙与神奇。

活水公园的规划设计和府南河的环境治理修复工程，是由成都市人民政府组织国内外有关专家、地方有关部门进行的一次国际通力协作，参与者有府南河管理部门、园林部门、建设部门、规划部门、防灾部门、雕塑家、湿地生态学家，还有美国环境艺术家且擅长于水处理项目的 Besty Damon。景观设计是由 Magie Rulldick 完成的，她特别擅长于生态景观规划设计项目。这种非凡的合作模式十分必要和有利。环境问题已跨越了国界，超越了专业界线。

人工湿地塘床生态系统为活水公园水处理工程的核心，由 6 个植物塘、12 个植物床组成。水体污染物在这里经沉淀、吸附、氧化还原、微生物分解等作用，实现无害化，成为促进植物生长的养分和水源。此外，对系统中的植物、动物、微生物及水质的时空变化设有几十个监测采样管，便于采样分析，为保护湿地生态及物种多样性的研究提供了实验场地。人工湿地的塘床酷似一片片鱼鳞，呼应公园的总体设计主旨。其中种植的漂浮植物有浮萍、紫萍、凤眼莲等；挺水植物有芦苇、水烛、茭白、伞草等；浮叶植物有睡莲，沉水植物有金鱼藻、黑藻等几十种，与自然生长的多类鱼、昆虫和两栖动物等构成良好的湿地生态系统和野生动物栖息地。既有分解水中污染物和净化水体的作用，又有很好的知识科普性和观赏性。

3.4.4　环境污染生态修复技术

环境修复（environmental remediation）指通过物理、化学与生物学技术措施使被污染的环境中的污染物质浓度减少、毒性降低或完全无害化，从而使得环境能够部分或者全部恢复到原始状态。环境污染修复的目的是转移或转化环境（主要指土壤和水体环境）中的有毒有害污染物，消除或减弱污染物毒性，恢复或部分恢复环境的生态服务功能。由于环境污染大多属于复合污染，通常需要用多种方法联合修复。两种乃至多种方法的组合已难以用单一的物理、化学或生物名称来描述。用一种统一的方法涵盖多种修复手段，且注重系统内和系统外修复功能的有机结合，使得环境生态服务功能全面恢复，这是环境污染修复未来的发展趋势之一。

生态修复（ecological remediation）指在生态学原理的指导下，以广义的生物修复（包括微生物修复、植物修复、动物修复和酶学修复）为基础，结合各种物理、化学、工程技术等措施，通过优化组合，使之达到最佳效果和最低耗费的一种综合的修复污染环境的方法。也就是说，生态修复是根据生态学原理，利用特异生物（如功能植物或专性降解微生物等）对环境污染物的代谢，并借助物理、化学及工程技术的某些措施加以强化或条件优化，使污染环境得以修复的综合性环境污染治理技术。生态修复尽管以生物修复为基础，但不同于生物修复。生物修复是利用具有净化功能的生物体对污染物消减和净化，是单纯地利用生物对环境进行修复；而生态修复则强调通过调节如土壤水分、养分、pH 和氧化还原状况，以及环境气温和湿度等生态因子，实现对污染物所处环境介质（水、气、土、生等）的调控，发挥生物净化功能。

在生态修复的研究和实践中，涉及的相关概念有生态恢复、生态重建、生态改建、生态改良等。学术上用得比较多的是“生态修复”和“生态恢复”。生态恢复（ecological restoration 或 eco-restoration）指对生态系统停止人为干扰，减轻其负荷压力，然后依靠生态系统的自我调节能力与自我组织能力使其向有序的方向进行演化，或者利用生态系统的自我恢复能力，辅以人工措施，使遭到破坏的生态系统逐步恢复或使生态系统向良性循环方向发展。生态恢复主要致力于那些在自然突变和人类活动影响下受到破坏的自然生态系统的恢复与重建工作，恢复生态系统原本的面貌，如废弃矿山的生态恢复、退化生态系统的恢复等。

国外有一种看法认为“生态修复”即“生态恢复”，实际上二者既有共同点又有区别。前者常用于环境保护领域，后者常用于自然保护领域；前者更适于环境介质，而后者多针对生态系统；前者针对污染进行修复，后者主要针对退化进行恢复。从广义上讲，污染也是一种退化，但前者主要以降低污染物浓度为目标，后者主要以植被重新建设为目标。

1. 生态修复的原理

1）生物方法与物理和化学方法的优化组合原理

实际情况下的环境污染多属于复合污染，其修复要靠多种方法共同完成。传统的生物修复方法中，通常以生物修复为主体，以物理和化学方法为辅助，最终要靠生物修复方法来实现修复目标。在生态修复中，生物修复的作用仍然十分重要，但不同方法之间的组合服从工艺优化原则。化学-生物联合修复方式具有较大的应用潜力。例如，对于植物修复，使用螯合剂释放被土壤牢固吸附的重金属，可大幅度地提高植物对重金属的吸收和富集能力，达到提高植物修复效率的目的；对于高浓度有机污染土壤，表面活性剂可提高有机污染物的生物可利用性，提高微生物的修复效率。因此，生态修复强调优化组合，以获得最快的修复效果。

2）生态系统自净功能的激活原理

土壤-植物系统在一定条件下对环境污染物具有净化作用。它是一个强有力的活性过滤器，在整个生物圈中，这里的有机体密度最高，生命活动最为旺盛。由于土壤生物的多样性，土壤系统可通过一系列生物地球化学过程，对环境介质中的污染物质实现自净。然而，当污染负荷超过土壤系统本身的净化容量时，该功能将被钝化甚至消失。人为强化或激活土壤系统的净化功能，并与外加净化功能耦合，可使修复效率大大提高。自我净化功能激活的途径可概括为：通过污染物脱毒途径减轻对净化生物的毒害；通过投加营养物改善营养状况；通过调控环境因子改善修复条件。

3）生态因子的调控原理

生态因子调控是环境污染修复的必要前提，是生态修复的基本特征，是强化修复效果的重要手段。因此，大部分污染修复的研究会考虑生态因子的调控。生态因子可分为生物因子与非生物因子，其中，非生物因子即环境因子，包括营养盐、温度、pH、水分、有害物质浓度和静压力等。每种生物对影响其生长和活动的环境均有一定的耐受范围，如果超出这种范围，就难以发挥对污染物的生物降解作用。生物因子指生物之间的各种相互关系，如捕食、寄生、竞争和互惠共生等，包括动物对植物的生态作用、植物与土壤微生物的相互作用及植物间的相互作用等。许多生物降解作用需要多种生物之间的协同合作，这种合作在最初的污染物转化和后期的矿化作用中都有可能存在。生物协同机制包括：提供生长因子，即一种或多种生物向其他生物提供生长必需物质；分解不完全降解物质；分解共代谢产物和有毒产物，改善其他生物生存的条件；捕食有害生物等。

2. 生态修复的原则

生态修复属于生态工程范围，现代生态学的 3 个基本原则可以很好地用来描述生态修复的基本特征。

1）整体优化

在现代生态学中，整体优化具有协调性、高效性与稳定性三重意义。在环境污染生态修复工艺中，通过不同方法的选择和匹配实现优化，将系统内在净化功能与外加净化功能有机结合，并通过耦合或联合措施实现方法之间的连接，且使其具有整体协调性。生态修复具有资源高效利用、能量消耗低和修复周期短等特点。生态修复工艺的稳定性体现在两方面：一方面表现为抗逆性与耐冲击性；另一方面表现为环境无害与生态安全。整体优化在一定程度上淡化了预处理与主处理的区分，而强调整体修复的效果。它可以是几种不同方法的组合，其修复效果通过生态因子调控实现优化。

2）循环再生

生产力的飞速发展大大加速了资源的消耗速度，特别是对于不可更新或难以更新资源，循环再生是其可持续利用的唯一途径。因此，在环境污染生态修复中，修复的目标已不仅仅是污染物浓度的降低，还包含修复对象的生态服务功能的恢复。这种服务功能由于环境的长期污染或因物理和化学的修复方式而使其受到影响，生态修复必须将生态功能恢复考虑在内。生态服务功能恢复的过程中生物方法通常起着极为重要的作用，有时会持续相当长时间，可称为后修复阶段。这也是生态修复能够涵盖物理和化学方法的主要依据。

3）区域分异

生态修复是一个客观存在的生态工程工艺实体，与所处地域自然环境和污染特征密切联系。时空变化和不同的环境条件产生不同的生态修复工艺，表现出不同的工艺组合、工艺参数与调控方法。制定环境污染修复目标也应该考虑自然条件和修复对象的用途，因地制宜。合理的修复目标与经济技术指标是实现环境、社会和经济效益统一的前提。一些国家污染控制指标中已把土壤和水体分为敏感利用型和非敏感利用型。对于修复目标，这是远远不能满足要求的。修复后的土壤可以有农业、工业、民用建筑和景观等多种用途，而农业用途又可分为经济作物和粮食种植等。根据区域分异原则制订多级修复基准，是环境污染生态修复的重要研究内容，具有非常重要的意义和很大的挑战性。

3. 生态修复的监控

生态修复建立在生物对污染物产生有效作用的基础上，因此外界条件如温度、氧气水平、营养物质等对生物发挥修复功能有重要影响。此外，在修复过程中有机污染物的不完全降解和次生污染是客观存在的，并可能产生更加有毒的物质，因此也对修复产生影响。修复措施不当，也会使污染物及毒性中间产物产生扩散，带来新的污染风险。因此，在实施生态修复的过程中应对修复过程进行监控，修复过程的控制可分为两方面：一是对修复过程中有效生物作用因子的监控；二是对修复过程中污染物及中间产物的监控。

以 PCDDs 为例，其毒性与取代氯的个数及取代的位置密切相关。其中，2,3,7,8-四氯二苯并-对-二噁英（2,3,7,8-TCDD）是迄今人类已知的毒性最强的污染物。国际癌症研究中心已将 2,3,7,8-TCDD 列为人类一级致癌物。如果除了 2、3、7、8 位置被 4 个氯原子取代，其他 4 个位置上也被氯原子取代，那么随着氯原子取代数量的增加，其毒性将会有所减弱。也就是说，八氯二苯并-对-二噁英（OCDD）的逐步脱氯过程中如果优先脱去的不是 2、3、7、8 位置上的氯原子，其中间产物的毒性将逐步增加。由于环境中二噁英类物质主要以混合物的形式存在，在对二噁英类物质进行毒性评价时，国际上常常把各种同类物折算成相当于 2,3,7,8-TCDD 的量来表示，称为毒性当量（toxic equivalent quantity，TEQ）。为此引入毒性当量因子（toxic equivalency factor，TEF）的概念，即将某 PCDDs 的毒性与 2,3,7,8-TCDD 的毒性相比得到的系数。样品中某 PCDDs 的质量浓度或质量分数与其毒性当量因子 TEF 的乘积为其毒性当量质量浓度或质量分数，而样品的毒性大小就等于样品中各种同类物 TEQ 的总和。

思　考　题

1. 生态系统有哪些主要成分？其中生物组分的地位和作用是什么？
2. 请简述生态系统的功能特性。
3. 简述生态系统的分类，说明湿地生态系统的特征。
4. 结合生态系统的生态效率，解释为什么一般营养级个数限于 3～5 个？
5. 简述人类干预生态系统物质循环可能产生的环境问题及保护对策。
6. 如何理解生态平衡？生态平衡失调的标志是什么？

7. 城市生态系统和自然生态系统有哪些不同？你怎样理解“生态城市”？
8. 环境生态工程与环境工程有什么不同？前者有什么优点？
9. 我国环境生态工程有哪些类型？试简述 1 个实例。
10. 简述人工湿地对污染物的净化机制。
11. 简述环境污染生态修复的原理和原则。

主要参考文献

白晓慧. 2008. 生态工程: 原理及应用[M]. 北京: 高等教育出版社.
达良俊, 田志慧, 陈晓双. 2009. 生态城市发展与建设模式[J]. 现代城市研究, (7): 11-17.
冯瑛. 2007. 我国生态城市建设的模式与对策[D]. 西安: 西北大学.
韩宝平, 王子波. 2013. 环境科学基础[M]. 北京: 高等教育出版社.
黄肇义, 杨东援. 2001. 国外生态城市建设实例[J]. 国外城市规划, (3): 35-38.
金岚, 王振堂. 1992. 环境生态学[M]. 北京: 高等教育出版社.
鞠美庭, 邵超峰, 李智. 2010. 环境学基础[M]. 2 版. 北京: 化学工业出版社.
孔海南, 吴德意. 2015. 环境生态工程[M]. 上海: 上海交通大学出版社.
李培军, 孙铁珩, 巩宗强, 等. 2006. 污染土壤生态修复理论内涵的初步探讨[J]. 应用生态学报, 17(4): 747-750.
刘凯, 张健, 杨万勤, 等. 2011. 污染土壤生态修复的理论内涵、方法及应用[J]. 生态学杂志, 30(1): 162-169.
刘克峰, 张颖. 2012. 环境学导论[M]. 北京: 中国林业出版社.
卢升高. 2010. 环境生态学[M]. 杭州: 浙江大学出版社.
鲁敏, 孙友敏, 李东. 2011. 环境生态学[M]. 北京: 化学工业出版社.
马交国, 杨永春, 刘峰. 2005. 国外生态城市建设经验及其对中国的启示[J]. 世界地理研究, (1): 61-66.
钱易, 唐孝炎. 2010. 环境保护与可持续发展[M]. 2 版. 北京: 高等教育出版社.
孙铁珩, 周启星. 2002. 污染生态学研究的回顾与展望[J]. 应用生态学报, 13(2): 221-223.
杨京平. 2011. 环境生态工程[M]. 北京: 中国环境科学出版社.
殷培杰, 李培军. 2007. 生态修复过程中的若干问题——以 POPs 污染土壤为例[J]. 生态学报, 27(2): 784-792.
周启星, 魏树和, 刁春燕. 2007. 污染土壤生态修复基本原理及研究进展[J]. 农业环境科学学报, 26(2): 419-424.
周启星, 魏树和, 张倩茹. 2006. 生态修复[M]. 北京: 中国环境科学出版社.
H. T. 奥德姆. 1993. 系统生态学[M]. 蒋有绪, 等译. 北京: 科学出版社.
Mtsch W J, Jorgensen S E. 1989. Ecological Engineering: An Introduction to Ecotechnology [M]. New York: John Wiley & Sons.

第 4 章　水环境及污染控制

本章导读：本章简要介绍水资源的概况、水体自净能力及主要的水质指标和水质标准，分析水体污染的来源及主要污染物质，介绍国内外水污染现状及其危害，总结物理、化学和生物法常用水处理技术的原理及应用范围，列举城市生活污水、典型工业废水和生活饮用水等常见水处理的工艺流程，最后针对饮用水安全、酸性矿山废水污染和海洋污染问题展开分析讨论。

4.1　水环境与水资源

水是地球上万物的命脉所在，是人类生活和生产不可缺少的基本物质之一。水滋润万物、哺育生命、创造文明。世界上四大文明古国无一不是沿着河流诞生，随着波涛发展的。在人类进入 21 世纪的新纪元，水资源要比在历史上任何时代都显得珍贵。然而，由于地球上人口不断增多，全球生活用水量剧增，加之环境污染导致水质恶化等原因，目前全球有超过 10 亿人生活在缺水地区，约 1/4 的人口面临“极度缺水”危机，到 2025 年将有多达 35 亿人面临缺水。因此，合理利用和保护水资源成为世界各国关注的焦点之一。

4.1.1　天然水体

1. 水体的含义

水体一般指地球的地面水与地下水的总称。地面水指河水、湖水、海洋水等。在环境科学中，水体则指地球上的水及水中的悬浮物、溶解物质、底泥和水生生物等完整的生态系统，而水只是水体中液态状的部分。

在环境污染研究中，区分“水”与“水体”的概念十分重要。例如，重金属污染易于从水中转移到底泥中，水中重金属含量一般都不高，若着眼于水，似乎未受到污染，但从水体看，可能受到较严重污染。一旦降雨，河流水位上涨，底泥由于随水紊动被冲起，从而使水体中的重金属含量骤然增加，使水重新受到污染。

2. 天然水体的水质

水是自然界中最好的溶剂，完全纯净的水是不存在的。天然水在循环过程中不断地和周围物质接触，并且或多或少地溶解一些物质，使天然水成为一种溶液，并且是成分极其复杂的溶液。因此可以认为，自然界不存在由 H_2O 组成的“纯水”。不同来源的天然水由于自然背景不同，其水质状况也各不相同，图 4-1 列出天然水中含有的各种物质。

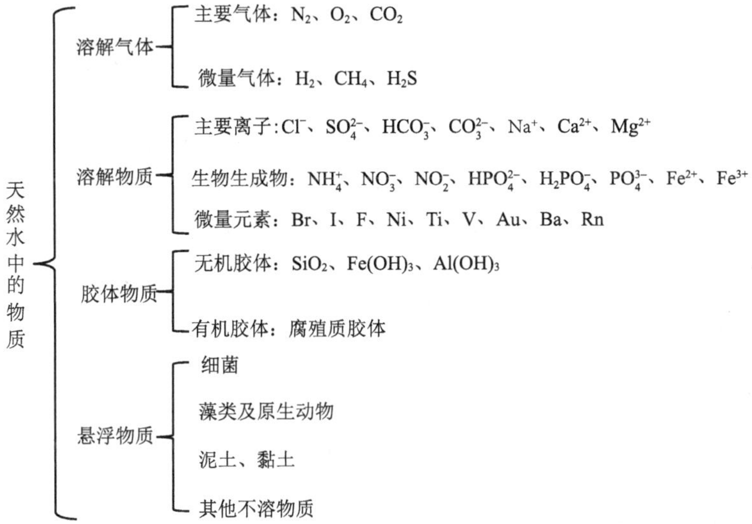

图 4-1　天然水中含有的各种物质

天然水的水质是在特定的自然条件下形成的，它溶解某些固体物质和气体。这些物质多以分子态、离子态或胶体微粒状态存在于水中，它们组成各种水体的天然水质。受到人类活动影响的水体，其水中所含的物质种类、数量、结构均会与天然水质有所不同。以天然水中所含的物质作为背景值，可以判断人类活动对水体的影响程度，以便及时采取措施，保护水资源。

4.1.2　水资源

1. 水资源概述

广义的水资源，指地球上水的总体。狭义的水资源，指不同于自然界的水体，它仅仅指在一定时期内能被人类直接或间接开发利用的那一部分动态水体。这种开发利用，不仅目前在技术上可行、经济上合理，而且对生态环境可能造成的影响也是可接受的。这种水资源主要指河流、湖泊、地下水和土壤水等淡水。地球上水的总储量约为 13.9 亿 km^3，其中约 97%为海水，不能直接为人类所利用。而淡水的总量仅为 0.36 亿 km^3，不足地球水量的 3%。其中有 77.2%以冰川和冰盖的形式存在于极地和高山上，也难以为人类所直接利用；另外 22.4%为地下水和土壤水，其中 2/3 的地下水深埋在地下深处；以江河、湖泊等形式存在的地面淡水总量大约为 13 万 km^3，仅占淡水总量的 0.36%（分布情况见表 4-1），可见供人类直接利用的淡水资源是十分有限的。

表 4-1　地球上淡水资源分布　（单位：%）

淡水资源	冰盖、冰川	地下水、土壤水	湖泊、沼泽	大气	河流
占比	77.2	22.4	0.35	0.04	0.01

随着经济的发展和人口数量的增加，世界用水量也在逐年增加。2000 年，全球用水总量已达 6110 km^3，占总径流量的 13%。但是可供人类利用的水资源并没有相应增加，反而由于人为污染等，水资源质量和数量下降。据估计，全球范围内，可用水量与总需水量在 2030 年前处于供大于求，2030 年后进入供不应求的水资源危机阶段。

2. 水资源的特点

水资源是在水循环背景上、随时空变化的动态自然资源，它具有与其他自然资源不同的特点。

1）水的多功能性

水资源在维持人类生命、发展工业、农业生产、维护生态环境等方面具有不可替代的作用。水可用于灌溉、发电、供水、航运、养殖、旅游、净化水环境等各方面，水的广泛用途决定了水资源开发利用的多功能特点。

2）可循环性和有限性

地球上存在着复杂的、大体上以年为周期的水循环，当年水资源的耗用或流失又可为来年的大气降水所补给，形成资源消耗和补给间的循环性，使得水资源不同于矿产资源，具有可恢复性，是一种再生性自然资源。

但是随着社会经济发展，人类对水资源的需求越来越大，而可供人类利用的水资源量却基本不会增加，水资源的超量开发消耗或动用区域地表、地下水的静态储量，必然造成超量部分难以恢复甚至不可恢复，从而破坏自然生态环境平衡。同时，人类污染等因素可使水质变差，导致可利用水资源量减少。因此，水循环过程的无限性和再生补给水量的有限性，决定水资源在一定限度内的量是有限的，并非“取之不尽，用之不竭”。

3）时空变化的不均匀性

水资源时间变化上的不均匀性表现为水资源量年际、年内变化幅度很大。区域年降水量因水汽条件、气团运动等多种因素影响，呈随机性变化，使得丰、枯年水资源量相差悬殊，丰、枯年交替出现，甚至可能出现持续性连旱、连涝现象。水资源的年内变化也很不均匀，汛期水量集中，不便利用，枯季水量锐减，又满足不了需求，而且各年年内变化的情况也各不相同。水资源量的时程变化与需水量的时程变化不一致是另一种意义上的时间变化不均匀性。

水资源空间变化具有不均匀性，表现为资源水量和地表蒸发量的地带性变化而分布不均匀。水资源的补给来源为大气降水，多年平均年降水量的地带性变化基本上规定了水资源量在地区分布上的不均匀性。水资源地区分布的不均匀性使得各地区在水资源开发利用条件上存在巨大的差别。水资源的地区分布与人口、土地资源的地区分布不相一致是另一种意义上的空间变化不均匀性。

水资源时空变化的不均匀性使水资源利用要采取各种工程的和非工程的措施，或跨地区调水，或调节水量的时程分配，或抬高天然水位，或制订调度方案等，以满足人类生活、生产的需求。

4）水资源开发利用的两重性

由于降水和径流的地区分布不平衡和时程分配不均匀，往往会出现洪涝、旱灾等自然灾害。开发利用水资源的目的是兴利除害、造福人民。如果开发利用不当也会引起人为灾害，如垮坝事故、水土流失、次生盐渍化、水污染、地下水枯竭、地面沉降、诱发地震等。水的开发利用和可能引起的灾害，说明水资源具有利和害的两重性。因此，开发利用水资源必须重视其两重性这一特点，严格按自然和社会经济规律办事，从而达到兴利除害的双重目的。水资源不只是自然之物，而且有商品属性。一些国家建立了有偿使用制度，在开发利用中受经济规律制约即体现出水资源的社会性和经济性。

3. 中国的水资源

中国水资源的总补给是大气降水。我国地表多年平均降水总量约为 62000 亿 m^3，年平均降水量约为 648 mm。地表水平均年资源量约为 27000 亿 m^3，地下水平均年资源量约为 8300 亿 m^3，其中重复计算水量约为 7300 亿 m^3，平均年水资源总量约为 28000 亿 m^3。虽然我国水资源总量丰富，但人均水资源量仅约为世界人均水平的 1/4，因此我国仍是一个水资源匮乏的国家，人均水资源量已逼近甚至低于联合国可持续发展委员会确定的 1750 m^3 用水紧张线。根据国际公认的标准，自 2000 年以来，我国人均水资源大约为 2000 m^3，总体来看属于中度缺水。

另外，我国水资源分布不均衡，且近年来极端气候事件频繁发生，导致地区间水资源分布不均的矛盾加剧。今后我国水资源短缺问题将日趋突出。

1）中国水资源的特点

第一，水资源总量不少，但人均和单位耕地占有水平很低。多年平均降水总量约为 62000 亿 m^3，折合降水深度为 648 mm，低于全球平均深度约 20%。我国河川径流量（地表水资源量）居世界第 6 位，次于巴西、俄罗斯、加拿大、美国和印度尼西亚，多年平均径流总量为 27000 亿 m^3，平均年径流深为 284 mm，低于全球平均水平（314 mm）。人均占有河川径流量仅为世界人均占有量的 1/4，单位耕地占有河川径流量仅为世界占有量的 3/4。

第二，水资源地区分布很不均匀，水、土资源的配置不平衡。我国水资源南多北少、相差悬殊。南方长江、珠江、浙闽台诸河、西南诸河平均年径流深超过 500 mm，其中浙闽台诸河超过 1000 mm，淮河流域平均年径流深为 225 mm，而黄河、海河、辽河、黑龙江 4 个流域片平均年径流深仅为 100 mm，内陆诸河平均年径流深更小，仅为 32 mm。我国水资源的地区分布与人口、土地资源的配置很不平衡。长江及其以南地区耕地占全国的 36%，人口占全国的 54.4%，而拥有水资源量却占全国的 81%，特别是西南诸河流域，耕地只占全国的 1.8%，人口只有全国的 1.5%，而水资源量却占全国的 20.8%，人均占有水资源量为全国平均占有量的 15 倍。淮河及其以北地区，耕地面积占全国的 64%，水资源仅占全国水资源总量的 19%，人均占有水资源量占全国的 19%。辽河、海河、黄河、淮河 4 个流域片耕地为全国的 45.2%，人口为全国的 38.4%，而水资源量仅占全国的 9.6%。

第三，水资源年际、年内变化大，涝旱灾害频繁。由于我国大部分地区受季风影响，水资源的年际、年内变化较大。我国南方地区最大年降水量与最小年降水量的比值达 2～4，北方地区达 3～6；最大年径流量与最小年径流量的比值，南方为 2～4，北方为 3～8。我国每年的大部分水资源量集中在汛期，以洪水形式出现，资源利用困难且易造成洪涝灾害。南方汛期水量可占年水量的 60%～70%，北方汛期水量可占年水量的 80%以上，集中程度超过欧美大陆而与印度相似。南方伏秋干旱，北方冬春干旱，降水量少、河道枯竭（北方有的河流断流）、造成旱灾，如果遇到持续干旱年份，地下水位大幅度下降，有的地区不仅农作物失收、工业限产，连人畜饮水都成问题，旱灾更为严重。我国水资源量的年际悬殊和年内变化剧烈，是我国农业生产不稳定、水旱灾害频繁的根本原因，也是我国水资源供需矛盾尖锐的主要原因。

第四，雨热同期是我国水资源的突出优点。我国水资源和热量的年内变化具有同步性，称为雨热同期。每年 3～5 月以后气温持续上升，雨季也大体在这个时候来临，水分、热量条件的同步来临有利于农作物生长。这也是我国以占世界 6.4%的土地面积和 7.2%的耕地养活了约占世界 20%人口的一个重要自然条件。当然，雨热同期只是就全国宏观情况而言的，如南方有的地区 7～9 月农作物生长旺盛、高温少雨，则是主要的干旱期。

第五，水污染蔓延，极大地减少了水资源的可利用量。多年来，我国水资源质量不断下降，水环境持续恶化，由污染导致的缺水和事故不断发生，不仅使工厂停产、农业减产甚至绝收，而且造成了不良社会影响和较大经济损失，严重威胁社会可持续发展，威胁人类生存。

2）中国的水资源短缺

经济和社会的发展产生巨大的用水需求。伴随我国经济持续快速发展和人口规模的不断增长，我国的用水量显著增长。根据中华人民共和国水利部数据，2021 年全国用水总量为 5920.2 亿 m^3，其中生活用水占比 15.4%、工业用水占比 17.7%、农业用水占比 61.5%、人工生态环境补水占比 5.4%。其中，我国居民生活用水量从 2000 年的 574.9 亿 m^3 增长到 2021 年的 909.4 亿 m^3，城市化率是居民生活用水需求增加的主要动力，伴随我国人口增长、城市化率和生活水平提高，预计我国居民生活用水需求量在未来较长时期内仍会不断增长。

水资源短缺指水资源相对不足，不能满足人们生产生活和生态需要的状况。随着经济发展和人口增加，人类对水资源的需求不断增加，加之对水资源的不合理开采和利用，很多国家和地区出现不同程度的缺水问题，这种现象称为水资源短缺。当前，日益增长的需水要求、社会水循环过程中的浪费和污水的超量排放及水利工程的建设与管理滞后等导致我国水资源短缺存在着资源型短缺、水质型短缺两种形式。我国是一个干旱缺水比较严重的国家，华北地区（京津）、西北地区、辽河流域、辽东半岛、胶东半岛等地区都是资源型缺水区域。按照人均水资源占有量 1000 m^3 作为水资源短缺的判定标准，2009 年我国的缺水地市有 134 个，主要分布在辽河流域、海河流域、黄河流域和淮河流域；按照地理分区主要分布在东北、华北、华东地区，在西北地区也有少量分布。按照国家标准，地表水水质分为五类，其中作为饮用水水源的水质必须达到Ⅲ类水以上。水质型缺水现象的出现主要是由于大量排放废污水造成水质劣于Ⅲ类而不能被饮用。水质型缺水往往发生在丰水区，是沿海经济发达地区面临的共同难题。例如，珠江三角洲、长江三角洲尽管水量丰富，但由于河道水体受污染，冬春季枯水期又受咸潮影响，清洁水源严重不足。在对 2009 年我国缺水区域特点进行分析的基础上，水质型缺水区域主要分布在珠江三角洲的广东，长江三角洲的苏州、上海、南京、扬州、绍兴、宁波、杭州、无锡、常州、嘉兴、湖州等地。

阅读材料：关于全面推行河长制的意见

——新华社

2016 年 12 月，中共中央办公厅、国务院办公厅印发了《关于全面推行河长制的意见》，并发出通知，要求各地区各部门结合实际认真贯彻落实。

河湖管理保护是一项复杂的系统工程，涉及上下游、左右岸、不同行政区域和行业。近年来，一些地区积极探索河长制，由党政领导担任河长，依法依规落实地方主体责任，协调整合各方力量，有力促进了水资源保护、水域岸线管理、水污染防治、水环境治理等工作。全面推行河长制是落实绿色发展理念、推进生态文明建设的内在要求，是解决我国复杂水问题、维护河湖健康生命的有效举措，是完善水治理体系、保障国家水安全的制度创新。其主要任务如下。

（1）加强水资源保护。落实最严格水资源管理制度，严守水资源开发利用控制、用水效率控制、水功能区限制纳污三条红线，强化地方各级政府责任，严格考核评估和监督。实行水资源消耗总量和强度双控行动，防止不合理新增取水，切实做到以水定需、量水而行、因水制宜。坚持节水优先，全面提高用水效率，水资源短缺地区、生态脆弱地区要严格限制发展高耗水项目，加快实施农业、工业和城乡节水技术改造，坚决遏制用水浪费。严格水功能区管理监督，根据水功能区划确定的河流水域纳污容量和限制排污总量，落实污染物达标排放要求，切实监管入河湖排污口，严格控制入河湖排污总量。

（2）加强河湖水域岸线管理保护。严格水域岸线等水生态空间管控，依法划定河湖管理范围。落实规划岸线分区管理要求，强化岸线保护和节约集约利用。严禁以各种名义侵占河道、围垦湖泊、非法采砂，对岸线乱占滥用、多占少用、占而不用等突出问题开展清理整治，恢复河湖水域岸线生态功能。

（3）加强水污染防治。落实《水污染防治行动计划》，明确河湖水污染防治目标和任务，统筹水上、岸上污染治理，完善入河湖排污管控机制和考核体系。排查入河湖污染源，加强综合防治，严格治理工矿企业污染、城镇生活污染、畜禽养殖污染、水产养殖污染、农业面源污染、船舶港口污染，改善水环境质量。优化入河湖排污口布局，实施入河湖排污口整治。

（4）加强水环境治理。强化水环境质量目标管理，按照水功能区确定各类水体的水质保护目标。切实保障饮用水水源安全，开展饮用水水源规范化建设，依法清理饮用水水源保护区内违法建筑和排污口。加强河湖水环境综合整治，推进水环境治理网格化和信息化建设，建立健全水环境风险评估排查、预警预报与响应机制。结合城市总体规划，因地制宜建设亲水生态岸线，加大黑臭水体治理力度，实现河湖环境整洁优美、水清岸绿。以生活污水处理、生活垃圾处理为重点，综合整治农村水环境，推进美丽乡村建设。

（5）加强水生态修复。推进河湖生态修复和保护，禁止侵占自然河湖、湿地等水源涵养空间。在规划的基础上稳步实施退田还湖还湿、退渔还湖，恢复河湖水系的自然连通，加强水生生物资源养护，提高水生生物多样性。开展河湖健康评估。强化山水林田湖系统治理，加大江河源头区、水源涵养区、生态敏感区保护力度，对三江源区、南水北调水源区等重要生态保护区实行更严格的保护。积极推进建立生态保护补偿机制，加强水土流失预防监督和综合整治，建设生态清洁型小流域，维护河湖生态环境。

（6）加强执法监管。建立健全法规制度，加大河湖管理保护监管力度，建立健全部门联合执法机制，完善行政执法与刑事司法衔接机制。建立河湖日常监管巡查制度，实行河湖动态监管。落实河湖管理保护执法监管责任主体、人员、设备和经费。严厉打击涉河湖违法行为，坚决清理整治非法排污、设障、捕捞、养殖、采砂、采矿、围垦、侵占水域岸线等活动。

4.1.3　水循环

地球上各种形态的水都处于不断运动和相互转换之中，形成了水循环（water cycle）。水循环直接涉及自然界中一系列物理、化学和生物过程，对人类社会的生产、生活和整个地球生态都有重要意义。

1. 水的自然循环

从全球整体角度来说，这一循环过程从海洋蒸发开始，蒸发的水汽升入空中并被气流输送至各地，大部分仍留在海洋上空，少部分被气流输送深入内陆，在适当条件下这些水汽凝结成降水。其中，海面上空的降水直接回归海洋，降落到陆地表面的雨雪除重新蒸发升入空中的水汽，一部分成为地面径流补给江河、湖泊，另一部分渗入土壤和岩层中，转化为壤中流和地下径流。地表径流、壤中流和地下径流最后都流入海洋，构成全球性统一的、连续有序的动态水循环大系统（图 4-2）。

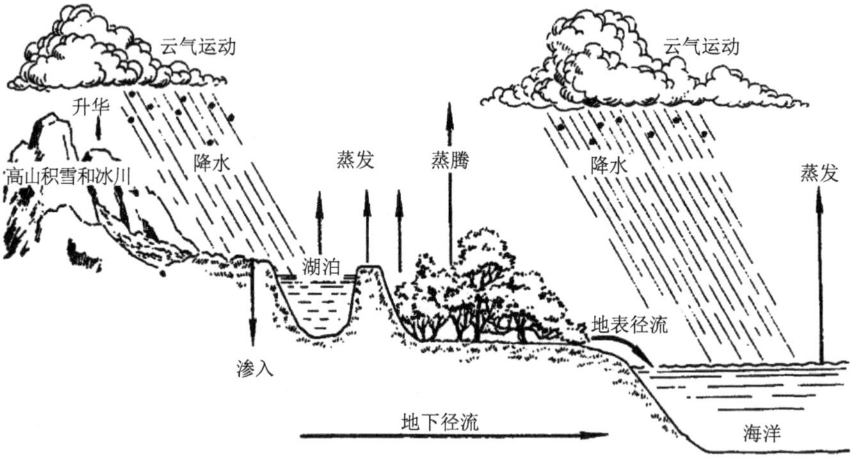

图 4-2　水的自然循环过程示意图

通常按水循环的不同途径和规模，可将全球水循环区分为大循环和小循环。当从海洋蒸发的水汽被气流带到陆地时，其遇冷凝聚以降水方式落到地面，这些降落的水一部分被蒸发而回到空中，另一部分形成地表径流汇入江河、流归海洋，这种海洋与陆地之间的水迁移和交换的现象称为大循环。

从海洋表面蒸发变成的水汽升到空中，可能直接遇冷凝聚后又降落到海洋上，从陆地上蒸发形成的水汽上升到空中，也可能遇冷凝聚后又降落到陆地上，这种海洋内部或陆地内部的水迁移和交换的现象称为小循环。

水的大循环和小循环实际上并不是截然分开的，而是互相联系的，小循环往往包含在大循环内部。水循环的总趋势是海洋向陆地输送水汽，而陆地的一部分径流又流回大海。在水的循环过程中，地球上的大气圈、水圈和岩石圈之间，通过蒸发、降水、下渗等形式也参与水的交换。

2. 水的社会循环

人类社会为了生产和生活需要，从居住区附近的天然河流、湖泊等水体取水，供人们用于工业、农业和日常生活，用过的水又排回天然水体。由于在这一过程中人类所用的水取之于附近水体又还之于附近水体，因此形成一种受人类社会活动作用的水循环，这就是水的社会循环。

在水的社会循环过程中，部分水被消耗性地使用，而其他的水则成为带有许多废弃物的污水被排放到天然水体中，从而导致一定程度的污染。而一般天然水体都是一个生态系统，对排入的废弃物有一定的净化能力，被称为水体的自净能力。但是随着社会循环的水量不断增大，排入水体的废弃物也不断增多，一旦超出水体的自净能力水质就会恶化，从而使水体遭到污染。受污染的水体将丧失或部分丧失其使用功能，从而影响水资源的可持续利用，进而加剧水资源短缺危机。因此，用后的污水应该经过排水系统妥善处理才能进行排放。

4.2　水环境质量

4.2.1　水体自净

一切生态系统都是一个动态平衡系统，水体环境也是一个具有自我调节、自我平衡能力的系统。污染物进入天然水体后，参与水体中物质转化和循环过程，通过一系列物理、化学和生物因素的共同作用，将其分离或分解，使排入的污染物的浓度和毒性自然降低，使水体基本上或完全地恢复到原来的状态，恢复原有的生态平衡，这种现象称为水体的自净（water self-purification）。但是在一定的时间和空间范围内，如果污染物大量排入天然水体并超过水体的自净能力，就会造成水体污染。水体的自净作用按其净化机制可分为以下三类。

（1）物理净化：天然水体的稀释、扩散、沉淀和挥发等作用，使污染物质的浓度降低。

（2）化学净化：天然水体中通过氧化、还原、酸碱反应、分解、凝聚、中和等作用，污染物质的存在形态发生变化，并且浓度降低。

（3）生物净化：有机物进入水体后在微生物的氧化分解作用下分解为无机物而使污染物浓度降低的过程称为生物净化。水体的生物自净过程需要消耗氧，因此生化自净过程实际上包括氧的消耗和氧的补充两个过程。水体自净过程中物理、化学和生物净化过程是同时起作用的。认识水体的自净过程，可以对水体的自净能力和纳污能力及水体环境变化做出客观的估价。

图 4-3 表示有机物的生化降解过程。以某条受污染的河流为例，0 点为废水进入水体的起始点。上游未受污染的清洁河段 5 日生化需氧量（BOD_5）很低，溶解氧（dissolved oxygen，DO）接近饱和点。废水流入水体后，废水中的有机物在微生物的作用下氧化分解，BOD_5 逐渐降低。有机物的微生物氧化分解过程要耗氧，由于大量有机物的分解，耗氧速率大于复氧速率，DO 也随之下降，当河水流至河流下游的某一段时，DO 降至最低点。此时耗氧速率与复氧速率处于动态平衡。经过最低点后，耗氧速率因有机物浓度的降低而小于复氧速率，DO 开始逐渐回升，最后恢复到废水流入水体前的 DO 水平。

图 4-3 中的曲线又称为“氧垂曲线”。曲线的变化反映废水排入河流后 DO 的变化和河流的自净过程及最缺氧点距离受污点的位置，可作为控制河流污染的基本数据和制订治污方案的依据。

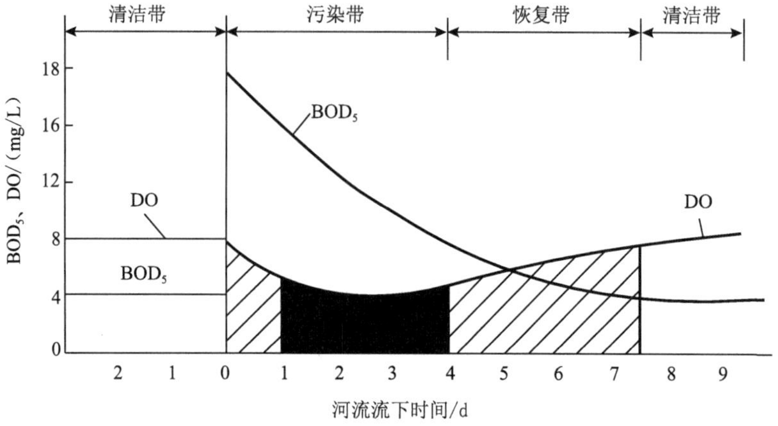

图 4-3　河流中 BOD_5 和 DO 的变化曲线图

4.2.2　水环境容量

水体具有的自净能力就是水环境接纳一定污染物的能力。一定水体所能容纳污染物的最大负荷称为水环境容量，即某水域所能承担外加的某种污染物的最大允许负荷量。它与水体所处的自净条件（如流量、流速等）、水体中的生物类群组成、污染物本身的性质等有关。一般污染物的物理化学性质越稳定，其环境容量越小；耗氧性有机物的水环境容量比难降解有机物的水环境容量大得多；而重金属污染物的水环境容量则甚微。

水环境容量与水体的用途和功能有十分密切的关系，水体功能越强，对其要求的水质目标越高，其水环境容量必将减小。反之，当水体的水质目标不严格时，水环境容量可能会大些。正确认识和利用水环境容量对水污染的控制有着重要的意义。

4.2.3　水质指标

水质是水与水中杂质共同表现的综合特征，具体衡量水中杂质的标准称为水质指标。水质指标可分为物理指标、化学指标和生物指标。水质指标是对水体进行监测、评价、利用及污染治理的主要依据。水污染指标的检测方法，国家已有明确的规定，检测时应按国家规定的方法或公认的通用方法进行。由于水污染指标数目繁多，在水污染控制工程的应用中，应根据具体情况选定。一些主要的水污染指标介绍如下。

1. 浊度

水中含有的泥土、粉砂、细微有机物、无机物、浮游生物等悬浮物和胶体物都可以使水体变得浑浊而呈现一定浊度。在水质分析中规定，1 L 水中含有 1 mg 二氧化硅所构成的浊度为一个标准浊度单位，简称 1 度。

2. 色度

污水中由于含有各种不同杂质，常显现出不同的颜色。

当污水进入环境后，会对环境造成表观的污染。有色污水排入水体后，会减弱水体的透光性，影响水生生物的生长。色度是一种通过感官来观察污水颜色深浅程度的指标，洁净水应是无色透明的，被污染的水色泽加深。人们一般从污水的色度可以粗略地判断水质的好坏，如二类污水色度（稀释倍数）一级标准为 50～80，二级标准为 80～100。

3. 悬浮物

悬浮物（suspended substance，SS）指不能通过过滤器（滤纸或滤膜）的固体物质。污水中的固体物质包括悬浮固体和溶解固体两类。悬浮固体指悬浮于水中的固体物质，悬浮固体也称悬浮物质或悬浮物，通常用 SS 表示。悬浮物透光性差，使水质浑浊，影响水生生物的生长，大量的悬浮物还会造成河道阻塞。

4. 溶解氧

溶解氧是指溶解在水中的游离氧（用 DO 表示），单位为 mg/L。对水生生物来讲，溶解氧是不可缺少的。溶解氧在自然净化中作用很大，是评价有机污染的重要指标。污水污染越严重，污水中溶解氧越少。

5. 生化需氧量

生化需氧量（biochemical oxygen demand，BOD）指在有氧的条件下，由于微生物的作用，水中能分解的有机物质完全氧化分解时所消耗氧的量。它以水样在一定温度（如 20℃）下，在密闭容器中，保存一定时间后消耗溶解氧的量（mg/L）来表示。当温度在 20℃时，一般的有机物质需要 20 d 左右就能基本完成氧化分解过程，而要全部完成这一分解过程就需 100 d。但是这么长的时间对实际生产控制来说就失去实用价值。因此，目前规定在 20℃下，培养 5 d 作为测定生化需氧量的标准。这时候测得的生化需氧量就称为 5 日生化需氧量，用 BOD_5 表示。

6. 化学需氧量

化学需氧量（chemical oxygen demand，COD）指在酸性条件下，用强氧化剂将有机物氧化成 CO_2、H_2O 所消耗的氧量。氧化剂一般采用重铬酸钾或高锰酸钾。重铬酸钾氧化作用很强，所以其能够较完全地氧化水中大部分有机物和无机物还原物质（但不包括硝化所需的氧量），此时化学需氧量用 COD_{Cr} 或 COD 表示。若采用高锰酸钾作为氧化剂，则写作 COD_{Mn}。

与 BOD_5 相比，COD_{Cr} 能够在较短的时间内（规定为 2 h）较精确地测出废水中耗氧物质的含量，不受水质限制。缺点是不能表示可被微生物氧化的有机物量。此外，废水中的还原性无机物也能消耗部分氧，造成一定误差。

如果废水中各成分相对稳定，那么 COD 与 BOD 之间应有一定的比例关系。一般来说，$COD_{Cr} > BOD_{20} \geqslant BOD_5 > COD_{Mn}$。其中，$BOD_5/COD_{Cr}$ 可作为废水是否适宜生化法处理的一个衡量指标。该比值越大，越容易被生化处理。一般认为 BOD_5/COD_{Cr} 大于 0.3 的废水才适宜采用生化处理。

7. 总需氧量

有机物中含 C、H、N、S 等元素，当有机物全部被氧化为 CO_2、H_2O、NO_2 和 SO_2 时，此时的需氧量称为总需氧量（total oxygen demand，TOD）。

总需氧量测定原理和过程是向有氧的载气中注入一定数量的水样，并将其送入以铂钢为触媒的燃烧管中，以 900℃的高温加以燃烧。在燃烧的过程中，水样中的有机物因被燃烧而消耗了载气中的氧，剩余的氧用电极测定，并用自动记录器加以记录，从载气原有的氧量中减去水样燃烧后剩余的氧，即总需氧量。此指标的测定，与 BOD、COD 的测定相比，更为快速简便，其结果也比 COD 更接近于理论需氧量。

8. 总有机碳

有机物都含有碳，通过测定废水中的总碳含量可以表示有机物含量。总有机碳（total organic carbon，TOC）的测定方法：向氧含量已知的氧气流中注入定量的水样，并将其送入以铂为触媒的燃烧管中，以 900℃的高温加以燃烧，用红外气体分析仪测定在燃烧过程中产生的 CO_2 量，再折算出其中的含碳量，就是 TOC 值。为排除无机碳酸盐的干扰，应先将水样酸化，再通过压缩空气吹脱水中的碳酸盐。TOC 的测定时间也仅需几分钟。

9. 有机氮

有机氮是反映水中蛋白质、氨基酸、尿素等含氮有机物总量的一个水质指标。若使有机氮在有氧的条件下进行生物氧化，可逐步分解为 NH_3、NH_4^+、NO_2^-、NO_3^- 等形态，NH_3 和 NH_4^+ 称为氨氮、NO_2^- 称为亚硝酸氮、NO_3^- 称为硝酸氮，这几种形态的含量均可作为水质指标，分别代表有机氮转化为无机物的各个不同阶段。总氮（TN）则是一个包括从有机氮到硝酸氮等全部含量的水质标准。

10. 酸碱污染物

酸碱污染物主要由工业废水排放的酸碱及酸雨带来。水质标准中以 pH 来反映其含量水平。酸碱污染物使水体的 pH 发生变化，抑制微生物生长，妨碍水体自净，使水质恶化、土壤酸化或盐碱化。各种生物都有自己的 pH 适应范围，超过该范围，就会影响其生存。对渔业水体而言，pH 不得低于 6 或高于 9.2，当 pH 为 5.5 时，一些鱼类就不能生存或生殖率下降。农业灌溉用水的 pH 应为 5.5～8.5。此外，酸性废水对金属和混凝土材料造成腐蚀。

11. 有毒物质

有毒物质指在污水中达到一定的浓度后，能够危害人体健康、危害水体中的水生生物，或者影响污水生物处理的物质。由于这类物质的危害较大，因此，有毒物质含量是污水排放、水体检测和污水处理中的重要水质指标。有毒物质是人们普遍关注的，可分为无机毒物和有机毒物。

12. 细菌总数

细菌总数指 1 mL 水中所含有各种细菌的总数，是反映水受细菌污染程度的指标。在水质分析中，是把一定量水接种于琼脂培养基中，在 37℃条件下培养 24 h 后，数出生长的细菌菌落，然后计算出每毫升水中所含的细菌数。

13. 总大肠菌群

总大肠菌群数指 1 L 水中所含大肠菌群的数量。大肠菌群并非细菌学分类命名，而是卫生细菌领域的用语，它不代表某一个或某一属细菌，而指的是具有某些特性的一组与粪便污染有关的细菌，其定义为：需氧及兼性厌氧、在 37℃能分解乳糖产酸产气的革兰氏阴性无芽胚杆菌。一般认为该菌群细菌可包括大肠埃希氏菌、柠檬酸杆菌、产气克雷伯氏菌和阴沟肠杆菌等。

4.2.4　水质标准

水的用途很广，在生活、工业、农业、渔业和环境（如景观用水）等各方面都要使用大量的水。水资源保护和水体污染控制要从两方面着手：一方面制定水体的环境质量标准，保证水体质量和水域使用目的；另一方面要制定污水排放标准，对必须排放的工业废水和生活污水进行必要而适当的处理。世界各国针对不同的用途，对用水的水质建立起相应的物理、化学和生物学的质量标准。在环境工程实践中有两类水质标准：一类是国家正式颁布的统一规定，如生活饮用水卫生标准、地表水环境质量标准、地下水质量标准、海水水质标准等。这些标准中对各项水质指标都有明确的要求尺度和界限。它们是有关单位都必须遵守的一种法定的要求，具有指令性和法律性。另一类是各用水部门或设计、研究单位进行各项工程建设时生产操作，根据必要的试验研究或一定的经验确定的各种水质要求，如“对工业用水的水质要求”等，这类水质要求只是一种必要的和有益的参考，并不具法律性。

我国根据不同水域及其使用功能分别制定不同的水环境质量标准。主要的水环境质量标准有生活饮用水卫生标准、地表水环境质量标准、地下水质量标准、海水水质标准、各种行业用水水质标准等。标准也分成强制标准和推荐性标准两种，以及国家和行业标准两类。此外，北京、广东、江苏等地也制定了一些水环境质量地方标准，主要制定的是纯净水方面的标准。

1. 生活饮用水卫生标准

随着经济的发展，人口的增加，不少地区水资源短缺，有的城市饮用水水源污染严重，居民生活饮用水安全受到威胁。为了满足保障人民群众健康的需要，国家市场监督管理总局和国家标准化管理委员会发布了修订版的《生活饮用水卫生标准》（GB 5749－2022），标准中规定的水质指标有 97 项，分为常规指标 43 项和扩展指标 54 项。其中微生物指标 5 项、饮用水消毒剂指标 4 项、毒理指标 65 项（无机物 17 项、有机物 48 项）、放射性指标 2 项、感官性状和一般化学指标 21 项。这种“常规”和“扩展”的划分，体现 “保证可行性”原则。也就是说，虽然现行标准给出了 97 项检验指标，但人们每天饮用的自来水只能保证 43 项常规指标的检验。

2. 地表水环境质量标准

为了控制水污染，保护水资源，我国国家环境保护总局、国家质量监督检验检疫总局发布了《地表水环境质量标准》（GB 3838－2002），它适用于国内的江、河、湖泊、水库等具有使用功能的地表水水域。根据地表水水域使用的目的和保护目标，我国地表水划分为以下五类。

Ⅰ类：主要适用于源头水、国家自然保护区；

Ⅱ类：主要适用于集中式生活饮用水地表水源地一级保护区、珍稀水生生物栖息地、鱼虾类产卵场、仔稚幼鱼的索饵场等；

Ⅲ类：主要适用于集中式生活饮用水地表水源地二级保护区、鱼虾类越冬场、洄游通道、水产养殖区等渔业水域及游泳区；

Ⅳ类：主要适用于一般工业用水区及人体非直接接触的娱乐用水区；

Ⅴ类：主要适用于农业用水区及一般景观要求水域。

3. 地下水质量标准

为保护和合理开发地下水资源，防止和控制地下水污染，保障人民身体健康，促进经济建设，国家质量监督检验检疫总局、国家标准化管理委员会发布了《地下水质量标准》（GB/T 14848－2017）。依据我国地下水质量状况和人体健康风险，参照生活饮用水、工业、农业等水质量要求，依据各组分含量高低（pH 除外），可分为以下五类。

Ⅰ类：地下水化学组分含量低，适用于各种用途；

Ⅱ类：地下水化学组分含量较低，适用于各种用途；

Ⅲ类：地下水化学组分含量中等，以 GB 5749－2006 为依据，主要适用于集中式生活饮用水水源及工农业用水；

Ⅳ类：地下水化学组分含量较高，以农业和工业用水质量要求以及一定水平的人体健康风险为依据，适用于农业和部分工业用水，适当处理后可作生活饮用水；

Ⅴ类：地下水化学组分含量高，不宜作为生活饮用水水源，其他用水可根据使用目的选用。

4. 海水水质标准

为了防止和控制海水污染，保护海洋生物资源和其他海洋资源，有利于海洋资源的可持续利用，维护海洋生态平衡。国家环境保护局发布了《海水水质标准》（GB 3097－1997），它规定海域各类使用功能的水质要求。按照海域的不同使用功能和保护目标，海水水质可分为以下四类。

第一类：适用于海洋渔业水域，海上自然保护区和珍稀濒危海洋生物保护区；

第二类：适用于水产养殖区，海水浴场，人体直接接触海水的海上运动或娱乐区，以及与人类食用直接有关的工业用水区；

第三类：适用于一般工业用水区，滨海风景旅游区；

第四类：适用于海洋港口水域，海洋开发作业区。

5. 污水排放标准

为了控制水体污染，保护江河、湖泊、运河、渠道、水库和海洋等地面水体及地下水体水质的良好状态，保障人体健康，维护生态平衡，促进国民经济和城乡建设的发展，国家环境保护局制定了《污水综合排放标准》（GB 8978－1996）。该标准适用于排放污水和废水的一切企事业单位，并将排放的污染物按其危害程度分为两类：第一类污染物指能在环境或动植物体内积累，对人体健康产生长远不良影响者，含有此类有害污染物的污水，一律在车间或车间处理设施排出口取样，其最高允许排放浓度必须符合排放标准（表 4-2），且不得用稀释的方法代替必要的处理；第二类污染物指其长远影响小于第一类的污染物质，这些物质包括COD、BOD、石油类、挥发酚、氰化物、硫化物、甲醛、苯胺类、硝基苯类等。在排污单位排出口取样，其最高允许排入浓度必须符合排放标准的规定。对此类污染物要求较低，可用稀释法。

表 4-2　第一类污染物最高允许排放质量浓度（放射性除外）（单位：mg/L）

污染物	最高允许排放质量浓度	污染物	最高允许排放质量浓度	污染物	最高允许排放质量浓度
总汞	0.05	总砷	0.5	总银	0.5
烷基汞	不得检出	总铅	1.0	总 α 放射性	1 Bq/L
总镉	0.1	总镍	1.0	总 β 放射性	10 Bq/L
总铬	1.5	苯并[*a*]芘	0.00003		
六价铬	0.5	总铍	0.005		

4.3　水体污染及其危害

4.3.1　水体污染

水体污染指天然水体因某种物质的介入而导致其物理、化学、生物或放射性等方面的特性发生改变，从而影响水的有效利用、危害人体健康或破坏生态环境、造成水质恶化的现象。水体污染一般指水中污染物的数量超过水体自净能力；污染物数量达到破坏水的原有用途的程度；污染物含量已超过水中该物质的本底值，从而影响水的用途。衡量水污染程度，一般是根据水中某种污染物浓度的高低和各种水质标准进行评价与分类。水体污染来源有点源和面源两种形式。

1. *点源*

点源主要指工业污染源和生活污染源，其变化规律服从工业生产废水和城镇生活污水的排放规律，即季节性和随机性。

（1）工业废水是水体最重要的污染源。它量大、面广、含污染物多，成分复杂，在水中不易净化，处理也比较困难。它具有下列特性：①悬浮物质含量高，最高可达 30000 mg/L（而生活污水一般在 200～500 mg/L）；②需氧量高，有机物一般难以降解，对微生物起毒害作用；③COD 为 400～10000 mg/L；④BOD 为 200～5000 mg/L（生活污水 BOD 为 200～500 mg/L）；⑤pH 变化幅度大，pH=2～13；

⑥温度较高，排入水体可引起热污染；⑦易燃，常含有低沸点的挥发性液体如汽油、苯、二硫化碳、甲醇、乙醇、石蜡等；⑧含多种多样的有害成分，如硫化物、氰化物、汞、镉、铬、砷等。

（2）生活污水是另一个较大的点源。生活污水中物质组成与工业废水组成截然不同。它主要是日常生活中各种洗涤水，99%以上为水，固体物质小于 1%，而且多为无害物质。

生活污水的特点：①含氮、磷、硫量高；②在生活污水中有机物质主要有纤维素、淀粉、糖类、脂肪、蛋白质和尿素等。在厌氧细菌的作用下，易产生恶臭物质，如硫化氢、硫醇和 3-甲基吲哚（粪臭素）；③含有大量合成洗涤剂，对人体可能有一定的危害；④含有多种微生物，每毫升污水中可含几百万个细菌，病原菌也多。

2. 面源

面源为受外界气象、水文条件控制的污染物不连续、分散排放的污染源。面源多为人类在地表上活动所产生的水体污染源，人类活动包括农业、农村生活、矿业、石油生产、施工等。面源分布广泛，物质构成与污染途径十分复杂，如地表水径流、农村生活污水与分散畜牧业废物、农村种植业固废、农药化肥流失、水土流失等。目前，面源对水体的污染随着点源控制力度的加大，已逐渐成为水体水质恶化的主要原因。在美国河流的水污染成分中，50%以上来自地面径流。

4.3.2　水中主要污染物

对水体污染有较大影响的共有以下 11 类污染物。

1. 需氧污染物

生活污水和某些工业废水中所含的碳水化合物、蛋白质、脂肪和木质素等有机化合物可在微生物作用下最终分解为简单的无机物，这些有机物在分解过程中需要消耗大量的氧气，故被称为需氧污染物。需氧污染物是水体中普遍存在的一类污染物。

2. 植物营养物

所谓植物营养物主要指氮、磷、钾、硫及其化合物。从农作物生长的角度看，植物营养物是宝贵的物质，但过多的营养物质进入天然水体，将导致水生生物，主要是各种藻类大量繁殖。藻类过度旺盛地生长繁殖将造成水中的溶解氧急剧变化，使水体处于严重缺氧，从而造成鱼类大量死亡。

3. 重金属

在环境污染方面所说的重金属主要指汞、镉、铬、铅及类金属砷等生物毒性显著的重元素，也包括具有毒性的重金属锌、铜、钴、镍、锡等。重金属以汞毒性最大，镉次之，铅、铬、砷也有相当大的毒害，有人称之为“五毒”。重金属污染的几个特点：①在天然水体中只要有微量浓度即可产生毒性效应，一般重金属产生毒性的浓度在 1～10 mg/L，毒性较强的金属如汞、镉产生毒性的浓度在 0.001～0.01 mg/L；②通过食物链的生物放大作用，重金属可以在较高级生物体内成千上万倍地富集，然后通过食物进入人体，在人体某些器官中积累造成慢性中毒；③水体中的某些重金属可在微生物的作用下转化为毒性更强的金属化合物，如汞的甲基化。

4. 农药

农药对水体的污染也很普遍，其污染成分主要涉及有机氯、有机磷和有机氮等。

英国、美国等发达国家几乎所有河流都被有机氯杀虫剂污染。据报道，伦敦雨水中滴滴涕含量达 70～400 ng/L；法国是欧洲使用农药量最多的国家，目前该国境内 90%的河流及 58%的地下水中检出含有杀菌剂、除草剂和杀虫剂等农药。日常环境监测结果表明，在供水水源中可检出可观数目的一般农药，特别是除草剂。在地面水中检出的主要农药为 2-甲基-4-氯丙酸、阿特拉津、西玛津、乐果和 γ-六氯环己烷（又称林丹）。

5. 石油

据估计，1 L 石油在海面上的扩散面积可达 100～2000 m^2，扩散在海面上的石油在氧化和分解过程中，会大量消耗海水中的溶解氧。通常，1 L 石油完全氧化需消耗 40 万 L 海水中的溶解氧，从而使大面积的海域缺氧，对生物资源造成严重危害，还会使某些致癌物质在鱼、贝类体内蓄积，使海鸟因沾染油污而死亡。另外，溢油的漂移扩散，会使海滩和海滨旅游区荒废，造成极大的社会危害。

6. 酚类化合物

水体中酚的来源主要是冶金、煤气、炼焦、石油化工、塑料等工业排放的含酚废水。由于各工业的原料、工艺、产品不同，各种含酚废水的浓度、成分、水量都有较大的差别。另外，粪便和含氮有机物的分解过程也会产生少量酚类化合物，所以城市生活污水也是酚污染物的来源。

7. 氰化物

水体中氰化物主要来自化学、电镀、煤气、炼焦等工业排放的含氰废水。对我国各地氰化电镀车间废水的实际调查显示，含氰废水中氰的浓度一般在 20～70 mg/L，化肥厂煤气洗气水中氰的浓度可超过 100 mg/L。

8. 酸、碱及一般无机盐类

酸性废水主要来自矿山排水、冶金和金属加工酸洗废水。矿山排水是酸性废水主要来源之一，美国水体中的酸性废水约 70%来自矿山排水，主要是由硫化矿物的氧化作用产生的。雨水淋洗含 SO_2 烟气后流入水体，形成酸雨。酸雨问题是瑞典气象学家在 20 世纪 50 年代发现的，现在不少地区常下这种酸雨。在美国的东部地区，有时酸雨甚至达到乙酸那样的酸度。

碱性废水主要来自碱法造纸、人造纤维、制碱、制革等工业废水。

酸、碱废水彼此中和，可产生各种盐类，它们分别与地表物质反应也能生成一般无机盐类。因此，酸和碱的污染，必然伴随着无机盐类污染。

9. 放射性物质

在自然界和人工生产的元素中，有一些能自动发生衰变，并放射出肉眼看不见的射线，这些元素统称为放射性元素或放射性物质。在自然状态下，来自宇宙的射线和地球环境本身的放射性元素一般不会给生物带来危害。大多数水体在自然状态下都有极微量的放射性。第二次世界大战后，由于原子能工业，特别是核电站的发展，水体的放射性日益增加，从而产生了放射性污染。放射性物质的来源主要有三个途径：①核电站中的放射性废水经浓缩后，有的用混凝土固化，装入容器内（如钢筋混凝土的大盒子或金属缸）投入海中。如果容器破损，放射性污染物质漏出并对水体造成污染。②核武器的试验，主要是大气中放射性尘埃降落到地面径流。③放射性同位素在化学、冶金、医学、农业等部门的广泛应用，随污水排入水体。放射性污染很难消除，射线强度只能随时间的推移而减弱。

10. 病原微生物

水体中病原微生物主要来自生活污水和医院废水、制革、屠宰、洗毛等工业废水及畜牧污水。病原微生物有三类：①细菌，可以引起疾病的细菌，如大肠杆菌、痢疾杆菌、绿脓杆菌等；②病毒，一般没有细胞结构，但它是有遗传、变异、共生、干扰等生命现象的微生物；③寄生虫，动物寄生物的总称，如疟原虫、血吸虫、蛔虫等。病原微生物是水体污染中主要的污染物，对人来讲，传染病的发病率和死亡率均很高。例如，印度德里市 1955～1956 年发生一次传染性肝炎，全市 102 万人口中，将近 10 万人患肝炎，其中黄疸型肝炎患者有 29300 人。

11. 致癌物

前面讲的污染物中大部分都含有致癌物质。例如，炼焦废水中的焦油含有多种致癌芳香烃；印染废水中的染料含有多种芳香胺类致癌物，如联苯胺、2-萘胺（均可致膀胱癌）；植物营养物中的亚硝基化合物（向各种胺类、亚硝酸盐转化）有强烈的致癌性，能致肝癌；农药中有机氯化合物，如滴滴涕、六六六等经小鼠动物试验证明能致肝癌，艾氏剂能使大白鼠患细胞癌、胆管癌；重金属中铬、镍致癌，后者可致肺癌；水体中的某些藻类和厌氧细菌合成有毒物质，其中可能包含致癌物质。

4.3.3　国内外水污染现状

1. 国外水污染现状

世界各地水污染的严重程度主要取决于人口密度、工业和农业发展的类型与数量以及“三废”处理系统的数量与效率。目前，全世界每年约有 4200 亿 m^3 的污水排入江河湖海，污染了 55000 亿 m^3 的淡水，相当于全球径流总量的 14%以上。第四届世界水论坛提供的联合国水资源世界评估报告显示，全世界每天有数百万吨垃圾倒进河流、湖泊和小溪，每升废水会污染 8 L 淡水；所有流经亚洲城市的河流均被污染；美国 40%的水资源流域被加工食品废料、金属、肥料和杀虫剂污染；欧洲 55 条河流中仅有 5 条水质勉强能用。世界卫生组织统计，世界上许多国家正面临水污染和水资源危机：每年有 300 万～400 万人死于与水污染有关的疾病。在发展中国家，各类疾病有 80%是因为饮用了不卫生的水而传播的。同时，水资源保护方面投入不足，加剧了全球水污染程度。印度每天超过 200 万 t 工业废水直接排入河流、湖泊及地下，造成地下水大面积污染，所含各项化学物质指标严重超标。此外，未经处理的生活污水直接排放也加剧了水污染程度，流经印度北方的主要河流——恒河已被列入世界污染最严重的河流之列。

2. 国内水污染现状

随着工业发展、城镇化提速及人口数量的膨胀，我国面临着十分严峻的水环境形势。我国目前已经进入水污染密集爆发阶段，江河湖库及近海海域普遍受到不同程度的污染，全国地表水污染依然较重。2021 年《中国生态环境状况公报》显示，长江、黄河、珠江、松花江、淮河、海河、辽河、浙闽片河流、西北诸河和西南诸河的国控断面中，Ⅰ～Ⅲ类，Ⅳ、Ⅴ类和劣Ⅴ类水质断面比例分别为87.0%、12.1%和 0.9%（图 4-4）。在 210 个重要湖泊（水库）中，Ⅰ～Ⅲ类，Ⅳ、Ⅴ类和劣Ⅴ类水质湖泊（水库）分别占 72.9%、21.9%和 5.2%。富营养、中营养和贫营养的湖泊（水库）比例分别为 27.3%、62.2%和 10.5%。在地下水环境质量监测中，Ⅰ～Ⅳ类水质占 79.4%，Ⅴ类水质占 20.6%，主要超标指标为硫酸盐、氯化物和钠。

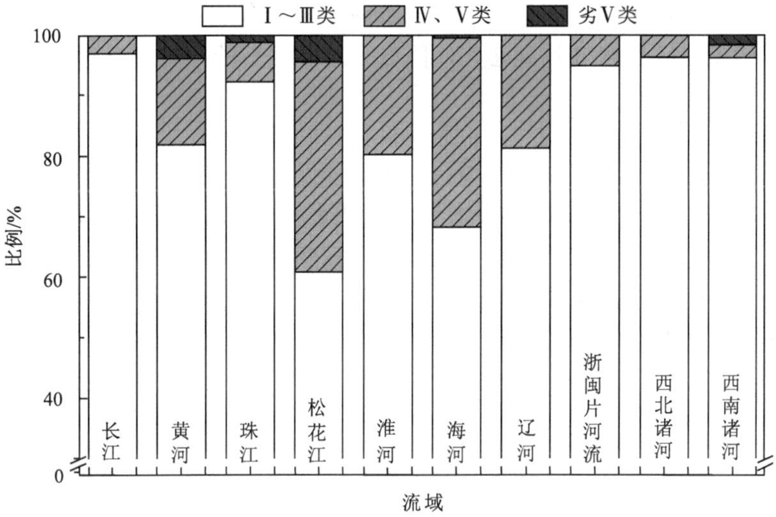

图 4-4　2021 年七大流域和浙闽片河流、西北诸河、西南诸河水质状况

另外，在中国近几年发生的重大环境污染事故中，水污染事故占一半左右。统计分析表明，国内近几年每年水污染事故都在 1700 起以上。2011 年 5 月云南曲靖非法倾倒铬渣事件、2011 年 6 月康菲渤海溢油事件、2012 年 2 月的广西龙江镉污染、2013 年 1 月山西天脊集团发生苯胺泄漏事故、2014 年 4 月甘肃兰州发生自来水苯污染、2015 年 4 月宜昌长阳蒙特锰业排污致水体污染、2015 年 6 月安徽池州河水苯污染、2017 年 5 月四川嘉陵江铊污染、2020 年 6 月云南瑞丽江水变“血水”等，这些水污染事故都对水环境和水资源造成了严重的影响。

4.3.4　水体污染的危害

1. 水污染严重影响人的健康

污染水对人体的危害一般有两类：一类是污水中的病原微生物等引起传染性疾病；另一类是污水中含有的有毒物质（如重金属）和致癌物质导致人中毒或死亡。

2. 水污染造成水生态系统破坏

水环境的恶化破坏了水生生态系统，导致水生生物中毒、减少，以致灭绝。据统计，全国鱼虾绝迹的河流约达 2400 km。

水污染恶化了水域原有的清洁的自然生态环境。水质恶化使许多江河湖泊水体浑浊，气味变臭，尤其是富营养化加速了湖泊衰亡。全国面积在 11 km^2 以上的湖泊数量，在 30 年间减少了 543 个。我国众多的人口居住在江湖沿岸地区，特别是许多大中城市位于江湖岸旁，江湖的水体污染严重损害了人类的生存环境。城市水域的污染，还使水域景观恶化，降低了这些城市的旅游开发价值。

3. 水污染加剧缺水状况

我国是一个缺水的国家，人均占有水资源仅为 2330 m^3，相当于世界人均拥有量的 1/4。随着经济发展和人口增加，人们对水的需求将更为迫切。水污染实际上减少了可用水资源量，使我国面临的缺水问题更为严峻。在城市地区，这一问题尤为突出，如北京人均水资源占有率仅有我国人均量的 1/6。显然，如果对水污染趋势不加以控制，我国今后的缺水情况将更加严重。

4. 水污染对农作物的危害

我国是农业大国，农业灌溉用水量超过我国总用水量的 3/4。目前，引用污染水灌溉农田而危害农作物的情况不容忽视。如果灌溉水中的污染物浓度过高会杀死农作物；而有些污染物又会引起农作物变种，如开花不结果，或者只长秆不结籽等，结果引起减产甚至绝收。另外，污染物滞留在土壤中还会恶化土壤，积聚在农作物中的有害成分会危及人体健康。

5. 水污染造成较大的经济损失

我国缺水和水污染造成的经济损失较大，虽然目前尚无确切统计数据，但是有关部门曾做过粗略测算，每年水污染造成的经济损失为 300 亿～600 亿元。据欧洲共同体的统计，污染造成的经济损失通常占国民经济总产值的 3%～5%。与国外相比，我国生产管理和技术水平相对落后，单位产值排污量大，处理效率低，污染造成的经济损失比国外还要高。

4.4 水处理技术

4.4.1 常用水处理技术

水处理技术，即采用多种方法将水中所含有的污染物质分离出来，或转化为稳定和无害的物质，从而使污水得到净化。水中的各种污染物可分为悬浮物质、胶体物质和溶解性物质。常用水处理方法有物理处理法、化学处理法和生物处理法。

1. 物理处理法

物理处理法主要是利用物理作用来分离废水中呈悬浮状态的污染物，在处理过程中不改变其化学性质。属于物理处理的方法有以下几种。

1）沉淀法

在重力作用下，利用悬浮颗粒和水的密度差使悬浮颗粒从水中除去的方法称为沉降法。重力沉降法可以去除水中的泥沙、化学沉降物、混凝处理所形成的絮凝体和生物处理的微生物絮凝体（污泥）。

2）过滤法

过滤法是利用过滤介质截留废水中的悬浮物。过滤介质有钢条、筛网、砂、布、塑料、微孔管等。过滤设备有栅、筛微滤机、砂滤池、真空过滤机、压滤机（后两种多用于污泥脱水）等。处理效果与过滤介质孔隙度有关。

3）气浮（浮选）法

进行气浮时，将空气通入污水中，并以微小气泡形式从水中析出作为载体，使难沉降的固体颗粒或细小的油粒等乳状物黏附在这些气泡上，成为一种絮凝体，借气泡上浮力被带到水面上来，从而形成泡沫即气、水、颗粒（油）三相混合体，通过收集泡沫或浮渣达到分离杂质、净化废水的目的。

对细分散的亲水性颗粒（如纸浆、煤粒、重金属离子等），若用气浮法进行分离则必须对这些物质用浮选剂加以处理，使其表面改变为疏水性，才能够与气泡黏附。浮选剂大多数是由极性-非极性分子组成的，分子的一端含有极性基（如—OH、—COOH、$—SO_3H$、$—NH_2$），显示出亲水性，称为亲水基；另一端为非极性基（如—R），显示出疏水性，称为疏水基。当在分散相为亲水性粒子的水中投加浮选剂时，在有大量细微气泡造成的大面积气水界面上，亲水性转变为疏水性。浮选剂改变固体悬浮物的表面化学特征，促进浮选效率的提高。

4）反渗透法

反渗透法是利用半渗透膜进行分子过滤来处理废水的一种新的方法，又称膜分离技术。这种膜可以使水通过但不能使水中悬浮物及溶质通过，所以这种膜称为半渗透膜。利用它可以除去水中的溶解固体、大部分溶解性有机物和胶状物质。如果将纯水和某种溶液用半透膜隔开，水分子就会自动地透过半透膜到溶液一侧去，这种现象称为渗透。如果在溶液一侧施加大于渗透压的压力，则溶液中的水就会透过半透膜，流向纯水一侧，溶质则被截留在溶液一侧，这种作用称为反渗透。

5）离心分离法

含有悬浮污染物的污水在高速旋转时，由于悬浮颗粒（如乳化油）和污水的质量不同，旋转时受到的离心力大小不同。质量大的被甩到外围，质量小的则留在内圈，通过不同的出口分别引导出来，从而回收污水中有用物质，并净化污水。常用的离心设备按离心力的方式可分为两种：一种是由水流本身旋转产生离心力的旋流分离器，另一种为由设备旋转同时也带动液体旋转产生离心力的离心分离机。

2. 化学处理法

化学处理法是向污水中投加化学试剂，利用化学反应来分离、回收污水中的污染物或将污染物转化为无害物质的处理方法。常用的化学处理法有化学沉淀法、混凝法、中和法和氧化还原法等。

1）化学沉淀法

化学沉淀法是向水中投加沉淀剂，使之与废水中污染物发生沉淀反应，形成难溶的固体，然后进行固液分离，从而去除废水中污染物的方法。化学沉淀法经常用于处理废水中的重金属离子（如汞、镉、铅、锌、镍、铬、铁、铜等）、碱土金属（如钙和镁）及某些非金属（如砷、氟、硫、氰、硼），也可以去除某些有机污染物。化学沉淀法的主要步骤包括化学沉淀剂的配制与投加、沉淀剂与废水的混合反应和固液分离等。设备有沉淀池、气浮池和泥渣处理与利用等辅助设施。化学沉淀法根据使用化学药剂的不同，可分为氢氧化物法、硫化物法、钡盐法及铁氧体沉淀法等。化学沉淀法的优点是经济简便、药剂来源广，因此处理重金属废水时应用最广，但存在劳动条件差、管道易结垢、堵塞、腐蚀、沉淀体积大和脱水困难等问题。

2）混凝法

混凝法是在废水中预先投加化学药剂来破坏胶体的稳定性，使废水中的胶体和细小悬浮物聚集成具有可分离性的絮凝体，再加以分离除去的过程。混凝包括凝聚与絮凝两种过程，凝聚是胶体被压缩双电层而脱稳并聚集为微小絮粒的过程；絮凝是微絮粒由于高分子聚合物的吸附架桥作用聚结成大颗粒絮体的过程。

废水处理中常用的絮凝剂有硫酸铝、硫酸亚铁、氯化铁及聚合氯化铝等高分子混凝剂。为了提高混凝效果，生成粗大、密实、易于分离的絮凝体，尤其是对混凝效果不佳的废水，需要添加一些辅助药剂，这些药剂统称为助凝剂。根据使用功能，助凝剂有 pH 调整剂、絮体结构改良剂和氧化剂三类。混凝过程包括混凝剂的配制与投加、混合、混凝、澄清等几个步骤。

3）中和法

利用化学药剂，使废水的 pH 达到中性左右的过程称为中和处理。常用的中和法有以下几种：①酸碱中和，中和处理发生的主要反应是酸与碱生成盐和水的反应，酸性废水中常有重金属盐，在用碱处理时还可以生成难溶的金属氢氧化物。②药剂中和，能处理任何浓度、任何性质的酸性废水，对水质和水量波动适应性很强。最常用的碱性药剂是石灰，最常用的方法是石灰乳法，即将石灰消解成石灰乳后投加，其主要成分是氢氧化钙。③过滤中和，含酸废水流过碱性滤料时，可使废水中和。这种方法适用于中和处理不含其他杂质的盐酸废水、硝酸废水和浓度不大于 2 g/L 的硫酸废水等生成易溶盐的各种酸性废水，不适于处理含有大量悬浮物、油、重金属盐、砷、氟等物质的酸性废水。

4）氧化还原法

对于一些有毒有害的污染物，当难以用生物法或其他方法处理时，可利用它们在化学反应过程中能被氧化或还原的性质，改变污染物的形态，将它们变成无毒或微毒的新物质，或者转化成容易与水分离的形态，从而达到处理的目的。这种方法称为氧化还原法。氧化还原法包括氧化法和还原法。

主要的氧化法有：①空气氧化法，利用空气中的氧作为氧化剂氧化分解废水中有毒有害物质的一种方法，目前主要用于含硫（Ⅱ）废水的处理；②氯氧化法，广泛用于废水处理中，如医院污水处理、无机物与有机物氧化、废水脱色除臭杀藻等，常用的药剂有漂白粉、次氯酸钠和液氯，该法也主要用于含氰废水的处理；③臭氧氧化法，臭氧的氧化性很强，在天然元素中仅次于氟，在理想反应条件下，臭氧可以把水溶液中大多数单质和化合物氧化到它们的最高氧化态，对水中有机物有强烈的氧化降解作用，还有强烈的消毒杀菌作用，且不产生二次污染，制备方便；④光氧化法，利用光和氧化剂产生很强的氧化作用来氧化分解废水中有机物与无机物的一种方法。

废水中的某些金属离子在高价态时毒性很大，可用还原法将其还原为低价态后分离除去。常用的还原剂有硫酸亚铁、亚硫酸氢钠、硼氢化钠、水合肼、铁屑和锌粉等。利用废气中的 H_2S、SO_2 和废水中的氰化物等进行还原处理，也有很好的效果。还原法常用于含铬、汞和铜的废水处理。

5）电解法

电解是利用直流电进行溶液氧化还原反应的过程。废水中的污染物在阳极被氧化，在阴极被还原，或者与电极反应产物作用，转化为无害成分被分离除去。利用电解可以处理：各种离子状态的污染物，如 CN^-、AsO_2^-、CrO_4^{2-}、Cd^{2+}、Pb^{2+}、Hg^{2+}等；各种无机和有机的耗氧物质，如硫化物、氨、酚、油和有色物质等；致病微生物。电解法能够一次去除多种污染物。例如，氰化镀铜废水经过电解处理，CN^-在阳极氧化的同时，Cu^{2+}在阴极被还原沉积。

6）吸附法

吸附法就是利用多孔性的固体物质，使水中的一种或多种物质被吸附在固体表面而除去的方法。在水处理领域，吸附法主要用以脱除水中的微量污染物，应用范围包括脱色，除臭味，脱除重金属、各种溶解性有机物、放射性元素等。在处理流程中，吸附法可作为离子交换、膜分离等方法的预处理，以去除有机物、胶体物及氯等，也可以作为二级处理后的深度处理手段，以保证回用水的质量。根据固体表面吸附力的不同，吸附可分为离子交换吸附、物理吸附和化学吸附三种基本类型。溶质的离子由于静电引力作用，在吸附剂表面带电点上的吸附称为离子交换吸附；溶质与吸附剂之间由于分子间力（范德瓦耳斯力）而产生的吸附称为物理吸附；溶质与吸附剂发生化学反应，形成牢固的吸附化学键和表面络合物的吸附称为化学吸附。物理吸附和化学吸附并不是孤立的，往往相伴发生，水处理大部分的吸附往往是几种吸附综合作用的结果。

吸附剂应具有良好的吸附性、稳定的化学性、耐强酸强碱及抗水浸、高温、高压及不易破碎等性能。目前在废水处理中应用的吸附剂主要有活性炭、磺化煤、白土、硅藻土、活性氧化铝、焦炭、树脂吸附剂、炉渣、腐殖酸及微生物等。其中粒状活性炭应用最广，因其巨大的比表面积和发达的微孔及众多的官能团而具有很强的吸附性能和很大的吸附容量。纤维活性炭是一种新型高效吸附材料，具有比粒状活性炭更发达的微孔结构及众多的官能团，因此，吸附性能大大超过目前普通的活性炭。

7）离子交换法

离子交换法是水质软化和除盐的主要方法之一，是一种借助离子交换剂上的离子和水中的离子进行交换反应而除去水中有害离子的方法。离子交换的实质是不溶性离子化合物（离子交换剂）上的可交换离子与溶液中的其他同性离子的交换反应，是一种特殊的吸附过程，通常是可逆性的化学吸附。在废水处理中，该方法主要用于去除废水中的金属离子。

8）电渗析法

电渗析是在渗析法的基础上发展起来的一项废水处理新工艺。它是在直流电场的作用下，利用阴、阳离子交换膜对溶液中的阴、阳离子的选择透过性（阳膜只允许阳离子通过，阴膜只允许阴离子通过），使溶液中的溶质与水分离的一种物理化学过程。电渗析法多用于海水淡化制取饮用水和工业用水，或与其他处理单元组合制取高纯水，被浓缩的海水还可以制取食盐。

3. 生物处理法

生物处理法就是利用微生物的代谢作用除去废水中有机污染物的一种方法，又称为废水生物化学处理法。根据微生物的这些生理特性，污水的生物处理法可分为好氧生物处理法和厌氧生物处理法。目前较常用的生物处理法可归纳为图 4-5。

- 生物处理法
  - 好氧生物处理
    - 自然条件下
      - 水体自净——天然水体及氧化塘
      - 土壤净化——污水灌溉
    - 人工条件下
      - 悬浮生长型——活性污泥法及其变形
      - 氧化塘、氧化沟
      - 固着生长型——生物滤池、生物转盘
      - 接触氧化法、好氧生物流化床
  - 厌氧生物处理
    - 自然条件下
      - 高温堆肥
      - 厌氧塘
    - 人工条件下
      - 悬浮生长型——厌氧消化池、升流式厌氧污泥床、化粪池
      - 固着生长型——厌氧滤池、厌氧生物流化床

图 4-5　污水生物处理法分类

1）活性污泥法

活性污泥法是利用微生物絮体处理有机废水的一种好氧生化处理技术。将空气连续鼓入曝气池的废水中，经过一段时间后，水中就会形成大量好氧性微生物的絮凝体，此絮凝体就是“活性污泥”。活性污泥具有巨大比表面积，且表面上含有多糖类黏性物质，所以其对废水中的有机物有很强的吸附作用。当它与废水开始接触时，废水中的有机污染物迅速地被吸附到活性污泥上，这一过程称为初期吸附。被吸附的有机物在酶的作用下经水解后，被微生物摄入体内，在水中的溶解氧较充分的条件下，进行生化反应，将部分有机物氧化分解为较简单的无机物（CO_2、H_2O、NH_4^+、PO_4^{3-}、SO_4^{2-}等），并放出细菌生长所需的能量，而将另一部分有机物转化为生物体所必需的营养物质，合成新的原生质。

废水生物处理过程可看作一种微生物的连续培养过程，即不断给微生物补充食物，使微生物数量不断增加。微生物的生长规律可用微生物的生长曲线来反映，这个曲线表示微生物在不同营养条件下的生长过程。按微生物生长速度不同，生长曲线可划分为迟缓期、对数期、稳定期及衰亡期四个生长时期，如图 4-6 所示。

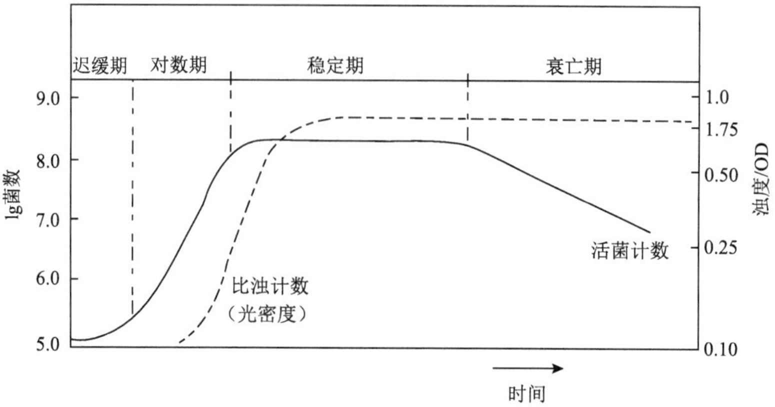

图 4-6　微生物生长曲线

微生物生长曲线与废水生物处理工艺有着十分密切的关系。不同的生物处理工艺将对应于生长曲线的某一期间，因而很大程度上能够确定处理水的水质和活性污泥的增长量。从微生物的生长曲线看出，对数增长期，微生物数量增长快，微生物对废水具有很强的处理能力，但活性污泥絮体松散，游离微生物多而影响出水水质和沉淀效果。此外，又由于产生了大量剩余污泥，增加了污泥处理的负担，所以一般情况下不采用微生物的对数增长期。与对数增长期相反，稳定期微生物对营养及氧的要求低、运行稳定、废水中有机物的消耗比较彻底、出水水质高、污泥产生量少。因而，通常废水处理中多利用微生物的稳定期。

活性污泥法的基本流程包括曝气系统、污泥回流系统和沉淀系统，如图 4-7 所示。由初次沉淀池流出的废水与从二次沉淀池回流的活性污泥混合液进入曝气池，在曝气过程中混合液得到充分混合和足够的溶解氧。废水中的可溶解性有机物被活性污泥吸附并分解，使污水得到净化。在二次沉淀池内，活性污泥从净化的废水（称为处理水）中分离出来，经沉淀澄清的处理水由沉淀池溢流排出。沉淀的活性污泥在沉淀池污泥区内进行浓缩后，一部分回流到曝气池，另一部分作为剩余污泥而排放。

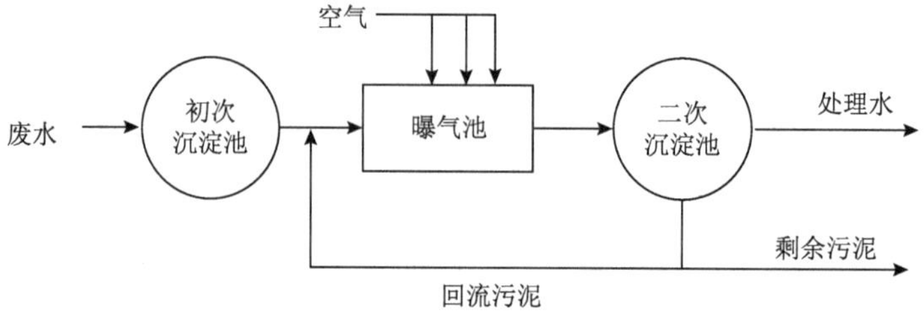

图 4-7　普通活性污泥法处理系统

2）生物膜法

生物膜法与活性污泥法不同，是借固着于载体表面的生物膜来分解有机物。图 4-8 展示了滤料表面生物膜的构造和生物膜净化废水的机理。由于生物膜的吸附作用，在其表面有一层很薄的水层，称为附着水层。这层水中的有机物大多已被生物膜氧化，其有机物浓度比进水低得多。因此，当进入池内的废水沿膜面流动时，由于浓度差的作用，有机物会从废水中转移到附着水层中去，并进一步被生物膜吸附。同时，空气中的氧也将经过废水而进入生物膜。膜上的微生物在氧的参与下对有机物进行分解和机体新陈代谢。产生的二氧化碳和其他代谢产物则沿着与底物扩散相反的方向从生物膜经过附着水层排到运动着的废水和空气中去。如此循环往复，使废水中的有机物不断减少，从而得到净化。

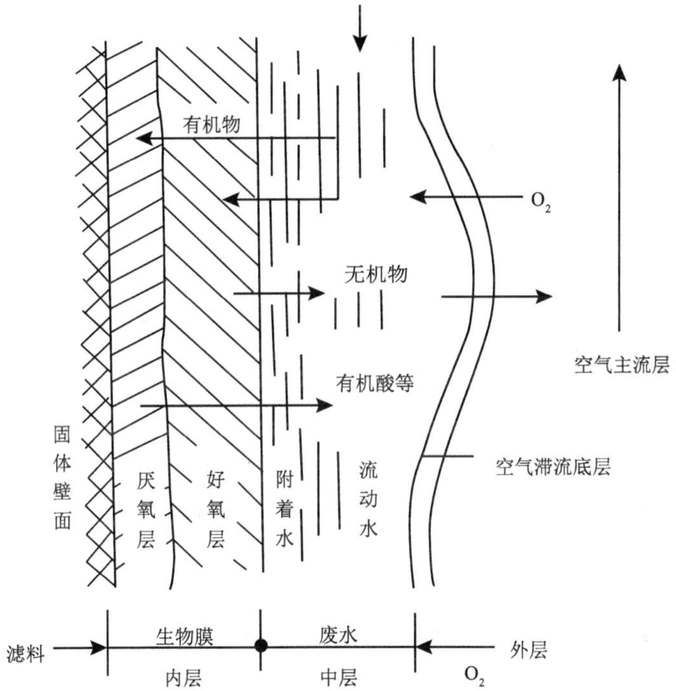

图 4-8　滤料表面生物膜的构造和生物膜净化废水的机理

随着微生物生长繁殖，生物膜厚度不断增加，废水中的有机物及氧的传递阻力逐渐加大，在膜表层仍能保持足够的营养和处于好氧状态。而在膜深处将会出现营养物或氧不足，造成微生物内源代谢和出现厌氧层，与载体的附着力减小，容易在水力冲刷作用下脱落。老化的生物膜脱落后，载体表面又重复新一轮的吸附、生长、膜增厚和脱落等过程，完成一个生长周期。膜厚度在 2～3 mm

时净化效果较好，过厚的生物膜并不能增大有机物的利用速率，反而会造成膜交换系统的堵塞，影响正常通风。因此，当废水浓度较大、生物膜增长过程过快时要加大水流的冲刷力，如依靠原废水不能保证其冲刷能力时，可以采用处理水回流的办法稀释进水和加大水力负荷，从而维持良好的生物膜活性和合适的厚度。

生物膜法处理系统的基本流程如图 4-9 所示。废水经初次沉淀池后进入生物膜反应器，在生物膜反应器中经需氧生物氧化去除有机物后，再通过二次沉淀池出水。初次沉淀池的作用是去除部分悬浮固体，防止生物膜反应器受大块物质的堵塞，对孔隙小的填料是必要的，但对孔隙大的填料则可以省略。二次沉淀池的作用是去除从填料上脱落进入废水的生物膜。

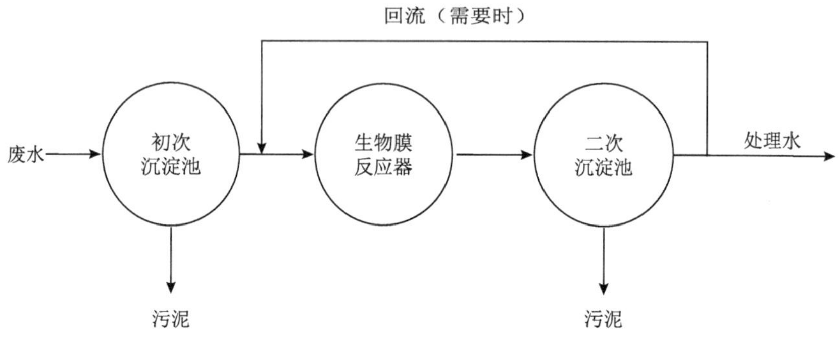

图 4-9　生物膜法处理系统的基本流程

3）生物氧化塘

生物氧化塘，又称氧化塘或稳定塘，是一种利用天然净化能力对污水进行处理的构筑物的总称，其净化过程与自然水体的自净过程相似。通常是将土地进行适当的人工修整，建成池塘，并设置围堤和防渗层，依靠塘内生长的微生物来处理污水。主要利用菌藻的共同作用处理废水中的有机污染物。生物氧化塘污水处理系统具有基建投资和运转费用低、维护和维修简单、便于操作、能有效去除污水中的有机物和病原体、无需污泥处理等优点。

4）厌氧消化法

厌氧消化处理是在无氧条件下，依靠厌氧菌的作用进行的，将有机物分解为甲烷、二氧化碳、硫化氢等物质的过程。有机物在厌氧条件下的降解过程分为三个反应阶段：第一阶段废水中溶解性大分子有机物和不溶性有机物水解为溶解性小分子有机物；第二阶段为产酸和脱氢阶段；第三阶段为产甲烷阶段，如图 4-10 所示。厌氧消化法主要用于生活污泥及高浓度有机废水的处理。

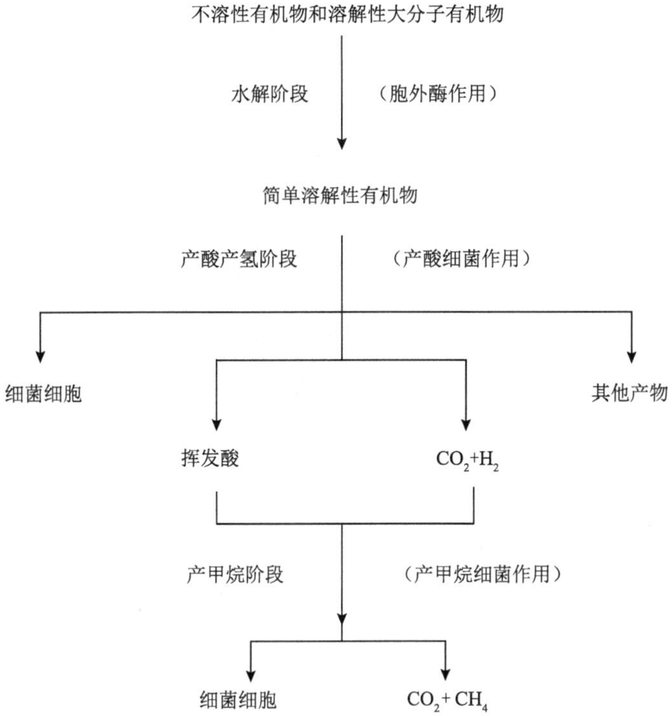

图 4-10　厌氧消化处理的连续反应过程

5）厌氧接触法

参照好氧活性污泥法的工艺流程，该方法是在一个厌氧的完全混合反应器后增加污泥分离和回流装置，将沉淀污水回流至消化池，形成厌氧接触池。该系统污泥不流失、出水水质稳定，还可提高消化池内污泥浓度，从而提高设备的有机负荷和处理效率。厌氧接触法的 BOD 去除率可达 90%以上，主要用于食品工业的废水处理。

6）升流式厌氧污泥床

升流式厌氧污泥床（UASB）反应器集生物反应与沉淀于一体，是一种结构紧凑的厌氧反应器。反应器由污泥反应区、气液固三相分离器（包括沉淀区）和气室三部分组成（结构如图 4-11 所示）。其中，三相分离器的分离效果直接影响着反应器的处理效果，其功能是将气（沼气）、液（处理水）和固（污泥）三相进行分离。升流式厌氧污泥床反应器具有效率高、不需设搅拌装置、管理运行方便及占地面积小等优点，已发展成为一种重要的厌氧生物处理技术，并在生产中得到广泛的应用。

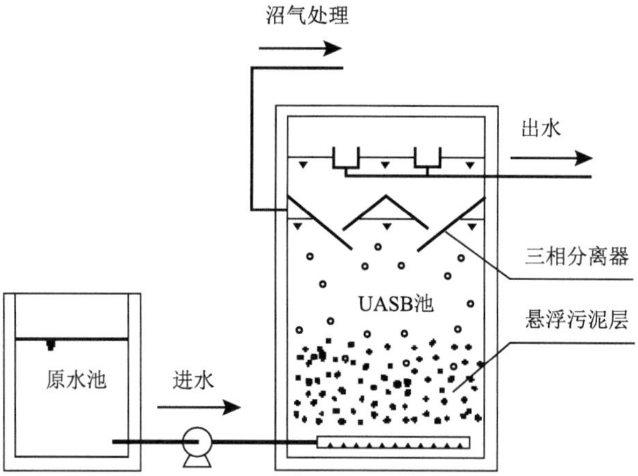

图 4-11　升流式厌氧污泥床反应器结构图

4.4.2　典型水处理工艺流程

以上各种处理方法都有其各自的特点和适用条件。在实际的水处理中，它们往往需要配合使用。这种由若干处理方法合理组配而形成的水处理系统，称为水处理流程。

按照不同的处理程度，水处理系统可分为一级处理、二级处理、三级处理等。

一级处理：也称机械处理，主要的处理对象为较大的悬浮物，采用的分离设备依次为格栅、沉砂池和沉淀池。对截留的污泥和沉淀池中的污泥可进行污泥消化或其他处理。废水经一级处理后，条件许可时，出水可排放于水体或用于污水灌溉。

二级处理：也称生化处理或生物处理，出水水质要求高的地方，在一级处理的基础上，需要再进行生物化学处理，称为二级处理。二级处理的对象是废水中的胶体态和溶解态有机物，采用的典型设备有生物曝气池（或生物滤池）和二次沉淀池。二级处理产生的污泥经浓缩后进行厌氧消化或其他处理，出水可排放或用于灌溉。

三级处理：也称为高级处理，对出水水质要求更高时，在二级处理之后，还要进行三级处理。三级处理的主要对象是残留的污染物和营养物质（氮和磷）及其他溶解性物质，所采用的方法有化学絮凝、过滤等。有时，三级处理不是为了排放，而是为了直接回用（如用作工业用水）。这时，三级处理的对象还包括去除废水中的细小悬浮物、难生物降解的有机物、微生物和盐分等，采用的方法还可能有吸附、离子交换、反渗透、消毒等。尽管在处理程度或深度上，高级处理和三级处理基本相同，然而其概念不尽相同。三级处理强调顺序性，其前必有一、二级处理；高级处理只强调处理深度，其前不一定有其他处理。

1. 城市生活污水处理系统

对于某种污水，采用哪几种处理方法组成系统，要根据污水的水质、水量，回收其中有用物质的可能性、经济性，受纳水体的具体条件，并结合调查研究与经济技术比较后决定，必要时还需进行试验。图 4-12 为城市生活污水处理的典型流程图。

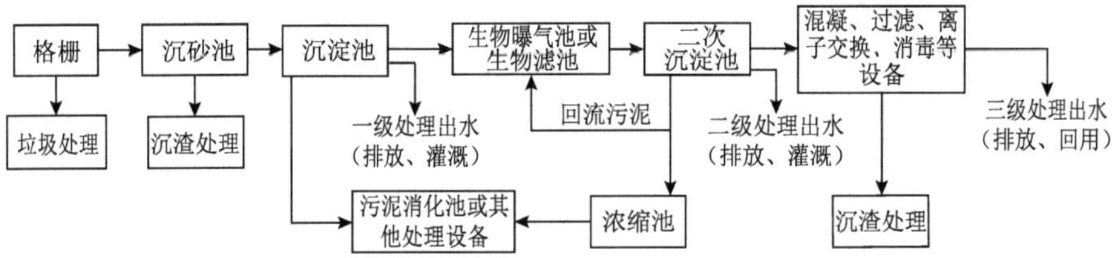

图 4-12　城市生活污水处理的典型流程图

2. 工业废水处理系统

各种工业废水的水质千差万别，其处理要求也不一致，因此，很难形成一种像城市生活污水那样的典型处理系统或流程。一般来说，工业废水处理系统具有以下几方面的特征：①一般的处理程序是澄清→回收→毒物处理→再用或排放；②往往形成循环用水系统或连续用水系统；③在直流排水系统中，水质控制的要求依排放标准而定，在废水再用系统中，则根据用水设备对水质的要求而定。图 4-13 和图 4-14 分别为某维尼纶厂废水（主要含甲醛和硫酸）和炼油厂废水（主要含油、硫、碱）处理与利用的流程。

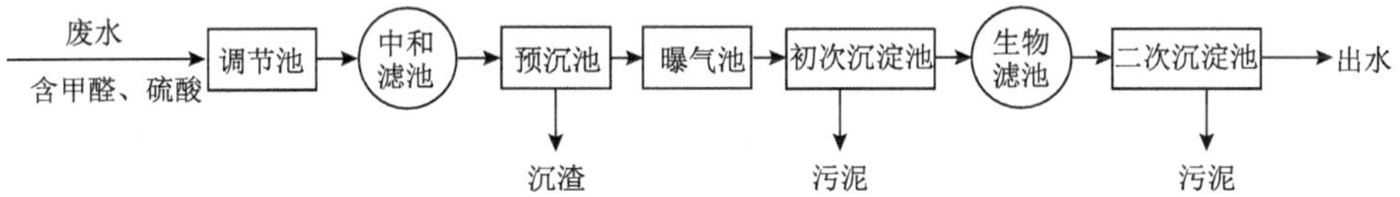

图 4-13　某维尼纶厂废水处理与利用的流程

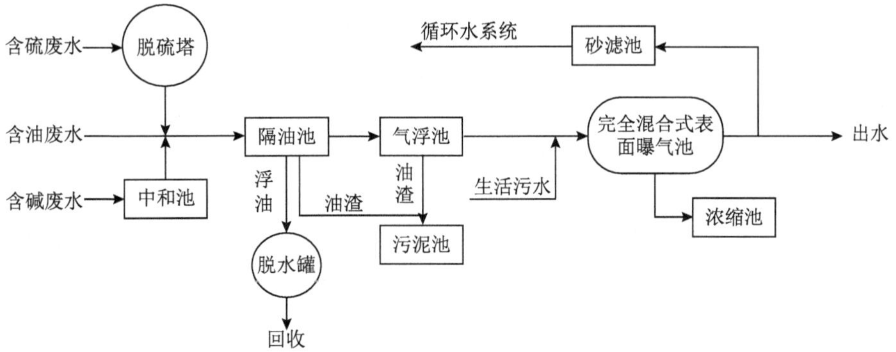

图 4-14　某炼油厂废水处理与利用的流程

3. 生活饮用水处理系统

饮用水常规处理技术及其工艺在20世纪初期就已形成雏形，并在饮用水处理的实践中不断完善。在以地表水为水源时，饮用水常规处理工艺的主要去除对象是水源水中的悬浮物、胶体物和病原微生物等，所使用的处理技术有混凝、沉淀、澄清、过滤、消毒等。由这些技术所组成的饮用水常规处理工艺目前仍为世界上大多数水厂所采用，我国目前95%以上的自来水厂都是采用常规处理工艺，因此常规处理工艺是饮用水处理系统的主要工艺。典型的以地表水为水源的净水厂处理工艺流程如图4-15所示。

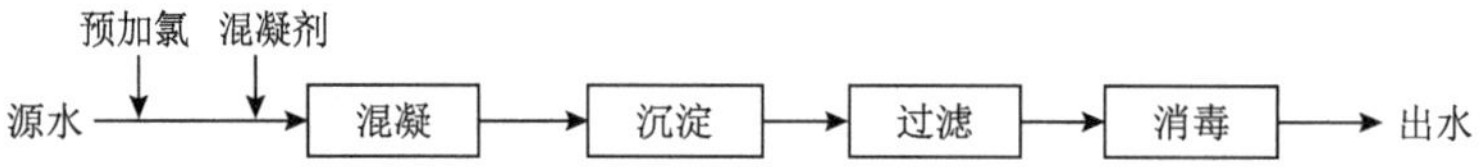

图4-15　典型的以地表水为水源的净水厂处理工艺流程

在以地下水为水源时，饮用水常规处理的主要去除对象是水中可能存在的病原微生物。对于不含有特殊有害物质（如过量铁、锰等）的地下水，饮用水处理只需进行消毒处理就可以达到饮用水水质要求。处理工艺流程如图4-16所示。

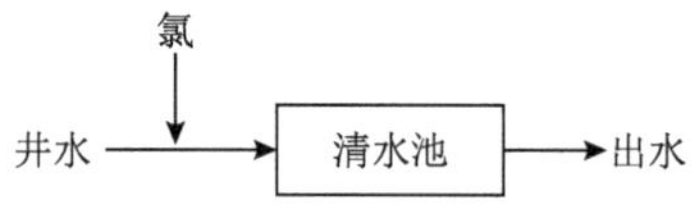

图4-16　典型的以地下水为水源的净水厂处理工艺流程

随着工业和城市的发展及现代农业大量使用化肥和农药等，越来越多的污染物随着工业废水、生活污水、城市废水、农田径流、大气降尘和降水、垃圾渗滤液等进入了水体，对水体形成了不同程度的污染，水中有害物质的种类和含量越来越多。“微污染”是当前给水处理的常见术语。微污染水源水指水的物理、化学和微生物指标不能达到《地表水环境质量标准》（GB 3838—2002）中Ⅲ类标准的水体。水体中污染物单项指标，如浊度、色度、臭味、硫化物、氮氧化物、有毒有害物质（如重金属等）、病原微生物等有超标现象，但多数情况下是受有机物微量污染的水源。水体微污染现象对饮用水处理工艺的选用造成了很大的困难。当饮用水的水源受到一定程度的污染，又无适当的替代水源时，为了达到生活饮用水的水质标准，在常规处理的基础上，需要增设深度处理工艺。应用较广泛的深度处理技术有活性炭吸附、臭氧氧化、生物活性炭、膜分离技术等。

阅读材料：水体污染控制与治理科技重大专项

——生态环境部网站

水体污染控制与治理科技重大专项（以下简称水专项）是为实现中国经济社会又好又快发展，调整经济结构，转变经济增长方式，缓解我国能源、资源和环境的瓶颈制约，根据《国家中长期科学和技术发展规划纲要(2006～2020 年)》设立的十六个重大科技专项之一，旨在为中国水体污染控制与治理提供强有力的科技支撑。水专项从理论创新、体制创新、机制创新和集成创新出发，立足中国水污染控制和治理关键科技问题的解决与突破，遵循集中力量解决主要矛盾的原则，选择典型流域开展水污染控制与水环境保护的综合示范。针对解决制约我国社会经济发展的重大水污染科技瓶颈问题，重点突破工业污染源控制与治理、农业面源污染控制与治理、城市污水处理与资源化、水体水质净化与生态修复、饮用水安全保障及水环境监控预警与管理等水污染控制与治理等关键技术和共性技术。通过湖泊富营养化控制与治理技术综合示范、河流水污染控制综合整治技术示范、城市水污染控制与水环境综合整治技术示范、饮用水安全保障技术综合示范、流域水环境监控预警技术与综合管理示范、水环境管理与政策研究及示范，实现示范区域水环境质量改善和饮用水安全的目标，有效提高我国流域水污染防治和管理技术水平。

水专项分三个阶段进行组织实施，第一阶段目标主要突破水体“控源减排”关键技术，第二阶段目标主要突破水体“减负修复”关键技术，第三阶段目标主要突破流域水环境“综合调控”成套关键技术。水专项是中华人民共和国成立以来投资最大的水污染治理科技项目，总经费概算三百多亿元。

4.5　饮用水安全

水是人体的重要组成部分，是维持身体健康所必需的基本物质，与人体健康有着密切的关系。随着人们健康意识的加强，人们对饮用水水质也日益关注。喝上“健康水”，已成为越来越多人的希望。

4.5.1　饮用水安全的基本要求

1. 流行病学安全

流行病学安全指的是防止介水传染病的发生和传播，确保水质微生物学质量的安全性。一般来说，介水传染病以肠道传染病为主，主要症状是腹泻，污染来源主要是被人或动物粪便污染的水。目前，微生物污染是饮用水安全的最大威胁。

2. 化学物质安全

水中所含化学物质（包括放射性物质）应对人体无害，不得产生急性或慢性中毒及潜在的远期危害（致癌、致畸、致突变）。近年来，水中化学污染问题日益突出。这些化学物质在水中残留时间长，多数不易被降解，可直接对人体产生毒害作用。高浓度短时间作用于人体可产生急性毒性作用，低浓度长时间作用于人体可产生慢性毒性作用。

3. 感官性状良好

水质的感官性状，即水的外观、色、嗅和味，是人们判断水质及其可接受程度的首要和直接指标。饮用者几乎完全依赖于自己的感官来判断水质及其安全性。如果水的浑浊度很高，有异色或令人厌恶的臭味，就会使饮用者感到不安全而拒绝饮用。当然，感官性状良好的水并不意味着一定安全。

4. 需经消毒处理

饮用水消毒是饮用水净化过程中的最后一个环节，也是和人体健康最直接相关的技术单元，始终作为饮用水安全保障的研究热点。饮用水必须经消毒处理并符合出厂水消毒剂限值及出厂水和管网末梢水消毒剂余量的要求。饮用水的消毒可分为物理消毒和化学消毒两类。物理方法有加热法、紫外线法、超声波法等；化学方法有加氯法、臭氧法或其他氧化剂法等。

4.5.2 饮用水中污染物的来源

饮用水中的污染物来源于水源水质污染、水处理过程污染和水输送过程污染。

1. 水源水质污染

伴随着快速的工业化、城镇化进程，大量未经处理或处理不达标的高浓度工业废水、生活污水排入湖泊、河流中，使水中污染物浓度远远超出了水体自净能力，大部分饮用水水源受到不同程度的污染，我国很多城市出现了水质型缺水，严重地阻碍了地区经济的发展。在我国不少城市饮用水水源中检出数十种有机污染物，许多有机污染物具有致癌、致畸、致突变性，对人体健康存在长期潜在危害。

我国不少城市水厂水源都受到污染，很多湖泊水库水体都呈现富营养化，大多数受污染的水源水中的氨氮、藻类、铁、锰及 COD_{Mn} 等的含量都超过了《生活饮用水水源水质标准》。对于水体中的溶解性有机物、氨氮和藻类等，常规处理工艺一般不能有效去除。针对受污染的水源水体，需在常规处理的基础上增加预处理或深度处理，深度处理通常设置在常规处理之后，预处理设在常规处理之前。

2.水处理过程污染——消毒副产物

饮用水消毒开始于 20 世纪初，其目的在于杀灭水中的微生物病原体以防止介水传染病的传播和流行。随着氯、氯胺、臭氧等消毒技术的出现，人们有效抑制了上述污染物导致的病原性传染病，从而保证了饮用水的微生物安全性。消毒剂除杀灭病原体外，还作为氧化剂进行饮用水的除味、除色，实现铁和锰的氧化，改善凝结、过滤效率，抑制沉淀池和过滤器底部藻类及饮用水分布系统的生物再生长。与此同时，这些消毒剂与原水中的有机物发生加成、取代和氧化等反应，生成大量消毒副产物（disinfection by-products，DBPs）。

氯消毒经济有效、使用方便，应用历史最久也最广泛。1974 年 Rook 等发现，饮用水加氯消毒可以产生三氯甲烷。此后人们发现经消毒后的水中除含有微量的消毒剂外，还可以产生许多消毒副产物，除三卤甲烷外，还可以形成卤乙酸、卤乙腈、卤代酮类、三氯乙醛、水合氯醛、三氯硝基甲烷（氯化苦）、氯化腈、氯酚、甲醛、氯酸盐、亚氯酸盐、溴酸盐等。长期以来人们对 DBPs 给予了极大的关注，从 DBPs 的成分、毒性、流行病学、饮用水中的污染状况及干预措施等方面进行了大量的研究。其目的是寻求一种理想的消毒剂，使它在有效消灭病原体的同时，对人类产生的化学危害降到最低水平。在饮用水消毒过程中如何平衡饮用水微生物安全性与化学安全性是亟待攻克的一个重大难题，成为当前饮用水消毒技术研究的重要内容。

3.水输送过程污染——二次污染

经水厂净化后的水在通过复杂庞大的管网系统输送到用户时，仍有一部分有机物和游离氯结合形成致癌前体物三卤甲烷；另一部分有机物成为微生物再繁殖培养基，重新繁殖的微生物常年在输送管道中形成生物膜，膜的老化和脱落又引起用户水的臭和味、色度的增加，并且这些管网上的微生物渐渐对消毒剂产生抵抗力，不易被杀灭，更增加终端自来水微生物的数量，从而不可避免地受到二次污染。

随着城市的发展和人均用水量的增加，二次供水已经广泛应用于建筑给水系统。二次供水就是把从市政给水管网引入的自来水通过水箱储存、加压等措施经管道供给用户或自用的一种供水方式。在这个过程中，管壁、池壁及有关供水设施的器壁中有害溶出物对饮用水产生化学污染，管壁、池壁滋生微生物对饮用水产生化学及生物污染。供水设施是否合理、设计及建设的优劣直接关系到二次供水水质。

4.5.3　家用饮用水产品与设备

1. 包装饮用水

水商品迎合大众饮水安全的心态，发展迅猛。现在到处都能买到各种瓶装水、桶装水，形成了包装饮用水的产品市场。包装饮用水（packaged drinking water）指密封于符合食品安全标准和相关规定的包装容器中，可供直接饮用的水。

我国《食品安全国家标准 包装饮用水》（GB 19298—2014）中明确：除天然矿泉水有另行的国家标准《食品安全国家标准 饮用天然矿泉水》外，包装饮用水分为饮用纯净水（purified drinking water）和其他饮用水两大类。饮用纯净水指以符合原料要求的水为生产用源水，采用蒸馏法、电渗析法、离子交换法、反渗透法或其他适当的水净化工艺，加工制成的包装饮用水。其他饮用水指以符合原料要求的水为生产用源水，仅允许通过脱气、曝气、倾析、过滤、臭氧化作用或紫外线消毒杀菌过程等有限的处理方法，不改变水的基本物理化学特征的自然来源饮用水。

饮用天然矿泉水（drinking natural mineral water）是一种宝贵的地下资源，是在特定地质条件下的产物，它是直接取自天然的或人工钻孔而得的地下含水层的水，含有更多的矿物质盐和特殊的化学成分，并保持原有的纯度，不受任何种类的污染。饮用天然矿泉水首要的要求是，9 种对人体健康有益的化学组分，如锂、锶、锌、碘、硒、偏硅酸等，必须有一项以上达到所规定的界限指标要求，方可称为饮用天然矿泉水；其次是 18 种对人体可能有害的元素组分不得超过所规定的限量。

2. 家用净水器

所谓家用净水器（household water purifier）就是对自来水进行深度处理的饮水装置。家用净水器开始于 20 世纪 50 年代，到 70 年代开始流行，一直持续至今。特别是从 20 世纪美国首次发现自来水中存在着消毒副产物开始，家用净水器作为一种家庭自我保护的装置，在美国的许多家庭中开始安装和使用。

常用的净水器水净化材料有活性炭、微滤膜或精滤膜、超滤膜、反渗透膜、软水器等。活性炭的多孔结构有助于吸附水中的物质，除去水中的味道和部分有机污染物；微滤膜或者精滤膜的主要功能是阻挡水中的颗粒物，以聚丙烯膜和陶瓷膜为主；超滤膜也称为中空纤维超滤膜，由一根根细丝组成，水通过细丝的表面进入中间，可降低浊度，去除水中的微生物；反渗透膜是一种允许水分子通过，不允许盐通过的膜，能够去除水中的各种杂质；软水器通过采用离子交换的方式降低水的硬度。

家用净水器是以自来水为原水，应按说明书要求使用，并定期更换滤芯滤料，定期进行清洗、冲洗。净水器若超过三天不使用，再次使用时应对净水器反复进行冲洗，直到净水器内的存水排尽为止。

阅读材料：矿泉水、纯净水、凉白开的区别

——依互联网资料整理

超市中销售着各式各样的瓶装饮用水，包括矿泉水、纯净水、凉白开等，它们究竟有什么不同呢？

实际上，将这些饮用水按生熟来分，主要分为未经烧熟的生水和凉白开之类的熟水。其中，生水按水源和工艺分，可主要分为饮用天然矿泉水、饮用纯净水和其他饮用水。

1. 饮用天然矿泉水

饮用天然矿泉水指从地下深处自然涌出的或钻井采集的，含有一定量的矿物质、微量元素或其他成分，在一定区域未受污染并采取预防措施避免污染的水，其化学成分、流量、水温等动态指标在天然周期波动范围内相对稳定。饮用天然矿泉水应符合《食品安全国家标准 饮用天然矿泉水》（GB 8537—2018）的要求。

2. 饮用纯净水

饮用纯净水指以生活饮用水为水源，通过蒸馏法、电渗析法、离子交换法、反渗透法及其他适当的水净化工艺制得的，密封于容器内，不含任何添加物，可直接饮用的水。

在人们生活的城市里，以生活饮用水为水源就是以自来水为水源。饮用纯净水应符合《瓶装饮用纯净水》（GB 17323—1998）和《食品安全国家标准 包装饮用水》（GB 19298—2014）的要求。

3. 其他饮用水

其他饮用水品种较多，是以水质符合生活饮用水要求的地表水或地下水为水源，仅允许通过脱气、曝气、倾析、过滤、臭氧化作用或紫外线消毒杀菌过程等有限的处理方式，不改变水的基本物理化学特征的自然来源饮用水，如泉水；或以生活饮用水为水源，经适当的加工处理，可适当添加食品添加剂，但不得添加糖、甜味剂、香精香料或者其他食品配料加工制成的包装饮用水，如矿物质水就是在纯净水的基础上根据人体的需要，按照《食品安全国家标准 食品添加剂使用标准》（GB 2760—2014）中规定的限量添加镁、钾等矿物质元素的水。其他饮用水应符合《食品安全国家标准 包装饮用水》（GB 19298—2014）的要求。

而对于熟水，凉白开熟水是每家每户日常都会饮用的一种水类，直到最近几年才出现包装饮用水，它是以生活饮用水为原料，经过热杀菌处理方式进行无菌封闭灌装而成的。包装熟水应符合《食品安全国家标准 包装饮用水》（GB 19298—2014）的要求。

4.6　酸性矿山废水污染控制

随着工业化程度的加深和科学技术的进步，人类对矿产资源开发的强度和规模都达到了前所未有的程度。然而，由于人类对矿产资源开发过程中不合理的行为，不可避免地产生了各种环境问题，如尾矿库溃坝、水土流失、环境污染等，给人们的安全和健康造成了很大的危害。其中，最普通而严重的环境问题就是大量酸性矿山废水（acid mine drainage，AMD）造成的环境污染。

4.6.1　酸性矿山废水的形成及危害

AMD 主要由尾矿中的金属硫化物矿物（如黄铁矿、磁黄铁矿、黄铜矿、闪锌矿等）在氧气、三价铁离子、微生物等的综合作用下形成的，它的特点是低 pH，并含有大量生物可利用形态的有毒有害重金属（如铜、锌、镉、铅、锰、砷、镍和铬等）和硫酸根（＞1000 mg/L）。这些富含重金属离子的 AMD 汇入地表水后，会使下游河流、湖泊等水体水质酸化，给水生生物特别是鱼类、藻类及微生物的生存造成极大威胁，水体的自净能力也会进一步弱化，进而破坏整个下游水体的生态平衡，在很多被 AMD 污染的河流中，鱼虾几乎绝迹。AMD 中重金属离子还会通过吸附、沉淀或离子交换作用进入次生矿物相，对沉积物及周围地下水环境造成严重影响。AMD 进入土壤后可使土壤酸化和毒化，导致植被枯萎、死亡，并且重金属离子还会通过食物链进入人体，造成慢性中毒，导致癌症高发。因此，由 AMD 引发的矿区环境污染已成为制约区域生态安全与经济社会可持续发展的重要瓶颈。

阅读材料：横石河流过死亡村庄

【摘选自 2010 年黑龙江公务员考试申论真题】今年，央视经济半小时曾策划了一个节目，寻访中国污染最严重的 5 条河流，流经上坝的横石水入选。央视经济半小时曾经于 2005 年以“横石河流过死亡村庄”为题给其做过报道。严格来说，横石水应算北江的一条二级河流，它发源于韶关市大宝山，一路流经多个村镇后汇入滃江，滃江在英德市大站镇汇入北江，横石水是从大宝山流出的山泉水，它冲击出凉桥、上坝等村落肥沃的土壤。

20 多年前，横石水清澈见底的水流淌过石子一路欢唱；20 多年后，横石水在上坝等同于死水，人称“死亡之河”。2005 年 10 月 26 日，记者第一次见到了这条河水，河滩边的石子已被染成深棕色，就像劣茶泡出的厚厚茶垢，河岸上沿沉淀出一条黑色金属带。这景色没有任何生物作衬，村民又说，这河里的鱼虾在 1980 年后就绝迹了。

4.6.2　酸性矿山废水中的主要污染物

1. 酸

酸污染是矿山水污染中的常见污染物质，表 4-3 列举几处矿山废水的 pH。世界卫生组织规定的国际饮用水标准中，pH 的合适范围是 6.5～8.5。在渔业水体中 pH 一般认为不应低于 6 或者高于 9.2，因为 pH 为 5.5 时，鲑鱼就不能生存，pH 为 5 时，一般鱼类就会死亡。对于农业用水，允许 pH 范围在 4.5～9。伴随着酸污染，水中无机盐类的含量和水的硬度也会增加。酸与水体中的矿物相互作用产生某些盐类，水中无机盐的存在能导致水的渗透压增加，会对淡水生物带来严重不良影响。

表 4-3　典型矿山废水的 pH

矿山名称	pH	矿山名称	pH
湘潭锰矿	3.0～3.8	凹山铁矿	1.7
东乡铜矿	1.8～4.2	大冶铁矿	4.0～5.0
丁家山铜矿	2.0～3.0	潭山硫铁矿	2.0～3.0

2. 重金属

矿山废水中的金属离子主要有锌、铜、铁、锰、镍、铅、镉、铬、汞、砷、钴、钛、钒、钼、铋等。重金属进入水体中后会趋于动态平衡状态，在水体中趋向平衡的迁移方式主要有沉淀、吸附、络合（螯合）、氧化、还原等。表 4-4 为某矿区河流水体 pH 和溶解态重金属的浓度，可以看到在丰水期，除清水支流对照点 C2 外，其他采样点的重金属浓度都严重超过《地表水环境质量标准》的Ⅴ类标准（铜、锌、镉、铅分别≤1.0 mg/L、2.0 mg/L、0.01 mg/L、0.1 mg/L）；在枯水期，除 C2 和 C6 支流外，其他采样点的重金属浓度也严重超过Ⅴ类标准。该矿区干流以锌和镉污染最为严重。

表 4-4　某矿区河流水体 pH 和溶解态重金属的浓度　［单位：mg/L（pH 除外）］

采样点		S1	C2	S3	S4	S5	C6	S7
丰水期	pH	2.50	6.28	2.49	2.50	2.87	2.64	2.66
	铜	4.83	0.03	3.75	2.33	3.15	2.14	2.20
	锌	75.04	0.05	53.59	34.23	43.08	6.61	12.08
	镉	0.33	0.02	0.25	0.15	0.20	0.04	0.06
	铅	0.82	0.01	0.67	0.40	0.55	0.67	0.58
枯水期	pH	2.39	7.52	2.62	2.76	2.68	6.54	2.74
	铜	10.49	0.00	7.63	5.53	4.96	0.01	3.58
	锌	75.55	0.00	62.31	46.33	41.62	0.32	29.08
	镉	0.42	0.00	0.29	0.20	0.17	0.00	0.11
	铅	0.57	0.00	0.57	0.43	0.36	0.00	0.26

注：C2 为不受采矿影响的清水支流对照点，C6 为受采矿影响的污染支流采样点，S1、S3、S4、S5、S7 为矿区干流由上游至下游方向。

3. 硫酸根

在自然条件下，矿山废水中硫酸根的形成主要是由于硫化物矿物的化学和生物氧化。暴露在地表的金属硫化物矿物在化学及微生物作用下被氧化释放出大量硫酸根离子，笔者团队测得大宝山矿区河流水体中硫酸根浓度最高达 3500 mg/L，而部分采样点表层沉积物中总硫浓度高达 32337～44581 mg/kg。硫酸根离子是自然水体和污（废）水中常见的一种阴离子，虽然对生命体无显著毒性，但其作为 AMD 的主要成分，浓度往往高达几百至几千毫克每升，其环境危害不容忽视。例如，大量硫酸根的存在会使土壤易于板结，不利于植物的生长。

4.6.3　酸性矿山废水污染控制技术

近几十年来，各国政府和科学家在如何消除 AMD 污染方面做了大量的工作。AMD 污染的控制包括末端治理和源头控制两方面。末端治理技术根据工艺原理可分为化学法、物理化学法、微生物法和湿地法等；比较常用的源头控制技术方法主要有尾矿脱硫和中和处理、施加杀菌剂、隔离法、表面钝化处理等。目前主要采用的方法是末端治理技术，但本着“预防比治理更重要”的原则，源头控制也开始引起重视，国内外已经有一批学者开展了源头控制 AMD 的研究。例如，采用钝化剂对尾矿进行钝化，在尾矿表面形成致密的惰性钝化膜，将尾矿与水、空气、微生物和氧化剂隔离，从而抑制尾矿的氧化及溶蚀速率，减少酸性矿山废水的产生。下面分别对末端治理技术和源头控制技术做简单介绍。

1. 末端治理技术

解决 AMD 的问题归根结底就是解决酸污染、重金属污染和硫酸盐污染的问题。根据处理的机理不同，AMD 的末端处理可以分为化学法、物理化学法和微生物法等。实际工程中通常联合使用多种方法或包含多种去除原理。例如，利用人工湿地技术对 AMD 的处理就是在物理、化学和生物的三重协同作用下，实现对污水的净化。

1）化学法

化学法是向废水中投加化学物质，提高水的 pH，使水中的金属离子和硫酸根离子与所投加的物质发生化学反应产生沉淀而使重金属得以去除的方法。根据投加药剂的不同可分为中和法、硫化物沉淀法、氧化还原法等。

中和法，是投加碱性中和剂使废水中的金属离子形成溶解度小的氢氧化物或碳酸盐沉淀而去除的方法。常用的中和剂有碱石灰、消石灰、飞灰、碳酸钙、高炉渣、白云石、碳酸钠、氢氧化钠等。中和法工艺简单、处理成本低，但经过此种方法处理后会产生中和渣，存在渣量大、易造成二次污染及含水率高等缺点。为了克服这些缺点，在沉淀的过程中可以考虑添加絮凝剂，加快沉降速率，降低中和渣含水率。

硫化物沉淀法，是加入硫化剂使废水中重金属离子成为硫化物沉淀的方法。常用的硫化剂有硫化钠、硫氢化钠、硫化氢，该法的优点是重金属硫化物的溶解度小、沉渣含水率低，不易返溶造成二次污染。由于这些优点，硫化物沉淀法在一些矿山废水的处理中得到应用。

氧化还原法，主要用作废水的前处理。例如，在矿山废水处理中，为了使铁在 pH 为 4 时以氢氧化铁沉淀的形式除尽，用氧化剂一氧化氮、液氯或空气中的氧将废水中的二价铁离子氧化成三价铁离子。还原法是将水中的金属离子同还原剂接触并发生反应，将重金属离子变为价数较低的离子或单质加以去除。在 AMD 的处理中，常用铁屑来置换废水中的铜离子，将铜离子还原为金属铜进行回收。

2）物理化学法

物理化学法是在不改变废水中污染物化学形态的条件下，对重金属离子进行浓缩、吸附、分离的方法。常用的方法有离子交换法、膜分离技术、吸附法、电解法等。离子交换法是利用离子交换剂上的一些交换基团可以与水中的离子进行交换的原理而使重金属离子从水中去除。膜分离技术是利用特殊功能的半透膜并通过控制外界条件，使废水中的溶解物和水分离浓缩，经过多次浓缩可以使重金属浓缩到可以利用的程度。吸附法是利用吸附剂吸附废水中的重金属离子。吸附剂与吸附质之间的作用力除了分子之间的范德瓦耳斯力还有化学键力和静电引力，根据固体表面吸附力的不同可以相应分为物理吸附、化学吸附和离子交换吸附等。电解法是利用电极与重金属离子发生电化学反应而消除其毒性的方法，按照阳极类型可分为电解沉淀法和回收重金属电解法两类。

3）微生物法

自然界中硫以三种形态存在：单质硫、硫化物和硫酸盐，三者在化学和生物作用下相互转化，构成硫的循环。微生物法处理 AMD 就是利用自然界中的硫循环原理，分三个阶段将硫酸根还原成单质硫。第一阶段是在厌氧条件下，通过异化硫酸盐生物还原反应，利用硫酸盐还原菌（SRB）将硫酸还原为硫化物；第二阶段是利用光合硫细菌或无色硫细菌（CSB）将硫化物氧化成硫单质；第三阶段为出水中硫单质的分离及回收。微生物技术由于其环境友好、适用性强、投资低、污染小等优点，是应用于 AMD 处理中最广泛的方法之一。由于微生物自身的生长和同化作用，许多微生物都具有吸收或沉积各种离子于其表面的亲和力。因此，它们能够大量地从外界富集各种离子而被用于有色金属的浸出提取及矿山废水的处理中。目前，在有色金属矿山废水治理过程中研究较多的有氧化亚铁硫杆菌和硫酸盐还原菌。氧化亚铁硫杆菌是一种化能自养细菌，对二价铁离子有强烈氧化作用，把二价铁离子氧化成三价铁离子后加入石灰或碳酸钙进行中和处理，可以大大减少中和剂和沉淀物的量，节约处理成本。而利用硫酸盐还原菌可将硫酸根还原为硫化氢，并释放碱度从而提高废水的 pH，然后可进一步通过生物氧化作用将硫化氢氧化为单质硫。在硫酸根的还原过程中，废水中的重金属可与硫化氢形成金属硫化物沉淀而得以去除。

2. 源头控制技术

源头控制技术，就是根据 AMD 的形成机理，通过某种技术手段抑制硫化物矿物的氧化，从而达到控制 AMD 形成的目的。氧气、三价铁离子和微生物作用是 AMD 产生的根源，而其中的微生物氧化亚铁硫杆菌起决定性作用。因此，只要设法降低三价铁离子活度和微生物活性及阻止空气与硫化物矿物的接触，就能有效抑制矿物的氧化，减少 AMD 的形成。国内外采取的源头治理方法包括以下四种。

1）尾矿脱硫与中和处理

尾矿中含硫矿物是 AMD 形成的源物质，因此，去除或者尽量减少尾矿中的含硫矿物对抑制 AMD 的形成具有重要的意义。尾矿中的物质根据其潜在酸碱性，可以分为潜在酸性物质（acidity potential material，APM）和潜在中和物质（neutralization potential material，NPM），其中，APM 是具有产酸潜力的物质（主要指含硫矿物），NPM 是能中和酸性的碱性物质。尾矿能形成 AMD 是其含有的 APM 多于其含有的 NPM 造成的，因此，控制 AMD 的形成就是要尽量减少尾矿中的 APM，使尾矿中 APM 的量等于或略小于 NPM 的量。

在尾矿进行脱硫处理的工艺中，泡沫浮选法是目前研究较多的方法，该法利用矿物颗粒自身表面具有疏水性或经浮选药剂作用可产生或增强疏水性来对具有不同物理化学性质的矿物进行分离。

中和法是将石灰等碱性物质与废矿堆混合，增加废矿堆中 NPM 的含量，提高废矿堆的 pH。pH 升高还可引起微生物活性降低，从而使矿物的生物氧化受到抑制。石灰性物质除提高体系 pH 外，还可以导致氢氧化铁等难溶性物质沉积在黄铁矿表面，对 AMD 的产生具有抑制作用。

2）杀菌剂法

杀菌剂法是使用杀菌剂抑制矿物氧化菌的生长，从而抑制生物氧化。氧化亚铁硫杆菌不仅能直接侵蚀硫化物矿物，而且还能显著加速 Fe^{2+}到 Fe^{3+}的转化，从而提高硫化物矿物的氧化和 AMD 产生的速率，而这一过程在野外环境中是不可避免的。使用杀菌剂就是为了阻止微生物对黄铁矿等硫化物矿物的生物氧化作用，达到降低 Fe^{3+}对矿物的氧化作用，减少 AMD 产生的目的。十二烷基硫酸钠、直链烷基苯磺酸盐和有机酸等是比较常用的杀菌剂。

3）隔离法

隔离法包括水罩法和覆盖法。水罩法是将尾矿库建在水底，由水来隔绝氧气与矿物接触，使氧化反应不能进行，该方法要求矿山附近必须有足够容量的湖泊。而覆盖法是使用沙砾、土壤、无硫尾矿、塑料膜、煤灰、城市下水道污泥堆肥等作为尾矿覆盖物，但其抑制效果不如水罩法。

4）表面钝化法

钝化法利用化学反应在矿物颗粒的表面形成一层惰性的、不溶的和致密的膜，从而使氧气和其他氧化剂无法侵袭尾矿。与其他处理方法不同的是，钝化处理是从微观（单个颗粒）的角度来保护尾矿。该法具有成本低、操作简单的优点，是当下最具发展前景的方法之一。目前，研究最多的表面钝化法有磷酸盐钝化法、硅酸盐钝化法和有机盐钝化法等，有机钝化法常用的钝化剂有 8-羟基喹啉、腐殖酸、木质素、草酸、乙酰丙酮等。

笔者团队也制备了几种新型钝化剂，其中利用三乙烯四胺二硫代氨基甲酸钠（DTC-TETA）作为钝化剂来抑制黄铁矿中重金属的释放具有很好的效果，在 pH=3 和 pH=6 条件下对黄铁矿中铁的释放均有稳定的抑制效果，与空白样品相比，DTC-TETA 对重金属铜、锌、镉、铅和铁的溶出抑制率都在 95%以上。DTC-TETA 的二硫代羧基中的硫原子与矿物表面上的金属以共价键的形式生成稳定的交联网状螯合物，其能够附在尾矿表面形成致密的保护膜来隔绝水和氧气氧化，从而抑制尾矿中重金属的释放。DTC-TETA 能够在尾矿表面形成一层稳定的钝化膜，主要是因为 DTC-TETA 对尾矿表面上铜、锌、镉、铅等重金属有着很强螯合能力。以 DTC-TETA 对尾矿中二价铜的作用为例，DTC-TETA 分子上二硫代羧基的硫原子上有孤对电子，可以占用二价铜的空轨道，形成配位键，二价铜与配位离子形成稳定的平面正方形构型，从而在尾矿表面形成稳定的交联网状结构。这种交联网状结构因为是铜与钝化剂 DTC-TETA 以共价键的形式螯合的，所以相对碱性沉淀膜来说更稳固牢靠，可以在酸性环境中稳定存在。同时，由于较长的碳链结构，尾矿表面这层钝化层是疏水性的，这就能够隔绝溶液中氧化性物质对尾矿的氧化。同样地，DTC-TETA 也可以和矿物表面的锌、镉、铅和铁等其他金属离子形成共价键，生成类似的空间交联网状钝化膜来抑制黄铁矿和其他金属尾矿的氧化。

金属矿区环境污染控制是一个复杂的系统工程。首先，需要通过技术改造和技术升级来提高矿石和尾矿的利用水平，减少矿物开采和冶炼过程带来的污染；其次，通过对尾矿进行钝化处理等措施来抑制露天堆放的尾矿的化学和生物氧化，从源头上减少尾矿中重金属及硫素的释放；再次，还需要通过一定的技术手段对矿山排放的 AMD 进行处理，去除其中的酸、重金属和硫酸根离子，确保矿区下游灌溉水及饮用水的安全；最后，在通过上述手段从源头上切断污染源头的前提下，采取适当的修复措施降低矿区农田土壤中重金属的含量及其生物可利用性，是解决矿区环境污染问题和保障人民身体健康的最佳策略。

4.7　海洋污染防治

4.7.1　海洋污染概述

1. 海洋污染的定义

海洋是地球上最大的水体，约占地球总面积的 71%。浩瀚的海洋一方面为人类提供了丰富的资源，但另一方面也是众多污染物质的汇集之地。

海洋具有巨大的自净能力。污染物进入海洋后，可通过物理的、化学的、生物的和地质的综合作用，不断地被扩散、稀释、氧化、还原和降解。人类的陆地生产生活活动产生的污染物可以通过河流迁移或大气沉降进入海洋，人类的海洋生产活动如船舶倾倒废物、油船事故、海底矿产开采等产生的污染物可以直接进入海洋中，当这些输入海洋中的污染物的量超过海洋的自净能力时，就会造成某些海域的污染，使海洋生态系统遭到破坏。

联合国教育、科学及文化组织下属的政府间海洋学委员会将海洋污染（marine pollution）明确定义为：由于人类活动，直接或间接地把物质或能量引入海洋环境，造成或可能造成损害海洋生物资源、危害人类健康、妨碍捕鱼和其他合法活动、损害海水的正常使用价值和降低海洋环境的质量等有害影响。一些自然因素，如水土流失、海底火山爆发及自然灾害等，引起海洋的损害则不属于海洋污染的范畴。

由于海洋的特殊性，海洋污染与大气、陆地污染有很多不同，其主要特点有污染源广、持续性强、扩散范围广、防治难、危害大。

2. 海洋污染物的分类

污染海洋的物质众多，从形态上分有废水、废渣和废气。根据污染物的来源、性质和毒性及对海洋环境造成危害的方式，大致可以把污染物的种类分为以下几类。

（1）石油及其产品：包括原油和从原油中分馏出来的溶剂油、汽油、煤油、柴油、润滑油、石蜡、沥青等及其经过裂化、催化而成的各种产品。

（2）重金属和酸碱：包括汞、铜、锌、钴、锆、铬等重金属，砷、硫、磷等非金属及各种酸和碱。

（3）农药：包括农业上大量使用含有汞、铜及有机氯等成分的除草剂、灭虫剂及工业上应用的多氯联苯等。

（4）有机物质和营养盐类：这类物质比较繁杂，包括工业排出的纤维素、糖醛、油脂，生活污水的粪便、洗涤剂和食物残渣及化肥的残液等。这些物质进入海洋，造成海水的富营养化，能促使某些生物急剧繁殖，大量消耗海水中的氧气，易形成赤潮。

（5）放射性核素：由核武器试验、核工业和核动力设施释放出来的人工放射性物质。

（6）固体废物：主要是工业和城市垃圾、船舶废弃物、工程渣土和疏浚物等。

（7）废热：工业排出的热废水造成海洋的热污染。

3. 海洋污染的来源

（1）陆源污染：大量未经处理的城市污水和工业废水直接或间接流入海洋。陆源污染物质种类最广、数量最多，对海洋环境的影响最大。陆源污染物对封闭和半封闭海区的影响尤为严重。陆源污染物可以通过临海企事业单位的直接入海排污管道或沟渠、入海河流等途径进入海洋。沿海农田施用的化学农药以及在岸滩弃置、堆放的垃圾和废弃物也可对环境造成污染损害。

（2）船舶污染：船舶由于各种原因，向海洋排放油类或其他有害物质。船舶污染主要指船舶在航行、停泊港口、装卸货物的过程中对周围水环境和大气环境产生的污染。主要污染物有含油污水、生活污水、船舶垃圾三类，另外也会产生粉尘、化学物品、废气等，但总的来说，对环境影响较小。

（3）海上事故：船舶搁浅、触礁、碰撞及石油井喷和石油管道泄漏等。联合国有关组织统计，每年海上油井井喷事故和油轮事故造成的溢油高达 220 万 t。

（4）海洋倾废：向海洋倾泻废物以减轻陆地环境污染的处理方法。通过船舶、航空器、平台或其他载运工具向海洋处置废弃物或其他有害物质的行为，也包括弃置船舶、航空器、平台和其他浮动工具的行为。这是人类利用海洋环境处置废弃物的方法之一。

（5）海岸工程：一些海岸工程建设改变了海岸、滩涂和潮下带及其底土的自然性状，破坏了海洋的生态平衡和海岸景观。

4. 海洋污染的危害

海洋污染会对海洋生态及人体造成极大危害，主要表现为：海洋污染造成的海水浊度增加严重影响海洋植物（浮游植物和海藻）的光合作用，从而影响污染海域的生产力，对鱼类也有危害；重金属和有毒有机化合物等有毒物质在海域中累积，并通过海洋生物的富集作用，经过食物链对海洋动物和人体造成毒害；石油污染在海洋表面形成大面积的油膜，阻止空气中的氧气向海水中溶解，同时石油的分解也消耗水中的溶解氧，造成海水缺氧，对海洋生物产生危害，并祸及海鸟和人类；好氧有机物污染引起的赤潮（海水富营养化的结果），造成海水缺氧，导致海洋生物死亡或发生畸形，改变整个海洋的生态平衡，同时使海产品减少，危及人类的食物源；海洋污染使浮游生物死亡，海洋吸收二氧化碳的能力降低，加速温室效应。此外，海洋污染的危害还表现为破坏海滨旅游资源等。因此，海洋污染已经引起国际社会越来越多的重视。

4.7.2 污染防治

防治海洋污染的措施主要有：海洋开发与环境保护协调发展，立足于对污染源的治理；对海洋环境深入开展科学研究；健全环境保护法制，加强监测监视和管理；建立海上消除污染的组织；宣传教育；加强国际合作，共同保护海洋环境。

1. 海洋石油污染治理

海洋石油污染（marine oil pollution）指石油及其产品（汽油、煤油、柴油等）在开采、炼制、储运和使用过程中进入海洋环境而造成的污染。石油入海后即发生一系列复杂变化，包括扩散、沉降、蒸发、溶解、乳化、光化学氧化、微生物氧化、形成沥青球及沿着食物链转移等过程。这些过程在时空上虽有先后和大小的差异，但大多是交互进行的。

海面石油泄漏通常采用物理法、化学法或生物修复法进行清油，在实际应用中也通常把几种方法联合起来使用，称为综合处理方法。物理法清油是回收和处理泄漏石油简单有效的措施，技术已经比较成熟，常用的方法主要包括围栏法、机械法和吸附法。化学法清除海面泄漏石油主要用于物理法处理后，或无法用物理法处理时，应用较多的化学法主要有化学试剂法和燃烧法两种。生物修复法是根据某些天然存在于海洋或土壤中的微生物有较强的氧化和分解石油的能力，利用生物的这一特性清除流入海水中的石油。在这几种方法中，物理法和化学法是相对成熟的方法，而且在石油泄漏事故中常被采用，而生物修复法由于还不是十分成熟，常在石油污染处理中起辅助作用。

处理海洋溢油事件一般分三步走：第一步是拦截溢油——围油栅，即先布设围油栏，将海面的污染区域围起来，防止污染区域进一步扩大；第二步使用撇油器回收溢油，即出动清污船只，利用吸油器和吸油毡清理油污，把这些石油尽可能抽出来，尽量把损失降低；第三步是用专门的破乳剂，使得油水分层，然后再加以清理，即用一些消油剂将污染物彻底分解。

阅读材料：加利福尼亚海岸石油泄漏事故

——依互联网资料整理

2021 年 10 月 2 日，在太平洋沿岸靠近美国加利福尼亚海岸发生了大规模漏油事故，约有 3000 桶原油从距离加利福尼亚海岸近 5 km 的海上钻井平台“Elly”溢出。当地政府部门于当地时间 2 日首次接到原油泄漏事故报告，初步估计约有 12.6 万 gal（约合 47.7 万 L）的原油泄漏，已导致附近约 35 km^2 的海面和部分海滩被污染，其中，位于洛杉矶以南约 65 km 的亨廷顿海滩受灾最严重。

初步调查显示，这次泄漏可能是由输油管道老化引起的。近 48 万 L 石油被排入太平洋，并在海面产生约 34 km^2 的浮油。浮油覆盖的海域附近，有鱼和鸟类的尸体被冲上海滩。截至 10 月 3 日上午，此次漏油事故的持续漏油量已经超过 2007 年旧金山湾漏油事故的漏油量，当时一艘货船撞上了旧金山-奥克兰海湾大桥，泄漏了 58000 gal 的原油。受事故影响，奥兰治县亨廷顿比奇市和纽波特比奇市之间长约 8 km 的海岸已对公众关闭。亨廷顿比奇市市长金 · 卡尔警告说，此次原油泄漏事故是“一场潜在的生态灾难”。

2. 赤潮防治

水体富营养化（eutrophication）指在人类活动的影响下，生物所需的氮、磷等营养物质大量进入湖泊、河口、海湾等缓流水体，引起藻类及其他浮游生物迅速繁殖，水体溶解氧量下降，水质恶化，鱼类及其他生物大量死亡的现象。水体出现富营养化现象时，浮游藻类大量繁殖，形成水华。因占优势的浮游藻类颜色不同，水面往往呈现不同的颜色，如蓝色、红色、棕色、乳白色等，这种现象在海洋中称为赤潮。

赤潮的长消过程，大致可分为起始、发展、维持和消亡四个阶段。赤潮的成因首先是挟带大量无机营养盐和有机物的工业废水与生活污水排入海洋所引起的海水富营养化，它是赤潮形成的物质基础。赤潮是袭扰许多沿海国家的一种新的海洋灾害。加强对赤潮监测和预防防治是标本兼治的良策。一方面，需要严格控制污水和污染物的入海量，控制海域的富营养化；另一方面，需要建立赤潮防治和监测监视系统，对有迹象出现赤潮的海区进行连续跟踪监测，及时掌握引发赤潮的环境因素的消长动向，为预报赤潮的发生提供信息。对已发生赤潮的海区则可采取必要的治理措施。关于赤潮的治理方法，有工程物理法、化学法及生物法等多种方法。

国际上公认的一种处理赤潮的物理方法是撒播黏土法，利用黏土微粒对赤潮生物的絮凝作用去除赤潮生物。撒播黏土浓度达到 1000 mg/L 时，赤潮藻去除率可达到 65%左右。20 世纪 80 年代初，日本在鹿儿岛海面上进行过具有一定规模的撒播黏土治理赤潮的实验。1996 年，韩国曾用 6 万 t 黏土制剂治理 100 km^2 的海域赤潮。

化学除藻法是利用化学药剂对藻类细胞产生破坏和抑制生物活性来杀灭或控制赤潮生物，具有见效快的特点。已有多种化学制剂用于赤潮治理的实验研究，如硫酸铜和缓释铜离子除藻剂、臭氧、二氧化氯及新洁尔灭、碘伏、异噻唑啉酮等有机除藻剂。

生物法治理赤潮主要有三方面：一是以鱼类控制藻类的生长；二是以水生高等植物控制水体富营养盐及藻类；三是以微生物控制藻类的生长。其中，由于微生物具有易繁殖的特点，使得微生物控藻成为生物控藻中最有前途的一种方式。杀藻微生物主要包括细菌（溶藻细菌）、病毒（噬菌体）、原生动物、真菌和放线菌等五类。多数溶藻细菌能够分泌细胞外物质，对宿主藻类起抑制或杀灭作用。因此，通过溶藻细菌筛选高效、专一的能够生物降解的杀藻物质，是灭杀赤潮藻的一个新的研究方向。治理中比较现实的方法就是利用海洋微生物对赤潮藻的灭活作用及其对藻类毒素的有效降解作用，使海洋环境长期保持生态平衡，从而达到防治赤潮的目的。

4.7.3　红树林的保护

红树林（mangrove）指生长在热带、亚热带海岸潮间带上，受周期性潮水浸淹，以红树植物为主体的常绿灌木或乔木组成的潮滩湿地木本生物群落。组成的物种包括草本、藤本红树，它们生长于陆地与海洋交界带的滩涂浅滩，是陆地向海洋过渡的特殊生态系统。红树林在净化海水、抵挡风浪、保护海岸、改善生态状况、维护生物多样性和沿海地区生态安全等方面发挥着重要作用，因此它又被称为“海岸卫士”。我国的红树林主要分布在海南、广西、广东、福建及台湾、香港、澳门等地。

红树林生态系统可视为低成本高效率的污水处理系统。红树林是一个“红树林—细菌—藻类—浮游动物—鱼类”等生物群落构成的兼有厌氧-需氧的多级净化系统，对工业废水、生活污水等起有效的净化作用，对污水中的重金属和氮、磷营养物等有较强的吸收容纳力，具有处理陆地径流带出的有机物质和含油废水等其他污染物的生态功能。红树林可有效缓解近海水体的富营养化，减少赤潮的发生。有研究发现，红树林植物吸收污染物中的重金属与有机氯农药，均富集在不易转移扩散的树根或树干部位，可避免通过食物链向其他海洋生物及人类传递。

由于许多沿海地区对自然资源的过度利用，围海造田、围海养殖、随意砍伐和发展旅游业等人为因素破坏红树林的现象时有发生，不少地区红树林的面积迅速减少，甚至已经消失。红树林已面临濒危境地，并给海岸带生态环境带来严重后果，红树林湿地的管理和保护已成为全社会乃至全人类十分紧迫的任务，因为红树林转换性开发导致的红树林湿地资源濒危及其后果在东南亚（世界红树林分布中心区）及世界其他各地同样存在且同样十分严重。一般认为，我国红树林面积在历史上曾达 25 万 hm^2，20 世纪 50 年代初约有 4.8 万 hm^2，但 2002 年全国红树林资源调查时红树林面积已锐减为2.2万hm^2。自2000年以来，随着人们对红树林价值与生态功能的逐步认识，环境保护意识的提高和法制的健全，直接的、大规模的破坏已经很少发生，大部分红树林被纳入保护区范围，使得中国红树林保护进入了一个新的历史阶段。但由于对红树林的宣传力度不够和人们对其认识不足，目前，破坏红树林的现象仍时有发生，有些地方的红树林面积仍有减少。亟须加强对红树林的科学管理、保护与宣传，处理好红树林保护与经济发展的关系。

思 考 题

1. 什么是水资源？它由哪几部分水组成？世界和我国的水资源数量是多少？
2. 水体的含义是什么？什么是水体污染？
3. 什么是水体自净？
4. 用哪些指标表示水质？
5. 水体的主要污染源和主要污染物有哪些？
6. 污水的物理处理法对象是什么？根据去除污染物的机制不同，污水的固液分离可以分为哪几类？
7. 请列举化学处理的主要方法，并说明其各自的使用场合。
8. 请简述活性污泥法和生物膜法的基本原理。
9. 请设计一个简单的废水二级处理系统，说明其中各处理单元在系统中所起的作用，并做出流程图。
10. 简述饮用水安全的基本要求。
11. 日常饮用水的污染物来源可能有哪些？
12. 饮用水的消毒副产物有哪些？
13. 简述酸性矿山废水中的主要污染物及其危害。
14. 简述酸性矿山废水污染的控制技术。
15. 简述海洋污染的分类及来源。
16. 简述海上溢油事故的处理方法。

主要参考文献

陈梅芹. 2015. 硫酸根在金属硫化物矿区AMD污染河流中的迁移过程及其作用机制[D]. 广州: 华南理工大学.

陈英旭. 2001. 环境学[M]. 北京: 中国环境科学出版社.

党志, 刘云, 卢桂宁, 等. 2014. 金属矿山尾矿钝化技术与原理[M]. 北京: 科学出版社.

党志, 卢桂宁, 杨琛, 等. 2012. 金属硫化物矿区环境污染的源头控制与修复技术[J]. 华南理工大学学报(自然科学版), 40(10): 83-89.
党志, 郑刘春, 卢桂宁, 等. 2015. 矿区污染源头控制——矿山废水中重金属的吸附去除[M]. 北京: 科学出版社.
高廷耀, 顾国维. 1999. 水污染控制工程(下册)[M]. 北京: 高等教育出版社.
何强, 井文涌, 王翊亭. 2004. 环境学导论[M]. 北京: 清华大学出版社.
黄润华, 贾振邦. 1997. 环境科学基础教程[M]. 北京: 高等教育出版社.
黄廷林, 从海兵, 柴蓓蓓. 2009. 饮用水水源水质污染控制[M]. 北京: 中国建筑工业出版社.
蒋家超, 招国栋, 赵由才. 2007. 矿山固体废物处理与资源化[M]. 北京: 冶金工业出版社.
梁好, 盛选军, 刘传胜. 2006. 饮用水安全保障技术[M]. 北京: 化学工业出版社.
刘宏远, 张燕. 2005. 饮用水强化处理技术及工程实例[M]. 北京: 化学工业出版社.
牟林, 赵前. 2011. 海洋溢油污染应急技术[M]. 北京: 科学出版社.
舒小华. 2014. 金属硫化物矿山尾矿钝化及机理研究[D]. 广州: 华南理工大学.
王淑莹, 高春娣. 2004. 环境学导论[M]. 北京: 中国建筑工业出版社.
尹华, 陈烁娜, 叶锦韶, 等. 2015. 微生物吸附剂[M]. 北京: 科学出版社.
张自杰. 1999. 排水工程(下册)[M]. 北京: 中国建筑工业出版社.
邹家庆. 2003. 工业废水处理技术[M]. 北京: 化学工业出版社.

第 5 章　大气环境及污染控制

本章导读：大气环境是人类和一切生命体赖以生存的基本条件之一。本章主要介绍大气的结构和组成、大气污染物及其来源与危害，阐述环境空气质量控制标准及空气质量指数；在总结颗粒污染物和气态污染物的控制技术的基础上，详细分析硫氧化物、氮氧化物、挥发性有机物和细颗粒物等典型大气污染物的治理技术；最后简述室内空气污染的来源及净化技术与设备。

5.1　大气结构与组成

大气和空气两词，从自然科学角度来看，并没有实质性的差别，常常作为同义词。但在环境科学中，为了便于说明问题，有时候这两个词分别使用。一般对于室内和特指的某个地方（如车间、厂区等）供动植物生存的气体，习惯上称为空气。对这类场所的空气污染就用空气污染一词，并规定相应的质量标准和评价方法。在大气物理、大气气象和自然地理的研究中，以大区域或全球性的气流为研究对象，因此常用大气一词，同时，将这种范围的空气污染称为大气污染，并也对它规定相应的质量标准和评价方法。上述两类污染，也可统称为大气污染。

5.1.1　大气的结构

随地球引力而旋转的大气层称为大气圈。大气圈最外层的界限是很难确切划定的，但大气圈也不能认为是无限的。在一般情况下，可以将从地球表面到 1000～1400 km 范围称为大气圈，超出 1400 km 以外，气体非常稀薄，就是宇宙空间。地球大气圈的总质量估计为 6×10^{15} t，只占地球总质量的百万分之一。大气质量在垂直方向上分布是不均匀的，受重力的影响，大气质量主要集中在下部，越往高空，空气越稀薄，因此 90%集中在 30 km 以下。

根据大气在垂直方向上温度、化学成分、荷电等物理性质的差异，同时考虑大气的垂直运动状况，可将大气分为五层，即对流层、平流层、中间层、热成层、散逸层，如图 5-1 所示。

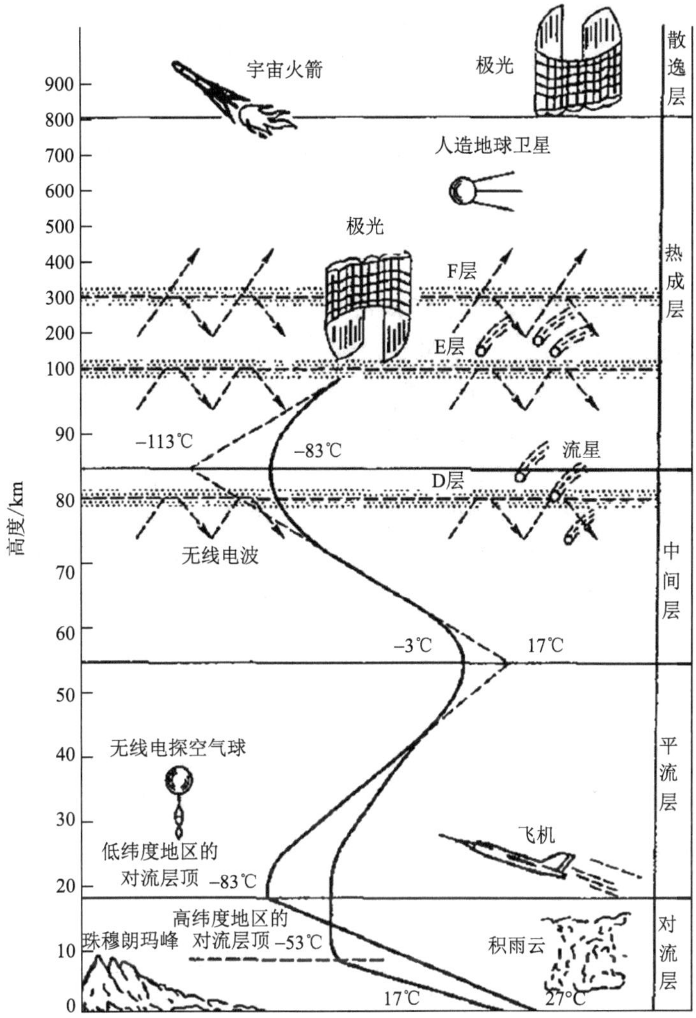

图 5-1　大气垂直方向的分层

1. 对流层

对流层是大气的最低层，底界是地面，其厚度随纬度和季节变化。在赤道低纬度地区为 17～18 km，中纬度地区为 10～12 km，两极附近高纬度地区为 8～9 km；夏季较厚，冬季较薄。整个大气圈质量有 80%～90%集聚在这一层。从地面到 50～100 m 的一层又称为近地层。地面以上 1～2 km 厚度的大气称为大气边界层。大气边界以上称为自由大气。对流层的特点有：①温度变化大，气温随高度增加而下降，上冷下热，下降速率约为 0.65℃/100 m；②空气具有强大的对流运动，主要是下垫面受热不均及其本身特性不同造成的；③温度和湿度的水平分布不均匀；④存在着极其复杂的气象条件，形成云、雾、雨、雪、雹、霜、露等天气现象。

该层与人类关系最密切，大气污染通常集中在该层发生，是本研究的主要对象。

2. 平流层

平流层指对流层顶之上到约 55 km 的大气层，其厚度约为 38 km。35～40 km 的一层称为同温层，气温几乎不随高度变化，为–55℃。该层集中地球大气中大部分的臭氧，并在 20～25 km 高度上达到最大值，形成臭氧层，而臭氧能强烈吸收太阳的紫外线（200～300 nm）能量，从而使其温度随高度的增加而上升。40～55 km 为逆温层，温度由–55℃上升到–3℃。平流层的特点有：①平流层内的空气主要做水平运动，对流十分微弱，几乎没有水蒸气和尘埃，所以大气透明度好，极少出现狂风暴雨等现象，是超声速飞机飞行的理想场所；②气温随温度增加而上升；③污染物停留时间长，大气污染物进入平流层后，一般难以消除，会较长时间地存在。

3. 中间层

从平流层顶到 80 km 高度，其厚度约为 35 km。由于该层缺少加热机制，气温随高度增加而下降，中间层顶温度由–3℃降至–83℃再到–113℃。中间层的特点有：①气温随高度增加而下降；②垂直对流运动强烈。

4. 热成层

热成层又称暖层或电离层（85～800 km），上界达 800 km，厚度约为 630 km。该层下部基本上由分子氮组成，上部由原子氧组成。在太阳辐射的作用下，大部分气体分子发生电离，而且有较高密度的带电离子的稠密带，称为电离层。电离层能将电磁波反射回地球，对全球性的无线电通信有重大意义。电离后的氧能强烈地吸收太阳的短波辐射，温度随高度增加而迅速上升。本层会出现独特的极光现象。热成层的特点有：①温度随高度增加而迅速升高；②存在大量的离子和电子。

5.散逸层

散逸层是大气圈的最外层，高度达 800 km 以上，厚度有上万千米。在太阳紫外线和宇宙射线的作用下，大部分分子发生电离。空气极为稀薄，地心引力减弱，气体及微粒很容易摆脱地心引力场而逸散到太空。散逸层的特点有：①温度随高度增加而升高；②地心引力小，气体分子易逃逸，空气稀薄。

5.1.2　大气的组成

大气是多种物质的混合物，自然状况下，大气由干洁空气、水汽、悬浮颗粒物和杂质组成。

大气中除去水汽和杂质的空气称为干洁空气（干燥清洁空气）。由于空气的垂直运动、水平运动及分子扩散作用，近地面干洁空气的组成是相对稳定的，在距离地面 90～100 km 的高度范围内基本保持不变，因此干洁空气可视为大气中的恒定组分，其组成及停留时间见表 5-1。干洁空气的主要成分是氮（N_2）、氧（O_2）、氩（Ar），三者共占干洁空气总体积的 99.96%以上；其余少量成分所占体积则不到 0.04%，包括微量成分和痕量成分。

表 5-1　干洁空气的组成成分

类别	成分	分子量	停留时间/年	体积分数/%
主要成分	氮（N_2）	28.01	$\approx 10^6$	78.08
	氧（O_2）	32.00	$\approx 10^6$	20.95
	氩（Ar）	39.94	$\approx 10^7$	0.934
次要成分（微量成分）	二氧化碳（CO_2）	44.01	5～15	0.033
	氖（Ne）	20.18	$\approx 10^7$	1.8×10^{-3}
	氦（He）	4.003	$\approx 10^7$	5.2×10^{-4}
	甲烷（CH_4）	16.04	2.5～8	1.7×10^{-4}
	氪（Kr）	83.70	$\approx 10^7$	1.1×10^{-4}
痕量成分	一氧化二氮（N_2O）	44.01	＞10	3.0×10^{-5}
	氢（H_2）	2.016	6～8	5.0×10^{-5}
	氙（Xe）	131.30	$\approx 10^7$	8.7×10^{-6}
	臭氧（O_3）	48.00	≈ 2	1.0×10^{-6}～4.0×10^{-6}
平均		28.966	—	—

水汽是大气中含量最易变的组分，99%的水汽出现于距离地面 10～12 km 的高度空间以下，90%集中在 6 km 以下的空间，而 50%集中在 2 km 以下空间。大气中的水汽含量随时间、地域、气象条件的不同而变化。水汽含量在干旱地区可低至 0.02%，而在温湿地带可高到 6%。大气成分中的水汽含量虽然不大，但对天气变化却起着重要的作用，因而也是大气的重要组分之一。

除了气体成分，大气中还有很多液体和固体杂质、微粒，这些悬浮在大气中的固体和液体微粒称为气溶胶粒子，也称大气颗粒物。气溶胶粒子多集中在大气的底层，是底层大气的重要组成部分，是自然现象和人类活动的产物。

大气中不定组分的来源有：①自然界的火山爆发、森林火灾、海啸、地震等自然灾害，岩石风化、宇宙落物、海水溅珠等自然现象，由此形成的污染物有尘、硫、硫化氢、硫氧化物、氮氧化物、盐类及恶臭气体。一般来说，这些不定组分进入大气中，可造成局部和暂时性的污染。②由于人类社会的发展，城市增多和扩大，人口密集，或由于城市工业布局不合理，环境管理不完善等人为因素，大气中增加或增多了某些不定组分，如煤烟、尘、硫氧化物、氮氧化物等，这是空气中不定组分的最主要来源，也是造成空气污染的主要根源。

5.2　大气污染及其危害

5.2.1　大气污染

在洁净的大气中，痕量气体的含量是微不足道的。但是在一定范围的大气中，出现了原来没有的微量物质，其数量和持续时间的增加，都有可能对人、动物、植物及物品、材料产生不利影响和危害。大气中污染物质的浓度和持续存在的时间达到有害程度，以致破坏生态系统和人类正常生存发展，对人或物造成危害的现象称为大气污染。

1. 造成大气污染的因素

造成大气污染的因素既有自然因素又有人为因素。自然因素包括火山活动、森林火灾、岩石和土壤风化、动植物尸体的腐烂等，自然过程的污染往往不会超过自然的承受容量。目前人们所关注的主要是人为因素（如工业废气、燃料燃烧、汽车尾气和核爆炸等）造成的空气污染。随着人类经济活动和生产活动的发展，人类在大量消耗能源的同时，也将大量的废气、烟尘等物质排入大气，严重影响了大气环境的质量，特别是在人口稠密的城市和工业区域。人为因素又可以分为生产性污染、生活性污染和交通运输性污染。

生产性污染：生产性污染是大气污染的主要来源，包括以下内容：①燃料的燃烧，主要是煤和石油燃烧过程中排放的大量有害物质，如烧煤可排出烟尘和二氧化硫，烧石油可排出二氧化碳和一氧化碳等；②生产过程排出的烟尘和废气，以火力发电厂、钢铁厂、石油化工厂、造纸厂、水泥厂等对大气的污染最为严重；③农业生产过程中因喷洒农药而产生的粉尘和雾滴等。

生活性污染：生活炉灶和取暖锅炉耗用煤炭，特别是对低品位煤炭的使用，容易产生烟尘、二氧化硫等有害气体。

交通运输性污染：汽车、火车、轮船和飞机等均排出尾气，其中汽车排出有害尾气距呼吸带最近，能被人直接吸入，其污染物主要是氮氧化物、碳氢化合物、一氧化碳等。

2. 大气污染的特点

大气具有良好的流动性，因此具有较大的稀释容量，与受到边界条件约束的水体和固体污染相比，情况复杂，既表现出局部严重性，又表现出全球性的特点。

局部严重性指一般情况下，大气污染严重的地区往往出现在污染源附近，污染的急性效应往往随着扩散距离的增加而迅速衰减。同时，局部的污染与地形、地理位置、气象条件等密切相关。

大气污染的全球性体现在大气无国界：那些在大气中具有较长停留时间的污染物可以扩散到全球各地，并在迁移转化的过程中，发生新反应，产生新变化，进而影响全球气候，对生态系统产生慢性效应，如全球气候变暖、臭氧层破坏和酸雨等。

5.2.2　大气污染物

大气污染物指由于人类活动或自然过程排入大气并对人和环境产生有害影响的物质。大气污染物的种类很多，按其存在状态可分为两大类：气溶胶状态污染物和气体状态污染物。

1. 气溶胶状态污染物

气体介质和悬浮在其中的分散粒子所组成的系统称为气溶胶。在大气污染中，气溶胶粒子指沉降速率可以忽略的小固体粒子、液体粒子或固液混合粒子。从大气污染控制的角度来看，按照气溶胶粒子的来源和物理性质，可将其分为如下几种。

（1）粉尘：指悬浮于气体介质中的小固体颗粒，受重力作用能发生沉降，但在一段时间内能保持悬浮状态。它通常是由固体物质的破碎、研磨、分级、输送等机械过程，或土壤、岩石的风化等自然过程形成的。颗粒的形状往往是不规则的。颗粒的尺寸范围一般为 1～200 μm。属于粉尘类大气污染物的种类很多，如黏土粉尘、石英粉尘、煤粉、水泥粉尘及各种金属粉尘等。

（2）烟：一般指由冶金过程形成的固体颗粒的气溶胶。它是熔融物质挥发后生成的气态物质的冷凝物，在生成过程中总是伴有氧化之类的化学反应。烟颗粒的尺寸很小，一般为 0.01～1 μm。产生烟是一种较为普遍的现象，如有色金属冶炼过程中产生的氧化铅烟、氧化锌烟，以及在核燃料后处理厂中产生的氧化钙烟等。

（3）飞灰：指随燃料燃烧产生的随烟气排出的分散得较细的灰分。

（4）黑烟：一般指由燃料燃烧产生的可见气溶胶。

（5）霾（或灰霾）：是大气中悬浮的大量微小尘粒使空气浑浊、能见度降低到 10 km 以下的天气现象，易出现在逆温、静风、相对湿度较大等气象条件下。

（6）雾：雾是气体中液滴悬浮体的总称。在气象中，雾是造成能见度小于 1 km 的小水滴悬浮体。

在某些情况下，粉尘、烟、飞灰、黑烟等小固体颗粒的界限很难明显区分开，在各种文献（特别是工程）中使用得较混乱。根据我国的习惯，一般可将冶金过程和化学过程形成的固体颗粒称为烟尘；在不需仔细区分时，将燃料燃烧过程产生的飞灰和黑烟也称为烟尘。在其他情况下或泛指小固体颗粒时，则通称为粉尘。在工程中，雾一般泛指小液体粒子悬浮体，它可能是由液体蒸气的凝结、液体的雾化及化学反应等过程形成的，如水雾、酸雾、碱雾、油雾等。在我国的环境空气质量标准中，根据粉尘颗粒的大小，将其分为总悬浮颗粒物、可吸入颗粒物和细颗粒物。

总悬浮颗粒物（TSP）：指悬浮在空气中，空气动力学当量直径≤100 μm 的颗粒物。

可吸入颗粒物（PM_{10}）：指悬浮在空气中，空气动力学当量直径≤10 μm 的颗粒物。

细颗粒物（$PM_{2.5}$）：指悬浮在空气中，空气动力学当量直径≤2.5 μm 的颗粒物，又称细粒或细颗粒。它能较长时间悬浮于空气中，其在空气中含量越高，就代表空气污染越严重。虽然 $PM_{2.5}$ 只是地球大气成分中含量很少的组分，但它对空气质量和能见度等有重要的影响。与较粗的大气颗粒物相比，$PM_{2.5}$ 粒径小、比表面积大、活性强，易附带有毒、有害物质（如重金属、微生物等），且在大气中的停留时间长、输送距离远，因而对人体健康和大气环境质量的影响更大。

2. 气体状态污染物

气体状态污染物是以分子状态存在的污染物，简称气态污染物。气态污染物的种类很多，总体上可以分为五大类：以二氧化硫为主的含硫化合物、以一氧化氮和二氧化氮为主的含氮化合物、碳的氧化物、有机化合物及卤素化合物，如表 5-2 所示。

表 5-2　气体状态污染物分类

污染物类型	一次污染物	二次污染物
含硫化合物	SO_2、H_2S	SO_3、H_2SO_4、MSO_4
含氮化合物	NO、NH_3	NO_2、HNO_3、MNO_3
碳的氧化物	CO、CO_2	无
有机化合物	C_1～C_{10}化合物	醛、酮、过氧乙酰硝酸酯、O_3
卤素化合物	HF、HCl	无

注：MSO_4、MNO_3 分别为硫酸盐和硝酸盐。

气态污染物又可以分为一次污染物和二次污染物。一次污染物又称“原生污染物”，是由污染源直接排放进入环境、物理和化学性质未发生变化的污染物质。环境污染主要是由一次污染物造成的，其来源清楚，可以采取措施加以控制。二次污染物也称“次生污染物”，是一次污染物在物理、化学因素或生物作用下发生变化或与环境中的其他物质发生反应所形成的物化特征与一次污染物不同的新污染物，通常比一次污染物对环境和人体的危害更为严重，如大气中的二氧化硫遇水蒸气可被氧化为硫酸，进而生成硫酸雾，其刺激作用比二氧化硫强 10 倍。

在大气污染控制中，受到普遍重视的一次污染物主要有硫氧化物（SO_x）、氮氧化物（NO_x）、碳氧化物（CO、CO_2）及有机化合物（C_1～C_{10} 化合物）等；二次污染物主要有硫酸烟雾和光化学烟雾。上述主要气态污染物简介如下。

1）硫氧化物

大气中的含硫化合物主要包括：氧硫化碳（COS）、二硫化碳（CS_2）、二甲基硫[$(CH_3)_2S$]、硫化氢（H_2S）、二氧化硫（SO_2）、三氧化硫（SO_3）、硫酸（H_2SO_4）、亚硫酸盐（MSO_3）和硫酸盐（MSO_4）等，其中，SO_2 是目前大气污染物中数量较大、影响范围较广的一种气态污染物。大气中的硫氧化物主要来自煤和石油等的燃烧、金属冶炼、硫酸制备等过程。人类使用的常见燃料里，木材的含硫量大约是 0.1%，大多数煤炭的含硫量在 0.5%～3%，平均为 1%左右，石油的含硫量在木材和煤炭之间。在燃烧时，燃料中的硫大部分转化为 SO_2。

对城市及其周围地区来说，弥散到空气中的含硫粒子主要为从热电厂燃料燃烧所产生的二氧化硫及其转化成的二次污染物。其他的工业活动，如石油加工、金属冶炼、造纸等，也会产生大量的二氧化硫和其他硫化物。

2）氮氧化物

氮和氧的化合物有很多种，可用 NO_x 表示，主要包括 NO、NO_2、N_2O、N_2O_3、N_2O_4 和 N_2O_5，其中污染大气的主要是 NO 和 NO_2。NO 毒性不太大，但进入大气后可被缓慢地氧化成 NO_2，当大气中有 O_3 等强氧化剂存在时，或在催化剂作用下，其氧化速率会加快。NO_2 的毒性约为 NO 的 5 倍。人类活动产生的 NO_2 主要来自各种炉窑、机动车和柴油机的排气，其次是硝酸生产、硝化过程、炸药生产及金属表面处理等过程。其中由燃料燃烧产生的 NO 约占 83%。无色无味的 NO 和有刺激性的红棕色 NO_2 是大气中的重要污染物，通常用 NO_x 表示。

3）碳氧化物

大气中含碳化合物主要包括一氧化碳（CO）和二氧化碳（CO_2）及碳氢化合物和含氧烃类，如醛、酮、酸等。CO 和 CO_2 是各种污染物中产生量最大的一类污染物，主要来自燃料燃烧和汽车尾气排放。CO 是一种窒息性气体，进入大气后，由于大气的扩散，一般对人体没有伤害作用。但在城市冬季取暖季节或在交通繁忙的十字路口，当气象条件不利于排气稀释时，CO 的浓度有可能达到危害人体健康的水平。CO_2 本身是无毒气体，但当其在大气中的浓度过高时，氧气含量会相对减小，便会对人产生不良影响。地球上 CO_2 浓度的增加，能产生“温室效应”，因此迫使各国政府开始实施控制。

4）有机化合物

有机化合物种类很多，从甲烷到长链聚合物的烃类。大气中的挥发性有机化合物（VOCs）一般是 C_1～C_{10} 化合物，它不完全等同于严格意义上的碳氢化合物，因为它除含有碳和氢原子外，还常含有氧、氮和硫原子。

5）硫酸烟雾

硫酸烟雾是大气中的 SO_2 等硫氧化物在水雾、含有重金属的悬浮颗粒物或氮氧化物存在时，发生一系列化学或光化学反应而生成的硫酸雾或硫酸盐气溶胶。硫酸烟雾引起的刺激作用和生理反应等危害要比 SO_2 气体大得多。

伦敦型烟雾是硫酸烟雾中最常见的一种。烧煤过程中排放大量的煤尘和 SO_2，SO_2 经光化学氧化、液相氧化和颗粒表面反应（SO_2 被颗粒物吸附后再氧化）等作用，被氧化为硫酸盐气溶胶。伦敦型烟雾最严重的一次发生在 1952 年 12 月 5～8 日，由于英国南英格兰一带上空有大型移动性高压脊，地处泰晤士河谷的伦敦，近地层完全处于无风、逆温状态，烟尘和 SO_2 在逆温条件下形成烟雾，持续 4 天不散，几千市民感到胸闷、咳嗽、喉痛、呕吐，老人与病患者死亡达 4000 多人。

6）光化学烟雾

光化学烟雾是汽车、工厂等污染源排入大气的碳氢化合物和氮氧化物等一次污染物在阳光（紫外光）作用下发生光化学反应生成二次污染物，参与光化学反应过程的一次污染物和二次污染物的混合物（其中有气体污染物，也有气溶胶）所形成的烟雾污染现象。其主要成分有臭氧、过氧乙酰硝酸酯、酮类和醛类等。光化学烟雾的刺激性和危害要比一次污染物强烈得多。光化学烟雾首先出现在美国的第三大城市洛杉矶，以后陆续在世界其他地区出现。一般多发生在中纬度（亚热带）车辆高速机动化的城市，如蒙特利尔、渥太华、波恩、悉尼、东京等。其表现是城市上空笼罩着白色烟雾（有时带有紫色或黄色），具有特殊气味，刺激眼睛和喉黏膜。光化学烟雾多发生在阳光强烈的夏、秋季，随着光化学反应的不断进行，反应生成物不断蓄积，光化学烟雾的浓度不断升高，在 3～4 h 后达到最大值。光化学烟雾对大气造成很多不良影响，光化学烟雾可随气流漂移数百千米，使远离城市的农作物也受到损害，生成的强氧化剂臭氧（O_3）可使橡胶制品开裂，植物叶片受害、变黄甚至枯萎，动物呼吸困难，甚至对建筑材料也有影响，并且大大降低了能见度以致影响出行。

光化学烟雾是高浓度氧化剂的混合物，因此也称为氧化烟雾。相比之下，硫酸烟雾型污染物从化学上看属于还原性混合物，故又称为还原烟雾。这两种烟雾在许多方面具有相反的化学行为，它们发生污染的根源各不同，伦敦型烟雾主要是由燃煤引起的，光化学烟雾则主要是由汽车排气引起的。目前已发现两种类型烟雾污染可交替发生。例如，广州夏季以光化学烟雾为主，而冬季则以硫酸烟雾为主。

阅读材料：成都因臭氧启动重污染天气黄色预警

——依互联网资料整理

央广网成都 6 月 13 日消息（记者王颖）成都市公安局交通管理局决定于 2022 年 6 月 13 日零时起，启动臭氧重污染天气黄色预警临时交通管理措施，中心城区建成区执行临时交通管理措施，全天 24 h 禁止沥青混合料拌合车（国Ⅵ及以上排放标准车辆和新能源车，并配套有沥青烟等挥发性有机物收集系统和净化处理装置的车除外）通行。

每日 20:00 至次日 8:00，禁止建筑垃圾（含工程渣土）运输车辆、预拌混凝土运输车辆、预拌砂浆运输车辆（国Ⅵ及以上排放标准车辆和新能源车除外）通行。此外，全天 24 h 禁止沥青混合料拌合车（国Ⅵ及以上排放标准车辆和新能源车，并配套有沥青烟等挥发性有机物收集系统和净化处理装置的车除外）通行。

臭氧重污染天气黄色预警期间，机动车驾驶人应当服从交通警察的指挥管理。违反临时交通管理措施，由公安机关交通管理部门依据《中华人民共和国道路交通安全法》依法处罚和实施交通违法累积记分管理。

那么，臭氧污染的原因有哪些呢？

首先，臭氧污染的原因一方面是自然原因。生物源挥发性有机物和一氧化氮、二氧化氮经光化学反应过程生成的臭氧是天然臭氧的重要来源。另一方面，在一定大气条件或特殊地形地势下，平流层和对流层温度梯度遭到破坏，平流层的臭氧输送到对流层，导致局部地区臭氧浓度升高，也容易产生臭氧污染。其次，臭氧污染的主要原因是人为原因。人类活动是臭氧污染的重要来源，一些工业工厂气体排放不达标，这些工业废气中排放的挥发性有机物与氮氧化物在阳光的作用下生成臭氧，从而产生臭氧污染。另外，汽车尾气的排放也容易造成臭氧污染，油气使用和加油站挥发泄漏也是臭氧污染的原因，而石油化工行业及油气燃料动力的火力发电等相关行业也是容易导致臭氧污染的行业。

如果出现臭氧污染的预报，也不要惊慌，大多数人不需要采取任何措施，但是儿童、老人等体弱群体还是要尽量减少外出。为了应对臭氧污染，有关方面要加强臭氧污染危害的宣传，让人们可以更好地了解什么是臭氧污染，以及臭氧污染危害的严重性，与此同时，人们也要控制机动车的数量，提高尾气的排放标准，大力发展新能源汽车。

5.2.3　大气污染的危害

1. 对人和动物的危害

大气污染对人和动物健康的直接危害主要表现为呼吸道疾病。在突然的高污染物浓度环境下，可以造成动物急性中毒，甚至在短时间内死亡。长期接触低浓度的大气污染物会引起支气管炎、支气管哮喘、肺气肿，甚至肺癌等疾病。这种直接危害的途径主要有三种：皮肤表面接触、食入含污染物的食物和水、直接吸入被污染的空气，其中第三种途径最为主要。

大气污染对人和动物的健康还可能产生间接危害。臭氧层是地球最好的保护伞，它吸收了来自太阳的大部分紫外线。然而，近二十年的科学研究和大气观测发现，每年春季南极大气中的臭氧层一直在变薄，事实上在极地大气中已经存在一个臭氧“洞”。阳光紫外线 UV-B 的增加对人类健康有严重的危害作用，潜在的危险包括引发和加剧眼部疾病、皮肤癌和传染性疾病。紫外线增加对人体的某些危险（如皮肤癌）已有定量的评价，但是否对人体还有其他影响（如传染病）目前仍存在很大的不确定性。

2. 对植物的危害

植物的分布一般是固定不动的，其不像动物可以通过移动避开污染；植物具有庞大的叶面积与空气接触，并进行活跃的气体交换；与此同时，植物又没有高等动物那样的优秀循环系统为体内细胞和组织提供稳定的内环境，来缓解外界的影响。因此，在生物界，植物比动物更容易受到大气污染的影响和危害。

植物受大气污染物伤害一般分为两类。植物因受高浓度大气污染的袭击，短期内即在叶片上出现坏死斑，称为急性伤害。例如，高浓度的污染物通过气孔侵入植物体后，向海绵组织细胞扩散，进入栅栏组织破坏叶绿素，使叶脉和叶边缘褪色，组织脱水坏死，叶片脱落。植物因长期与低浓度污染物接触而生长受阻，发育不良，出现失绿、早衰等现象，称为慢性伤害。例如，低浓度的 SO_2 侵入植物体以后，可使叶片的绿色逐渐失绿黄化。也就是说，只要大气污染物的浓度超过植物的忍耐程度，就会使植物的细胞和组织器官受到伤害，造成其生理功能不协调和生长发育受阻，使其产量下降、品质变坏，甚至造成植物群落组成发生变化、植物个体死亡、种群消失。

由于不同的大气污染物危害植物的方式和机理不同，其对植物产生的伤害症状也有区别。污染物的浓度和接触时间的联合作用称为剂量。能引起植物伤害的最低剂量称为临界剂量或伤害阈值。不同污染物危害植物的临界剂量是不同的，由于植物敏感程度的不同，同一污染物危害不同植物的临界剂量也是不同的。大气污染除对植物产生直接危害外，还可以产生间接影响，主要表现为植物生长缓慢，对病虫害和逆境的抵抗能力下降等。大气污染使树木生长不良、寿命缩短的现象普遍存在。

3. 对材料与设备的危害

被污染的大气会对材料和设备造成损害，如污染的大气会加快金属的腐蚀，从而减少寿命；油漆在被污染的大气中也会更容易脱落；橡胶制品在被污染的大气中也会被氧化而失效不能用。

4. 对气候的影响

大气污染对气候影响很大，大气中的污染物对局部地区和全球气候都会产生一定影响，尤其对全球气候的影响。从长远的观点看，这种影响将是很严重的，其影响之一是温室效应。燃料中含有碳，完全燃烧产生二氧化碳，大量燃烧燃料使大气中的二氧化碳浓度不断增加，破坏自然界二氧化碳的平衡，可能引发“温室效应”，致使全球气温上升。

阅读材料：雾霾缩短中国北方人五年半寿命

——摘自英国《金融时报》2013 年 7 月 8 日

根据一项突破性研究，空气污染使中国北方居民寿命平均缩短 5.5 年，并且提高了肺癌、心脏病和中风的发病率。2013 年 1 月，北京空气污染达到创纪录的严重程度，忧心忡忡的居民纷纷购买空气净化器，戴上口罩。此后，中国北方日益糟糕的雾霾变成了全国关注的问题。为体育运动建造的空气过滤穹顶也越来越普遍。

美国麻省理工学院、中国清华大学和北京大学及耶路撒冷希伯来大学的教授最近进行了一次联合调研。他们利用中国各地数十年来的污染数据推算出，20 世纪 90 年代，北方的空气污染已经减少了人们合计 25 亿年的寿命。

清华大学教授、研究报告合著者之一李宏彬说："这是我们第一次获取长期空气污染对人类健康造成影响的数据。这些数据不仅能反映出空气污染对寿命的影响，还能反映出空气污染带来的疾病种类。这一数据表明人类寿命因空气污染付出了高昂代价。"最近 30 年来，中国经济迅猛增长的同时，也带来了日益严重的空气、水和土壤污染。对环境的担忧，特别是对健康问题的担忧，现在逐渐变成社会不稳定和公众抗议的越来越主要的原因之一。面对这种情况，中国政府已经收紧了环境方面的法律法规，但就目前来看，这些工作没能扭转中国数十年来对环境的破坏局面。

研究报告发表在美国《国家科学院学报》上，研究比较了淮河以北和淮河以南的污染情况，结果显示，淮河以北污染更为严重，因为北方人在冬季供暖。

研究者通过研究 1981～2000 年的污染数据和 1991～2000 年的健康数据，发现每立方米空气每增加 100 μg 颗粒物，就会让人均寿命相应减少 3 年。与淮河以南相比，淮河以北每立方米空气含有的颗粒物要多约 185 μg。

麻省理工学院教授、研究报告合著者之一迈克尔 · 格林斯通说："我们发现，淮河以北的居民人均寿命少 5.5 年。这项研究是建立在真实的中国污染数据、中国居民的预期寿命数据之上，所以这不仅仅是推断。"

5.2.4　我国大气污染现状和展望

大气污染的特点主要是由能源结构决定的，我国能源结构中有 75%是以煤为原料组成的，因此属于煤烟型污染。进入 21 世纪以来，由于机动车保有量的大幅增加，在京津冀、长江三角洲、珠江三角洲及中东部地区的省会城市，大气污染呈现出煤烟型与机动车污染共存的新型大气复合污染。在这些地方，细颗粒物和臭氧为主要大气污染物，霾和光化学烟雾发生频繁，与此同时，二氧化氮浓度居高不下，酸沉降转变为硫酸型和硝酸型的复合污染，区域性和二次化学转化突出的大气污染更加明显。

严重的大气污染问题已经使我国呼吸道疾病发病率居高不下。慢性障碍性呼吸道疾病，包括肺气肿和慢性支气管炎，已成为现代中国人致死的重要原因，我国每年在这方面的花费是发展中国家平均水平的两倍。空气污染同样对工农业的发展造成影响，酸雨造成农作物大幅度减产，腐蚀大量钢材建筑和仪器设备，还造成大面积森林破坏。

目前我国已经开始实施严格的环境管理措施，已明确规定禁止使用氟利昂生产制冷设备的工艺，将改善能源结构列为工作日程，全国大部分城市的汽车尾气已达欧洲一号标准，其中北京等城市已开始实行欧洲二号标准。与此同时，北方地区治理沙尘暴的工作也已全面展开，相信在不久的将来，祖国的天空会更蓝，清新的空气会更宜人。能源工业在给中国经济发展提供重要基础的同时，也带来环境污染，尤其是空气污染问题。因此，发展天然气工业、开发可再生能源、开发新的高效清洁的能源是新世纪对能源工业提出的希望和要求。

《中华人民共和国大气污染防治法》严格规定了粉尘、废气的排放措施与标准。该法第二十四条明文规定“企业事业单位和其他生产经营者应当按照国家有关规定和监测规范，对其排放的工业废气和本法第七十八条规定名录中所列有毒有害大气污染物进行监测，并保存原始监测记录。其中，重点排污单位应当安装、使用大气污染物排放自动监测设备，与生态环境主管部门的监控设备联网，保证监测设备正常运行并依法公开排放信息”，同时第二十六条规定“禁止侵占、损毁或者擅自移动、改变大气环境质量监测设施和大气污染物排放自动监测设备”等。

5.3　空气质量控制标准

5.3.1　环境空气质量控制标准

环境空气质量控制标准是执行环境保护法和大气污染防治法、实施环境空气质量管理及防治大气污染的依据和手段。环境空气质量控制标准按其用途可分为环境空气质量标准、大气污染物排放标准、大气污染控制技术标准和大气污染警报标准。

1. 环境空气质量标准

空气质量标准是以保护生态环境和人群健康的基本要求为目标而对各种污染物在环境空气中的允许浓度所做的限制规定。我国 1982 年制定了《环境空气质量标准》，并分别于 1996 年和 2000 年进行了修订。《环境空气质量标准》规定了二氧化硫、总悬浮颗粒物、可吸入颗粒物、二氧化氮、一氧化碳、臭氧、铅、苯并[*a*]芘（B[*a*]P）和氟化物 9 种污染物的浓度限值。2012 年，根据国家经济社会发展状况和环境保护要求，我国发布了第三次修订的《环境空气质量标准》，即 GB 3095－2012。新的标准增设了细颗粒物（$PM_{2.5}$，粒径小于等于 2.5 μm）浓度限值和臭氧 8 h 平均浓度限值，调整了可吸入颗粒物（PM_{10}，粒径小于等于 10 μm）、二氧化氮、铅和苯并[*a*]芘等的浓度限值。

该标准根据对空气质量要求的不同，将环境空气质量分为两级：一级标准是为了保护自然生态和人群健康，在长期接触情况下，不发生任何危险性影响的空气质量要求。二级标准是为了保护人群健康和城市、乡村的动植物在长期和短期的接触情况下，不发生伤害的空气质量要求；保护人群不发生急性或慢性中毒和城市一般动植物正常生长的空气要求。

该标准将环境空气质量功能区分为两类：一类区为自然保护区、风景名胜区和其他需要特殊保护的区域；二类区为居住区、商业交通居民混合区、文化区、工业区和农村地区。一类区适用一级浓度限值，二类区适用二级浓度限值。一、二类环境空气功能区质量要求见表 5-3 和表 5-4。

表 5-3 环境空气污染物基本项目浓度限值 （单位：$\mu g/m^3$）

序号	污染物项目	平均时间	浓度限值	
			一级	二级
1	二氧化硫（SO_2）	年平均	20	60
		24 h 平均	50	150
		1 h 平均	150	500
2	二氧化氮（NO_2）	年平均	40	40
		24 h 平均	80	80
		1 h 平均	200	200
3	一氧化碳（CO）	24 h 平均	4000	4000
		1 h 平均	10000	10000
4	臭氧（O_3）	日最大 8 h 平均	100	160
		1 h 平均	160	200
5	可吸入颗粒物（PM_{10}）	年平均	40	70
		24 h 平均	50	150
6	细颗粒物（$PM_{2.5}$）	年平均	15	35
		24 h 平均	35	75

表 5-4　环境空气污染物其他项目浓度限值　（单位：μg/m³）

序号	污染物项目	平均时间	浓度限值	
			一级	二级
1	总悬浮颗粒（TSP）	年平均	80	200
		24 h 平均	120	300
2	氮氧化物（NO_x）	年平均	50	50
		24 h 平均	100	100
		1 h 平均	250	250
3	铅（Pb）	年平均	0.5	0.5
		季平均	1	1
4	苯并[*a*]芘（B[*a*]P）	年平均	0.001	0.001
		24 h 平均	0.0025	0.0025

2. 大气污染物排放标准

大气污染物排放标准是以实现空气质量标准为目标，对从污染物排入大气的污染物浓度（或数量）所做的限制规定，它是控制大气污染物的排放量和进行净化装置设计的依据。我国目前的相关大气标准有《大气污染物综合排放标准》（GB 16297－1996）、《水泥工业大气污染物排放标准》（GB 4915－2013）、《砖瓦工业大气污染物排放标准》（GB 29620－2013）、《火电厂大气污染物排放标准》（GB 13223－2011）、《轧钢工业大气污染物排放标准》（GB 28665－2012）、《炼钢工业大气污染物排放标准》（GB 28664－2012）、《炼铁工业大气污染物排放标准》（GB 28663－2012）、《平板玻璃工业大气污染物排放标准》（GB 26453－2011）、《储油库大气污染物排放标准》（GB 20950－2020）、《加油站大气污染物排放标准》（GB 20952－2020）、《铸造工业大气污染物排放标准》（GB 39726－2020）、《农药制造工业大气污染物排放标准》（GB 39727－2020）、《陆上石油天然气开采工业大气污染物排放标准》（GB 39728－2020）等。

3. 大气污染控制技术标准

大气污染控制技术标准是根据大气污染物排放标准引申出来的辅助标准，是为了保证污染物排放达标而从某一方面做出的具体技术规定，目的是使生产、设计和管理人员容易掌握与执行，如燃料、原料使用标准，净化装置选用标准，排气筒高度标准及卫生防护距离标准等。

4. 大气污染警报标准

大气污染警报标准是为保护环境空气质量不致恶化或根据大气污染发展趋势，预防发生污染事故而规定的污染物含量的极限值。达到这一极限值时就发出警报，以便采取必要的措施。警报标准的制定，主要建立在对人体健康的影响和生物承受限度的综合研究基础之上。

5.3.2　空气质量指数

空气质量指数（air quality index，AQI）是定量描述空气质量状况的无量纲指数。针对单项污染物还规定了空气质量分指数（individual air quality index，IAQI）。我国 2012 年上半年出台规定，将用 AQI 替代原有的空气污染指数（air pollution index，API）。AQI 与原来发布的 API 有着很大的区别，AQI 分级计算参考的标准是《环境空气质量标准》（GB 3095－2012），参与评价的污染物为 SO_2、NO_2、PM_{10}、$PM_{2.5}$、O_3 和 CO 六项；而 API 分级计算参考的标准是《环境空气质量标准》（GB 3095－1996），评价的污染物仅为 SO_2、NO_2 和 PM_{10} 三项，且 AQI 采用分级限制标准更严。因此，AQI 较 API 监测的污染物指标更多，其评价结果更加客观。

空气质量按照 AQI 大小分为六级，相对应的空气质量的六个类别分别为一级优、二级良、三级轻度污染、四级中度污染、五级重度污染、六级严重污染。指数越大、级别越高说明污染的情况越严重，对人体的健康危害也就越大（表 5-5）。

表 5-5　环境空气质量指数分级

空气质量指数	空气质量指数级别	空气质量指数类别及颜色	对健康影响情况	建议采取措施
0～50	一级	优，绿色	空气质量令人满意，基本没有空气污染	各类人群可正常活动
51～100	二级	良，黄色	空气质量可接受，但某些污染物可能对极少数异常敏感人群健康有较弱影响	极少数异常敏感人群应减少户外活动
101～150	三级	轻度污染，橙色	易感人群症状有轻度加剧，健康人群出现刺激症状	儿童、老年人及心脏病、呼吸系统疾病患者应减少长时间、高强度的户外锻炼
151～200	四级	中度污染，红色	进一步加剧易感人群症状，可能对健康人群心脏、呼吸系统有影响	儿童、老年人及心脏病、呼吸系统疾病患者避免长时间、高强度的户外锻炼，一般人群适量减少户外运动
201～300	五级	重度污染，紫色	心脏病和肺病患者症状显著加剧，运动耐受力降低，健康人群普遍出现症状	儿童、老年人及心脏病、肺病患者应停留在室内，停止户外运动，一般人群减少户外运动
＞300	六级	严重污染，褐红色	健康人群运动耐受力降低，有明显强烈症状，提前出现某些疾病	儿童、老年人和患者应留在室内，避免体力消耗，一般人应避免户外活动

AQI 计算与评价的过程大致可分为三个步骤：第一步是对照各项污染物的分级浓度限值，以细颗粒物（$PM_{2.5}$）、可吸入颗粒物（PM_{10}）、二氧化硫（SO_2）、二氧化氮（NO_2）、臭氧（O_3）、一氧化碳（CO）等各项污染物的实测浓度值（其中 $PM_{2.5}$、PM_{10} 为 24 h 平均浓度）分别计算得出 IAQI。第二步是从各项污染物的 IAQI 中选择最大值确定为 AQI，当 AQI 大于 50 时将 IAQI 最大的污染物确定为首要污染物，IAQI 最大的污染物为两项或两项以上时并列为首要污染物；IAQI 大于 100 的污染物为超标污染物。第三步是对照 AQI 分级标准，确定空气质量指数级别、类别及表示颜色、健康影响与建议措施。

污染物项目 P 的空气质量分指数（$IAQI_P$）按照式（5-1）计算：

$$IAQI_P = \frac{IAQI_{Hi} - IAQI_{Lo}}{BP_{Hi} - BP_{Lo}}(C_P - BP_{Lo}) + IAQI_{Lo} \tag{5-1}$$

式中，C_P 为污染物项目 P 的质量浓度值；BP_{Hi} 为表 5-6 中与 C_P 相近的污染物浓度限值的高位值；BP_{Lo} 为表 5-6 中与 C_P 相近的污染物浓度限值的低位值；$IAQI_{Hi}$ 为表 5-6 中与 BP_{Hi} 对应的空气质量分指数；$IAQI_{Lo}$ 为表 5-6 中与 BP_{Lo} 对应的空气质量分指数。

以 $PM_{2.5}$ 为例，当 $PM_{2.5}$ 日均浓度达到 150 μg/m^3 时，IAQI 即达到 200；当 $PM_{2.5}$ 日均浓度达到 250 μg/m^3 时，IAQI 即达到 300；当 $PM_{2.5}$ 日均浓度达到 500 μg/m^3 时，对应的 AQI 达到 500。值得一提的是，$PM_{2.5}$ 折算成 IAQI 为 500 的浓度限值刚好是 500 μg/m^3。也就是说，一旦 $PM_{2.5}$ 的日均浓度超过 500 μg/m^3，IAQI 随即达到 500，无论浓度再怎么高，IAQI 也还是 500。因此，严重雾霾期间，$PM_{2.5}$ 日均浓度超过 500 μg/m^3，就是所谓的“爆表”。

表 5-6　空气质量分指数及对应的污染物项目浓度限值（单位：μg/m^3）

IAQI	污染物项目浓度限值									
	二氧化硫（SO_2）24 h 平均值	二氧化硫（SO_2）1 h 平均值	二氧化氮（NO_2）24 h 平均值	二氧化氮（NO_2）1 h 平均值	可吸入颗粒物（PM_{10}）24 h 平均值	一氧化碳（CO）24 h 平均值	一氧化碳（CO）1 h 平均值	臭氧（O_3）1 h 平均值	臭氧（O_3）8 h 滑动平均值	细颗粒物（$PM_{2.5}$）24 h 平均值
0	0	0	0	0	0	0	0	0	0	0
50	50	150	40	100	50	2000	5000	160	100	35
100	150	500	80	200	150	4000	10000	200	160	75
150	475	650	180	700	250	14000	35000	300	215	115
200	800	800	280	1200	350	24000	60000	400	265	150
300	1600	—	565	2340	420	36000	90000	800	800	250

续表

IAQI	污染物项目浓度限值									
	二氧化硫（SO_2）24 h 平均值	二氧化硫（SO_2）1 h 平均值	二氧化氮（NO_2）24 h 平均值	二氧化氮（NO_2）1 h 平均值	可吸入颗粒物（PM_{10}）24 h 平均值	一氧化碳（CO）24 h 平均值	一氧化碳（CO）1 h 平均值	臭氧（O_3）1 h 平均值	臭氧（O_3）8 h 滑动平均值	细颗粒物（$PM_{2.5}$）24 h 平均值
400	2100	—	750	3090	500	48000	120000	1000	—	350
500	2620	—	940	3840	600	60000	150000	1200	—	500

注：（1）二氧化硫、二氧化氮和一氧化碳的 1 h 平均浓度限值仅用于实时报，在日报中需使用相应污染物的 24 h 平均浓度限值。

（2）二氧化硫 1 h 平均浓度值高于 800 μg/m^3 时，不再进行其空气质量分指数计算，二氧化硫空气质量分指数按 24 h 平均浓度计算的分指数报告。

（3）臭氧 8 h 平均浓度值高于 800 μg/m^3 时，不再进行其空气质量分指数计算，臭氧空气质量分指数按 1 h 平均浓度计算的分指数报告。

阅读材料：同一站点 $PM_{2.5}$ 浓度高于 PM_{10} 浓度正常吗？

——依互联网资料整理

如果有人仔细看中国天气网或手机软件的实时数据，其有时会发现 $PM_{2.5}$ 的浓度高于 PM_{10}。例如，2013 年 2 月 8 日 22:00 北京的 $PM_{2.5}$ 和 PM_{10} 浓度分别为 196 μg/m^3 和 170 μg/m^3，而第二天 9:00 该地 $PM_{2.5}$ 和 PM_{10} 浓度则分别为 142 μg/m^3 和 90 μg/m^3，$PM_{2.5}$ 比 PM_{10} 的浓度高 52 μg/m^3。可是科普宣传是这样说的：PM_{10} 是环境空气中空气动力学当量直径小于等于 10 μm 的颗粒物，也称为可吸入颗粒物；$PM_{2.5}$ 是环境空气中空气动力学当量直径小于等于 2.5 μm 的颗粒物，也称为细颗粒物。那样的话，$PM_{2.5}$ 不应该是 PM_{10} 的一部分吗？

按照我国的《环境空气质量标准》（GB 3095—2012）中的规定，$PM_{2.5}$ 和 PM_{10} 浓度的测量都采用称量法。就是把一定体积的空气过滤，收集其中的颗粒物称量。称量法测量有一个加热的过程，会导致颗粒物中的水分丧失。专家表示：在一开始制定 PM_{10} 测试方法的时候，没有将丧失的水分算进去，而根据新标准测量 $PM_{2.5}$ 浓度时，增加了一个湿度补偿装置，可以将丧失掉的水分质量再补回来。因此，当某个点位的空气湿度较大时，大量细微水分子会被 $PM_{2.5}$ 凝聚在一起，形成水性气溶胶。湿灰比干灰要重，“注水”的

$PM_{2.5}$浓度比较为干燥的PM_{10}浓度高，也就不难理解了。特别是在南方湿润地区，在遇到湿度较大的天气时就经常会出现$PM_{2.5}$和PM_{10}的“浓度倒挂”现象，公众无须质疑数据的可靠性。

5.4　大气污染控制技术

5.4.1　颗粒物污染的控制

大气污染控制中涉及的颗粒物，严格意义上包括所有当量直径大于分子尺寸的颗粒物，但实际的最小界限为 0.01 μm 左右。颗粒物既可单个地分散于气体介质中，又可因凝聚等作用多个颗粒集合在一起，成为集合体的状态，虽为集合体，它在气体介质中就像单一个体一样。此外，颗粒物还能从气体介质中分离出来，呈堆积状态存在，或本来就呈堆积状态。一般将这种呈堆积状态存在的颗粒物称为粉体，也通称为粉尘。从气体中去除或捕集固态或液态微粒的设备称为除尘装置或除尘器。根据主要除尘机理，目前常用的除尘器可分为四种：机械除尘器、电除尘器、过滤式除尘器和湿式除尘器。

1. 机械除尘器

机械除尘器通常指利用质量力（重力、惯性力和离心力等）的作用使颗粒物与气流分离的装置，包括重力沉降室、惯性除尘器和旋风除尘器等。

1）重力沉降室

重力沉降室是通过重力作用使尘粒从气流中沉降分离的除尘装置，其原理是：当气体由进风管进入沉降室时，由于气体流动通道断面积突然增大，气体流速下降，粉尘借本身重力作用逐渐沉落，最后落入下面的集灰斗中，经输送机械送出。它的结构如图 5-2 所示。

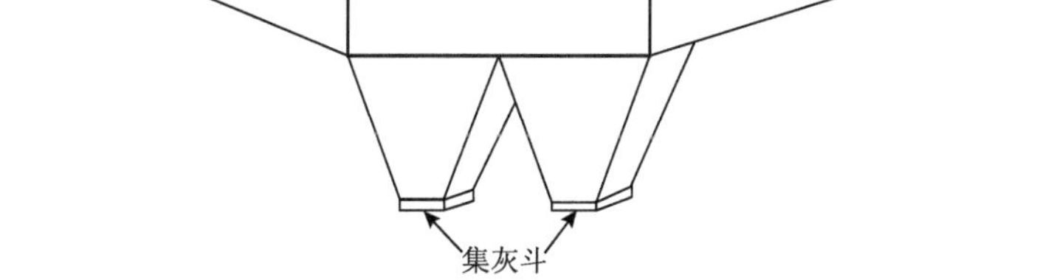

图 5-2　简单的重力沉降室

重力沉降室适用于净化密度大、颗粒粗的粉尘，特别是磨损性很强的粉尘。它能有效地捕集 50 μm 以上的尘粒，但不宜于捕集 20 μm 以下的尘粒。重力沉降室体积虽大，效率不高，一般仅为 40%～70%。但它具有结构简单、投资少、压力损失小（50～100 Pa）及维护管理方便等优点，一般作为第一级或预处理设备。

2）惯性除尘器

惯性除尘器是在沉降室内设置各种形式的挡板，含尘气流冲击在挡板上，气流方向发生急剧转变，而尘粒由于惯性作用使其与气流分离。图 5-3 是惯性除尘器的分离机理。

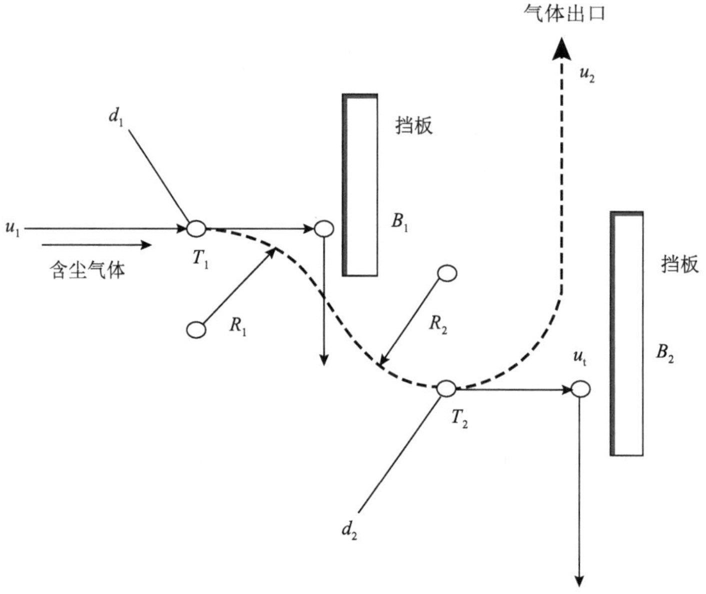

图 5-3　惯性除尘器的分离机理

一般惯性除尘器的气流速率越高，气流方向转变角度越大，转变次数越多，净化效率越高，压力损失也越大。惯性除尘器用于净化密度和粒径较大的金属或矿物粉尘时具有较高的除尘效率；对于黏结性和纤维性粉尘，则因易堵塞而不宜采用。由于惯性除尘器的净化效率不高，故一般只用于多级除尘中的第一级除尘，捕集粒径在 10 μm 以上的粗尘粒。压力损失依类型而定，一般为 100～1000 Pa。

3）旋风除尘器

旋风除尘器是利用旋转气流产生的离心力使尘粒从气流中分离的装置。用来分离粒径在 5 μm 以上的颗粒物。其结构如图 5-4 所示。其特点是结构简单、占地面积小、投资低、操作维修方便、压力损失较大、动力消耗也较大，可用于各种材料制造，能用于高温、高压及腐蚀性气体，并可回收干颗粒物；缺点为效率在 80%左右、捕集粒径小于 5 μm 颗粒的效率不高，一般作预除尘用。

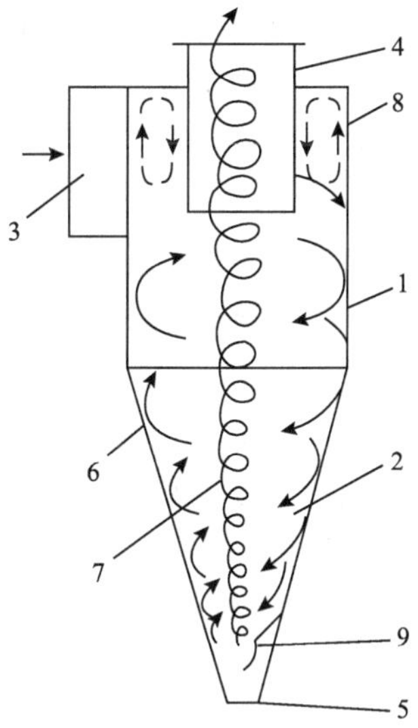

图 5-4　普通旋风除尘器的结构及其内部气流

1. 筒体；2. 锥体；3. 进气管；4. 排气管；5. 排灰口；6. 外旋流；7. 内旋流；8. 二次流；9. 回流区

2. 电除尘器

电除尘器是在含尘气体通过高压电场进行电离的过程中，使尘粒荷电，并在电场力的作用下使尘粒沉积在集尘极上，将尘粒从含尘气体中分离出来的一种除尘设备。电除尘过程与其他除尘过程的根本区别在于，分离力（主要是静电力）直接作用在颗粒上，而不是作用在整个气流上。

电除尘器的原理包括悬浮粒子荷电、带电粒子在电场内迁移和将捕集物从集尘表面上捕集这三个过程。

电除尘器的主要优点：压力损失小，一般为 200～500 Pa；处理烟气量大，每小时可达 10^5～10^6 m^3；能耗低，每处理 10000 m^3 烟气需 2～4 kW·h 电；对细粉尘有很高的捕集效率，可高于 99%；可在高温或强腐蚀性气体下操作。缺点：一次性投资费用高；对粉尘性质要求较严，最适宜比电阻在 1×10^4～5×10^{10} Ω·cm；制造、安装、运行要求严格。

电除尘器具有高效、低阻等特点，所以广泛应用于各工业部门中，特别是火电厂、冶金、建材、化工及造纸等工业部门。随着工业企业的日益大型化和自动化，对环境质量控制日益严格，电除尘器的应用数量仍不断增长，新型高性能的电除尘器仍在不断地研究、制造并投入使用。

3. 过滤式除尘器

过滤式除尘器是利用多孔介质分离捕集含尘气体中微粒的净化装置，多用于工业原料气的精制、固体粉料的回收、特定空间内的通风和空调系统的空气净化及工业排放尾气或烟尘中粉尘粒子的去除等。袋式除尘器是过滤式除尘器典型代表，是以纤维或织物为滤料，对含尘气体进行过滤，使粉尘阻留在滤料上，以及达到除尘目的的分离捕集装置。

袋式除尘器的主要优点：除尘效率高，除尘效率可达到 99.9%以上；适应性强，可以捕集不同性质的粉尘，如高比电阻的粉尘等；使用灵活；结构简单，一次投资较小；操作稳定，便于回收干料，无污泥处理、设备腐蚀等问题，维护简单。缺点：应用范围受滤料限制，在耐温、耐腐蚀方面有较大的局限；不适宜于黏结性强及吸湿性强的粉尘，烟气温度不得低于露点，否则会产生结露，导致滤袋堵塞；处理风量大时，占地面积大。

4. 湿式除尘器

湿式除尘器是使含尘气体与液体（一般为水）密切接触，利用水滴和尘粒的惯性碰撞及其他作用捕集尘粒或使粒径增大的装置。可以有效去除直径为 0.1～20 μm 的液态或固态粒子，也能脱除气态污染物。

根据湿式除尘器的净化机理，大致分为重力喷雾洗涤器、旋风洗涤器、自激喷雾洗涤器、板式洗涤器、填料洗涤器、文丘里洗涤器等。

湿式除尘器的优点主要有：在耗用相同能耗时，除尘效率比干式机械除尘器高；除尘效率可与静电除尘器和袋式除尘器相比，而且还可适用于它们不能胜任的条件，如能够处理高温、高湿气流，高比电阻粉尘及易燃易爆的含尘气体；在去除粉尘粒子的同时，还可去除气体中的水蒸气及某些气态污染物。缺点：排出的污水污泥需要处理，澄清的洗涤水应重复回用；净化含有腐蚀性的气态污染物时，洗涤水具有一定程度的腐蚀性，因此要特别注意设备和管道腐蚀问题；不适用于净化含有憎水性和水硬性粉尘的气体；寒冷地区使用湿式除尘器，容易结冻，应采取防冻措施。

5.4.2　气态污染物的控制

气态污染物指能与大气形成均相混合体系的污染物，其占排入大气污染物种类的 75%，包括硫氧化物、氮氧化物、碳氧化物、有机化合物（挥发性、多环芳烃）、金属挥发物（汞）。从废气中去除气态污染物，控制气态污染物向大气的排放，常常涉及气体吸收、吸附、催化转化等。

1. 吸收法

利用气体混合物各组分在液体中溶解性的不同，将其与适当的液体接触，混合气体中易溶的一个或几个组分便溶于该液体内形成溶液，而不能溶解的组分则仍留在气相，从而实现气体混合物的分离，这种过程称为吸收。

吸收操作所用的液体称为吸收剂或溶剂，混合气中被溶解吸收的组分称为吸收质或溶质，不被吸收的组分称为惰性组分或载体，所得到的溶液称为吸收液，排出的气体称为吸收尾气，其主要成分为惰性气体及残余的溶质。

吸收操作广泛用于气体混合物的分离，吸收过程中溶质与吸收剂发生化学反应的吸收称为化学吸收；不发生化学反应的吸收称为物理吸收。吸收过程是物质由气相到液相的两相传递过程，可以分为三个步骤：溶质由气相主体扩散到气、液两相界面的气相一侧；溶质在界面上溶解，并由气相转入液相；溶质由相界面的液相一侧扩散到液相主体。

吸收设备的基本要求：①气液之间有较大的接触面积和一定的接触时间；②气液之间扰动剧烈，吸收阻力小，吸收效率高；③操作稳定并有合适的弹性；④气流通过时压降小；⑤结构简单，制造维修方便，造价低廉；⑥针对具体情况，要求具有抗腐蚀和防堵塞功能。

1）填料塔

填料塔是以塔内的填料为气液两相间接触构件的传质设备。填料塔的塔身是一个直立式圆筒，底部装有填料支承板，填料以乱堆或整砌的方式放置在支承板上，如图 5-5 所示。填料的上方安装填料压板，以防填料被上升气流吹动。液体

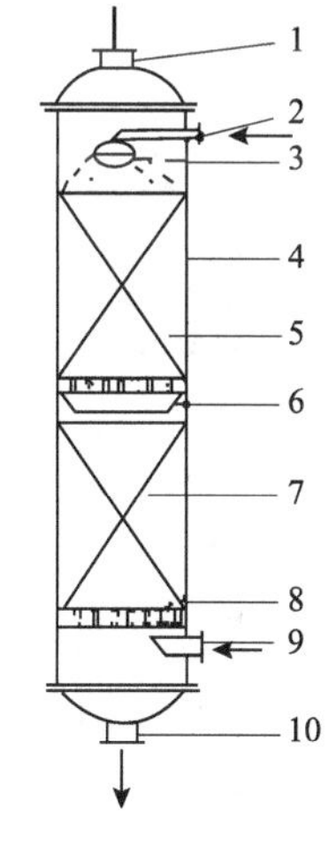

图 5-5　填料塔的结构图

1. 气体出口；2. 液体入口；3. 液体分布装置；4. 塔壳；5. 填料；6. 液体再分布器；7. 填料；8. 支承板；9. 气体入口；10. 液体出口

体从塔顶经液体分布器喷淋到填料上，并沿填料表面流下。气体从塔底送入，经气体分布装置（小直径塔一般不设气体分布装置）分布后，与液体呈逆流并连续通过填料层的孔隙，在填料表面上，气液两相密切接触进行传质。填料塔属于连续接触式气液传质设备，两相组成沿塔高连续变化，在正常操作状态下，气相为连续相，液相为分散相。

当液体沿填料层向下流动时，有逐渐向塔壁集中的趋势，使得塔壁附近的液流量逐渐增大，这种现象称为壁流。壁流效应造成气液两相在填料层中分布不均，从而使传质效率下降。因此，当填料层较高时，需要进行分段，中间设置再分布装置。液体再分布装置包括液体收集器和液体再分布器两部分，上层填料流下的液体经液体收集器收集后，送到液体再分布器，经重新分布后喷淋到下层填料上。

填料塔具有生产能力大、分离效率高、压降小、持液量小、操作弹性大等优点。填料塔也有一些不足之处，如填料造价高；当液体负荷较小时不能有效地润湿填料表面，使传质效率降低；不能直接用于有悬浮物或容易聚合的物料；对侧线进料和出料等复杂精馏不太适合等。

2）板式塔

板式塔通常由一个呈圆柱形的壳体、沿塔高按一定的间距水平设置的若干层塔板组成，如图 5-6 所示。在操作时，液体靠重力作用由顶部逐板流向塔底排出，并在各层塔板的板面上形成流动的液层；气体则在压力差推动下，由塔底向上经过均布在塔板上的开孔依次穿过各层塔板由塔顶排出。塔内以塔板作为气、液两相接触传质的基本构件，气、液两相在塔内进行逐级接触，气、液两相的组成沿塔高呈阶梯式变化。

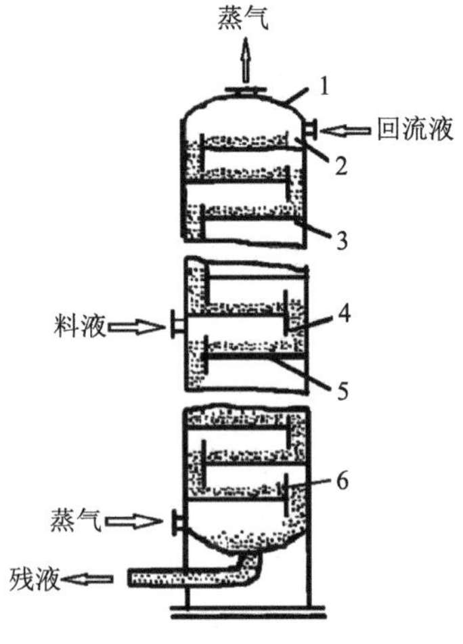

图 5-6　板式塔结构图

1. 塔体；2. 进口堰；3. 受液盘；4. 降液管；5. 塔板；6. 出口堰

板式塔的类型很多，这主要是由于塔内所设置的塔板结构不同。板式塔的塔板可分为有降液管和无降液管两大类。在有降液管式的塔板上，有专供液体流通的降液管，每层板上的液层高度可以由适当的溢流挡板调节。在塔板上气、液两相呈错流方式接触。常用的板型有泡罩塔、浮阀塔、筛板塔等。在无降液管式的塔板上，没有降液管，气、液两相同时逆向通过塔板上的小孔，故称穿流板。常用的板型有筛孔及栅缝式穿流板等。

板式塔的优点是空塔速率较高，因而生产能力较大，塔板效率稳定，操作弹性大，且造价低，检修、清洗方便。缺点是压力损失大，操作弹性小。

3）文丘里洗涤器

文丘里洗涤器由文丘里管凝聚器和气液分离器组成。文丘里管由收缩段、喉管和扩散段组成。含污染物气体进入收缩段后，流速增大，进入喉管时达到最大值。吸收剂从收缩段或喉管加入，气液两相间相对流速很大，液滴在高速气流下雾化，形成气液接触界面。在扩散段，气液速率减小，压力回升，细小的雾滴凝聚成较大液滴，后经气液分离除去。液气比取值范围为 0.3～1.5 L/m^3，适用于吸收剂用量小的吸收操作。文丘里洗涤器的优点是体积虽小，但处理能力很大，又可兼作冷却除尘设备；缺点是压力损失大、能耗高。

2. 吸附法

气体吸附是用多孔固体吸附剂将气体（或液体）混合物中一种或数种组分浓集于固体表面，而与其他组分分离的过程。被吸附到固体表面的物质称为吸附质，能够附着吸附的物质称为吸附剂。吸附过程能够有效脱除一般方法难以分离的低浓度有害物质，具有净化效率高、可回收有用组分、设备简单、易实现自动化控制等优点；其缺点是吸附容量较小、设备体积大。

1）吸附类型

根据吸附剂表面与被吸附物质之间作用力的不同，吸附可分为物理吸附和化学吸附。

物理吸附是由分子间范德瓦耳斯力引起的，它可以是单层吸附，也可以是多层吸附。物理吸附的特征：吸附质与吸附剂间不发生化学反应；吸附过程极快，参与吸附的各相间常常瞬间达到平衡；吸附为放热反应；吸附剂与吸附质间的吸附力不强，当气体中吸附质分压降低或温度升高时，被吸附的气体易从固体表面逸出，而不改变气体原来的性质。工业上的吸附操作正是利用这种可逆性进行吸附剂的再生及吸附质的回收。

化学吸附是由吸附剂与吸附质间的化学键作用力引起的，是单层吸附，吸附需要一定的活化能。化学吸附的吸附力较强，主要特征：吸附有很强的选择性；吸附速率较慢，达到吸附平衡需要相当长时间；升高温度可提高吸附速率。

2）吸附剂

吸附是由吸收剂的表面现象引起的，表面能越大，吸收力越强；比表面积越大，表面能越大，吸收力越强。主要吸附剂有活性炭、活性氧化铝、硅藻土、硅胶、沸石分子筛等。

吸附剂的选择：比表面积大；选择性良好；再生性良好；吸附容量大；机械强度、热稳定及化学稳定性良好；廉价易得。

吸附剂再生：吸附剂饱和后需要再生，主要方法有加热解吸再生、降压或真空解吸再生、萃取、置换再生、化学转化再生等。

3）影响气体吸附的主要因素

操作条件：低温有利于物理吸附、适当高温有利于化学吸附、增大气体压力有利于吸收、固定床气流速率控制在 0.2～0.6 m/s。

吸附剂的性质：孔隙率、孔径、粒度等影响比表面积，从而影响吸收效果。

吸附质的性质和浓度：主要吸收与吸附剂微孔直径大小相当的气体分子、吸附质的分子量、沸点、饱和性也影响吸附量。

3. 催化转化

催化转化法是利用催化剂的催化作用将废气中的有害物质转化成各种无害化合物，或者转化为比原来的状态更容易被除去的化合物而加以净化的方法。催化转化法对不同浓度的污染物都有较高的转化率，无须使污染物与主气流分离，避免其他方法可能产生的二次污染，并使操作过程简化。

催化作用具有两个特征：①催化剂只能改变化学反应速率，对可逆反应而言，其对正、逆反应速率的影响是相同的，因而只能缩短达到平衡的时间，而不能使平衡移动，也不能使热力学上不可能发生的反应发生；②催化作用具有选择性，这是由催化剂的选择性决定的。

催化剂的类型：①含有金属单质的催化剂（如铂、银、铝、铁、铜等）；②以化合物为主要活性组分的催化剂（如氧化物和硫化物）。

5.4.3　典型大气污染物治理技术

1. 硫氧化物的治理

控制硫氧化物的排出比控制微粒的排出更为困难。目前可以考虑使用的方法很多，如改用含硫低的燃料，特别是在浓雾时期；少烧煤或不烧煤而改用其他能源，如原子能或水力等；加高烟囱，充分利用空气的稀释扩散作用；通过提高燃料效率和控制入口空气，减少燃料的耗用量；从烟囱排气中除硫；从燃料中预先脱硫。

1）湿法

湿法脱硫主要包括钠碱液吸收法、氨吸收法、石灰乳吸收法。

钠碱液吸收法氢氧化钠、氢氧化钾或碳酸钠水溶液为吸收剂。钠碱吸收剂吸收能力大，不易挥发，对吸收系统不存在结垢、堵塞等问题。此法工艺成熟简单、吸收效率高，所得副产品纯度高，但耗碱量大、成本高，因此只适用于中小气量烟气的治理。

氨吸收法以氨水为吸收剂，由于氨易挥发，实际上此法是以氨水与 SO_2 反应后生成的亚硫酸铵水溶液为吸收 SO_2 的吸收剂。

含有 0.9% SO_2 的制酸尾气（或烟气）在吸收塔内，与氨和亚硫酸铵溶液作逆流吸收，其吸收反应有

$$SO_2 + 2NH_3 + H_2O \longrightarrow (NH_4)_2SO_3$$

$$(NH_4)_2SO_3 + SO_2 + H_2O \longrightarrow 2NH_4HSO_3$$

$$NH_4HSO_3 + NH_3 \longrightarrow (NH_4)_2SO_3$$

经二次吸收后，废气中 SO_2 的浓度可降到 0.03%。

吸收过程中，要用 NH_3 的加入量控制溶液中亚硫酸铵与亚硫酸氢铵的比例，才能得到较好的吸收效率。

上述吸收液可用 93%的浓硫酸分解其中的亚硫酸铵和亚硫酸氢铵，分解反应如下：

$$2NH_4HSO_3 + H_2SO_4 \longrightarrow 2SO_2\uparrow + 2H_2O + (NH_4)_2SO_4$$

$$(NH_4)_2SO_3 + H_2SO_4 \longrightarrow SO_2\uparrow + H_2O + (NH_4)_2SO_4$$

从而得到浓度达 95%的 SO_2 气体。将此气体冷冻至−10℃，便得 SO_2 液体；它可在制酸装置中制得硫酸。而含 40%的$(NH_4)_2SO_3$ 底液经蒸发后便可得到结晶硫铵肥料。或于吸收液中通入空气，使亚硫酸铵全部氧化成硫酸铵，其反应为

$$2(NH_4)_2SO_3 + O_2 \longrightarrow 2(NH_4)_2SO_4$$

氨吸收法工艺成熟，流程设备简单，操作方便，副产品 SO_2 可生产液态 SO_2 或制备硫酸，硫酸铵可作化肥，亚硫酸铵代替氢氧化钠可用于制浆造纸，是一种较好的方法。该法适用于处理硫酸生产尾气，但由于氨易挥发，吸收剂消耗量大，因此缺乏氨源的地方不宜采用此法。

石灰乳吸收法是将石灰石、生石灰或消石灰的乳浊液作为吸收剂，在吸收塔中吸收烟气中的 SO_2。吸收液再经空气氧化制成石膏，除硫后的烟气经过除雾和加热后送入烟囱排放于大气。该法是一个较老的方法，其流程简单，无须氧化器，

可在吸收塔内直接得到硫酸钙；而且石灰的来源方便、价格便宜，除硫效率在 98% 以上，产品石膏目前在我国有较广泛的用途。因此，此法应用于低浓度的排烟除硫方面有很大的实际意义，但其缺点是生产过程中析出的晶体容易堵塞吸收器及其管道，石灰的循环量大，设备的体积和操作费用都较大。

2）干法

湿法脱硫后烟气温度降低、湿度加大，排出后影响烟气的上升高度，往往笼罩在烟囱周围地区难以扩散。为克服这些缺陷，采用固体粉末或非水的液体作为吸收剂或催化剂进行烟气脱硫。这种脱硫法又可分为吸附法、化学吸收法和催化氧化法。

吸附法一般采用活性炭法。利用活性炭的活性和较大的比表面积，使烟气中的 SO_2 在活性炭表面上与氧及水蒸气反应生成硫酸而被吸附：

$$2SO_2 + O_2 + 2H_2O \longrightarrow 2H_2SO_4$$

然后通入热的具有还原性的气体，如 CO、H_2 等，将 SO_2 解吸出来：

$$H_2SO_4 + CO \longrightarrow SO_2 + H_2O + CO_2$$

化学吸收法是使用活性氧化锰、碱性氧化铝等作为吸收剂来吸收 SO_2。催化氧化法则使用钒系催化剂等将 SO_2 氧化为 SO_3，并回收硫酸来达到净化的目的。

2. NO_x 的治理

控制 NO_x 排出的方法有两类：①靠改革工艺或改进燃烧条件，如改用两段燃烧法，借延长燃烧时间来降低温度，或借降低空气与燃料的配比来降低炉温，以减少 NO_x 的生成与排出；②借催化还原法或吸收法净化排烟中的 NO_x。

1）吸收法

根据所使用的吸收剂，又可分为碱吸收法、熔融盐吸收法、硫酸吸收法和硝酸吸收法。碱吸收法常用的碱液有氢氧化物、碳酸钠、氨水等，该法设备简单、操作容易、投资少，但吸收效率较低，特别是对 NO 吸收效果差，只能消除 NO_2 所形成的黄烟，达不到去除所有 NO_x 的目的。用“漂白”的稀硝酸吸收硝酸尾气中的 NO_x，不仅能净化排气，还可以回收 NO_x 用于制备硝酸，但此法只能应用于硝酸的生产过程，应用范围有限。

2）吸附法

此法一般采用的吸附剂为活性炭与沸石分子筛，目前用吸附法吸附 NO_x 已经有了工业规模的生产装置。活性炭对低浓度 NO_x 具有很高的吸附能力，并且经解吸后可回收浓度高的 NO_x，但温度高时，活性炭有可能燃烧，给吸附和再生带来困难，限制了该法的适用。沸石分子筛是一种极性很强的吸附剂，废气中极性较

强的 H_2O 分子和 NO_2 分子被选择性地吸附在表面上，并进行反应生成硝酸放出 NO，NO 再与被吸附的 O_2 生成 NO_2，NO_2 再重复以上步骤，多次重复后，废气中的 NO_x 即可被去除。本法适于净化硝酸尾气，并且回收 NO_x 用于 HNO_3 的生产，因此是一个很有前途的方法。该法的主要缺陷在于吸附剂吸附容量较小，因而需要频繁再生，这限制它的应用。

3）催化还原法

催化还原法是在催化剂的作用下，用还原剂将废气中的 NO_x 还原为无害的 N_2 和 H_2O 的方法。根据还原剂与废气中的 O_2 发生作用与否，可分为非选择性催化还原（NSCR）和选择性催化还原（SCR）两类。

非选择性催化还原是在铂作为催化剂的作用下，还原剂不加选择地与废气中的 NO_x 和 O_2 同时发生反应。常用还原剂为 H_2 和 CH_4 等。该法由于存在与 O_2 的反应过程，放热量大，因此反应中必须使还原剂过量并严格控制废气中的氧含量。

选择性催化还原则以贵重金属铂等的氧化物为催化剂，常用还原剂为 NH_3、H_2S、CO 和 Cl_2-NH_3 等。该法适用于硝酸尾气与燃烧烟气的治理，可处理大气量的废气、技术成熟、净化效率高。但它存在催化剂价格昂贵、不能回收有用物质等缺点。

3. 挥发性有机物的治理

挥发性有机物（volatile organic compounds，VOCs）指在室温下饱和蒸气压大于 70.91Pa，或常压下沸点小于 260℃的有机化合物。从环境监测角度来讲，指以氢火焰离子检测器测出的非甲烷烃类的总称，包括烷烃类、芳烃类、烯烃类、卤烃类、酯类、酮类和其他化合物等。挥发性有机物的治理技术有燃烧法、冷凝法、吸附法、吸收法等。

1）燃烧法

将有害气体、蒸气、液体或烟尘通过燃烧转化为无害物质的过程称为燃烧。燃烧法净化时所发生的化学反应主要是高温下的热分解及燃烧氧化作用。因此这种方法适用于净化可燃的或在高温情况下可以分解的有机物。在燃烧过程中，有机物质剧烈氧化，放出大量的热，因此可以回收热量。对化工、喷漆、绝缘材料等行业的生产装置中所排出的有机废气处理广泛采用燃烧法净化。燃烧法还可以用来消除恶臭。

2）冷凝法

冷凝法利用物质在不同温度下具有不同饱和蒸气压这一性质，采用降低温度、提高系统的压力，或者既降低温度又提高压力的方法，使处于蒸气状态的污染物冷凝并与废气分离。该法适用于废气体积分数在 10^{-2} 以上的有机蒸气。常作为其他方法的前处理。

3）吸附法

吸附法就是当含 VOCs 的气态混合物与多孔性固体材料接触时，利用固体表面存在的未平衡的分子吸引力或化学键作用力，将混合气体中 VOCs 组分吸附在固体表面的分离过程。吸附操作已经广泛应用于石油化工、有机化工的生产部门，成为一种重要的操作单元。

4）吸收法

吸收法是采用低挥发或不挥发溶剂对 VOCs 进行吸收，再利用有机分子和吸收剂物理性质的差异将二者分离的净化方法。吸收效果主要取决于吸收剂性能和吸收设备的结构特征。

4. 颗粒物的治理

2012 年冬季，我国很多大、中城市相继受到雾霾污染，其中 PM_{10} 和 $PM_{2.5}$ 是这些雾霾的主要成分。它们不仅能通过消光作用造成大气能见度下降，而且还是聚集大量有毒有害物质的复杂污染物，会对人体的健康造成危害，已经引起了民众的极大关注。环境空气中由人类活动产生的 PM_{10} 和 $PM_{2.5}$ 主要有两方面：一是各种污染源向空气中直接释放的固态颗粒物，包括烟尘、粉尘、扬尘、油烟等；二是部分具有化学活性的气态污染物（前体污染物）在空气中发生反应后生成的细颗粒物，这些前体污染物包括硫氧化物、氮氧化物、挥发性有机物和氨等。防治环境空气细颗粒物污染应针对其成因，全面而严格地控制各种细颗粒物及前体污染物的排放行为。防治细颗粒物污染应将工业污染源、移动污染源、扬尘污染源、生活污染源、农业污染源作为重点，强化源头削减，实施分区分类控制。

1）工业污染源防治技术

细颗粒物和前体污染物排放量较大的行业（火电、冶金、建材、石油化工、合成材料、制药、塑料加工、表面涂装、电子产品与设备制造、包装印刷等）是工业污染源治理的重点。主要防治技术：有组织排放颗粒物（烟、粉尘）污染防治技术，包括袋式除尘、湿式电除尘技术、电袋复合除尘技术；前体污染物（NO、SO_2、VOCs、NH_3 等）净化技术，包括各种脱硫技术、氮氧化物的催化还原技术及烟气脱硝技术、挥发性有机物的燃烧净化与吸附回收技术、氨的水洗涤净化技术；无组织排放颗粒物和前体污染物治理技术，包括适用于大气颗粒物及其前体污染物控制的密闭生产技术、粉状物料堆放场的遮风与抑尘技术。

2）移动污染源防治技术

移动污染源包括各种以内燃机或外燃机为动力装置，以汽油、柴油、煤油、天然气、液化石油气及其他可燃液体、气体为燃料的交通工具（车辆、船舶、航空器等）、机械、发电装置。防治移动污染源，应针对其使用方式和污染防治要求，采取不同的技术措施，主要包括：燃料清洁化技术，降低重金属等影响排放控制装置效能的各种有害物质含量，控制烯烃等光化学活性成分含量；发动机高效燃烧及燃料精确注入技术；发动机排气中氮氧化物、一氧化碳、碳氢化合物、颗粒物净化技术；汽油蒸发控制技术，包括在车辆、加油站、油库、油罐车上实施的各种油气回收技术；车载发动机及排放控制系统诊断技术。

3）扬尘污染源防治技术

扬尘污染源应以道路扬尘、施工扬尘、粉状物料储存场扬尘、城市裸土起尘等为防治重点。主要防治技术：遮风技术，适用于各种露天堆场和施工工地遮挡措施；抑尘技术，包括喷洒水雾和抑尘剂，适用于施工场所、堆场、装卸作业等场地；施工物料运输车辆清洗技术，适用于上路行驶的物料、渣土运输车辆；道路清扫技术，包括人工清扫、机械清扫。

4）生活污染源防治技术

生活污染来源复杂、分布广泛，治理工作应调动社会各界的积极性，鼓励公众参与，减少细颗粒物及其前体污染物（VOCs 等）的排放量。主要防治技术：饮食业油烟净化技术，包括采用各种原理的净化技术；环境友好产品生产技术，包括各种替代有害物质的消费品生产技术；密闭式衣物干洗技术。

5）农业污染源防治技术

农业污染源防治技术主要有：农业耕作和裸土起尘防治技术，包括留茬免耕、秸秆覆盖、固沙技术；秸秆等农业废弃物综合利用技术，包括制备沼气、热解气化、生物柴油等技术；合理施肥技术，包括配方施肥技术和施用硝化抑制剂。

阅读材料：中石化在粤超九成加油站完成国Ⅵ汽油置换

——摘自《网易广东》2018 年 11 月 16 日

日前，广州市公布了国Ⅵ排放标准执行日期。2019 年 3 月 1 日起，全市将执行轻型汽车国Ⅵ（b 阶段）排放标准，这将意味着从明年 3 月 1 日起，只有符合国Ⅵ标准的新车才能在广州销售。

作为执行轻型汽车国六排放标准的燃油配套，广东将在 12 月 1 日前完成国Ⅵ汽油升级。记者从广东省成品油供应主渠道中国石化广东石油分公司（以下简称“广东石油”）获悉，中国石化在广东将在 11 月 28 日提前完成全省 2200 多座加油站国Ⅵ车用汽油置换。目前，全省已有超过 90%的中国石化加油站完成了置换工作。

根据国务院实施蓝天保卫战三年行动计划部署，2019 年 1 月 1 日起，将在全国全面供应符合国Ⅵ标准的车用汽/柴油。广东的油品升级安排则更为提前，车用柴油已于今年 9 月 1 日完成升级，车用汽油也比国家的计划时间提前了 1 个月。

作为全省最大的成品油供应商，广东石油经过前期逐站逐库资源对接，分类制定了 6 套置换方案，加快推进油品置换工作。截至目前，全省 93%的加油站已完成了 92 号汽油置换，90%加油站完成了 95 号汽油置换。其中，广州、深圳、东莞、珠海、潮州、汕头、汕尾、中山、韶关、阳江 10 个地市的 92 号汽油以及广州、深圳、东莞、汕头、潮州 5 个地市的 95 号汽油，已经全部置换完成。车主在上述区域的中国石化加油站加油，即可提前享受国Ⅵ标准的车用汽油。

国Ⅵ汽柴油标准是目前世界上最严格的排放标准之一，与国Ⅴ油品相比，其颗粒物排放降幅可达 10%，这将大幅度降低现有汽车尾气排放的污染物含量。广东是汽车大省，机车保有量占据了全国近 9%，截至 2017 年底，广东机动车保有量达到 2869 万辆，国Ⅵ标准的实施将进一步有利于大气环境质量的改善。

5.5 室内空气污染控制

5.5.1 室内空气污染及来源

1. 室内空气污染概况

室内包括人居住所、办公室、教室、医院病房等室内环境和宾馆、餐馆、剧院、商场、车站候车室等各种室内公共场所及交通工具（如私人汽车、公共汽车、地铁、火车、轮船和飞机）内等封闭空间。现代人约 90%的时间是在室内度过的，室内的建筑、设计和装饰不仅要满足人的生存和审美需要，还要满足人的健康和安全需求。然而近年来，室内空气污染事件频发，成为一个值得关注的问题。

室内空气污染（indoor air pollution）指在封闭空间内的空气中存在对人体健康有害的物质，并且浓度已经超过规定标准[我国执行《室内空气质量标准》（GB/T 18883－2002）]，达到可以伤害人的健康程度，此类现象称为室内空气污染。人体呼吸系统的免疫力比消化系统脆弱很多，室内空气质量对人体健康的重要性不言而喻，并且对处于室内人们的舒适度及工作和学习效率也有重要的影响。

近年来，室内空气污染已成为世界范围内备受关注的问题。据统计，全球范围内，有超过 3 亿人依赖生物质和燃煤来进行烹饪和取暖，由此带来的室内空气污染对人体造成诸多危害，包括呼吸系统疾病、肺结核、哮喘、心血管疾病等急慢性疾病。随着居住条件的不断改善，在家庭装饰装修发展迅猛的同时，室内空气污染已成为影响人体健康的隐形杀手。大量建筑装饰材料和复合材料制成的室内用品（家具等）被广泛使用，其中不乏会散发较多化学污染物的材料和产品。建筑装修引发的居民致癌、致死现象屡见报道，特别是甲醛、苯系物等挥发性有机化合物对暴露人群造成的健康危害已成为严重的社会问题，受到人们的广泛关注。

2. 室内空气污染源

室内空气污染来源主要分为室内源和室外源。

室内源主要为室内用品、建筑装饰材料及人的室内活动。例如，室内建筑、装饰材料、家具和家用化学品释放出的甲醛与挥发性有机化合物等及放射性物质；燃料燃烧、烹调油烟及吸烟产生的 CO、CO_2、NO_2、SO_2、悬浮颗粒物、多环芳烃等；家用电器和办公设备产生的臭氧及电子辐射等；人体呼出气、汗液、大小便等排出的 CO_2、苯、甲苯、氨类化合物、硫化氢等化学污染物；通过咳嗽、喷嚏等排出的流感病毒、结核杆菌、链球菌等生物污染物。

室外源包括室外空气中通过空气流动而进入室内的各种污染物质，如颗粒物、CO、NO、NO_2、SO_2、VOCs 等；人为带入室内的污染物，如通过服装、用具等将工作环境或其他室外环境中的污染物带入室内；一些致病菌随空调冷却水、加湿器用水甚至淋浴喷头的水柱进入室内形成气溶胶，进入人体呼吸道造成肺部感染，如嗜肺炎军团杆菌。

研究表明，室内空气污染主要来源于燃煤、燃气、室内吸烟、装修、家用电器、室内烹调、化妆品及生活化学品的使用。总的来说，室内空气中的典型污染物主要有甲醛、苯系物、多环芳烃、氨、颗粒物、微生物、氡及其子体等。

阅读材料：室内装修污染大调查

——摘自《南京晨报》2012 年 4 月 19 日

2011 年元旦，南京市钱女士一家搬到了位于江宁的新房，房子变宽敞了，7 岁的儿子也有了自己的房间，全家都沉浸在乔迁新家的喜悦中。结果住进新房不到 3 个月，钱女士的儿子童童就经常咳嗽、发烧。全家人起初以为是孩子抵抗力差，并没太在意，但随后几个月，童童的病情更加严重，有时发烧一个礼拜都好不了，去医院检查后被确诊为急性白血病，这让钱女士一家陷入了极大的痛苦当中。医生了解情况后，怀疑童童的病是钱女士新房装修污染所致。钱女士回家后请来一家专业的检测机构对其室内空气进行检测，检测结果让他们大吃一惊，甲醛超标近 3 倍。钱女士十分疑惑："装修时特意考虑到环保，买的都是价格不菲的家具，有些家具还有绿色环保标志，怎么还会有如此严重的污染呢？"

专家表示，虽然如今人们的环保意识越来越高，但市场上打着"环保"旗号的劣质材料和家具还有很多，而且即便使用环保材料，有害物质依然存在，环保只是限定在单位面积释放标准内，由于装修材料及家具的叠加效应，最终导致新装修的室内空气污染超标。例如，用环保材料做成的家具，刷了油漆和黏合剂还会产生污染。

专家指出，室内装修污染会对人体造成很大的伤害，且这种伤害很难补救。例如，装修建材和涂料油漆等含有的甲醛和苯系物都是致癌物，而儿童的抵抗力与大人相比要弱很多，装修污染已经成为严重影响孩子健康成长的"头号杀手"。

5.5.2　污染控制

室内空气污染控制可分为源头控制和室内空气净化两方面。室内空气净化，指从室内空气中将一种或多种污染物分离或去除。通过空气净化技术改善室内空气质量，为居住者创造健康舒适的室内环境。

1. 源头控制

1）控制污染源

室内空气污染物很大一部分是来自建筑材料、装饰材料、家具、日用化学品等物品的释放，如装修时使用的刨花板、胶合板、纤维板等板材中的胶黏剂中的甲醛会慢慢地释放到空气中，造成室内甲醛浓度超标；室内装修材料、油漆、黏合剂等也会释放总挥发性有机物、苯等有害物质。因此，从源头控制污染物的释放，对控制室内空气污染至关重要。

用无污染或低污染的材料取代高污染材料，推广绿色建筑和使用绿色建材是防治室内空气污染的根本途径。绿色建筑指包括居住、工业及公共建筑的结构从设计、建筑到装饰装修直至拆卸都符合环保的建筑。绿色建材指对人体和周边环境无害的健康型、环保型、安全型建筑材料，包括低挥发性有机物的地毯及用可回收物料做成的地毯、墙体及屋顶使用可回收的材料、无毒性的油漆及低挥发性有机物的油漆等。发达国家十分重视对绿色建材的研究与开发。

2）通风

开窗通风或依靠通风换气设备是最简单且经济有效的方法，保持良好的通风状态是减轻室内空气污染的关键性措施，通过通风可以将室内空气中的污染物转移至室外，使室外清新空气进入室内，从而降低室内污染物的浓度，但运用通风降低室内空气污染要考虑季节性。

在污染源控制不能满足要求时，就需要利用通风控制的方法对污染物进行稀释，提高室内空气质量。对装修好的新房，至少要通风 15 天以上，最好是 3 个月后再入住。

2. 室内空气净化技术

1）空气过滤技术

空气过滤的主要目的是过滤掉空气中的颗粒物、烟雾、灰尘和微生物等。空气过滤技术是将石棉类材料、无纺布、化学纤维和玻璃纤维等过滤材料制作加工成的不同级别（如粗效、中效、高效和超高效）的过滤器安装于一般空调系统中或洁净室空调系统中来去除空气中的污染物。过滤材料过滤是表面过滤和深层过滤的组合，过滤机理包括拦截效应、惯性效应、扩散效应、重力效应和静电效应等。空气过滤装置由于其稳定的过滤性能，在普通空调系统和洁净室空调系统中得到广泛应用，是目前建筑领域最主要的颗粒物净化方式。其过滤效果稳定可靠、投资较低，是目前使用最广泛、最重要的空气净化技术。

2）吸附净化技术

吸附净化技术是利用某些有吸附能力的物质（如活性炭、硅胶和分子筛等材料）吸附空气中有害成分从而消除有害污染物的方法，吸附净化技术是目前去除室内挥发性有机物最常用的控制技术。

吸附分为物理吸附和化学吸附两种。物理吸附是可逆过程，当条件改变时，被吸附的物质可以重新脱附下来，挥发性有机物、尼古丁、焦油、臭气、氡等适合采用此种方法。化学吸附是不可逆过程，吸附的效率受环境中温度和湿度的影响，对甲醛、氨、一氧化碳、二氧化硫、氮氧化物等适用。常用吸附剂一般有活性炭、沸石、分子筛、多孔黏土矿石、活性氧化铝及硅胶等。研究表明活性炭在去除碳氢化合物、多种醛类、有机酸、二氧化氮等方面具有很高的效率。

3）催化净化技术

催化净化技术是在催化剂的作用下，将室内空气中的有害气体氧化分解成无害物质的一类方法的总称。目前，主要应用于室内空气净化的方法是光催化和化学催化。

光催化空气净化技术主要是通过紫外线照射某些半导体材料（如 TiO_2），使其激发产生带负电的电子及带正电的空穴，这些电子或空穴能够与吸附在材料表面的污染物产生氧化反应或还原反应，将有害的污染物分解成无害的 CO_2 和 H_2O。光催化反应的本质是光电转换中进行氧化还原反应，该方法几乎能分解室内所有挥发性有机物，包括芳烃、烷烃、烯烃等，同时使用紫外灯，所以对微生物也有一定的杀灭作用。一般的建筑材料、装饰材料及化学品都会释放出种类繁多的挥发性有机物和无机物，如甲醛、苯、氨、二氧化硫、硫化氢等物质，经过类似 TiO_2 的半导体材料的催化作用，这些有害气体绝大多数被分解破坏。化学催化则是利用铂、锰氧化物等活性组分具有的室温无光条件下高效催化氧化甲醛的特性，去除室内空气中的低浓度甲醛。室温化学催化设备简单，不需要加热和光照，反应产物对人体无害。

现在已有以光催化净化技术为基础开发研制的洁净灯等家具用品，在传统的器件上附加光催化净化功能，使其成为新一代高效、绿色、健康的家具用品。

4）负离子净化技术

空气负离子的形成是由于大气中的中性分子或原子在自然界电离源的作用下，外层电子脱离原子核的束缚而成为自由电子，自由电子很快会附着在气体分子或原子上，特别容易附着在氧分子和水分子上，从而成为空气负离子。负离子能凝结和吸附固相或液相空气污染物微粒，从而达到降低空气污染物浓度及净化空气的目的。负离子也可使细菌蛋白质表层的电性两极颠倒过来，从而促使细菌死亡，达到消毒和灭菌的目的。空气负离子的发射技术主要有电晕放电、水发生和放射发生。

5）臭氧净化技术

臭氧由于其强氧化性被广泛应用于水的消毒、空气的消毒、物体表面的消毒及环境的除臭除异味等领域。人为产生臭氧的方法有光化学法、电化学法、电晕放电法、高频陶瓷沿面放电法等。

臭氧靠其强氧化性能快速分解产生臭味及其他气味的物质，如胺、硫化氢、甲硫醇等，生成无毒无气味的小分子物质。臭氧作为消毒剂对空气中细菌等微生物也具有很强的杀灭效果。臭氧杀灭微生物的作用机制是破坏细菌或病毒的多肽链，使核糖核酸（RNA）受到损伤；臭氧还可与氨基酸残基、色氨酸、蛋氨酸和半胱氨酸发生反应而直接破坏蛋白质；可与细菌细胞壁脂类双键反应，穿入菌体内部，作用于脂蛋白和脂多糖，改变细胞的通透性，从而导致细胞溶解、死亡；破坏或分解细菌的细胞壁，迅速扩散入细胞内，氧化破坏细胞内的酶，使之失去生存能力。但是臭氧本身是一种刺激性气体，能与人体肺部组织发生反应，并引发哮喘、咳嗽、气管炎等病症。

6）紫外杀菌技术

波长在 240～280 nm 范围内的紫外线具有破坏细菌病毒中脱氧核糖核酸或核糖核酸的分子结构的能力，造成生长性细胞死亡和（或）再生性细胞死亡，达到杀菌消毒的效果。尤其是波长为 253.7 nm 的紫外线杀菌作用最强，此波段与微生物细胞核中的脱氧核糖核酸的紫外线吸收、光化学敏感性范围重合。紫外线能改变和破坏结构突变，改变细胞的遗传转录特性，使生物体丧失蛋白质的合成和繁殖能力，其他的蛋白质吸收也可对紫外线的杀菌过程发挥作用。紫外线杀菌作用较强，但对物体的穿透能力很弱，因此紫外杀菌技术适用于室内空气或物品的表面消毒灭菌。

7）生物净化技术

生物净化技术是处理空气污染物的新型技术，生物法净化空气是利用表面覆盖生物膜的多孔性材料作为过滤装置，在膜中的微生物与室内空气中的污染物接触的过程中，污染物在膜中微生物的作用下降解为 CO_2 和 H_2O 的过程。基本的生物净化方法有生物过滤法、生物吸收法和生物洗涤法等。目前，已有利用生物过滤技术处理低浓度的挥发性有机物和臭气的实际应用，尤其是对苯、甲苯、乙苯、二甲苯等污染物。

8）植物净化技术

除上述的方法净化室内空气外，在居室、办公室或其他公共场所摆放一些花卉植物，既可以美化环境，又可以净化空气。一些植物具有特殊功能，可吸收室内空气中的某些污染物质，因此可以用来净化室内空气。室内空气中的污染物质可通过植物叶片背面的孔进入植物体内，植物根部共生的微生物也能够分解污染物，并且分解产物被根部吸收利用。

在品种繁多的花草中，净化室内空气最好的当属吊兰和虎皮兰，它们能够吸收氮氧化物、甲烷、一氧化碳和甲醛等有害气体；肾蕨、贯众等也能吸收一氧化碳和甲烷。在有较多这些污染气体的房间，或有人吸烟、新装修的房间，摆放几盆这样的花卉，能有效地改善室内空气质量。月季、玫瑰、紫薇、丁香等可以吸收二氧化硫；玉兰、桂花等可以减少空气中汞的含量；桂花、夹竹桃的枝叶也有较强的吸尘作用；薄荷含有挥发油，不但对臭氧有抵抗作用，而且还能杀菌，可以降低呼吸道疾病的发病率。

3. 室内空气净化设备

室内空气污染对人体健康有着重要的影响，大量的研究结果表明，使用上述空气净化技术的净化设备有助于降低室内空气中某一种或多种污染物的浓度，有益于室内生活或工作的人群。因此，如何改善室内空气质量已被越来越多人重视，为了改善室内空气质量，各种各样的空气净化产品也应运而生，空气净化设备是目前改善室内空气质量的常用设备。

室内空气净化设备指将一种或多种室内空气净化技术融入装置中，能够吸附、分解或转化各种空气污染物，有效提高空气清洁度的产品。空气净化设备从用途上主要分为两大类：一类是集中调用模块式空气净化装置，包括各类空气过滤器和空气净化器，通常不自带动力；另一类是单体式空气净化器，一般为便携式或室内机，通常自带动力。

思 考 题

1. 干洁空气中 N_2、O_2、Ar 和 CO_2 气体的质量分数分别是多少？
2. 大气在垂直方向上是如何分布的？各层分别有什么特点？
3. 大气中的主要污染物有哪些？
4. 近地表空气中臭氧是如何形成的？
5. 谈谈你对雾霾天气的理解。
6. 大气污染有哪几方面的危害？
7. 我国大气污染的特点及我国大气环境质量标准有哪些？
8. 如何计算空气质量指数并确定首要污染物和超标污染物？
9. 简述颗粒物污染物的控制技术。
10. 简述气体状态污染物的控制技术。
11. 谈谈你对减少 $PM_{2.5}$ 污染排放的建议。
12. 简述室内空气的主要污染源。
13. 简述室内空气污染净化的主要技术及原理。

主要参考文献

陈景文, 全燮. 2009. 环境化学[M]. 大连: 大连理工大学出版社.

戴树桂. 2006. 环境化学[M]. 北京: 高等教育出版社.

韩旸, 白志鹏, 袭著革. 2013. 室内空气污染与防治[M]. 2 版. 北京: 化学工业出版社.

郝吉明, 马广大, 王书肖. 2010. 大气污染控制工程[M]. 3 版. 北京: 高等教育出版社.

胡长龙. 2013. 室内植物净化与设计[M]. 北京: 机械工业出版社.

黄伟. 2010. 环境化学[M]. 北京: 机械工业出版社.

廖雷, 解庆林, 魏建文. 2012. 大气污染控制工程[M]. 北京: 中国环境科学出版社.

邵敏, 唐孝炎, 张远航. 2006. 大气环境化学[M]. 北京: 高等教育出版社.

沈伯雄. 2007. 大气污染控制工程[M]. 北京: 化学工业出版社.

史得, 苏广和. 2005. 室内空气质量对人体健康的影响[M]. 北京: 中国环境科学出版社.

吴忠标, 赵伟荣. 2005. 室内空气污染及净化技术[M]. 北京: 化学工业出版社.

张寅平, 邓启红, 钱华, 等. 2012. 中国室内环境与健康研究进展报告[M]. 北京: 中国建筑工业出版社.

中华人民共和国环境保护部. 2012. 环境空气质量指数(AQI)技术规定[S]. 国家环境保护标准, HJ 633—2012.

中华人民共和国环境保护部. 2013. 环境空气细颗粒物污染综合防治技术政策[Z]. 环境保护部公告第 59 号.

中华人民共和国质量监督检验检疫总局. 2002. 室内空气质量标准[S]. 北京: 中国标准出版社, GB/T 18883—2002.

第 6 章　土壤污染控制与修复

本章导读： 本章主要介绍土壤的定义、基本组成、形成过程及土壤的性质和分类；在土壤污染的环节中详细介绍土壤污染的定义和危害，以及土壤环境质量标准和国内外土壤污染的现状；系统介绍物理、化学、生物等不同类别的修复方法，并着重介绍几种具有代表性的污染土壤联合修复技术和污染土壤修复工作程序；最后分析镉米的健康风险及控制镉米产生的基本思路。

6.1　土 壤 概 述

6.1.1　土壤的定义

土壤是孕育万物的摇篮，人类文明的基石。人们生活在地球上，每时每刻都与土壤发生着密切的关系。“土壤”一词在世界上任何民族的语言中均可找到，但不同学科的科学家对什么是土壤有着各自的观点和认识。工程专家将土壤看作建筑物的基础和工程材料的来源；生态学家从生物地球化学观点出发，认为土壤是地球系统中生物多样性最丰富、能量交换和物质循环最活跃的层面；经典土壤学和农业科学家则强调土壤是植物生长的介质，含有植物生长所必需的营养元素、水分等适宜条件，他们将土壤定义为“地球陆地表面能生长绿色植物的疏松层，具有不断地、同时地为植物生长提供并协调营养条件和环境条件的能力”；环境科学家认为，土壤是重要的环境要素，是具有吸附、分散、中和、降解环境污染物功能的缓冲带和过滤器。

随着科学的发展，人们对土壤的认识和理解也在不断地深化与拓展，运用当代土壤圈物质循环的观点对土壤的功能、作用等方面的论述更接近于土壤本质的反映，认为它是“地球系统的组成部分，既是该系统的产物，又是该系统的支持者，它支持和调节生物圈中的生物过程，提供植物生长的必要条件；它影响大气圈的化学组成、水分与热量平衡；它影响水圈的化学组成、降水在陆地和水体的重新分配；它作为地球的皮肤，对岩石圈有一定的保护作用，而它的性质又受到岩石圈的影响”。土壤除陆地区域外，尚包括湿地、沼泽区域及湖泊的底部，由此可以认为土壤具有下列特征。

（1）生产特性：土壤含有植物生长所必需的营养元素、水分等，是建筑物的基础和工程材料。

（2）生命特性：土壤是生物多样性最丰富，能量交换、物质循环最活跃的地球表层。

（3）自净特性：土壤是具有吸附、分散、中和、降解环境污染物功能的环境仓。

（4）开放特性：土壤是由矿物颗粒、有机质、水、空气和生物组成的地球表层，它是一个开放系统，是自然环境要素的中心环节。

基于上述认识，可将土壤作如下定义，即“土壤是历史自然体，是位于地球陆地表面和浅水域底部的具有生命力、生产力的疏松而不均匀的聚积层，是地球系统的组成部分和调控环境质量的中心要素”。这是一个相对来说比较综合性的定义，较为充分地反映土壤的本质和特征。

6.1.2　土壤的基本组成

土壤是一个混合相体系，包含固相、液相和气相，图 6-1 为土壤中固相、液相、气相结构图。固相部分主要由矿物质和有机质组成。在固相颗粒间存在孔隙，孔隙中充满着液体和气体。液体主要来自大气降水或地下水，这些水以薄膜状存在于固相颗粒的周围，也存在于较小的孔隙中。当土壤没有被水分饱和时，较大的孔隙里则充满气体。

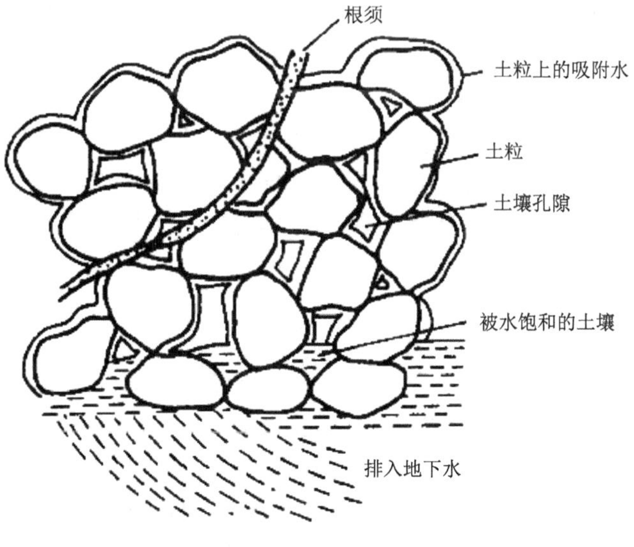

图 6-1　土壤中固相、液相、气相结构图

1. 土壤矿物质

土壤矿物质是岩石经过风化作用形成的大小不同的矿物颗粒（砂粒、土粒和胶粒），包括原生矿物和次生矿物。原生矿物是岩石受物理风化作用的产物，其化学组成和结晶结构都未改变；次生矿物则由原生矿物经化学风化或生物风化作用形成，其化学组成和结晶结构都发生改变。土壤矿物是土壤固相的主体物质，构成土壤的"骨骼"，占土壤固相总质量的90%以上。土壤矿物质种类很多、化学组成复杂，它直接影响土壤的物理、化学性质，是作物养分的重要来源。

2. 土壤有机质

土壤有机质是土壤中含碳有机化合物的总称，它与矿物质一起构成土壤的固相部分。土壤中有机质的含量并不多，一般只占固相总质量的10%以下，大部分耕作土壤中有机质的含量在5%以下，但它却是土壤的重要组成，其含量多少是衡量土壤肥力高低的一个重要标志，对土壤性质有着重大影响。由于它对土壤的重要性，农民常把含有机质较多的土壤称为"油土"。土壤有机质按其分解程度分为新鲜有机质、半分解有机质和腐殖质。其中腐殖质一般占土壤有机质总量的90%以上，是地表分布最广的天然有机物。腐殖质是动植物残体在土地微生物的作用下，通过复杂的反应转化而生成的暗色、无定形、难以分解、组成复杂的高分子有机物，其成分包括富里酸、胡敏酸、胡敏素。

3. 土壤生物

土壤生物是栖居在土壤（还包括枯枝落叶层和枯草层）中的生物体的总称，主要包括土壤动物、土壤微生物和高等植物根系。它们有多细胞的后生动物，单细胞的原生动物，真核细胞的真菌（酵母、霉菌）和藻类，原核细胞的细菌、放线菌和蓝细菌及没有细胞结构的分子生物（如病毒）等。土壤生物是土壤具有生命力的主要成分，在土壤形成和发育过程中起主导作用。同时，它也是净化土壤有机污染物的主力军。因此，生物群体是评价土壤质量和健康状况的重要指标之一。

4. 土壤水

土壤学中的土壤水指在一个大气压、105℃条件下能从土壤中分离出来的水分。土壤中的水主要来源于大气降水、灌溉水和地下水，土壤水分并非纯水，实际上是土壤中各种成分和化合物溶解形成的溶液，即土壤溶液。也就是说，这些物质随同液态的土壤水一起运动，同时，土壤水在很大程度上参与土壤内进行的许多物质转化过程，如矿物质风化、有机化合物的合成和分解等。不仅如此，土壤水是作物吸水的最主要来源，也是自然界水循环的一个重要环节，它处于不断的变化和运动中，势必影响到作物的生长和土壤中许多化学、物理学和生物学过程。

5. 土壤空气

空气和水分共存于土壤的孔隙系统中，在水分不饱和的情况下，孔隙中总有空气存在。土壤空气主要从大气中渗透进来，土壤内部进行的生物化学过程也能产生一些气体。土壤空气的含量取决于土壤的孔隙状况和含水率。在土壤固、液、气三相体系中，土壤空气存在于土体内未被水分占据的孔隙中，在一定容积的土体内，如果孔隙度不变，土壤含水率增加，则空气含量必然减少，所以在土壤孔隙状况不变的情况下，二者是相互消长关系。土壤空气成分与大气有一定的区别（表 6-1）。由于土壤生物（植物根系、土壤动物、土壤微生物）的呼吸作用和有机质的分解等原因，土壤空气的 CO_2 含量一般高于大气，为大气 CO_2 含量的 5～20 倍；同样由于生物消耗，土壤空气中的 O_2 含量则明显低于大气。当土壤通气不良时，或当土壤中的新鲜有机质状况及温度和水分状况有利于微生物活动时，都会进一步提高土壤空气中 CO_2 的含量和降低 O_2 的含量。同时，当土壤通气不良时，微生物对有机质进行厌氧性分解，产生大量的还原性气体，如 CH_4、H_2 等，而大气中一般还原性气体极少。此外，在土壤空气的组成中，经常含有与大气污染相同的污染物质。

表 6-1　土壤空气与大气组成的差异

气体	O_2 含量/%	CO_2 含量/%	N_2 含量/%	其他气体含量/%
近地表的大气	20.94	0.03	78.05	0.98
土壤空气	18.00～20.03	0.15～0.65	78.80～80.24	0.98

6.1.3　土壤的形成

土壤形成过程也称为成土过程，指在各种成土因素的综合作用下，土壤发育的过程。它是土壤中各种物理、化学和生物作用的总和，包括岩石的崩解，矿物质和有机质的分解、合成，以及物质的淋失、淀积、迁移和生物循环等。成土过程实质是矿质营养元素的地质物质循环与生物物质循环之间的矛盾统一过程，即矿质营养元素的地质淋溶过程与生物积累过程的矛盾统一。前者是土壤形成过程的基础，后者是土壤肥力形成和发展的支柱。主要的成土过程包含土体内矿物的形成和破坏（如黏化过程、富铁铝过程、灰化过程、漂洗过程和潜育过程）、有机质的积聚和分解（如始成过程、有机质累积过程）、元素的交换和迁移及土体结构的形成和破坏（如钙化过程、盐化过程、碱化过程和淋溶过程）等。

6.1.4　土壤的性质

1. 土壤的物理性质

土壤的物理性质指土本身由于三相组成部分的相对比例不同所表现的物理状态及固、液两态相互作用时的性质。前者称土壤的基本性质，主要指土的轻重、干湿、松密和不同大小直径的矿物颗粒的组合状况等，具体用土的质量、含水性、孔隙及土壤质地等指标来说明；后者主要包括细粒土的稠度、塑性、胀缩性及各种土的透水性和毛细性等。

1）土壤质地

土壤质地指土壤中不同大小直径的矿物颗粒的组合状况。土壤质地可在一定程度上反映土壤矿物组成和化学组成，同时，土壤颗粒大小与土壤的物理性质有密切关系，并且影响土壤孔隙状况，从而对土壤物质的运动和能量的转化均有很大的影响。因此，质地不同的土壤表现出不同的性状。

2）土壤孔隙性质和结构性

土壤孔隙性质（简称孔性）指土壤孔隙总量及大、小孔隙分布。其好坏取决于土壤的质地、松紧度、有机质含量和结构等。土壤结构性指土壤固体颗粒的结合形式及其相应的孔性和稳定度。可以说，土壤孔性是土壤结构性的反映，结构好则孔性好，反之亦然。

3）土壤水分特征

描述土壤水分特征涉及土壤学中的一个重要概念——土壤水分特征曲线，它是土壤水的基质势或水吸力与土壤含水率的关系曲线，反映土壤水的能量和数量之间的关系及土壤水分基本物理特性。

4）土壤通气性

土壤通气性指气体透过土体的性能，它反映土壤特性对土壤空气更新的综合影响。土壤通气性对保证土壤空气的更新有重大意义。如果土壤没有通气性，土壤空气中的氧在很短时期内就会被全部消耗，而 CO_2 含量则会过快地增加，以致危害作物的生长。土壤空气与大气的交换主要取决于气体的扩散作用，而扩散作用只能在未被水占据的空气孔隙中进行。因此，土壤通气性的好坏主要取决于土壤的总孔度，特别是空气孔度的大小。

5）土壤力学性质与耕性

土壤受外力作用（如耕作）时，显示出一系列动力学特性，统称为土壤力学性质（又称物理机械性），主要包括黏结性、黏着性和塑性等。耕性是土壤在耕作时所表现的综合性状，如耕作的难易程度、耕作质量的好坏、宜耕期的长短等。土壤耕性是土壤力学性质的综合反映。

2. 土壤的化学性质

1）土壤胶体特性

土壤胶体指土壤中粒径小于 2 μm 或小于 1 μm 的颗粒。它是土壤中最活跃的部分，其由微粒核及双电层两部分构成。这种构造使土壤胶体产生表面特性及电荷特性，表现为具有较大的表面积并带有电荷，能吸走各种重金属污染元素，有较大的缓冲能力，对土壤中元素的保持、忍受酸碱变化及减轻某些毒性物质的危害有重要的作用。此外，受其结构的影响，土壤胶体还具有分散、絮凝、膨胀、收缩等特性，这些特性与土壤结构的形成及污染元素在土壤中的行为有密切的关系，而它所带的表面电荷则是土壤具有一系列化学、物理化学性质的根本原因。土壤中的化学反应主要为界面反应，这是由于表面结构不同的土壤胶体所产生的电荷能与溶液中的离子、质子、电子发生相互作用。土壤表面电荷数量决定着土壤所能吸附的离子数量，而由土壤表面电荷数量与土壤表面积确定的表面电荷密度则影响着对这些离子的吸附强度。因此，土壤胶体特性影响着重金属元素、有机污染物等在土壤面相表面或溶液中的积聚、滞留、迁移和转化，是土壤对污染物有一定自净作用和环境容量的基本原因。

2）土壤酸碱性

土壤中存在着各种化学和生物化学反应，表现出不同的酸性或碱性。土壤酸碱性的强弱，常以酸碱度来衡量。土壤之所以有酸碱性，是因为在土壤中存在少量的氢离子和氢氧根离子。当氢离子的浓度大于氢氧根离子的浓度时，土壤呈酸性；反之呈碱性；两者相等时则为中性。

3）土壤的氧化性和还原性

与土壤酸碱性一样，土壤氧化性和还原性是土壤的又一个重要化学性质。电子在物质之间的传递引起氧化还原反应，表现为元素价态的变化。土壤中参与氧化还原反应的元素有碳、氢、氮、氧、硫、铁、锰、砷、铬及其他一些变价元素，较为重要的是氧、铁、锰、硫和某些有机化合物，并以氧和有机还原性物质较为活泼，铁、锰和硫等的转化则主要受氧和有机质的影响。土壤中的氧化还原反应在干湿交替下进行得最为频繁，其次是有机物质的氧化和生物机体的活动。土壤氧化还原反应影响着土壤形成过程中物质的转化、迁移和土壤剖面的发育，控制着土壤元素的形态和有效性，制约着土壤环境中某些污染物的形态、转化和归趋。因此，土壤的氧化性和还原性在环境土壤学中具有十分重要的意义。

4）土壤中的配位反应

中心原子（或离子）与配体通过配位键按一定的组成和空间构型所形成的化合物，称为配合物。如果配位体与金属离子形成环状结构的配位化合物，则称为螯合物，它比简单的配合物具有更强的稳定性。在土壤这个复杂的化学体系中，配位反应广泛存在。一些元素，如具有污染性的金属离子，在形成配合物后，其迁移、转化等特性发生改变，螯合态可能是其在溶液中的主要形态。据此，已有许多研究涉及人工螯合剂的开发，并通过将其施用在土壤中，以降低污染元素在土壤中的生物毒性。

3. 土壤的生物学性质

土壤的生物学性质包括土壤酶特性、土壤微生物特性和土壤动物特性。

1）土壤酶特性

在土壤成分中，酶是最活跃的有机成分，驱动着土壤的代谢过程，对土壤圈中养分循环和污染物质的净化具有重要的作用。土壤酶活性值的大小可以较灵敏地反映土壤中生化反应的方向和强度，它的特性是重要的土壤生物学性质之一。土壤中进行的各种生化反应，除受微生物本身活动的影响外，实际上是在各种相应的酶参与下完成的。同时，土壤酶活性的大小还可综合反映土壤理化性质和重金属浓度的高低，特别是脲酶的活性，可用于监测土壤重金属污染。

2）土壤微生物特性

土壤中普遍分布着数量众多的微生物。土壤微生物是土壤有机质、土壤养分转化和循环的动力。同时，土壤微生物对土壤污染具有特别的敏感性，它们是代谢降解有机农药等有机污染物和恢复土壤环境的先锋。土壤微生物多样性是土壤的重要生物学性质之一。

3）土壤动物特性

与土壤酶特性及微生物特性一样，土壤动物特性也是土壤生物学性质之一。土壤动物作为生态系统物质循环中的重要分解者，在生态系统中起着重要的作用。一方面积极同化各种有用物质以建造其自身，另一方面又将其排泄产物归还到环境中不断地改造环境。它们同环境因子间存在相对稳定、密不可分的关系。土壤动物特性包括土壤动物组成、个体数量或生物量、种类丰富度、群落的均匀度、多样性指数等，是反映环境变化的敏感生物学指标。

6.1.5　土壤的分类

土壤分类是土壤科学知识的有机融会、系统组织和科学表达，它是土壤科学研究水平的体现。近数十年来，土壤分类研究虽有很大的进展，但至今仍没有一个公认的土壤分类原则和系统，目前依然是多种分类系统并存。根据土壤中砂粒和黏土粒组合比例的不同（土壤质地）一般分为三大类：砂质土、黏质土和壤土。

现行作为世界土壤分类重要依据的美国十二土纲，是美国农业部于 1975 年建立的土壤分类系统（美国旧土壤分类系统中则有灰壤、红壤、黄壤等名称），并且成为美国与部分欧亚国家主要实行的土壤分类系统。美国土壤系统分类中土壤是按照土纲、亚纲、土类（大土类）、亚类、土族、土系六个级别去分类。土纲为最高土壤分类级别，根据主要成土过程产生的性质或影响主要成土过程的性质划分。根据主要成土过程产生的性质划分的有有机质土、淋淀土、灰烬土（或火山灰土）、氧化物土、膨转土、旱境土、极育土、黑沃土、淋溶土、弱育土、新成土、冰冻土。

中国土壤分类系统中的土纲与美国有些差异，现行中国土壤系统中，共计有十四个土纲：有机土、人为土、灰土、火山灰土、铁铝土、变性土、干旱土、盐成土、潜育土、均腐土、富铁土、淋溶土、雏形土、新成土。以上十四个土纲的分类系统有别于旧土纲分类系统（1998），但旧土纲分类系统在目前学术界仍有人使用，并时常作为农业生产上的参考依据。它将土壤大致分为淋溶土、半淋溶土、铁铝土、钙层土、干旱土、漠土、初育土、半水成土、水成土、盐碱土、人为土、高山土十二个土纲。

6.2　土壤污染及其危害

6.2.1　土壤污染概述

1. 土壤污染的定义

土壤污染曾经存在多种定义：第一种看法认为，人类的活动向土壤添加有害化合物，此时土壤受到污染，这个定义的关键是存在可鉴别的人为添加污染物，可视为“绝对性”定义；第二种是以特定的参照数据来加以判断的，如以背景值加两倍标准差为临界值，若超过这一数值，即认为该土壤为某元素所污染，这可视为“相对性”定义；第三种定义同时将含量增加与效果呈现纳入考量范围，即加入土壤的物质对生态系统造成危害，此时才能称为污染，这可视为“综合性”定义。这三种定义的出发点虽然不同，但有一点是共同的，即认为土壤中某种成分的含量明显高于原有含量时即构成污染。2019 年实施的《中华人民共和国土壤污染防治法》阐明，土壤污染是指因人为因素导致某种物质进入陆地表层土壤，引起土壤化学、物理、生物等方面特性的改变，影响土壤功能和有效利用，危害公众健康或者破坏生态环境的现象。

2. 土壤污染的来源

土壤污染的来源可分为天然污染源和人为污染源。天然污染源指自然界自行向环境排放有害物质造成有害影响的场所，如正在活动的火山；人为污染源指人类活动所形成的污染源，是土壤污染研究的主要对象，而在这些污染源中，化学物质对土壤的污染是人们最为关注的。按照污染物进入土壤的途径所划分的土壤污染源可分为污水灌溉、固体废物的不合理处置、农药和化肥的施用、大气干/湿沉降等。

1）污水灌溉

灌溉水特别是污水灌溉常引起土壤污染。污水灌溉指利用城市污水、工业废水或混合污水进行农田灌溉。由于在一个相当长的时间内，我国污水的处理率和排放达标率均较低，用这样的污水灌溉后，一些污水灌溉区土壤中有毒有害物质明显累积。

2）固体废物的不合理处置

固体废物包括工业废渣、污泥、城市垃圾等多种来源。由于污泥中含有一定的养分，因而可用作肥料使用，但混入工业废水的污泥或工业废水处理厂的污泥，其成分比生活污泥要复杂得多，特别是重金属的含量很高。这样的污泥如果在农田中施用不当，势必造成土壤污染。

工业活动中矿业废弃物不合理处置对环境尤其是对土壤和水体的破坏极其严重。例如，开采活动对土地的直接破坏（如露天开采直接破坏地表土层和植被）；矿山开采过程中的废弃物（如尾矿、矸石等）需要大面积的堆置场地，从而导致对土地的过量占用和对堆置场地原有生态系统的破坏；矿石、废渣等固体废物中含酸性、碱性、毒性、放射性或重金属等成分，通过地表水体径流、大气飘尘，污染周围的土地、水域和大气，而其中水体和大气的污染物最终通过各种途径又重新回归土壤，其影响范围将远远超过废弃物堆置场的地域和空间，污染影响要花费大量人力、物力、财力并经过很长时间才能恢复，而且很难恢复到原有的水平。

3）农药和化肥的施用

农药在生产、储存、运输、销售和使用过程中都会产生污染，施在作物上的杀虫剂大约有一半流入土壤中。进入土壤中的农药虽然经历着生物、光和化学降解，但对于像有机氯农药这样的持久性有机污染物，其降解速率十分缓慢。土壤中的农药结合残留问题更应特别注意，因为它具有更大的潜在危害性。而对于化肥污染，主要是不合理施用和过量施用化肥，导致土壤物理性质恶化。长期过量、单纯施用化肥，会使土壤酸化。土壤溶液中和土壤微团上有机、无机复合体的铵离子量增加，并替换钙离子、镁离子等，使土壤胶体分散，土壤结构破坏，土地板结，并直接影响农业生产成本和作物的产量与质量。

4）大气干/湿沉降

大气中的污染物可通过干沉降或降水进入土壤。气源重金属微粒是土壤重金属污染的途径之一，它的主要构成是金属飘尘。在金属加工过程中、交通繁忙的地区，往往有金属尘埃进入大气，其种类视污染源的不同而异。这些飘尘自身降落或随着雨水接触植物体或进入土壤，随之被植物或动物吸收，在大气污染严重的地区，作物也有明显的影响。研究显示，通过大气沉降进入农田土壤中的重金属已经成为我国部分区域农田土壤重金属的重要来源之一。

3. 土壤污染的特点

1）隐蔽性和潜伏性

水体和大气的污染比较直观，严重时通过人的感官即能发现。而土壤作为一种缓冲体系，其污染往往要通过农作物，包括粮食、蔬菜、水果或牧草等，以及摄食的人或动物的健康状况才能反映出来，从遭受污染到产生恶果是一个逐步积累的过程。

2）不可逆性和长期性

土壤一旦遭到污染极难恢复，重金属元素对土壤的污染是一个不可逆的过程，而许多有机化学物质的污染也需要比较长的降解时间。例如，1976 年冬季至 1977 年春季，沈阳抚顺某个污水灌区发生的石油、酚类污染及后来张士灌区的镉污染，造成大面积的土壤毒化、水稻矮化、稻米异味。经过很多年的艰苦努力，包括施用改良剂、深翻、清灌、客土和选择品种等各种措施，才逐步恢复其部分生产力，并付出了大量的劳动力和代价。

3）后果的严重性

由于土壤污染的隐蔽性、潜伏性及它的不可逆性和长期性，土壤污染往往通过食物链危害动物和人体的健康。化学物质在土壤中的累积与储存，在一定时间内并不表现出危害，但当累积储存量超过土壤或沉积物承受能力的限度，即超过其负载容量时，或者当气候、土地利用方式发生改变时，就会突然活化，导致严重灾害。20 世纪 80 年代末至 90 年代初，奥地利人 W. M. Stigliani 根据环境污染的延缓效应及其危害，用“化学定时炸弹”的概念来形象化地描述这一过程，其含义是在一系列因素的影响下，长期储存于土壤中的化学物质活化，而导致突然爆发的灾害性效应。化学定时炸弹包括两个阶段，即累积阶段（往往经历数十年或数百年）和爆炸阶段（往往在几个月、几年或几十年内造成严重灾害）。

4）治理的困难性

难降解污染物大量积累在土壤环境中很难靠稀释作用和自然净化作用来消除。土壤污染一旦形成，即使切断污染源也难立即消除，必要时要靠土壤淋洗、换土等各种有效的治理技术才能解决。因此，通常治理污染土壤的成本高且周期长。

4. 土壤污染的类型

土壤污染的类型目前并无严格的划分，若从污染物的属性来考虑，一般可分为有机物污染、无机物污染、生物污染和放射性物质污染。

1）有机物污染

有机污染物可分为天然有机污染物和人工合成有机污染物，这里主要指后者，它包括有机废弃物（工农业生产及生活废弃物中生物易降解和生物难降解有机毒物）、农药（包括杀虫剂、杀菌剂、除草剂、植物生长调节剂等）污染。有机污染物进入土壤后，可危及农作物的生长和土壤生物的生存，如稻田因施用含二苯醚的河泥造成稻苗的大面积死亡，泥鳅、鳝鱼绝迹。人体接触污染土壤后，手脚出现红色皮疹，并有恶心、头昏现象。农药在农业生产上的应用尽管收到了良好的效果，但其残留物却污染了土壤。进入土壤中的农药主要来自直接施用和叶面喷施，也有一部分来自回归土壤的动植物残体。近年来，由于塑料地膜地面覆盖栽培技术快速发展，部分地膜弃于田间，已成为一种新污染物。

2）无机物污染

无机污染物有的是随着地壳变迁、火山爆发、岩石风化等天然过程进入土壤，有的是随着人类的生产和消费活动进入土壤。采矿、冶炼、机械制造、建筑材料、化工等生产部门，每天都排放大量的无机污染物，包括有害的氧化物、酸、碱和盐类及重金属元素（如锰、锌、镉、汞、镍、钴等）。

3）生物污染

生物污染指一个或多个有害的生物种群，从外界环境侵入土壤，大量繁衍，破坏原来的动态平衡，对人类健康和土壤生态系统造成不良影响。造成生物污染的主要物质来源是未经处理的粪便、垃圾、城市生活污水、饲养场和屠宰场的污物等。其中危害最大的是传染病医院未经消毒处理达标的污水和医疗废弃物。进入土壤的病原体能在其中生存较长的时间，如痢疾杆菌能在土壤中生存 22～142 天，结核杆菌能生存一年左右，蛔虫卵能生存 315～420 天。生物污染不仅能危害人体健康，而且有些长期在土壤中存活的植物病原体还能严重地危害植物，造成农业减产。

4）放射性物质污染

放射性物质污染指人类活动排放出的放射性污染物进入土壤中，使土壤的放射性水平高于天然本底值。放射性污染物指各种放射性核素，其放射性与其化学状态无关。每一种放射性核素都有一定的半衰期，能放射具有一定能量的射线，除了在核反应条件下，任何化学、物理或生化处理都不能改变放射性核素的这一特性。放射性核素可通过多种途径污染土壤，放射性废水排放到地面上、放射性固体废物埋藏在地下、核企业发生放射性排放事故等，都会造成局部地区土壤的严重污染。大气中的放射性沉降，施用含有铀、镭等放射性核素的磷肥和用放射性污染的河水灌溉农田也会造成土壤放射性污染，这种污染一般程度较轻，但污染的范围较大。

6.2.2　土壤环境质量标准

土壤环境质量标准是土壤中污染物的最高容许含量，以污染物在土壤中的残留积累、造成作物的生育障碍、在籽粒或可食部分中的过量积累（不超过食品卫生标准）、影响土壤和水体等环境质量为界限。标准按土壤应用功能、保护目标和土壤主要性质，规定了土壤中污染物的最高允许浓度指标值及相应的监测方法。各个国家的土壤环境质量标准并不相同，主要是依据各国自己的国情、发展水平和污染现状来制定适应本国的土壤环境质量标准。

为了贯彻《中华人民共和国环境保护法》，我国 1995 年颁布的《土壤环境质量标准》（GB 15618—1995）规定农田、蔬菜地、茶园、果园、牧场、林地、自然保护区等土壤中的污染物的最高允许浓度指标，实行土壤环境质量分级管理。为进一步落实国务院关于保护农产品质量安全的精神，我国还建立了食用农产品产地环境质量系列标准，如《食用农产品产地环境质量评价标准》（HJ 332—2006）、《温室蔬菜产地环境质量评价标准》（HJ 333—2006）。在工业用地方面，我国鉴于核设施退役的迫切需要制定了《拟开放场址土壤中剩余放射性可接受水平规定（暂行）》（HJ/T 53—2000），为确保展览会建设用地的环境安全性而制定了《展览会用地土壤环境质量评价标准（暂行）》（HJ/T 350—2007）。

《土壤环境质量标准》（GB 15618—1995）在过去二十几年发挥了重要的积极作用，但随着我国经济社会等发展，已经不能满足我国当前土壤环境管理的需要。我国为进一步贯彻落实《中华人民共和国环境保护法》，加强生态文明建设，适应国家经济社会发展和环境保护工作的需要，保护生态环境和人体健康，完善国家环境质量标准体系，在 2009～2018 年完成土壤环境质量标准的修订工作，引入风险管控的概念，综合考虑土地的具体用途和需求，针对农用地发布《土壤环境质量 农用地土壤污染风险管控标准（试行）》（GB 15618—2018）代替《土壤环境质量标准》（GB 15618—1995），针对建设用地发布《土壤环境质量 建设用地土壤污染风险管控标准（试行）》（GB 36600—2018）代替《展览会用地土壤环境质量评价标准（暂行）》（HJ/T 350—2007）。

在农用地土壤环境质量管理方面遵循风险管控的思路，明确农用地范围，提出农用地土壤污染风险（soil contamination risk of agricultural land），即土壤污染导致食用农产品质量安全、农作物生长或土壤生态环境受到不利影响；规定农用地土壤污染风险筛选值和管制值。对于农用地土壤污染风险筛选值（risk screening values for soil contamination of agricultural land），农用地土壤中污染物含量等于或者低于该值，对农产品质量安全、农作物生长或土壤生态环境的风险低，一般情况下可以忽略；超过该值，对农产品质量安全、农作物生长或土壤生态环境可能存在风险，应当加强土壤环境监测和农产品协同监测，原则上应当采取安全利用措施。对于农用地土壤污染风险管制值（risk intervention values for soil contamination of agricultural land），农用地土壤中污染物含量超过该值，食用农产品不符合质量安全标准等农用地土壤污染风险高，原则上应当采取严格管控措施。

农用地土壤污染风险筛选值分为基本项目和其他项目，基本项目为必测项目，包括镉、汞、砷、铅、铬、铜、镍、锌；其他项目为选测项目，包括六六六、滴滴涕和苯并[*a*]芘，农用地土壤污染风险筛选值见表 6-2。农用地土壤污染风险管制值项目包括镉、汞、砷、铅、铬，农用地土壤污染风险管制值见表 6-3。当土壤中污染物含量等于或者低于表 6-2 规定的风险筛选值时，农用地土壤污染风险低，一般情况下可以忽略；高于表 6-2 规定的风险筛选值时，可能存在农用地土壤污染风险，应加强土壤环境监测和农产品协同监测。当土壤中镉、汞、砷、铅、铬的含量高于表 6-2 规定的风险筛选值、等于或者低于表 6-3 规定的风险管制值时，可能存在食用农产品不符合质量安全标准等土壤污染风险，原则上应当采取农艺调控、替代种植等安全利用措施。当土壤中镉、汞、砷、铅、铬的含量高于表 6-3 规定的风险管制值时，食用农产品不符合质量安全标准等农用地土壤污染风险高，且难以通过安全利用措施降低食用农产品不符合质量安全标准等农用地土壤污染风险，原则上应当采取禁止种植食用农产品、退耕还林等严格管控措施。

表 6-2　农用地土壤污染风险筛选值（GB 15618—2018）（单位：mg/kg）

污染物项目			风险筛选值			
			pH≤5.5	5.5＜pH≤6.5	6.5＜pH≤7.5	pH＞7.5
基本项目	镉	水田	0.3	0.4	0.6	0.8
		其他	0.3	0.3	0.3	0.6
	汞	水田	0.5	0.5	0.6	1.0
		其他	1.3	1.8	2.4	3.4
	砷	水田	30	30	25	20
		其他	40	40	30	25
	铅	水田	80	100	140	240
		其他	70	90	120	170
	铬	水田	250	250	300	350
		其他	150	150	200	250

续表

污染物项目			风险筛选值			
			pH≤5.5	5.5＜pH≤6.5	6.5＜pH≤7.5	pH＞7.5
基本项目	铜	水田	150	150	200	200
		其他	50	50	100	100
	镍		60	70	100	190
	锌		200	200	250	300
其他项目	六六六		0.10			
	滴滴涕		0.10			
	苯并[*a*]芘		0.55			

注：（1）重金属和类金属砷均按元素总量计。（2）六六六总量为α-六六六、β-六六六、γ-六六六、δ-六六六四种异构体的含量总和。（3）滴滴涕总量为*p, p′*-滴滴伊、*p, p′*-滴滴滴、*o, p′*-滴滴涕、*p, p′*-滴滴涕四种衍生物的含量总和。（4）对于水旱轮作地，采用其中较严格的风险筛选值。

表 6-3　农用地土壤污染风险管制值（GB 15618—2018）（单位：mg/kg）

污染物项目	风险管制值			
	pH≤5.5	5.5＜pH≤6.5	6.5＜pH≤7.5	pH＞7.5
镉	1.5	2.0	3.0	4.0
汞	2.0	2.5	4.0	6.0
砷	200	150	120	100
铅	400	500	700	1000
铬	800	850	1000	1300

在建设用地土壤环境质量管理方面，国际上已经形成了一定的共识，从污染地块对人体健康影响的角度引入建设用地土壤污染风险（soil contamination risk of development land）的概念，即建设用地上居住、工作人群长期暴露于土壤中污染物，因慢性毒性效应或致癌效应而对健康产生的不利影响。以管控土壤污染风险为目标，我国充分借鉴了发达国家的先进经验，同时充分利用了本土最新数据，规定建设用地土壤污染风险筛选值和管制值。对于建设用地土壤污染风险筛选值（risk screening values for soil contamination of development land），在特定土地利用方式下，建设用地土壤中污染物含量等于或者低于该值，对人体健康的风险可以忽略；超过该值，对人体健康可能存在风险，应当开展进一步的详细调查和风险评估，确定具体污染范围和风险水平。对于建设用地土壤污染风险管制值（risk intervention values for soil contamination of development land），在特定土地利用方式下，建设用地土壤中污染物含量超过该值，对人体健康通常存在不可接受风险，

应当采取风险管控或修复措施。

为加强我国建设用地土壤监管，更新的标准中根据保护对象暴露情况的不同将城市建设用地划分为第一类用地和第二类用地（详见 GB 36600－2018）。为配套标准的实施，我国相继发布了建设用地土壤环境调查、监测、评估和修复系列技术导则，即《场地环境调查技术导则》（HJ 25.1）、《场地环境监测技术导则》（HJ 25.2）、《污染场地风险评估技术导则》（HJ 25.3）、《污染场地土壤修复技术导则》（HJ 25.4）。

6.2.3 国内外土壤污染状况

1. 国外土壤污染

目前，对于污染物的释放数量及毒理特性、对人类健康的影响及安全暴露限度，全球还缺乏充分的信息来评价其对环境和人类健康的影响。虽然可以通过残留物水平和物质的空间浓度测量或估计化学污染程度，但是在全球范围和许多地区都缺乏完整的数据。仅仅能提供一些信息的替代数据包括化学品总产量，杀虫剂和化肥的施用总量，城市、工业和农业废物产生量，以及与化学品相关的多边环境协议的执行状况。

工业和农业化学废物是一个主要土壤污染源，尤其在发展中国家和经济转型国家。在非洲撒哈拉沙漠以南许多地区观测到的持久性有毒物质的浓度表明，工农业化学污染在该地区十分广泛。资料显示，非洲曾堆放着含有至少 3 万 t 废弃杀虫剂的存货。这些堆放物常常会渗漏，而且堆放了 40 年，它们含有的某些杀虫剂是工业化国家在很久以前就禁用的。在仍然大量使用这些杀虫剂的国家（如尼日利亚、南非和津巴布韦）和对使用这些物质尚未采取有效管制的国家，环境中有毒化学品的浓度将增加。此外，有毒废物还在不断地出口并转移到发展中国家。危险废物倾倒仍是一个重要问题，例如，2006 年就发现含有硫化氢和有机氯的炼油厂有毒废物被倾倒在象牙海岸阿比让。过去的所有旧工业中心都遗留下工业和城市污染问题，这一现象在美国、欧洲和苏联特别突出。例如，20 世纪下半叶，美国经济发生了深刻的变革，经济和工作重心经历了从城市到郊区、由北向南、由东向西的转移，许多企业在搬迁后留下了大量的“棕色地块”（brown field），具体包括工业用地、汽车加油站、废弃的库房、废弃的可能含有铅或石棉的居住建筑物等，这些遗址在不同程度上被工业废物污染，这些污染地点的土壤和水体的有害物质含量较高，对人体健康和生态环境造成了严重威胁。另外，欧洲有 200 多万处这样的污染场地，这些地方含有的有害物质包括重金属、氰化物、矿物油和氯代烃类等。

2. 我国土壤污染

环境保护部和国土资源部于 2014 年 4 月向媒体发布了《全国土壤污染状况调查公报》。调查结果显示，全国土壤环境状况总体不容乐观，部分地区土壤污染较重，耕地土壤环境质量堪忧（图 6-2），工矿业废弃地土壤环境问题突出（表 6-4）。全国土壤总的超标率为 16.1%，其中无机污染物镉、汞、砷、铜、铅、铬、锌、镍 8 种无机污染物点位超标率分别为 7.0%、1.6%、2.7%、2.1%、1.5%、1.1%、0.9%、4.8%，固体废物集中处理处置场地土壤点位超标率为 21.3%。有机污染物六六六、滴滴涕、多环芳烃三类有机污染物点位超标率分别为 0.5%、1.9%、1.4%。污染类型以无机型为主，有机型次之，复合型污染比例较小，无机污染物超标点位数占全部超标点位数的 82.8%。从污染分布情况看，南方土壤污染重于北方；长江三角洲、珠江三角洲、东北老工业基地等部分区域土壤污染问题较为突出；西南、中南地区土壤重金属超标范围较大；镉、汞、砷、铅 4 种无机污染物含量分布呈现从西北到东南、从东北到西南方向逐渐升高的态势。

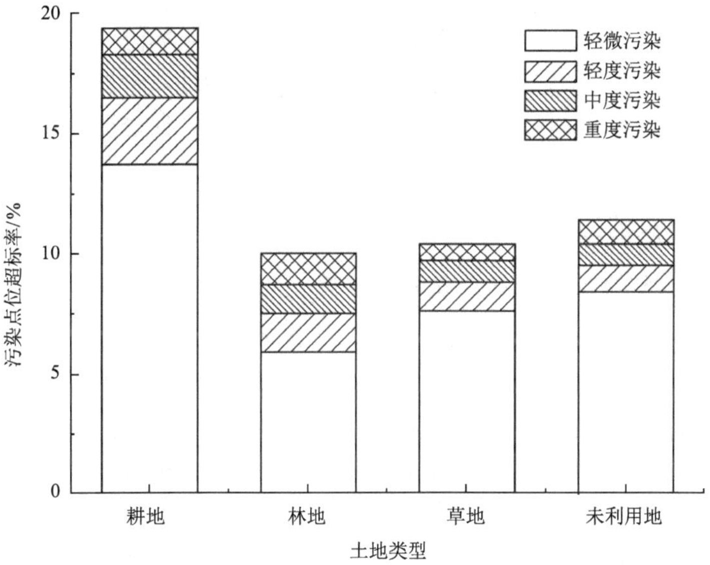

图 6-2　不同土地利用类型土壤的环境质量状况

表 6-4　典型地块及其周边土壤污染状况　（单位：%）

典型区域	点位超标率
重污染企业用地	36.3
工业废弃地	34.9

续表

典型区域	点位超标率
工业园区	29.4
固体废物集中处理处置场地	21.3
采油区	23.6
采矿区	33.4
污水灌溉区	26.4
干线公路两侧	20.3

本次调查是我国首次开展的全国范围土壤环境质量综合调查，填补了我国土壤环境领域的空白。通过调查，初步掌握了全国土壤环境质量总体状况及变化趋势、污染类型、污染程度和区域分布；初步查清了典型地块及其周边土壤污染状况，建立了土壤样品库和调查数据库。通过调查，提升了各地土壤环境监测能力，为建立全国土壤环境监测网络、优化土壤环境监测点位、开展土壤环境质量例行监测奠定了坚实的基础；调查数据为完善我国土壤环境质量标准、开展土壤环境功能区划与规划、确定土壤污染治理重点区域、加强土壤污染风险管控提供了科学依据；调查成果对加强我国土壤环境保护和污染治理，合理利用和保护土地资源，指导农业生产，保障农产品质量安全和人体健康，促进经济社会可持续发展具有重要意义。

6.2.4　土壤污染的影响和危害

1. 导致农作物减产和农产品品质降低

土壤污染会导致农作物污染、减产，带来严重的经济损失。对于各种土壤污染造成的经济损失，目前尚缺乏系统的调查资料。仅以土壤重金属污染为例，全国每年因重金属污染而减产粮食 1000 多万吨，另外被重金属污染的粮食每年也多达 1200 万 t，合计经济损失至少 200 亿元。不仅如此，土壤污染还导致农产品品质不断下降。我国大多数城市近郊土壤都受到了不同程度的污染，有许多地方粮食、蔬菜、水果等食物中镉、铬、砷、铅等重金属含量超标或接近临界值。土壤污染除影响食物的卫生品质外，也明显地影响到农作物的其他品质。有些地区污灌已经使得蔬菜的味道变差、易烂，甚至出现难闻的异味；农产品的储藏品质和加工品质也不能满足深加工的要求。

2. 危害人体健康

植（作）物体会吸收并积累土壤中的污染物，通过食物链进一步富集到人体和动物体中，危害人体健康，引发癌症和其他疾病等。以重金属为例，植物生长发育过程也需要一定的金属离子，但不能超出一定限度。超出限度就会在植物及果实中存积并传递给食用的生物，包括人类。重金属进入人体后，不易排泄，逐渐蓄积，当超过人体的生理负荷时，就会引起生理功能改变，导致急慢性疾病或产生远期危害。其危害主要有慢性中毒、致癌、致畸、变态反应及对免疫功能产生影响。

3. 土壤污染危及人类的可持续发展

土壤资源是人类赖以生存和发展的重要自然资源，是社会经济持续发展的必要物质保障。人类每一阶段的发展，都与土壤息息相关，可以说土壤承载人类的一切。然而，如今人类的活动使土壤遭到严重的污染，破坏了人类后代必要的生存条件，使人与自然的和谐被打破，照这样的趋势发展下去势必会危及人类自身的生存。如果不采取必要的措施来限制这种趋势的发展，人类可持续发展的愿望将会难以实现。

4. 土壤污染导致其他环境问题

土地受到污染后，含重金属浓度较高的污染表土容易在风力和水力的作用下分别进入大气和水体中，导致大气污染、地表水污染、地下水污染和生态系统退化等其他次生生态环境问题。土壤污染还影响植物、土壤动物（如蚯蚓）、微生物（如根瘤菌）的生长和繁衍，危及正常的土壤生态过程和生态服务功能，不利于土壤养分转化和肥力保持，影响土壤的正常功能。

阅读材料：北京宋家庄地铁站施工中毒事件

——依互联网资料整理

2004年4月28日，北京地铁5号线宋家庄地铁站施工过程中发生一起工人中毒事件。宋家庄地铁站所在地点原是北京一家农药厂，始建于20世纪70年代。尽管已搬离多年，但仍有部分有毒有害气体遗留在地下。当挖掘作业到达地下5 m处时，3名工人急性中毒，后被送往医院治疗，该施工场地随之被关闭。北京市环境保护局随后开展了场地监测并采取了相关措施，之后污染土壤被挖出运走进行焚烧处理。该事件标志着中国重视工业污染场地修复与再开发的开始。

宋家庄地区在中华人民共和国成立前是荒郊野外的贫民区，20 世纪 50 年代初宋家庄被规划为城南化工区，连片的菜地让位给了气派的大厂房，并于 1956 年开始建设北京化工三厂。除化工三厂外，北京红狮油漆厂、北京助剂二厂、北京制胶厂和北京铜厂等化工企业都是京城百姓耳熟能详的宋家庄的地标性企业。然而，1995 年北京实施大规模企业搬迁后，宋家庄化工区就遗留了大片受污染土地。近年来，宋家庄地区在改造与升级的过程中已实施了多个土壤修复项目，如 2007 年宋家庄经适房地块土壤修复工程、2007 年北京市红狮涂料厂土壤修复工程、2009 年北京地铁 10 号线二期宋家庄地铁站土壤修复工程、2010 年宋家庄交通枢纽污染场地修复工程等。

6.3　土壤污染控制与修复

土壤污染具有隐蔽性，即从开始污染到导致后果有一个长时间、间接、逐步积累的过程。污染物往往通过农作物吸收，再通过食物链进入人体引发人们的健康变化，才能被认识和发现。进入土壤的污染物移动速度缓慢，土壤污染和破坏后很难恢复，其修复费时、费力、费钱。因此，对土壤污染必须贯彻“预防为主，防治结合”的环境保护方针。首先要控制污染源，即控制进入土壤中的污染物的数量和速度，通过土壤的自然净化作用来防止土壤污染。对已经污染的土壤，要采取一切有效措施，清除土壤中的污染物，或控制土壤中污染物的迁移转化，使其不能进入食物链。

6.3.1　土壤污染控制

从源头上控制土壤污染是防止污染的根本措施。根据土壤污染的来源，一般控制土壤污染源的措施有以下几种。

1）控制工业“三废”排放

大力推广闭路循环、无毒工艺，以减少或消除污染物的排放。对工业“三废”进行回收处理，化害为利。对排放的“三废”要进行净化处理，并严格控制污染物的排放量和浓度，使之符合排放标准。

2）加强土壤污灌区的监测和管理

对于用污水进行灌溉的地区，要加强对灌溉污水的水质监测，了解水中污染物质的成分、含量及其动态，避免带有不易降解的高残留的污染物随水进入土壤，引起土壤污染。因此在利用污水灌溉农田之前，应按照《城市污水再生利用　农田灌溉用水水质》（GB 20922—2007）和《农田灌溉水质标准》（GB 5084—2021）规定的标准进行净化处理，这样既可利用污水，又可避免对土壤的污染。

3）合理施用化肥和农药

禁止或限制施用剧毒、高残留性农药，大力发展高效、低毒、低残留农药，发展生物防治措施。例如，禁止施用低残留但急性、毒性大的农药；禁止施用高残留的有机氯农药。根据农药特性，合理施用，制订施用农药的安全间隔期。采用综合防治措施，既要防治病虫害对农作物的威胁，又要做到既高效又经济地把农药对环境和人体健康的影响限制在最低程度。为保证农业的增产，合理施用化肥是必需的，但是施用过量也会造成土壤或地下水的污染。

4）对生活垃圾进行有效的管理

据统计，我国每年产生垃圾 30 亿 t，约有 2 万 m^2 耕地被迫用于堆置存放垃圾。土地退化、荒漠化现象非常严重。由于大量塑料袋、废金属等有毒物质直接填埋或遗留土壤中，难以降解而严重腐蚀土地，致使土质硬化、碱化，保水保肥能力下降，农作物减产，甚至绝产影响农作物质量。对生活垃圾进行有效管理，防止垃圾随意堆放的现象，合理回收、处理，也是从源头上控制土壤污染的途径。

6.3.2　土壤污染修复

污染土壤的修复根据其位置是否变化可分为原位修复和异位修复。原位修复指不挖掘土壤、直接在污染场地进行修复的过程，对土壤的扰动较小。异位修复指将污染土壤挖掘出来再进行修复的过程，包括原地异位修复和异地异位修复两种。

污染土壤的修复，从修复的原理来划分大致可分为物理方法、化学方法及生物方法三大类。物理修复指以物理手段为主体的移除、覆盖、稀释、热挥发等污染治理技术。化学修复指利用外来的或土壤自身物质之间的或环境条件变化引起的化学反应来进行污染治理的技术。生物修复包含广义和狭义两种类型。广义的生物修复指一切以利用生物为主体的环境污染治理技术，它包括利用植物、动物和微生物吸收、降解、转化土壤中的污染物，使污染物的浓度降到可接受的水平；或将有毒、有害污染物转化为无害的物质。在这一概念下，可将生物修复分为植物修复、动物修复和微生物修复三种类型。狭义的生物修复特指通过微生物的作用消除土壤中的污染物，或是使污染物无害化的过程。然而，在修复实践中，由于土壤中所发生的反应十分复杂，每一种反应基本上均包含物理、化学和生物学过程，人们很难将物理、化学和生物修复截然分开，因而上述分类仅为一种考虑核心处理原理的相对划分，更多的是根据实际需要将多种处理方式组合起来。

1. 物理修复技术

污染土壤的物理修复指用物理的方法进行污染土壤的修复，主要有翻土、客土、热处理、淋洗、固化、填埋等。这些工程措施治理效果通常较为彻底、稳定，但其工程量较大，投资大面积的污染区时，易引起土壤肥力减弱，因此目前它仅适用于小污染区。

1）翻土和客土

土壤污染通常集中在土壤表层。翻土（soil tilling）就是深翻土壤，使聚积在表层的污染物分散到较深的层次，达到稀释的目的。该法适用于土层较深厚的土壤，且要配合增加施肥量，以弥补根层养分的减少。客土（soil replacement）指非当地原生的、由别处移来用于置换原生土的外地土壤，通常指质地好的壤土（沙壤土）或人工土壤。制作满足这些条件的客土，仅依靠自然土壤是不够的，还需人工添加其他物质。

虽然翻土法和客土法治理轻污染土壤的效果显著，但需大量人力、物力，投资大，且土壤肥力和初级生产力会有所降低，应注意施肥。对换出的土壤应妥善处理，以防止二次污染。它可按固体废弃物的方法进行填埋处理，即将挖掘出的污染土壤填埋到采用水泥、黏土、石板、塑料板等防渗材料进行防渗处理的填埋场中，从而使污染土壤与未污染土壤分开，以减少或阻止污染物扩散到其他土壤中。

2）热脱附技术

热脱附（thermal desorption）是用直接或间接的热交换，加热土壤中挥发性和半挥发性的污染物组分到足够高的温度，使其蒸发并与土壤介质相分离的过程。热脱附技术具有污染物处理范围宽、设备可移动、修复后土壤可再利用等优点，特别对于 PCBs 这类含氯有机物，非氧化燃烧的处理方式可以显著减少二噁英的生成。目前欧美国家和地区已将土壤热脱附技术工程化，广泛应用于高污染的场地进行土壤异位或原位修复，但是相关设备价格昂贵、脱附时间过长、处理成本过高等问题尚未得到很好的解决，这限制热脱附技术在污染土壤修复中的应用。发展不同污染类型土壤的前处理和脱附废气处理等技术、优化工艺并研发相关的自动化成套设备正是土壤修复工作者共同努力的方向。

3）真空/蒸气抽提

土壤蒸气抽提（soil vapor extraction）技术的基本原理是通过降低土壤孔隙内的蒸气压把土壤介质中的化学污染物转化为气态而加以去除。它可用于去除不饱和土壤中的挥发性或半挥发性有机污染物。该技术一方面需要把清洁空气连续通入土壤介质中；另一方面土壤中的污染物以气体的形式被排出。这一过程主要通过固态、水溶态和非水溶性液态之间的浓度差，以及通过土壤真空浸提过程引入的清洁空气进行驱动，因此有时也将其称为“土壤真空浸提”。

4）固化和卫生填埋

土壤固化（soil solidification）技术是将污染的土壤按一定比例与固化剂混合，经熟化最终形成渗透性很低的固体混合物高炉矿渣、石灰、窑灰、粉煤灰。固化剂种类繁多，主要有水泥、硅酸盐、沥青等。而卫生填埋（sanitary landfill）是对城市垃圾和废物在卫生填埋场进行的填埋处置。为防止对环境造成污染，根据排放的环境条件，采取适当而必要的防护措施，以达到被处置废物与环境生态系统最大限度的隔绝，称为固体废物“最终处置”或“无害化处置”。

2. 化学修复技术

化学修复主要是基于污染物土壤化学行为的改良措施，如添加改良剂、抑制剂等化学物质来降低土壤中污染物的水溶性、扩散性和生物有效性，从而使污染物得以降解或者转化为低毒性或移动性较低的化学形态，以减轻污染物对生态和环境的危害。化学修复的机制主要包括沉淀、吸附、氧化-还原、催化氧化、质子传递、脱氯、聚合、水解和 pH 调节等。其中，氧化-还原法能够修复包括有机污染物和重金属在内的多种污染物污染的土壤，它主要是通过氧化剂和还原剂的作用产生电子传递，从而降低土壤中存在的污染物的溶解度或毒性。

1）化学钝化及改良

该方法是通过向污染土壤添加一些活性物质（钝化修复剂），以降低重金属在土壤中的有效浓度或改变其氧化还原状态，从而有效降低其迁移性、毒性及生物有效性。目前广泛使用的钝化修复剂主要有黏土矿物、磷酸盐、有机堆肥及微生物材料等。钝化修复剂的可能作用机制主要包括沉淀反应、化学吸附与离子交换、表面沉淀、有机络合和氧化还原等。该法具有成本低、操作简单的优点，是较具有发展前景的方法之一。

2）淋洗/萃取

土壤淋洗（soil leaching）指用淋洗剂去除土壤污染物的过程。但这一过程并非只有化学过程，可能还会有物理过程和物理化学过程。例如，用螯合剂或表面活性剂来淋洗电子垃圾拆解场地被污染的土壤，此过程既有物理过程，又有化学过程。对于重金属的洗脱，主要发生的是螯合作用，螯合作用是具有两个或两个以上配位原子的多齿配体与同一个金属离子形成螯合环的化学反应，图 6-3 为一种 Cu(Ⅱ)螯合物的结构。而对于土壤有机污染物，其洗脱过程主要为物理化学作用。由于大部分有机污染物不溶于水，用水洗脱土壤中的有机物就变得十分困难，加入表面活性剂后，洗脱就变得比较容易。这是因为表面活性剂在水中形成了胶束，其亲脂尾端聚于胶束内部，将污染物包裹在其中（图 6-4），而分子的极性亲水头端则露于外部，与极性的水分子发生作用，并对胶束内部的憎水基团产生保护作用，使得这些原本不溶于水的物质溶解在表面活性剂溶液内，得以洗脱出来。

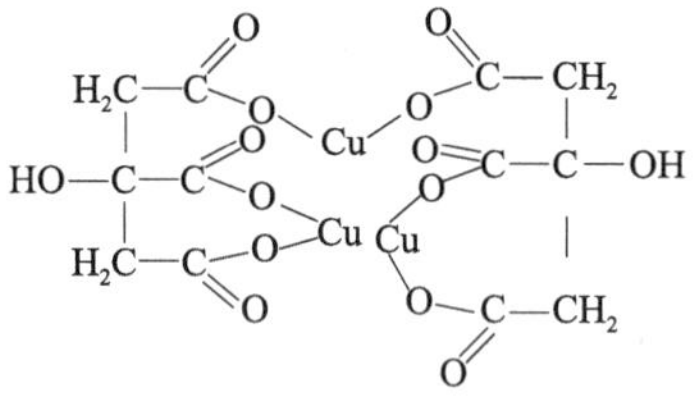

图 6-3　一种 Cu(Ⅱ)螯合物的结构

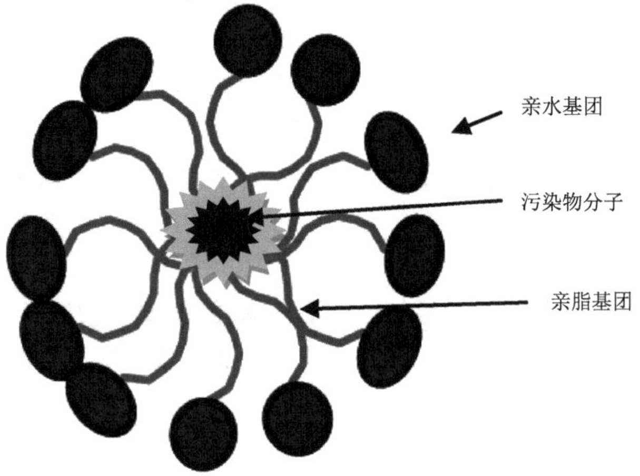

图 6-4　表面活性剂形成的胶束结构

土壤萃取（soil extraction）指利用萃取剂的解吸和溶解作用把重金属或有机污染物从土壤转移到液相中，从而使重金属从土壤中分离出来。技术的关键在于使用的萃取剂性质和萃取条件，既要去除污染物，又能尽量不损害土壤结构造成二次污染。土壤萃取不仅可单独应用于小面积污染土壤的治理，还可作为其他污染土壤修复方法的前期处理技术。土壤萃取被普遍认为是一项高效的治理土壤污染的技术。

3）电动修复

电动修复（electrokinetic remediation）是通过在污染土壤两侧施加直流电

压形成电场梯度，土壤中的污染物质在电场作用下通过电迁移、电渗流或电泳的方式被带到电极两端，从而使污染土壤得以修复的方法。当电极池中的污染物达到一定浓度时，便可通过收集系统排入废水池按废水处理方法进行集中处理。

污染土壤电动修复原理如图 6-5 所示。阳离子和阴离子污染物分别向阴极和阳极方向移动，最终在电极富集。其装置主要包括提供直流电压的电源，阴、阳极电解池和阴、阳电极，处理导出污染液体的处理装置等。电解池通常设有气体出口，用来分别导出阴、阳两极产生的氢气和氧气。实验装置中的电极可选择铂电极、钛合金电极，也可采用较便宜、易得的石墨电极。

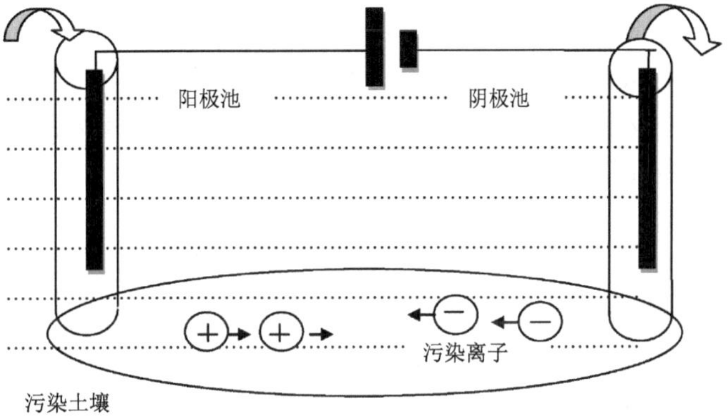

图 6-5　污染土壤电动修复原理

4）氧化-还原技术

土壤化学氧化-还原技术是通过向土壤中投加化学氧化剂（芬顿试剂、臭氧、过氧化氢、高锰酸钾等）或还原剂（SO_2、Fe^0、气态 H_2S 等），使其与污染物质发生化学反应来实现净化土壤的目的。通常，化学氧化法适用于土壤和地下水同时被有机物污染的修复。此外，运用化学还原法修复对还原作用敏感的有机污染物是当前研究的热点。例如，纳米级粉末零价铁的强脱氯作用已被接受并被运用于土壤与地下水的修复。然而，目前零价铁还原脱氯降解含氯有机化合物技术的应用还存在一些问题，如铁表面活性的钝化、被土壤吸附产生聚合失效等，需要开发新的催化剂和表面启动技术。

5）光催化降解技术

光催化是一种在光的照射下，自身不发生变化，却可以促进化学反应的物质，就像植物光合作用中的叶绿素。土壤光催化降解（光解）技术是一项新兴的深度土壤氧化修复技术，可应用于农药等污染土壤的修复。土壤质地、粒径、氧化铁含量、土壤水分、土壤 pH 和土壤厚度等对光催化氧化有机污染物有明显的影响：高孔隙度的土壤中污染物迁移速率快，黏粒含量越低光解越快；自然土中氧化铁对有机物光解起着重要调控作用；有机质可以作为一种光稳定剂；土壤水分能调解吸收光带；土壤厚度影响滤光率和入射光率。

3. 生物修复技术

生物修复技术是 20 世纪 80 年代以来出现并发展的清除和治理环境污染的生物工程技术，其主要利用生物特有的分解有毒有害物质的能力，去除污染环境如土壤中的污染物，达到清除环境污染的目的。在该技术的萌芽阶段，主要应用于环境中石油烃污染的治理，并取得成功。实践结果表明生物修复技术是可行的、有效的和优越的，此后该技术被不断扩大，应用于环境中其他污染类型的治理。按生物类群可把生物修复分为微生物修复、植物修复、动物修复，而微生物修复通常称为狭义上的生物修复。

1）微生物修复

微生物修复指利用天然存在的或人工培养的功能微生物群，在适宜环境条件下，促进或强化微生物代谢功能，从而降低有毒污染物活性或将其降解成无毒物质，减少或避免生态风险的生物修复技术，它已成为污染土壤生物修复技术的重要组成部分。在实际运用中就是利用微生物的代谢作用降解土壤中的有机污染物，或者通过生物吸附和生物氧化、还原作用等改变有毒元素的存在形态，所以微生物修复既可以用于修复受有机物污染的土壤，也可以修复某些受重金属污染的土壤。

与传统的污染土壤治理技术相比，土壤微生物修复技术的主要优点是：①微生物降解较为完全，可将一些有机污染物降解为完全无害的无机物，二次污染问题较小；②处理形式多样，操作相对简单，有时可进行原位处理；③对环境的扰动较小，不破坏植物生长所需要的土壤环境；④与物理、化学方法相比，微生物修复的费用较低，为热处理费用的 1/4～1/3；⑤可处理多种不同种类的有机污染物，如石油、炸药、农药、除草剂、塑料等，无论污染面积的大小均适用，并可同时处理受污染的土壤和地下水。

对微生物修复而言，主要存在下述三方面的限制：①当污染物溶解性较低或者与土壤腐殖质、黏土矿物结合得较紧时，微生物难以发挥作用，污染物不能被微生物降解；②专一性较强，特定的微生物只降解某种或某些特定类型的化学物质，污染物的化学结构稍有变化，同一种微生物就可能不起作用；③有一定的浓度限制，当污染物浓度太低且不足以维持降解细菌的群落时，微生物修复不能很好地发挥作用。

2）植物修复

植物修复（phytoremediation）利用绿色植物来转移、容纳或转化污染物，降低其对环境的危害。植物修复的对象是重金属、有机物、放射性元素污染的土壤及水体。研究表明，通过植物的吸收、挥发、根滤、降解、稳定等作用，可以净化土壤或水体中的污染物，达到净化环境的目的，因而植物修复是一种很有潜力、正在发展的清除环境污染的绿色技术。由于这种方法成本低、效果较好、不破坏环境，因而受到了广泛的关注。植物修复系统可以看成以太阳能为动力的“水泵”和进行生物处理的“植物反应器”。植物可吸收转移元素和化合物，可以积累、代谢和固定污染物，是一条从根本上解决土壤污染的重要途径，因而植物修复在土壤污染治理中具有独特的作用和意义。在实际操作时，先将植物种植于被污染的土壤中，然后收获其地上部分。土壤中的污染物在种植过程中或被转化为低毒或无毒的形态或化合物，或被植物吸收随收获而从土中带走，然后再将收获的植物进行利用和处理。

根据污染物的类型、污染场地的条件、污染物的数量及植物种类，植物修复过程可以具体分为两大过程：植物去除和植物稳定过程。其中植物去除过程又分为植物提取（phytoextraction）、植物挥发（phytovolatilization）、植物降解（phytodegradation）、根际降解（rhizodegradation）和根滤作用（rhizofiltration）。在植物修复系统中，植物虽然先天具有对某种生物异型物质解毒的特性，但与微生物相比通常缺乏彻底降解有毒化合物所必需的机制。因此，植物修复不是单纯依赖植物的功能，而必须考虑根际微生物的联合作用。

对于有机污染土壤的修复，植物从土壤中直接吸收有机物，然后将没有毒性的代谢中间体储存在植物组织中，这是植物去除环境中中等亲水性有机污染物（辛醇-水分配系数 $\lg K_{ow}$ 为 0.5～3）的一个重要机制。疏水有机化合物（$\lg K_{ow}>3.0$）易被根表强烈吸附而难以运输到植物体内，而比较容易溶于水的有机物（$\lg K_{ow}<0.5$）不易被根表吸附而易被运输到植物体内。当化合物被吸收到植物体内后，植物根部对有机物的吸收与有机物的相对亲脂性有直接关系。这些化合物一旦被吸收，会有多种去向：植物可将其分解，并通过木质化作用使其成为植物体的组成部分；也可通过挥发、代谢或矿化作用使其转化成 CO_2 和 H_2O；或转化成无毒性的中间代谢物如木质素，储存在植物细胞中，达到去除环境中有机污染物的目的（图 6-6）。环境中大多数苯系物化合物、有机氯化剂和短链脂肪族化合物都是通过植物直接吸收途径去除的。

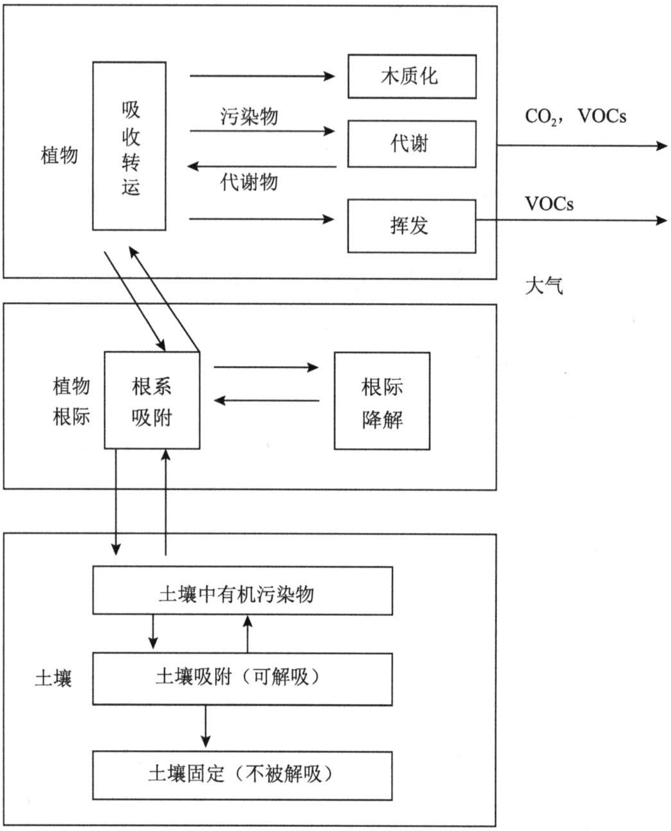

图 6-6　有机污染土壤植物修复主要原理示意图

植物对污染物的吸收取决于植物的吸收效率、蒸腾速率及污染物在土壤中的浓度。而吸收效率反过来取决于污染物的物理化学特征、污染物的形态及植物本身特性。蒸腾速率是决定污染物吸收的关键因素，其又取决于植物的种类、叶片面积、营养状况、土壤水分、环境中风速和相对湿度等。

阅读材料：让污染农田土壤“边生产–边修复”

【材料一：广州日报 2012 年 3 月 28 日 A4 版节选】（记者黄蓉芳 通讯员刘慧婵摄影报道）废水、废气、固体废弃物的污染和化肥、农药、污泥的施用，致使重金属在珠江三角洲的城市郊区农业土壤中形成了一定的积累，土壤中各重金属含量普遍较高，土壤污染已成为制约现代农业健康持续发展的瓶颈。由华南理工大学等单位合作完成的“污染物在土壤中的环境化学行为与修复机理研究”项目，围绕土壤中的毒害重金属和有机污染物，开展了重金属和有机污染物从释放、迁移、转化到去除等过程的环境化学行为及修复机理研究，种玉米可以修复被重金属和有机污染物污染的土壤，从而开发出一项利用经济作物玉米对重金属-有机物复合污染土壤进行“边生产-边修复”的修复技术。

【材料二：种玉米如何实现“边生产-边修复”】笔者所在的华南理工大学生态修复团队的研究表明，该玉米品种不仅能够吸收土壤中的镉等重金属，还能够促进土壤中的石油、多环芳烃等有机污染物的降解去除。通过种植该玉米品种，污染物被降解或积累在玉米的非食用部位，玉米收成后土壤中污染物浓度明显降低，且玉米籽粒中的污染物浓度不超标，从而实现“边生产-边修复。”

3）动物修复

土壤动物修复技术是利用土壤动物及其肠道微生物在人工控制或自然条件下，在污染土壤中生长、繁殖、穿插等活动过程中对污染物进行破碎、分解、消化和富集的作用，从而使污染物浓度降低或消除的一种生物修复技术。土壤动物在土壤中的活动、生长、繁殖等都会直接或间接地影响到土壤的物质组成和分布。特别是土壤动物对土壤中的有机污染物有机械破碎、分解作用。它们还分泌许多酶（通过肠道排出体外），与此同时，大量的肠道微生物也转移到土壤中来，它们与土著微生物一起分解污染物或转化其形态，使得污染物浓度降低或消失。

土壤动物养殖技术的进一步成熟，为土壤动物修复提供基础，同时土壤动物修复技术的应用也促进土壤动物养殖技术的发展。这不仅会开发出一个新的产业，同时生物修复技术也改变人们环境生态保护意识，增强人们对环境土壤动物的保护。

农牧业产生的大量废弃物正是土壤动物最好的食物。通过土壤动物的大规模养殖，粪便不出畜禽养殖场的门就能快速地处理完，秸秆也能快速地被处理，而不用担心秸秆焚烧污染大气和浪费大量有机质；同时通过发展土壤动物养殖，还可以产生大量的有机肥料。土壤动物的蛋白质含量都在 55%～65%，都是上好的蛋白饲料。对于含有沼渣、纸浆废渣及其他工业及生活有机垃圾等污染的土壤都可以用土壤动物单独地进行修复。有时候还需要结合工程技术进行土壤污染治理。

当污染物中含有大量重金属及农药残留时，用于土壤修复的动物则需要进行特别的处理。往往土壤中含有的重金属或农药超出土壤动物的半致死浓度时，可以通过工程措施、农艺措施等降低其浓度后再进行动物修复。

6.3.3 污染土壤修复技术集成

协同两种或两种以上的修复方法，形成联合修复技术，不仅可以提高单一污染土壤的修复速率与效率，而且可以克服单项修复技术的局限性，实现对多种污染物的复合污染土壤的修复。这已成为土壤修复技术中的重要研究内容。

1. 微生物/动物-植物联合修复技术

微生物（细菌、真菌）-植物、动物（蚯蚓）-植物联合修复是土壤生物修复技术研究的新内容。筛选有较强降解能力的菌根真菌和适宜的共生植物是菌根生物修复的关键。种植紫花苜蓿可以大幅度降低土壤中多氯联苯的浓度。根瘤菌和菌根真菌双接种能强化紫花苜蓿对多氯联苯的修复作用。利用能促进植物生长的根际细菌或真菌，发展植物降解菌群协同修复、动物微生物协同修复及其根际强化技术，促进有机污染物的吸收、代谢和降解将是生物修复技术新的研究方向。

2. 化学/物化-生物联合修复技术

发挥化学或物理化学修复的快速优势，结合非破坏性的生物修复特点，发展基于化学-生物修复技术是最具应用潜力的污染土壤修复方法之一。化学淋洗-生物联合修复是基于化学淋溶剂作用，通过增加污染物的生物可利用性而提高生物修复效率。利用有机络合剂的配位溶出，增加土壤溶液中重金属浓度，提高植物有效性，从而实现强化诱导植物吸取修复。化学氧化-生物降解和臭氧氧化-生物降解等联合技术已经应用于污染土壤中多环芳烃的修复。电动力学-微生物修复技术可以克服单独的电动力学技术或微生物修复技术的缺点，在不破坏土壤质量的前提下，加快土壤修复进程。电动力学-芬顿联合技术已用来去除污染黏土矿物中的菲，硫氧化细菌与电动综合修复技术用于强化污染土壤中铜的去除。应用光降解-生物联合修复技术可以提高石油中多环芳烃污染物的去除效率。总体上，这些技术应用多处于实验室研究阶段。

3. 物理-化学联合修复技术

土壤物理-化学联合修复技术是用于污染土壤离位处理的修复技术。溶剂萃取-光降解联合修复技术是利用有机溶剂或表面活性剂提取有机污染物后进行光解的一项新的物理-化学联合修复技术。例如，可以利用环己烷和乙醇将污染土壤中的多环芳烃提取出来后进行光催化降解。此外，可以利用催化-热脱附联合技术或微波热解-活性炭吸附技术修复多氯联苯污染土壤；也可以利用光调节的 TiO_2 催化修复农药污染土壤。

6.3.4　污染土壤修复工作程序

污染土壤修复工作按照图 6-7 规定的程序进行，即评估预设修复目标、筛选评估修复技术和制订修复技术方案三部分。其中，筛选评估修复技术需要充分考虑以下条件。

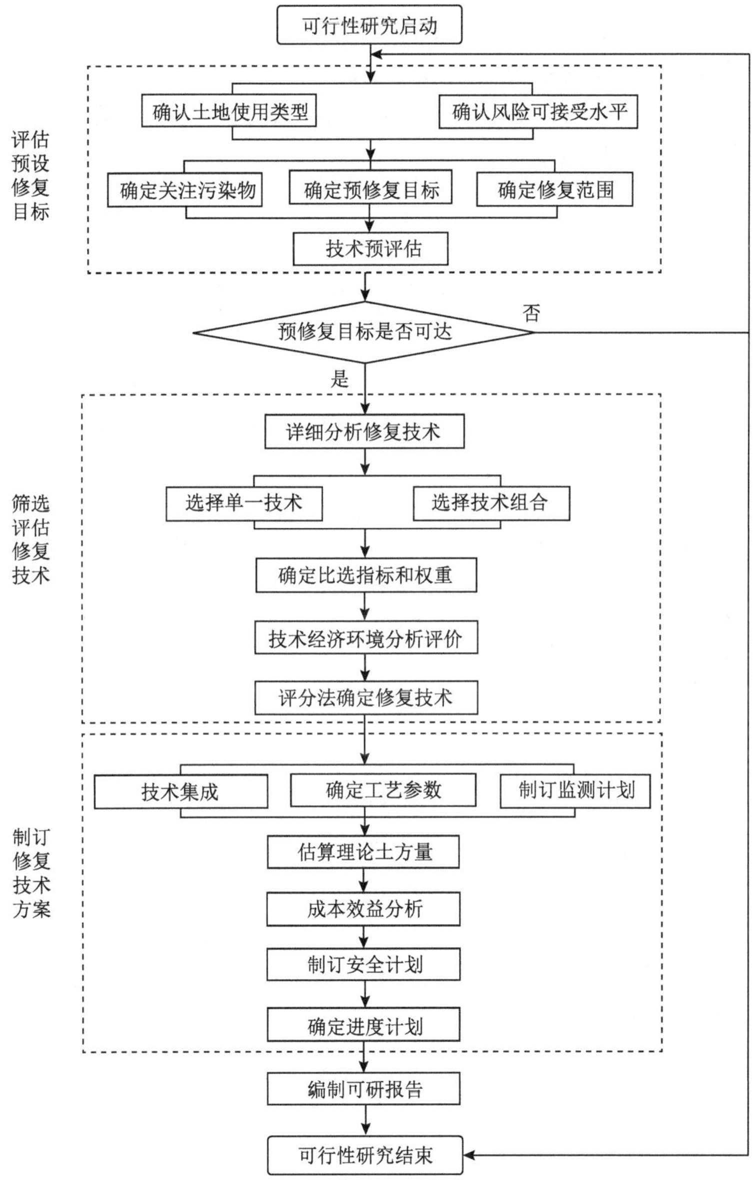

图 6-7　污染土壤修复工作程序

（1）场地特征依赖性：指标主要包括土壤温度依赖性、土壤湿度依赖性、土壤颗粒粒径、渗透性/黏土含量、空间需求等。

（2）资源需求：指标主要包括修复前的预处理、对水电消耗、添加剂或酶、修复监测、运输、技工、土壤气体处理和后处理。

（3）环境影响、安全和健康因素：指标主要包括修复工程对环境的影响程度、二次污染的危险程度、对周边人群健康的影响。

（4）经济因素：指标主要包括预处理成本、劳动力成本、监测成本、燃料成本、装置成本、安装和拆卸成本、操作维护成本、处理成本、运输成本、水电成本、专利成本、后处理成本等。

阅读材料：奥运场馆见证土壤修复奇迹

——依互联网资料整理

2012 年 7 月，第 30 届夏季奥林匹克运动会在英国伦敦拉开帷幕。运动会期间，奥林匹克精神激励着每一个人，但整个运动会举办期间传达出的绿色环保、可持续发展的理念也应受到人们的广泛关注。而鲜为人知的是，伦敦奥运会的很多主办场地都在大部分土壤曾被汽油、石油及重金属重度污染的荒废工业地段，经过生态修复后，其“劣迹斑斑”的过往已难觅踪迹。这其实是伦敦奥运组委会用自己的行动兑现伦敦承办 2012 奥运会的承诺——“伦敦奥运会将成为世界上最佳可持续的体育赛事”。

在英国著名侦探小说家柯南·道尔（C. Doyle）笔下，雾中伦敦最危险之处莫过于东区。相比伦敦西区的繁荣和贵族气，伦敦东区在历史上被看作贫民区，早在 17 世纪和 18 世纪，伦敦东区是集纺织、印刷、汽油、化学品等工业工厂的聚集地。工业革命时期给伦敦东区留下了一大片“创伤”——被工业企业污染过的“毒土”。可持续发展的理念使英国在进行奥运场馆的选址时，将目光投向荒废的伦敦东区工业地段。伦敦奥林匹克中心坐落于伦敦东部的斯特拉特福德，位于伦敦东区的泰晤士河的支流利河（River Lea）河岸。这块 $2.5km^2$ 的土地曾被数十年的工业严重污染。奥林匹克公园选址垃圾填埋场和工业园区旨在通过这一项目的实施改造老城区，体现环保用意。

这块地被确定为伦敦奥运会的“主战场”后，从 2006 年 10 月开始，伦敦当局便对其进行了超过 3000 次的取样调查，结果发现土壤中含有大量的污染物，其中包括燃油、氯化物、砷和铅等，并且已有大量有毒工业溶剂渗入地下水，一些重金属甚至渗入地下 40 m 的地下水和基岩中。尽管该地污染非常严重，但是为了最终实现伦敦奥运会的“最佳可持续性”的目标，英国还是在最短的时间内完成了伦敦东区的土壤修复。伦敦奥运交付管理局采用包括土壤淋洗、生物修复和土壤稳定-固定化等多种技术对其进行治理，其中最重要的就是土壤淋洗技术——将污染土壤与水、化学添加剂混合，随后污染土壤的污染物被水洗出，之后再对水进行处理，干净的土壤还可再利用。该工程 2006～2010 年总共治理毒土约 200 万 t 并回收用于奥林匹克公园的建设，除此之外还有近 2000 万 gal（1 gal=4.54609 L）的污染地下水也同时被治理。这成为伦敦历史上最大的一次土壤清洁工程。

其实，早在 2004 年悉尼奥运会场馆的规划与开发过程中，就把棕地修复完全纳入区域环境整治和可持续发展之中，追求环境、经济和社会效益的最大化和统一。悉尼奥林匹克公园大部分地方前身是一个工业废弃地，见证了百年来的工业与军事投机活动。那里曾经是造砖厂、屠宰场、军备仓库及悉尼其中八个垃圾场的所在地。

6.4　镉米风波与农产品安全

6.4.1　镉米风波

镉米指镉含量超过食品安全标准的大米。按照我国食品标准，每千克大米镉含量超过 0.2 mg，这种米就俗称为镉米。镉属于有毒的重金属，长期摄入将会影响人的造血和神经功能，损害肾脏和其他生理器官，给人体健康带来极大危害，对儿童的危害尤为严重。镉被人体吸收后，还容易造成人体骨质疏松、变形等一系列症状。四大公害病之一的骨痛病就是慢性镉中毒最典型的例子。与以往的瘦肉精、三聚氰胺这类食品安全问题不同，在大米流通的任一环节加入镉都无利可图，那么大米中的镉就应该是从产地环境中转移而来的。土壤中的镉主要来自矿山开采活动，采矿过程中产生的废水不经处理排入河流，下游农田用这种水灌溉而被污染。另外，冶炼厂排放的含镉废气会通过烟尘污染周边农田。污水灌溉、肥料施用也会增加土壤中镉的含量。

中国稻米的镉污染由来已久，早在 1974 年中国科学院沈阳应用生态研究所（原为林业土壤研究所）对沈阳市张士灌区调查表明，由于灌区利用含镉工业污水灌田，污染面积达 2800 hm^2，土壤含镉量为 5～10 mg/kg，而稻米含镉量为 0.4～1.0 mg/kg，最高达 2.6 mg/kg。20 世纪八九十年代，对一些矿区（如阳朔铅锌矿、大余的铅锌矿、广东大宝山矿等）及一些冶炼厂（如温州冶炼厂等）的污染调查和人体健康效应评估已经有较多的报道，但大多见于国内外的科研文章，很少引起公众和政府的关注。2011 年 2 月《新世纪》周刊刊发《镉米杀机》的专题报道，使大米的镉安全迅速进入公众视野。

2013 年 2 月 27 日，南方日报刊发题为《湖南问题大米流向广东餐桌？》的报道，再次挑动了 2011 年的《镉米杀机》制造的紧张神经。广东、湖南两省闹出的镉米风波自 2 月起，酝酿、发酵达三个多月。2013 年 5 月 17 日，广州市食品药品监督管理局公布 2013 年第一季度抽检结果，抽检的 18 批次中只有 10 批次合格，查出 8 批次镉超标米及米制品，大米及米制品镉含量超标率达 44.4%，其中 6 批次大米来自湖南。在此期间，广东官方抽检广东市场上流通的大米及米制品 4600 余批次，截至 5 月 24 日，总计公布 155 批次镉含量超标大米的名单，超过半数（至少 85 批次）的不合格大米产地为湖南，其中来自湖南攸县的镉米有 34 批次，为此次抽检出的镉含量超标大米产地之最，高达 0.6 mg/kg，而我国《食品中污染物限量》规定大米中镉限量标准是 0.2 mg/kg，即镉含量最高批次超过现行国家标准 3 倍。

6.4.2　农产品安全

1. 镉米的健康风险分析

关于镉米标准，在国际食品法典委员会的标准中，精白米的镉含量标准是 0.4 mg/kg，日本的标准与之一致；中国和欧盟的标准则严格些，镉米标准为 0.2 mg/kg；泰国和澳大利亚的标准更严格（0.1 mg/kg）；美国则没有标准。然而，是不是说超过标准的大米就不能食用呢？决定大米能否食用不是看镉是否超标，而主要是看人体食用大米后镉的摄入量。

联合国粮食及农业组织（FAO）和世界卫生组织（WHO）所属的食品添加剂联合专家委员会（JECFA）是通过人体对镉的摄入量来判断食物中镉对人体健康的影响。该委员会曾经规定人体通过饮食摄入镉的暴露上限为 0.8 μg Cd/（kg BW·d）或 7μg Cd/（kg BW·周）。如果按照这种标准，一个体重 60 kg 的人每天或每周镉的摄入量分别是 48 μg 或 420 μg，相当于每天或每周食用含镉量为 0.35 mg/kg 的大米约 137 g 或 1.2 kg。按照这种标准，食用市场上的镉米就有一定风险。

然而，后来许多新的流行病学研究发现，人体通过环境暴露而在尿液中出现了与镉相关的生物标志物，因此 2010 年第 73 届国际食品添加剂联合专家委员会对镉进行了重新评估。考虑到镉在人体中的半衰期特别长，以及一天或一周的饮食摄入对人体总镉暴露的影响很小，甚至可以忽略不计，因此食品添加剂联合专家委员会取消了镉的可忍受每周吸收值（PTWI）[7μg Cd/（kg BW·周）] 来表示人体对镉的可忍受吸收量，并决定采用镉的临时可忍受每月吸收值（PTMI）[即 25μg Cd/（kg BW·月）] 来表示人体每个月对镉的可忍受吸收量。食品添加剂联合专家委员会考察的所有年龄群体，包括高暴露消费者和具有特殊饮食习惯的群体（如素食者），通过饮食摄入途径对镉的暴露剂量均低于 PTMI。

按照这一新标准，判断吃了多少镉米就会对人体健康产生影响，不再是看每天或每周镉的摄入量，而是看每个月镉的摄入量，即每个月镉的摄入量不得超过 25 μg/kg BW。对于一个体重 60 kg 的人，一个月对镉的总吸入量不能超过 1500 μg，这相当于含镉量为 0.35 mg/kg 的大米约 4.29 kg，如果在这个摄入量之内就不存在健康风险。当然，镉的来源除食物和水外，其他海产品、菇类甚至二手烟都有可能。

市场上镉米中镉的含量一般都在 0.35 mg/kg 以下。对于北方地区的人，膳食基本上以面食为主，每个月不可能吃到 4.29 kg 含量都在 0.35 mg/kg 的大米，所以基本是安全的。对于一天三餐吃大米的南方人，如果他吃的大米是去市场上买的，也不大可能买的都是含量在 0.35 mg/kg 的大米，因此总体来说也是安全的。如果有些人饮食结构非常单一，吃饭多、吃菜少、饮食中蛋白质少，长期只吃某个产地的单一的稻米品种，若此品种恰恰又“镉超标”，就会有健康风险。尤其是在镉污染土地上种植水稻的农民，自种自食，面临的健康风险更大。因此，买大米的时候，选择不同产地、不同品牌的稻米品种，可以降低镉超标影响的风险。

从某种意义上讲，镉米只是土壤重金属污染问题的一个缩影。根据各个污染区的不同情形，稻米中超标的有害重金属不只是镉，可能还包括砷、汞、铅等。除了稻米，其他农作物同样可能受到重金属超标的影响。无论如何，以镉米为代表的农产品安全问题，都值得全社会警惕。

2. 影响农产品中重金属含量的因素

1）土壤中重金属有效性对农产品中重金属含量的影响

万物土中生，食以土为本。虽然多种因素可以影响农产品的安全性，但归根到底还是土壤的问题，毕竟除叶片的次要吸收途径外，根系是重金属进入作物体内最重要的途径。

越来越多的科学研究证明，影响作物生长和对重金属吸收的是土壤中植物有效性重金属的含量，而并非土壤中重金属的总量。而重金属的有效性在很大程度上取决于土壤的性质。英国的 Shipham 矿区、日本神冈铅锌矿下游发生骨痛病的神通川污染区和广东大宝山矿区下游的上坝村污染区即可印证这一点。三个地区的土壤中含镉量各相差一个数量级，即最高分别是 998 mg/kg、6.65 mg/kg 和 1.0 mg/kg 左右，但由于土壤中的 pH 分别是 7.5、5.0 和 4.5 左右，前者高含碳酸钙和氢氧化物，后两者分别低含和不含，日本的土壤有机质含量为 10%左右，上坝村的土壤有机质含量为 1%左右，这些差别导致三者土壤中镉的有效性含量分别是 0.04%、4%和 85%，也导致不同的结局。虽然英国 Shipham 矿区土壤镉含量较高，刚公布时一度舆论哗然，也被建议居民搬离，但到 2000 年得出结论是没有明显的证据证明对当地居民的健康产生影响。而日本的神通川成为骨痛病公害地，上坝村则被媒体称为“癌症村”。

土壤酸碱度对重金属特别是镉的有效性有着决定性的影响。在土壤 pH 小于 4.5，土壤中的铁氧化物对镉几乎没有吸附能力，但土壤 pH 约 6.0 时，则可以吸附大部分镉。虽然土壤有机质在酸化环境对镉有一定的吸附能力，但镉同时受到土壤溶液中离子强度的影响，在高强度的施肥条件下，土壤中的离子强度高，镉的有效性明显增强。因此，虽然我国在 1995 年制定了几乎是全世界最严格的《土壤环境质量标准》（GB 15618－1995），这体现在土壤镉含量上，在 pH＜6.5 的耕地，土壤含镉量不能超过 0.3 mg/kg。但在现实的高强度的耕作制度下，0.3 mg/kg 在一些区域并不能确保稻米的镉安全。

研究者在多个区域检测到镉不超标的土壤所生产的稻米的镉含量超标的现象，例如在 pH 5.33、全镉含量 0.22 mg/kg 的情况下， 39 个试验水稻品种的镉含量都超过 0.2 mg/kg 的标准。在不超标的土壤生产出超标的农产品并非水稻所独有，事实上花生、蔬菜等作物也有报道。有研究表明，在土壤镉含量不超标的情况下，供试花生籽实际的镉含量为 0.21～0.75 mg/kg，测定值全部超标，且达食品镉限量标准的 1～4 倍；而花生籽实种皮中的镉含量更是高达 1.10～1.95 mg/kg。

以上例证表明，单纯的土壤重金属全量数值并不一定能确保农产品的安全，土壤酸化是影响农产品重金属超标的重要因素。

2）气象条件对农产品中重金属含量的影响

气候因素通过温度改变影响植物根系的吸收能力，通过温湿度改变影响植物的蒸腾作用，进而影响植物对重金属的吸收，这种影响不单表现在年度上，也表现在季度上，甚至表现在大尺度的气候变化上。有科学家研究了毛叶山樱花等六种牧草在春、夏、秋三季中镉含量的变化，总体上，夏季比春季降低 47%，而秋季比夏季增加 29%。而在英国的 Shipham 铅锌矿区，冬季蔬菜平均含镉量为 0.23 mg/kg，夏季蔬菜平均含镉量为 0.52 mg/kg，夏季蔬菜平均含镉量是冬季的两倍以上。对于我国南方的早晚两季稻，往往早稻的镉含量远远低于晚稻，且超标率也大幅度降低。这类结果在我国广东、广西、台湾以及韩国都有过报道。

3）作物类别与品种对农产品中重金属含量的影响

不同作物、同一作物不同品种间的重金属积累差异很大是一个众所周知的事实。不同农作物不仅对重金属的富集系数不同，转移系数也有差异。玉米和小麦根系及茎叶等营养器官富集镉的能力较强，但果实富集量却很低。同一植物不同器官对镉的富集系数也不同，一般为根系＞茎叶＞果实。镉主要集中在根部，这与镉进入根的皮层细胞后和根内蛋白质、多糖、核糖、核酸等化合形成稳定的大分子络合物，或形成不溶性有机大分子而沉积下来有关。

对于污染程度不高的土壤，农产品的安全可以通过改变种植结构而得到保障。基于作物的品种特性，很多科学家力图通过筛选低重金属吸收的品种，在轻微污染的土壤可以获得不超标的农产品。在加拿大，研究人员成功找到了对镉吸收量较低的硬质小麦品种，并得到了大面积的推广。但对于水稻，虽然很多研究单位也找到了很多镉低吸收的品种，但在实际生产中却鲜有成功的例子。这是因为水稻生长的土壤环境多变，加上元素间的相互作用，低镉品种的表现并不稳定。早稻的低镉品种在晚稻可能就高镉，一个地方的低镉品种到另一个地方就高镉，必须因地制宜地进行选择，所谓“合适的才是最好的”。

3. 重金属污染农田土壤修复的思路

污染土壤修复的技术原理可概括为：①以降低污染风险为目的，即通过改变污染物在土壤中的存在形态或其与土壤的结合方式，降低其在环境中的可迁移性与生物可利用性；②以削减污染总量为目的，即通过处理将有害物质从土壤中去除，以降低土壤中有害物质的总浓度。基于上述基本原理，人们提出物理、化学、生物和农艺调控等多种修复类型。与工业场地重金属污染相比，农田土壤重金属污染面积巨大，但主要以中轻度污染为主，其修复技术与方式的选择需要首先考虑农业生产方式和类型，其次兼顾有效性、经济性和推广性。目前，可用于农田重金属污染修复技术主要包括如下四种：工程措施、农艺调控措施、化学钝化修复技术和植物修复技术。在目前实际开展的农田重金属污染修复中，主要以化学钝化修复技术为主，辅助农艺调控措施等，以达到重金属污染农田的安全利用，控制稻米等农产品中的重金属不超标。

思　考　题

1. 土壤的定义是什么？
2. 简述土壤的化学性质。
3. 什么是农用地土壤污染风险筛选值和管制值？

4. 什么是土壤污染？土壤污染的来源有哪些？
5. 简述如何控制和消除污染源。
6. 简述污染土壤的几种物理修复技术。
7. 简述污染土壤的几种化学修复技术。
8. 微生物修复的优点和不足有哪些？
9. 请列举几种主要的联合修复技术。
10. 影响农产品中重金属含量的因素有哪些？
11. 简述重金属污染农田土壤修复的思路。

主要参考文献

陈怀满. 2005. 环境土壤学[M]. 北京：科学出版社.
陈能场, 郑煜基, 雷绍荣, 等. 2015. 种植业农产品中重金属超标的成因分析[J]. 农产品质量与安全, (2): 54-60.
陈岳. 2012. 环境科学概论[M]. 上海：华东理工大学出版社.
洪坚平. 2011. 土壤污染与防治[M]. 北京：中国农业出版社.
贾建丽. 2012. 环境土壤学[M]. 北京：化学工业出版社.
鞠美庭. 2010. 环境学基础[M]. 北京：化学工业出版社.
刘克锋, 张颖. 2012. 环境学导论[M]. 北京：中国林业出版社.
生态环境部, 国家市场监督管理总局. 2018. 土壤环境质量 农用地土壤污染风险管控标准（试行）[S]. 中华人民共和国国家标准, GB 15618－2018.
生态环境部, 国家市场监督管理总局. 2018. 土壤环境质量 建设用地土壤污染风险管控标准（试行）[S]. 中华人民共和国国家标准, GB 36600－2018.
万洪富. 2016. 镉米值得全社会关注[J]. 民主与科学, (6): 23-25.
王红旗. 2007. 土壤环境学[M]. 北京：高等教育出版社.
袁建新, 王云. 2000. 我国《土壤环境质量标准》现存问题与建议[J]. 中国环境监测, 16(5): 41-44.
AECOM Inc. 2013. 棕地治理与再开发[M]. 北京：中国环境出版社.

第 7 章　固体废物污染控制

本章导读： 固体废物污染已经成为当今世界各国所共同面临的一个重大环境问题。本章从固体废物的概念出发，简单介绍固体废物的性质、分类、污染途径及其危害；简述无害化、减量化、资源化处理与处置固体废物的原则，在此基础上详细讲述固体废物的预处理、生物处理和热处理技术及最终的陆地处置和海洋处置方法；最后分析生活垃圾和电子垃圾带来的环境问题及其对策。

7.1　固体废物及其污染

7.1.1　固体废物的定义、特性和分类

1. 固体废物的定义

《中华人民共和国固体废物污染环境防治法》（2020 年修订版）中规定：固体废物（solid wastes），是指在生产、生活和其他活动中产生的丧失原有利用价值或者虽未丧失利用价值但被抛弃或者放弃的固态、半固态和置于容器中的气态的物品、物质，以及法律、行政法规规定纳入固体废物管理的物品、物质。经无害化加工处理，并且符合强制性国家产品质量标准，不会危害公众健康和生态安全，或者根据固体废物鉴别标准和鉴别程序认定为不属于固体废物的除外。

根据物质的存在状态划分，废物包括固态、液态和气态废物。在液态和气态废物中，若其污染物质混杂在水和空气中直接或经处理后排入水体或者大气，习惯上，将它们称为废水或废气，纳入水环境或者大气环境管理范畴；而对于其中不能排入水体的液态废物和不能排入大气的置于容器中的气态废物，因其具有较大的危害性而将其归入固体废物管理体系。

2. 固体废物的特性

1）资源和废物的相对性

从固体废物的定义可知，它是在某一时间和地点丧失原有价值但未丧失利用

价值而被丢弃的物质，是在一定时间放错地方的资源。因此，此处的“废”具有明显的时间和空间特征。

从时间方面来看，固体废物仅仅相对于目前的科技水平还不够高、经济条件还不允许的情况下暂时无法加以利用。随着时间的推移，科技水平的提高，经济的发展，资源滞后于人类的矛盾将日益突出，今天的废物势必成为明天的资源。

从空间角度来看，废物仅仅相对于某一过程或者某一方面没有价值，但并非在一切过程或者一切方面都没有使用价值。某一过程的废物往往会成为另一个过程的原料，如煤矸石发电、高炉渣生产水泥、电镀污泥中回收贵重金属等。

事实上，进入经济体系中的物质，仅有 10%～15%以建筑物、工厂、装置器具等形式积累起来，其余都变成废物。因此固体废物成为一类量大而面广的新资源将是必然趋势。资源和废物的相对性是固体废物最主要的特征。

2）成分的多样性和复杂性

固体废物成分复杂，种类繁多，大小各异，既有有机物又有无机物，既有非金属又有金属，既有有味的又有无味的，既有有毒物又有无毒物，既有单质又有化合物，既有单体又有聚合物，既有边角料又有设备配件，其构成可谓五花八门、琳琅满目。

3）危害的潜在性、长期性和灾难性

固体废物对环境的污染不同于废水、废气和噪声。它呆滞性大、扩散性小，对环境的影响主要通过水、气和土壤进行。由于污染成分在环境介质中的迁移转化使其危害更大并在较短的时间内难以发现，如浸出液在土壤中的迁移，是一个比较缓慢的过程，其危害可能在数年乃至数十年后才能呈现。从某种意义上讲，固体废物特别是有害废物对环境的危害可能要比水、气造成的危害严重得多。

4）污染源头和富集终态的双重性

废水和废气既是水体、大气和土壤环境的污染源，又是接受其所含污染物的环境。固体废物则不同，它们往往是许多污染成分的终极状态。例如，一些有害气体或飘尘通过治理最终富集成废渣；一些有害溶质和悬浮物通过治理最终被分离出来成为污泥或残渣；一些含重金属的可燃固体废物通过焚烧处理，有害重金属浓集于灰烬中。但是这些终态物质中的有害成分在长期自然因素作用下又会转入大气、水体和土壤，再次成为大气、水体和土壤环境污染的源头。

3. 固体废物的来源分类

固体废物按组成可分为有机废物和无机废物；按形态可分为固态、半固态和液（气）态废物；按污染特性可分为危险废物和一般废物；按来源分为工业固体废物、矿业固体废物、农业固体废物、危险废物和生活垃圾等，其分类、来源和主要组成物总结于表 7-1。

表 7-1　固体废物的分类、来源和主要组成物

分类	来源	主要组成物
工业固体废物	冶金、交通、机械、金属加工等工业	金属、矿渣、砂石、陶瓷、边角料、涂料、管道、绝热和绝缘材料、胶黏剂、废木、塑料、橡胶、烟尘等
	煤炭	矿石、木料、金属
	食品加工	肉类、谷物、果类、蔬菜、烟草
	橡胶、皮革、塑料等工业	橡胶、皮革、塑料、布、纤维、燃料、金属等
	造纸、木材、印刷等工业	刨花、锯末、化学药剂、金属填料、塑料、木质素
	石油化工	化学药剂、金属、塑料、橡胶、陶瓷、沥青、石棉
	电器、仪表仪器等工业	金属、玻璃、木材、橡胶、塑料、化学药剂、研磨料、陶瓷、绝缘材料
	纺织服装业	布头、纤维、橡胶、塑料、金属
	建筑材料	金属、水泥、黏土、陶瓷、石膏、石棉、砂石、纸、纤维
矿业固体废物	电力工业	炉渣、粉煤灰、烟灰
	矿山、选冶	废矿石、尾矿、金属、废木、砖瓦石块等
农业固体废物	农林	稻草、秸秆、蔬菜、水果、人畜粪便、农药、落叶等
	水产	腐烂鱼、腥臭死禽畜、虾、贝壳、水产加工污水
危险废物	核工业、核电站、放射性医疗单位、科研单位	含放射性废渣、金属、污泥、器具、劳保用品、建筑材料
	其他有关单位	含有易燃性、易爆性、腐蚀性、反应性、有毒性、传染性的固体废物
生活垃圾	居民生活	食物垃圾、纸屑、布料、木料、庭院植物修剪物、金属、玻璃、塑料、陶瓷、燃料、灰渣、碎砖瓦、废器具、杂品
	商业、机关	管道、碎砌体等其他建筑材料、废汽车、废电器、废器具，以及含有易爆、易燃、腐蚀性、放射性的废物
	市政维护、管理部门	碎砖瓦、树叶、死禽畜、金属锅炉灰渣、污泥、脏土

工业固体废物（industrial solid wastes）指在工业生产活动中产生的固体废物。包括废渣、粉尘、碎屑、污泥，以及在采矿过程中产生的废石、尾砂等。一般工业固体废物指不具毒性和有害性的工业固体废物。

农业固体废物（agricultural solid wastes）指在农业生产活动中产生的固体废物。包括秸秆、废弃农用薄膜、农药包装废弃物、畜禽粪污等。

危险废物（hazardous wastes）指列入国家危险废物名录或者根据国家规定的危险废物鉴别标准和鉴别方法认定的具有危险特性的固体废物。它对人类、动植物现在和将来都会构成危害，没有特殊的预防措施不能进行处理或处置的废物，具有毒性（如含重金属的废物）、爆炸性（如含硝酸铵、氯化铵等的废物）、易燃性（如废油和废溶剂等）、腐蚀性（如废酸和废碱）、化学反应性（如含铬废物）、传染性（如医院临床废物）等一种或几种以上的危害特性。在我国，危险废物根据其毒性、爆炸性、易燃性、腐蚀性、化学反应性、传染性进行分类管理，而具有放射性的废物作为一类特殊的有害固体废物，则自成体系，进行单独专门管理。

生活垃圾（municipal wastes）指在日常生活中或者为日常生活提供服务的活动中产生的固体废物，以及法律、行政法规规定视为生活垃圾的固体废物。主要是来自居民的生活消费、商业活动、市政建设和维护、机关办公等过程中产生的固体废物，包括城乡生活垃圾、城建渣土、商业固体废物、粪便等。

7.1.2　固体废物的污染途径及危害

露天存放或置于处置场的固体废物，其中的化学有害成分可通过环境介质——大气、土壤、地表或地下水体等直接或间接传至人体，危害健康（图 7-1）。其对环境和人体健康的影响主要包括五方面。

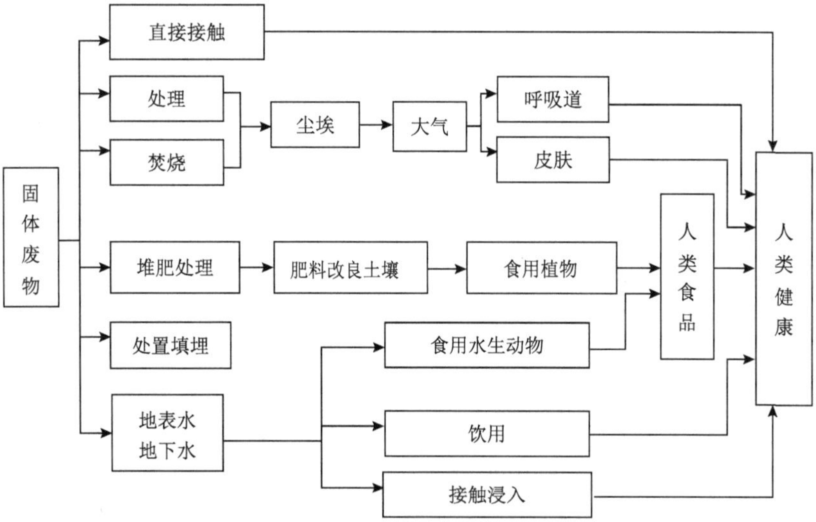

图 7-1　固体废物的主要污染途径

1. 污染大气

固体废物对大气的污染主要表现在以下三方面：①粉尘随风飘扬；②有毒气体、恶臭气体的逸出；③破坏植物、臭氧层。

2. 污染水体

固体废物对水体的污染表现在以下三方面：①污染河流、湖泊；②渗滤液和有害化学物质的转化和迁移，使水体酸化、碱化、富营养化、矿化、悬浮物增加，甚至毒化等；③缩减江、河、湖的有效面积，降低排洪和灌溉能力。

在我国，固体废物污染水体的事件已屡见不鲜。例如，锦州某铁合金厂堆存的铬渣使近 20 km^2 范围内的水质遭受重金属六价铬污染，致使 7 个自然村屯 1800 眼水井的水不能饮用。又如，湖南某矿务局的含砷废渣由于长期露天堆存，其浸出液污染了民用水井，造成 308 人急性中毒、6 人死亡的严重事故。

3. 污染土壤

固体废物对土壤环境的污染主要表现在以下两方面：①废物直接进入土壤，并长期存在且难以分解；②妨碍植物生长、发育，危及人体健康。

一般来说，堆存 1 万 t 废物就要占地 1 亩（1 亩≈666.67 m^2），而受污染的土壤面积往往比堆存面积大 1～2 倍。这些垃圾一般很难分解，必将长久地留在土壤里，危害环境和人体健康，如玻璃瓶实际上在任何时候都不会分解，塑料瓶分解约需 450 年、易拉罐需 200～250 年、普通马口铁罐头盒约需 100 年、经油漆粉刷的木板约需 13 年、帆布制品约需 1 年、绳索需 3～14 个月、棉织物需 1～5 个月、火车票等纸屑约需半个月等。这表明，现在固体废物造成的土壤环境污染可能会影响到好几代人。

4. 影响环境卫生

我国生活垃圾、粪便的清运能力不高，无害化处理率低，很大一部分垃圾堆存在城市的一些死角，影响市容和城市环境卫生，对市容和景观产生“视觉污染”，给人们带来了不良刺激。

5. 危害人体健康

固体废物，尤其是其中的危险废物，因具有毒性、易燃性、反应性、疾病传染性等特点，若处理不当，将会对人体健康造成严重危害。例如，日本富山县的骨痛病事件、美国纽约州拉夫河谷土壤污染事件，均是废渣处理不当引起的灾难性公害事件。

7.1.3　固体废物产生量及治理现状

1. 处理方式单一，不利于城市可持续发展

随着社会经济的发展，城市生活垃圾的成分趋于复杂，单一的处理方式往往

不能适应发展的要求。垃圾填埋法由于具有技术较成熟、易操作和管理、投资额小等优点，得到了国内外广泛采用。但这种处理方式并没有真正遵循垃圾处理的无害化、资源化、减量化目标，填埋过程中填埋大量有用之物，再加上填埋场地选择较困难，存在污水和废气的治理等一系列问题而削弱其作为垃圾最终处理技术的应用前景。

2. 处理技术差，管理落后，对环境影响大

我国在固体废物治理方面起步较晚，收集方式基本上是混合收集，没有形成较有效的循环利用路线，亦使堆肥和焚烧的发展受到影响，有些城市甚至采用堆放和简易填埋处理，乱堆乱放还相当普遍。我国现阶段主要是针对已产生垃圾的处理，对于控制垃圾产生源头的理念并没有在技术路线中体现，而且处理的方式相对较单一，且分类不细化，导致资源的回收利用率较低。总的来说，对环境影响较大，具体表现为以下几方面。

（1）大气环境影响：填埋场基础设施水平较低，填埋作业不规范，导致填埋场散发出大量污染气体，如 H_2S、CH_4、CO 等污染物，其中主要为 H_2S，是产生场内污臭的主要原因，对周围居民的影响较大。

（2）水体环境影响：填埋场渗滤液产生量大，尤其是雨季，填埋场渗滤液有机污染较严重，主要以 NH_3-N、COD_{Cr} 为主，还有重金属污染，对地下水和地表水造成污染。

（3）生态环境影响：填埋场排出的废水、废气对场内及周围的植物生态系统的影响大。

7.1.4　固体废物污染控制原则

20 世纪 80 年代中期，为了更好地指导和规范我国的固体废物管理、处理、处置和利用，我国提出“无害化、减量化、资源化”固体废物污染控制政策，并确定在今后相当长的一段时间内应以“无害化”为主，并逐渐向“资源化”过渡，“无害化”和“减量化”应以“资源化”为条件。为了达到这“三化”，首先要转变观念，要控制污染、保护环境，就要首先选择减少固体废物产生的“减量化”（前端预防），而不是选择固体废物产生以后的“无害化”（末端处理）；其次要在法规、标准、政策和管理体制上为“减量化”的贯彻实施提供强有力的保障。

1. 无害化

固体废物的无害化，指经过适当的处理或处置，使固体废物或其中的有害成分无法危害环境，或转化为对环境无害的物质，这个处置过程为固体废物的无害

化。无害化是固体废物污染治理的核心，基本任务是将固体废物通过工程处理，达到不损害人体健康、不污染周围自然环境的目的。

目前，固体废物无害化处理已经发展为多学科参与的崭新的工程技术。仅以城市生活垃圾为例，就有焚烧、填埋、堆肥、沼气化等工程技术手段，这些技术在我国已日臻完善，并建立了相应的技术规范。还应指出的是，固体废物的资源化已被广泛认为是最理想的无害化途径。由于固体废物的极其多样性，其无害化的难度和技术方面的提升空间都非常显著。

2. 减量化

废物减量化也称为废物最少化，指将产生的或随后处理、储存、处置的有害废物量减少到可行的最低程度。其结果使有害废物的总体积或数量减少，或者有害废物的毒性降低，只要这种减少与将有害废物对人体健康和环境目前及将来的威胁减少到最低限度的目标相一致。废物减量化包括源削减和有效利用、重复利用及再生回收，不包括用来回收能源的废物处置和焚烧处理。由于城市生活垃圾的产生量难以控制，因此减量化主要是针对工业生产中产生的废物而言。减少污染源的废物产生量是解决工业固体废物的最佳方案，它不仅可减少废物向空气、土地和水体等各种环境介质中的排放量，而且对固体废物的管理控制也有重大意义。当前减少废物产生在理论上已经被认为是解决固体废物问题最好的方法，得到广泛的接受。美国国家环境保护局已经制订废物管理的标准实施方案，第一个选择是减少废物的产生，第二个选择是废物的重复利用，第三个选择才是处理。

报告称，美国有44份减少废物的首创经验，这显示出减量化策略的巨大潜力。其中工厂废物产量减少50%～80%，甚至更多。工厂减少固体废物的实践涉及五种改革：①改变生产过程；②革新工厂设备；③重新调整化学品的配方；④无害化化学品代替有毒化学品；⑤简化操作和改善运行管理。实施这些改革，不仅减轻工厂对人体健康和环境的影响，而且使许多部门提高经济效益。例如，博登公司在加利福尼亚州经营的树脂制造厂成功地减少了93%的苯废物，从减少原料损失和控制污染费用中节省了几百万美元。

为适应减量化要求，从20世纪90年代开始，一种新的工业发展方式——清洁生产工艺在国际上悄然兴起。清洁生产在不同的发展阶段或者不同的国家有不同的叫法，如“废物减量化”“无废工艺”“污染预防”等。但其基本内涵是一致的，即通过对产品和产品的生产过程、产品及服务采取预防污染的策略来减少污染物的产生。

联合国环境规划署工业与环境规划中心综合各种说法，采用了“清洁生产”这一术语来表示从原料、生产工艺到产品使用全过程的广义的污染防治途径，其定义为：清洁生产是一种新的创造性的思想，该思想将整体预防的环境战略持续应用于生产过程、产品和服务中，以增加生态效率和减少人类及环境的风险。

对于生产过程，要求节约原材料与能源，淘汰有毒原材料，减少与降低所有废弃物的数量与毒性；对于产品，要求减少从原材料提炼到产品最终处置的全生命周期的不利影响；对于服务，要求将环境因素纳入设计与所提供的服务中。由此可见，其目的在于解决自然资源的合理利用和环境保护问题。实现清洁生产的主要途径是：①原料的综合利用；②改革原有工艺或者开发全新流程；③实现物料的闭路循环；④工业废料转化成二次资源；⑤改进产品的设计，加强废品的回收利用。

近年来开发的无焦炼铁工艺就是清洁生产工艺的一个例证。传统的钢铁生产工艺是相当复杂的，一般包括四大部分：首先是矿石烧结制备烧结矿，其次是煤炼焦制备焦炭，再次是高炉熔炼生产生铁，最后是用平炉或转炉炼钢。整个过程的能耗和物耗都十分可观，用水、气量也极大，产生的各种废料数量惊人。而新型的无焦炼铁工艺就是用氢气或者天然气转化气直接从铁精矿制铁，不用焦炭，也不用高炉。从传统中革除烧结、炼焦和熔炼三大程序，使用水量减少到1/3，基本上没有废渣和废气的产生，而且具有很高的经济效益。

3. 资源化

资源化指采取管理或工艺的措施从固体废物中回收有用的物质和能源，创造经济价值广泛使用的技术方法。

固体废物“资源化”是固体废物的主要归宿。

资源化的概念包括以下三个范畴。①物质回收：即处理废弃物并从中回收指定的二次物质，如纸张、玻璃、金属等。②物质转换：即利用废弃物制取新形态的物质，如利用炉渣生产水泥和建筑材料，利用废橡胶生产铺路材料，利用有机垃圾生产堆肥等。③能量转换：即从废物处理中回收能量，生产热能和电能。例如，通过有机废物的焚烧处理回收热量，进而发电；通过热解技术，生产工业或民用燃料；利用垃圾厌氧消化产生沼气，将其作为能源向居民和企业供热或发电。

7.2　固体废物处理技术

7.2.1　固体废物的预处理技术

固体废物的预处理指将固体废物转变成适于运输、利用、储存或最终处置的过程。固体废物预处理的方法有压实、破碎、分选、脱水与干燥。

1. 压实

压实（compaction）又称压缩，即利用机械的方法增加固体的聚集程度，增大容量和减小体积，使其便于装卸、运输、储存和填埋。固体废物中适合压实处理的主要是压缩性能大而复原性小的物质。固体废物经过压实处理后，体积减小的程度称为压缩比。废物压缩比取决于废物的种类及施加的压力，一般的压缩比为3～5。压实的原理主要是减少孔隙率，将孔隙压小。若采用高压压实，除减少孔隙外，在分子之间可能产生晶格的破坏使物质变性。

压实机器由容器单元和压实单元构成。容器单元接受废物，压实单元具有液压和气压操作的压实，利用高压使废物致密。压实器有固定和移动两种形式，移动的压实器一般安装在收集垃圾的车上，接受废物后立即进行压缩，随后送往处置场地；固定压实器一般设在废物转运站、高层住宅垃圾滑道的底部，以及需要压实废物的场合。常见的几种压实器械有水平式压实器、三向联合式压实机和回转式压实机。

2. 破碎

固体废物的破碎（shredding）就是利用外力克服固体废物质点间的内聚力而使大块固体废物分裂成小块的过程。磨碎是使小块的固体废物颗粒分裂成细粉的过程。破碎的处理通常不是最终处置，它往往会作为运输、储存、焚烧、热分解、熔融、压缩和磁选等的预处理。

破碎的目的主要是使固体废物的体积减小，以便于运输和储存；为固体废物的分选提供所要求的入选粒度，以便有效地回收固体废物中的某些成分；使固体废物的比表面积增加，提高焚烧、热分解、熔融等处理的稳定性和热效率；为固体废物的下一步加工做准备；用破碎后的生活垃圾进行填埋处置使压实密度高而均匀，可以加快覆土还原；防止粗大、锋利的固体废物损坏分选、焚烧和热结等设备或炉膛。

在破碎过程中，原废物粒度与破碎产物粒度的比值称为破碎比。破碎比表示废物粒度在破碎过程中减小的倍数，即表示废物被破碎的程度。

按照破碎固体废物所用的外力，破碎的方法可分为机械能破碎和非机械能破碎两类。机械能破碎是利用破碎工具对固体废物施加外力而将固体废物破碎；非机械能是利用电能、热能等对固体废物进行破碎。目前广泛应用的机械能破碎主要有剪切破碎、冲击破碎、挤压破碎和磨碎等。非机械能破碎主要有低温破碎、湿式破碎、半湿式选择性破碎等。许多传统的工业破碎机械可用于处理固体废物，如颚式破碎机、锤式破碎机、辊式破碎机和撕裂机等。在欧美、日本等地区和国家还开发了专门以城市垃圾和工业垃圾的大型固体废物为对象的破碎机。这些破碎机往往兼有剪切破碎和冲击破碎的功能。

3. 分选

固体废物分选（separation）是实现固体废物资源化、减量化的重要手段，通过分选将有用的成分选出来加以利用，将有害的成分分离出来，另一种是将不同粒度级别的废弃物加以分离。分选的基本原理是利用物料的某些性质方面的差异，将其分选开。例如，利用废弃物中的磁性和非磁性差别进行分离，利用粒径尺寸差别进行分离和利用密度差别进行分离等。根据不同性质，可以设计制造各种机械对固体废弃物进行分选。分选包括手工捡选、筛选、重力分选、磁力分选、涡电流分选、光学分选等。

4. 脱水与干燥

有些固体废物中含有较高的水分，从而影响废物的处理。为减少废物的体积或提高废物的热值等目的，对固体废物进行脱水和干燥（dehydration and drying）是废物预处理中常用的方法。其中，污泥是半固态物质，含水率高，脱水主要是针对污泥的一种预处理工艺。为了有效而经济地进行污泥干燥、焚烧及进一步处置，必须充分地脱水达到减量化，使污泥成为固态物质来处理。脱水方法有浓缩和过滤脱水等。

污泥浓缩的目的是降低污泥中水分，减小污泥体积，但仍然保持其流体性质。浓缩后污泥含水率仍高于 90%，可以用泵输送。污泥浓缩的方法主要有重力浓缩法、气浮浓缩法和离心浓缩法三种。

污泥调理是污泥浓缩或机械脱水前的预处理，其目的是改善污泥浓缩和污泥脱水的性能，提高机械脱水设备的处理能力。污泥调理的方法有化学调理、淘洗、加热加压调理、冷冻融化调理等。在现实处理中有多种脱水方法包括真空过滤脱水、压滤脱水、滚压脱水、离心脱水、造粒脱水。

经过脱水处理的污泥泥饼仍含有 55%～80%的水分，为解决在进一步的使用和处理中水分偏高的问题，干燥室是其中重要的方法。固体废物干燥室利用加热使物料中水分蒸发，也就随着相变化使水分分离出去，同时进行传热和传质扩散过程的操作。干燥处理后含水率降至 20%～40%。在处理中使用的干燥器主要有通风干燥器、喷雾干燥器、气流干燥器、旋转干燥器、传导加热型干燥器、真空干燥器等。

7.2.2　固体废物的焚烧处理技术

焚烧（incineration）是一种非常有效的固体废物处理方法，可以同时达到无害化、减量化和资源化的效果。例如，在处理生活垃圾时，其体积减容可达到 90%

以上，还可以回收焚烧产生的热能。目前，焚烧工艺的处理对象主要是城市垃圾和可燃性固体废物。后者主要是受铅污染的废油、含重金属的润滑油、废可燃溶剂、多氯联苯、氟利昂、醇类、甲苯、医用垃圾等。

固体废物的焚烧设备种类繁多，传统的焚烧炉有两种类型，即一次燃烧工艺焚烧炉和两次燃烧工艺焚烧炉。后者是在第二燃烧室或第二、第三燃烧室中燃烧，在第一燃烧室中产生可燃气体。除传统的焚烧炉外，近年又有许多处理特殊废物（如危险固体废物）的新型焚烧炉问世。新型焚烧炉多用于处理有机废物和危险废物。例如，催化焚烧炉，多用于处理有害气体或气化的液态废物；纯氧焚烧炉，常用于处理有害废物；湿式氧化设备，采用高温、高压氧化，使污染物留在水相，特别适宜于污泥的焚烧；熔盐焚烧炉，对有害的有机废物破坏去除率可达 99.99%以上。此外，还有熔融玻璃反应器、等离子温度焚烧电子反应器、红外焚烧炉等，处理危险废物和有机废物都有很好的效果。

焚烧炉在焚烧过程中产生种类繁多的气态污染物，大体可分为四类：酸性气态污染物，主要有 HCl、Cl_2、HF、SO_2、NO_x、P_2O_5、H_3PO_4 等；不完全燃烧气态产物（简称 PCI），主要有 CO、C_xH_y、醇、酮、有机酸、二噁英[多氯代二苯并噁英（PCDDs）和多氯代二苯并呋喃（PCDFs）]等；颗粒污染物，包括惰性金属盐类、金属氧化物或不完全燃烧产物，其中粒径小于 3 μm 的颗粒会含有一定量的重金属；重金属污染物，包括铅、铬、镉、汞、砷等金属的气化物，如汞蒸气。

固体废物不完全燃烧时会产生 CO、C_xH_y 和二噁英等污染物，其中二噁英是目前已知的毒性最大的污染物之一，二噁英污染已成为世界性的敏感问题。二噁英包括 PCDDs 和 PCDFs 两个系列的化合物，它们分别有 75 个和 135 个异构体。有研究认为，在有氯和金属存在的条件下有机物燃烧均会产生二噁英。二噁英的形成途径可归纳为以下三条：①固体废物本身含有的二噁英在燃烧过程中释放；②在固体废物干燥和焚烧的初期，因供氧不足，形成二噁英前驱体，这些前驱体通过其他反应形成二噁英；③二噁英前驱体和废气中的 HCl 和 O_2 等在烟尘中飞灰的催化作用下（实际上是飞灰中的金属）形成二噁英。有研究表明，250～350℃是最易生成二噁英的温度范围。

为了减少焚烧过程中 CO、C_xH_y 和二噁英的产生量，应尽可能使固体废物中可燃成分充分燃烧，达成这一目的有效途径有：①控制来源，即通过固体废物分类收集，进行资源回收，避免含有二噁英的物质和含氯高的物质进入焚烧炉，这是减少二噁英产生的最有效的措施；②维持较高的焚烧温度（至少 800℃），供氧量要充足；③使焚烧气与空气充分混合，维持炉膛内良好的传质条件；④固体废物要在炉膛内维持足够的停留时间，一般不少于 2s；⑤将烟气快速降温至 300℃以下，防止二噁英的再度合成。

在不同年代，对于不同的国家和地区，城市固体废物的环保标准也有所不同。经济发达国家的环保标准通常相对欠发达国家要更严格；在同一国家不同年代，环保标准也不相同，一般随经济、技术的发展日益严格。我国于 2014 年制定的焚烧厂标准《生活垃圾焚烧污染控制标准》（GB 18485－2014）自 2014 年 7 月 1 日起实施，代替了 2001 年修订的《生活垃圾焚烧污染控制标准》（GB 18485－2001），并于 2019 年发布了此标准的修改单。表 7-2 为我国 2014 年开始实施的垃圾焚烧厂的焚烧炉烟气排放标准。

表 7-2　生活垃圾焚烧炉排放烟气中污染物限值

序号	污染物项目	限值	取值时间
1	颗粒物/（mg/m^3）	30	1 h 均值
		20	24h 均值
2	氮氧化物/（mg/m^3）	300	1 h 均值
		250	24 h 均值
3	二氧化硫/（mg/m^3）	100	1 h 均值
		80	24 h 均值
4	氯化氢/（mg/m^3）	60	1 h 均值
		50	24 h 均值
5	汞及其化合物（以 Hg 计）/（mg/m^3）	0.05	测定均值
6	镉、铊及其化合物（以 Cd +Tl 计）/（mg/m^3）	0.1	测定均值
7	锑、砷、铅、铬、钴、铜、锰、镍及其化合物（以 Sb+As+Pb+Cr+Co+Cu+Mn+Ni 计）/（mg/m^3）	1.0	测定均值
8	二噁英类/（ng TEQ/m^3）	0.1	测定均值
9	一氧化碳/（mg/m^3）	100	1 h 均值
		80	24 h 均值

阅读材料：垃圾焚烧风波及其出路

——依互联网资料整理

中国超过 1/3 的城市，正深陷垃圾围城的困局。北京每天产生的垃圾量如果用 2.5 t 的卡车装载，能从天安门一直排到河北廊坊；上海每半个月的垃圾量能堆出一座 88 层的金茂大厦。与此同时，城市周边已无垃圾“葬身”

之地，而垃圾焚烧项目又屡遭抵制，地方政府面临巨大的压力。据不完全统计，过去几年，我国先后有北京、上海、天津、广州、武汉、南京、南昌、杭州等众多城市发生居民反对修建垃圾焚烧厂事件，广大环保志愿者和非政府组织（NGO）也一直在密切注视，“主烧”和“反烧”两派针锋相对。

焚烧曾是世界上许多大城市的首选。对于人口密集、土地资源稀缺、经济发达的城市，应优先考虑垃圾焚烧。通过焚烧垃圾来发电，既最大限度地减少垃圾的体积，又利用其产生新能源。尽管垃圾焚烧具有众多优势，但公众最担心的就是焚烧过程中产生的污染物——二噁英。经过多年的发展，垃圾焚烧技术已有飞跃式的进步，已经实现了对二噁英的高效处理。虽然低于400℃时焚烧会产生大量二噁英，但焚烧温度超过 850℃，99%的二噁英会被分解掉，当温度达到 1000℃以上时，二噁英就全部分解了。经过多年的科普，公众对垃圾焚烧的技术原理、环境影响的认识都已经越来越清晰。与此同时，人们在认同“技术无害”的同时，仍在担心“监管有漏”。这是民众的一种担忧。要让百姓对垃圾焚烧有信心，垃圾场必须要主动与社会沟通。垃圾焚烧企业应该接受市民与社会团体监督、建议，并将与政府、市民的沟通进行全公开。

此外，无论技术和管理上多先进，垃圾焚烧厂仍是扰民设施。垃圾焚烧企业首先必须要承认存在这种环境影响，不能总寄希望于公众自愿牺牲既得利益，而要考虑利用补偿机制让居民感受到利益平衡。“这是一个烟囱，烟囱的形状有点怪，上边红色的是一部电梯，烟囱有 120 m 高，相当于 40 层楼高，这个电梯是透明的，烟囱上面有一个观景台，还有一个旋转餐厅。就是说你在这吃饭闻到的是香味，没有臭味，也看不到什么烟”，这是台北市环境工程技师公会的工程师林斌龙对台北市的北投垃圾焚烧厂的描述（图 7-2）。现在，这个地方不仅早已不像人们印象中垃圾焚化厂那样让人闻之色变，还成了一个知名的观光景点。这里除了焚烧垃圾，厂区内还建起了健身中心等娱乐休闲设施，供附近居民使用。在 20 世纪 80 年代前，台北市的垃圾都是露天堆置，形成基隆河旁的“内湖垃圾山”。垃圾堆产生的臭味影响到附近的居民，居民开始抗争，这是早期的环保抗争。后来台北市政府决定在垃圾堆旁边建一座焚烧厂来解决这个问题，经过居民与政府的抗争、妥协，后来达成了很多协议。例如，当地居民用电可以申请电费补助，因为这个焚烧厂可以发电；水费也有补助，居民去焚烧厂的温水游泳池不要钱。为了减轻焚烧厂的处理压力，台北市于1992年即开始推动资源垃圾回收，1997年实施“垃圾不落地”及“三合一资源回收计划”，规定市民必须将垃圾直接交给垃圾车收运，采取定时、定点、定线清运垃圾方式，方便市民将“垃圾分类”“资源回收”“垃圾清运”一次完成。这些也许值得借鉴。

图7-2　台北市北投垃圾焚烧厂外景

7.2.3　固体废物的热解处理技术

热解（pyrolyzation）是一种低污染的固体废物处理技术，是利用大分子有机物的热不稳定性，使其在无氧或缺氧的条件下受热分解为小分子有机物的过程。其产物主要是可燃的气态、液态、固态的化合物。气态的有氢气、甲烷、一氧化碳；液态的有甲醇、乙醛、丙酮、乙酸及焦油和溶剂油等；固态的主要是炭黑。

热解反应是一个非常复杂的反应过程，包括大分子键的断裂、异构化和小分子的聚合等反应。随着热解温度的升高，热解物料依次经历干燥、干馏和气体生成等阶段。热解物料从常温升高到200℃时，物料中的水分以物理蒸发的形式析出。当物料温度达到250～500℃时，热解物料发生干馏过程，依次经历内在水析出、脱氧、脱硫、二氧化碳析出等过程，热解物料中纤维素、蛋白质、脂肪等大分子有机物断裂为小分子量的气体、液体和固态碳化合物。当温度达到 500～1200℃时，干馏过程产物进一步裂解，液态和固态有机化合物裂解为 H_2、CO、CO_2、CH_4等气态产物，其主要的反应流程如图 7-3 所示。

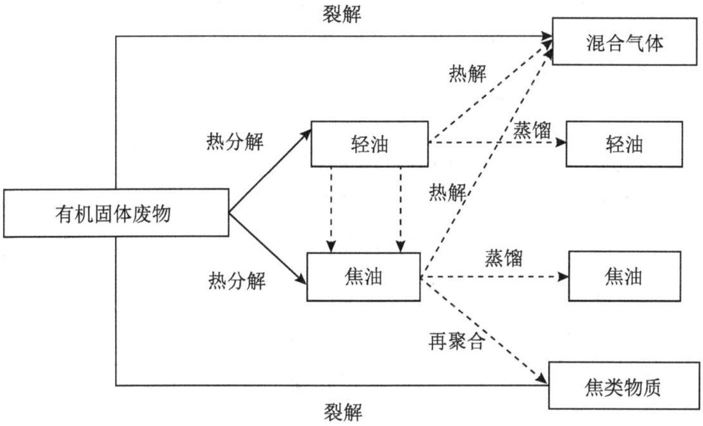

图 7-3　热解反应的主要流程

在热解过程中，中间产物存在两种变化趋势：一方面存在从大分子变成小分子甚至气体的裂解反应；另一方面也存在小分子聚合成较大分子的聚合过程。总的来说，热解过程包括裂解反应、脱氢反应、加氢反应、缩合反应、桥键反应等。

热解的影响因素主要有温度和压力。常压高温条件下的产物以气为主，常温高压时产物则以液态居多。由于高压条件下操作难度较大，故常采用常压高温工艺条件。热解适用的处理对象主要有废塑料、废橡胶、污泥、城市垃圾和农用固体废物等。

热解过程由于反应温度、供热方式、升温速率、停留时间、热解炉结构及产品状态等条件的不同，热解工艺也各不相同。按照热解温度可分为低温热解（600℃以下）、中温热解（600～900℃）和高温热解（900℃以上）；按供热方式可分为直接加热和间接加热；按工艺操作条件可分为慢速热解、快速热解和反应性热解三种类型；按热解炉的结构可分为固定床、移动床、流化床和回转窑等；按热解产物的聚集状态可分为气化方式、液化方式和碳化方式。通过控制热解的条件（主要是反应温度、升温速率、停留时间、催化剂使用等），选择不同的热解工艺，可得到不同的热解产品。

固体废物的气化热解技术最早出现于 19 世纪 50 年代，英国伦敦利用煤气化来生产“城市煤气”。目前，固体废物热解气化反应器可以分为固定床、流化床、回转窑、移动床、旋转床等。固定床是固体废物热解气化炉的一种重要床型，按照气流在反应器中的流动方式，固定床气化炉可分为下吸式（并流式）、上吸式（逆流式）、横吸式、开心式，其中下吸式固定床气化技术成熟，使用最为频繁。流化床气化炉是一种常见的炉型，可以进一步划分为鼓泡流化床、循环流化床、双流化床等工艺形式。流化床气化炉内温度均匀，气固接触性良好，是一种物料适应性广、转化率高、气化强度高、能耗低的气化工艺。

7.2.4　固体废物的固化处理技术

废物的固化处理是利用物理或化学的方法将有害的固体废物与能聚结成固体的某种惰性基材混合并使之成型，从而使固体废物固定或包容在惰性固体基材中，使之具有化学稳定性或密封性的一种无害化处理技术。固化处理的机理十分复杂，在理论上迄今尚未形成充分的认识，也未能获得一种对任何固体废物都适用的通用处理方法。固化的过程有的是将有害废物通过化学转化或引入某种稳定的晶格中的过程，也有的是将有害废物用惰性材料加以包容的过程，或是上述两种过程兼而有之。

一个标准的固化处理过程主要由以下几个步骤组成。

（1）预处理。对收集到的固体废物必须进行预处理，如分选、干燥、中和、破坏氰化物等物理和化学的处理过程，因为废物中所含的许多化合物都会干扰固化过程。例如，以水泥为固化剂时，锰、锡、铜、铝的可溶性盐类会延长凝固时间并降低固化体的物理强度；过量的水也会阻碍固化过程；含酸性物质过多则会使固化剂用量增加等。

（2）加入填充剂及固化剂。其用量一般根据实验结果来确定。

（3）混合和凝硬。将废物和固化剂在混合设备中均匀混合，然后送到硬化池或处置场地中放置一段时间，使之凝硬完成硬化过程。

（4）固化体的后续处理。将固化体填埋或根据固化体的特性加以利用（如做建筑材料）。

1. 水泥固化法

水泥固化法是以水泥为固化剂，将有害固体废物进行固化的处理方法。水泥是一种胶凝材料，当它与水反应后形成一种硅酸盐水合凝胶，将有害的固体废物微粒包容在其中并逐步形成坚硬的固化体，使有害物质封闭在固化体内，达到稳定、无害化的目的。

用作水泥固化处理的固化剂有普通硅酸盐水泥或火山灰质硅酸盐水泥。为了改善固化条件，提高固化质量，有时还需加入适当的添加剂如吸附剂（活性氧化铝、黏土、蛭石等）、缓凝剂（如酒石酸、柠檬酸、硼酸盐等）、促凝剂（如水玻璃、碳酸钠等）和减水剂（表面活性剂）等。

水泥固化法具有工艺简单、材料来源广泛、处理费用低、固化体机械强度高等优点。特别适用于处理含重金属的污泥、原子能工业中的废料及其他有毒有害废物的处理中。

（1）电镀污泥的固化处理。电镀污泥的固化处理是最早开发的水泥固化技术，固化剂可采用425号硅酸盐水泥。干污泥、水泥和水的配比为(1～2)∶20∶(6～10)。水泥固化体的抗压强度可达 10～20 MPa，铅、镉、铬的浸出浓度均低于毒性鉴别标准。

（2）含汞废渣的水泥固化处理。渣水泥固化处理时，汞渣与水泥的配比为 1∶(3～8)，加水均匀混合后成型。再经蒸汽养护（60～70℃下养护 24 h），使其凝结硬化为固化体后再加以深埋放置。

水泥固化法的主要缺点是固化体的浸出率较高，体积也比原废物增大 0.5～1.0 倍，有些废物还需进行预处理和投加添加剂，这些都会造成处理费用增大。

2. 石灰固化法

石灰固化是以石灰为固化剂，以活性硅酸盐类（粉煤灰、水泥窑灰）为添加剂的一种固化方法。石灰与上述添加剂在有水存在时会形成一种具有包裹废物性能的稳定不溶性化合物的物料，并逐渐凝硬使废物得以固化。

石灰固化法适用于固化钢铁机械行业中酸洗工序所排放的废渣、电镀污泥、烟道气脱硫废渣、石油冶炼污泥等。其固化工艺过程与水泥固化法类似。

石灰固化法的优点是填料来源丰富、操作简单、处理费用低；被固化的废渣不要求脱水和干燥：可在常温下操作。其缺点是固化体易受酸性介质侵蚀、抗浸出性能较差等。

3. 热塑性材料固化法

热塑性材料指那些在加热后冷却时能反复转化和硬化的有机材料，如沥青、聚乙烯、聚氯乙烯、聚丙烯、石蜡等。这些材料在常温下为坚硬的固体，而在较高温度下有可塑性和流动性，从而可以利用这种特性对固体废物进行固化处理。

沥青是高分子碳氢化合物的混合物，具有较好的化学稳定性、黏结性，对多数酸、碱、盐类都有一定的耐腐蚀性，并具有一定的抗辐射稳定性，价格也较为低廉。

沥青固化一般可用于处理中、低放射水平的蒸发残液，废水化学处理所产生的沉渣，焚烧炉产生的残渣、废塑料、电镀污泥、砷渣等。

4. 热固性材料固化法

热固性材料指在加热时变成固体并且硬化，且再进行加热或冷却时仍保持其固体状态不变的物质。目前，常用的热固性材料有脲醛树脂和不饱和聚酯等，酚醛树脂及环氧树脂也在小范围内使用。脲醛树脂使用方便，固化速度快，与有害物质形成的固化体有较好的耐水性、耐腐蚀性，价格也较便宜，使用较为广泛。不饱和聚酯树脂在常温常压下即可固化成型，使用方便，特别适于对有害废物及放射性废物的固化处理。

日本冈山公害防治中心利用不饱和聚酯树脂固化处理电镀污泥，所形成的白化体抗压强度大、质量轻、表面光泽，可以作为建筑材料使用。

5. 玻璃固化法

玻璃固化是用玻璃原料(如氧化硅等)作为固化剂和待处理废料混合均匀，先在高温下煅烧，然后升温至1000～1150℃保温数小时，形成熔融的玻璃，冷却后再经退火处理即可得到坚固而稳定的固化体。

玻璃固化可采用间歇式的单罐操作，使煅烧、熔融都在同一罐内进行；也可采用连续式操作，煅烧和熔融分别在煅烧炉和熔融炉内完成。采用的固化配方多数是磷酸盐玻璃和硼硅酸盐玻璃。

玻璃固化主要用于处理放射性废物。它的优点是固化体致密，在水及酸碱液中浸出率小，有较高的热稳定性和辐射稳定性，增容也比较小；缺点是化学处理费用高，操作温度高，能耗大，设备腐蚀严重，操作过程中会产生较多的废气，必须加以收集处理，以防止二次污染的产生。

7.2.5 固体废物的生物处理技术

生物处理技术指利用微生物的分解作用处理固体废物的技术，其中应用最广泛的是堆肥化。堆肥化是在人工控制条件下，利用微生物技术使可生物降解的有机废物稳定化的工艺过程。其产品为堆肥，也称腐殖土，是一种土壤改良的有机肥。堆肥化过程按照需氧的程度分为好氧堆肥和厌氧发酵。堆肥工艺是一种古老的有机性固体废物的生物处理技术，随着科学技术的不断进步，堆肥技术已经发展到以城市生活垃圾、污水处理厂的污泥、人畜粪便、农业废物及食品加工业废物等为原料，同时以机械化代替传统的手工操作并不断发展新工艺、新技术，使堆肥处理工艺走向现代化。

1. 好氧堆肥

好氧堆肥（aerobic composting）是在有氧的条件下，好氧微生物对废物进行吸收、氧化、分解。微生物通过自身的生命活动，把有机废物氧化成最简单的有机物，同时释放出可供微生物生长及繁殖所需的能量。这个过程可用图 7-4 表示。

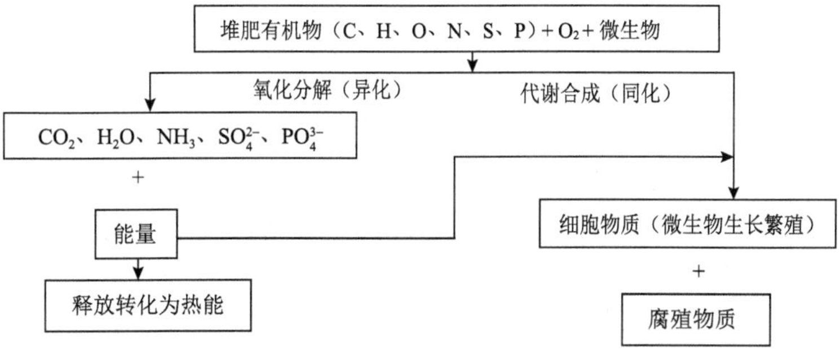

图 7-4　微生物代谢过程

原料的预处理包括分选、破碎及含水率、碳氮比的调整。首先去除废物中的金属、玻璃、塑料和木材等杂质，并破碎到 40 mm 左右的粒度，然后进行堆肥原料配料，调整含水率和碳氮比。堆肥原来可以使用纯垃圾、垃圾和粪便（质量比 7∶3）或者垃圾和污泥（质量比 7∶3）的混合物。

好氧堆肥化过程分为三个阶段，如图 7-5 所示。

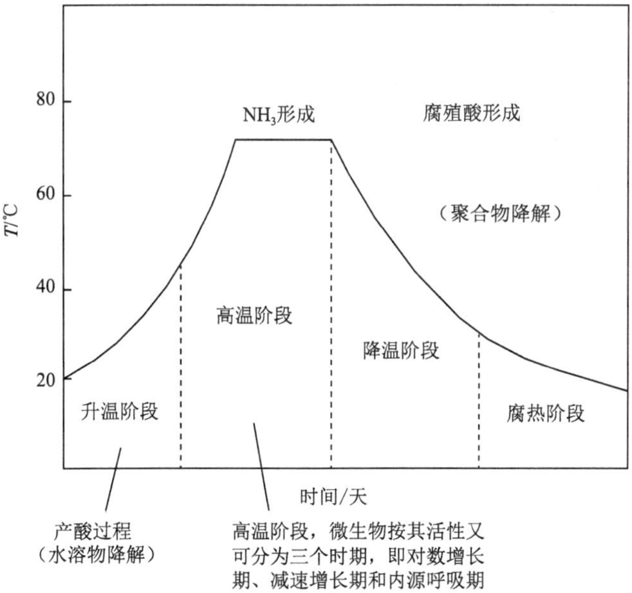

图 7-5　好氧堆肥化过程的三个阶段

（1）升温阶段（14～45℃，1～3 天）。该阶段也称中温阶段、产热阶段、起始阶段等。它是堆肥化过程的初期阶段，在此阶段，堆层基本呈 15～45℃的中温，微生物以中温、需氧型为主，嗜温性微生物（嗜温菌）较为活跃，这些微生物分解利用堆肥中可溶性易降解的有机物（如葡萄糖、脂肪、碳水化合物）进行旺盛的繁殖。它们在转换和利用化学能的过程中，有一部分变成热能，由于堆料有良好的保温作用，温度不断上升。该时段为 1～3 天。

（2）高温阶段（45～65℃，3～8 天）。当堆肥温度上升到 45℃时，即进入高温堆肥阶段。在该阶段，嗜温菌受到抑制甚至死亡，取而代之的是嗜热性微生物（嗜热菌）。上一阶段残留的和新形成的可溶性有机物质被分解转化的同时，复杂的有机化合物（如半纤维素、纤维素和蛋白质）也开始强烈分解。通常，在 50℃左右较为活跃的微生物主要是嗜热真菌和放线菌；当温度上升到 60℃时，真菌几乎完全停止活动，仅有嗜热放线菌与细菌活动；温度升高到 70℃以上时，对绝大多数嗜热菌已不适宜，微生物大量死亡或进入休眠状态。高温阶段的适宜温度通常为 45～65℃，最佳温度为 55℃，需 3～8 天。

（3）降温阶段或腐熟阶段（＜50℃，20～30 天）。在内源呼吸后期，只剩下部分较难分解的有机物和新形成的腐殖质，此时微生物的活性降低，发热量减少，温度下降，此时嗜温菌又占优势，对残余的较难分解的有机物作进一步分解，腐殖质不断增多且稳定化，此时堆肥化过程进入腐熟阶段，需氧量大大减少，含水率也降低，堆肥物孔隙增大，氧扩散能力增强，只需自然通风。该阶段温度通常在 50℃以下，需 20～30 天。

2. 厌氧发酵

厌氧发酵（anaerobic fermentation）是废物在厌氧的条件下通过微生物的代谢活动被稳定化的过程，同时伴有甲烷和二氧化碳的产生。厌氧发酵法的基本原理与废水的厌氧生物处理相似，是在完全隔绝空气的条件下，利用各种厌氧菌的生物转化作用使废物中可生物降解有机物分解为稳定的无毒物质，同时产生沼气，而沼气液、沼气渣又是理想的有机肥料。厌氧发酵按发酵温度分为高温发酵和自然发酵两个工艺阶段。高温发酵是在密闭的发酵罐中进行的，发酵过程需要不断地搅拌，发酵最佳温度范围一般在 47～55℃。高温发酵消化快、物料停留时间短，适于城市垃圾、城市下水污泥、农业固体废物和粪便的处理。自然发酵是指在自然温度下进行消化，这种工艺发酵池结构简单、成本低，便于推广。

7.3　固体废物最终处置

固体废物最终处置是为把固体废物最大限度地与生物圈隔离而采取的措

施，以确保废物中的有毒、有害物质现在和将来都不会对人类与环境造成危害，是解决固体废物最终归宿的措施。固体废物的最终处置可以分为陆地处置和海洋处置两大类：前者有深井灌注、土地耕作和土地填埋等，后者有海洋倾倒和远洋焚烧。

7.3.1　固体废物的陆地处置

1. 深井灌注

深井灌注是将固体废物液体化，用强制性措施注入与饮用地下水层隔绝的可渗性岩层内。这种方法适用于各种相态的废物处置，但必须使废物液化，形成真溶液或乳浊液。

适于深井灌注的地层必须满足下述条件：位于地下水饮用水层之下；岩层孔隙率大，有足够的液体吸收容量、面积与厚度，能在适当的压力下将灌注液以适宜速度注入；不透性岩层或土层与含水层相隔；岩层中原有的液体能和注入液相溶。灌注区的钻探与灌注井的施工类似于石油钻探和建井技术。钻探的目的是探明地层结构，寻找适宜的灌注岩层。图 7-6 为灌注井的结构形式，这种结构比石油井复杂而严密。

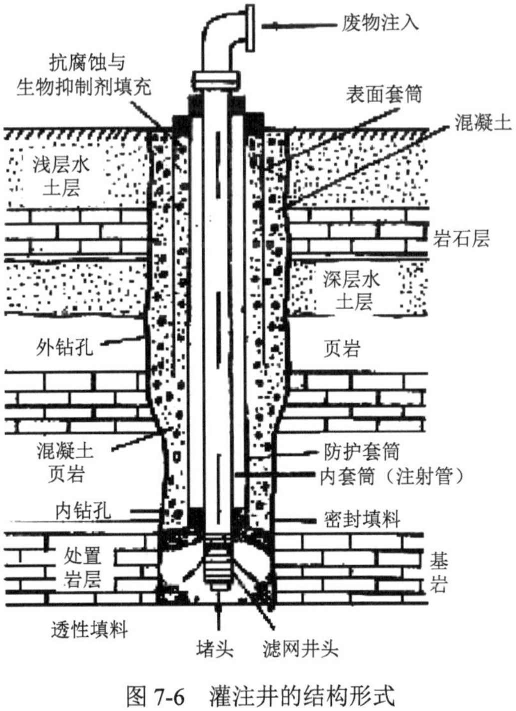

图 7-6　灌注井的结构形式

在灌注前应对废物进行适当预处理，防止灌后堵塞岩层孔隙。一般的预处理是固液分离，使易堵塞的固体沉出。另外，先向井中注入缓冲剂，如一定浓度的盐水等。灌注操作在控制的压力下恒速进行，灌注速率一般为 0.3～4 m^3/min。深井灌注系统需配置连续监测装置，记录压力与注速，并需监测井泄漏情况。

2. 土地耕作

土地耕作处置是利用表层土壤的离子交换、吸附、微生物降解及渗滤水浸出、降解产物的挥发等综合作用机制处置工业固体废物的一种方法。该技术具有工艺简单、费用适宜、设备易于维护、对环境影响小、能够改善土壤结构、增长肥效等优点，主要用于处置含盐量低、不含毒物、可生物降解的有机固体废物。

3. 土地填埋

土地填埋处置具有工艺简单、成本较低、适于处置多种类型固体废物的优点，是固体废物最终处置的一种主要方法。根据处置的废物种类，土地填埋方法分惰性废物填埋、工业固体废物土地填埋、卫生土地填埋和安全土地填埋。其中惰性废物填埋最为简单，只需把建筑废石等直接埋入地下，这种方法又分为浅埋和深埋两种类型。工业固体废物填埋适宜处置工业无害废物，对其填埋基底的防渗性能要求不高。

1）卫生土地填埋

卫生土地填埋主要用于处置城市垃圾和一般固体废物。按照填埋物降解时的好氧程度，卫生土地填埋又分为厌氧、好氧和准好氧填埋三种类型。其中后两者虽然分解速度快、杀菌效果好、渗透液产生量少，但由于结构复杂、施工困难、造价高而不便推行使用。我国卫生填埋基本上都采用厌氧填埋。图 7-7 为卫生填埋场的剖面示意图。

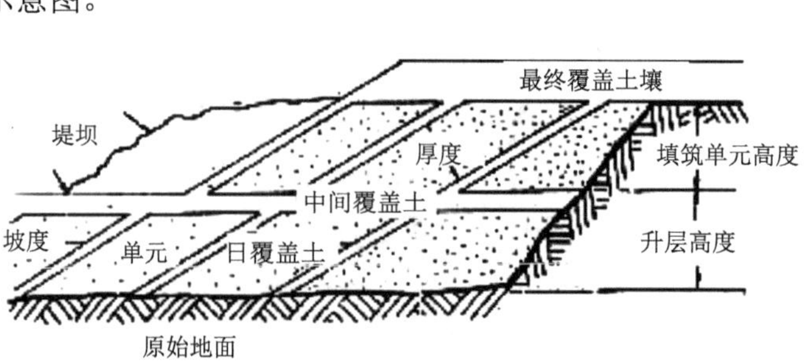

图 7-7　卫生填埋场的剖面示意图

垃圾填埋场设计和施工的首要任务是选址。影响选址的因素有很多，主要从工程学、环境学、经济学及社会和法律等方面来考虑。这几个因素相互影响、相互联系、相互制约。在选址的过程中，应满足以下基本的原则。

第一，经济学方面。首先场址要满足一定的库容量要求。任何一个卫生填埋场，其建设均必须满足一定的服务年限。一般填埋场合理使用年限不少于 10 年，特殊情况下不少于 8 年。其次场址应交通方便、运距合理，具有能在各种气候条件下运输的全天候公路，宽度合适，承载适宜，尽量避免交通堵塞。根据有关资料，垃圾填埋处理费用当中 60%～90%为垃圾清运费。缩短清运距离，对降低垃圾处理费用起关键作用。再次场址周围应有相当数量的土石料。在所选场地附近，用于天然防渗层和覆盖层的黏土及用于排水层的砂石等应有充足的可采量和质量来保证能达到施工要求；黏土的 pH 和离子交换能力越大越好，同时要求土壤易压实，使土具有充分的防渗能力。

第二，工程学方面。一是地形、地貌及土壤条件，场地地形坡度应有利于填埋场施工和其他建筑设施的布置，不宜选在地形坡度起伏较大的地方和低洼汇水处。二是地质条件，场址应选在工程地质性质有利的最密实的松散或坚硬的岩层之上，它的工程地质力学性质应保证场地基础的稳定性并使沉降量最小，有利于填埋场边坡稳定性的要求。三是气象条件，场址宜位于具有较好的大气混合扩散作用的下风区，白天人口不密集的地区。

第三，环境学方面。对地表水保护、对地下水保护、对居民的影响要降到最低。在垃圾填埋场中高密度聚乙烯土工膜是防渗的灵魂材料。土工膜的质量好坏对保护地表水和地下水起着关键性的作用。

第四，政策法规方面。垃圾填埋场的选址应服从当地城市总体规划，符合当地城市区域环境总体规划要求，符合当地城市环境卫生事业发展规划要求。

2）安全土地填埋

安全土地填埋主要用于处置某些有害固体废物，包括矿物油类。因此，安全填埋对防止二次污染的要求更为严格，除了要铺设更为完善的渗沥液收集、排放设施，还要求必须设置人造或者天然的防渗层，且要求基地的黏土层厚度须大于 5 m，渗透系数要小于 1.0×10^{-7} cm/s，天然基层的饱和渗透系数为 1.0×10^{-7}～1.0×10^{-6} cm/s 时，需选用复合衬层，所用高密度聚乙烯膜的厚度不得小于 1.5 mm，如果天然基层的渗透系数大于 1.0×10^{-6} cm/s，需采用双复合衬层作为防渗层。封场用的覆盖层也需采用类似的防渗措施。对于有浸出毒性或反应性的危险废物，填埋前还要进行固化处理。图 7-8 为安全填埋场结构。

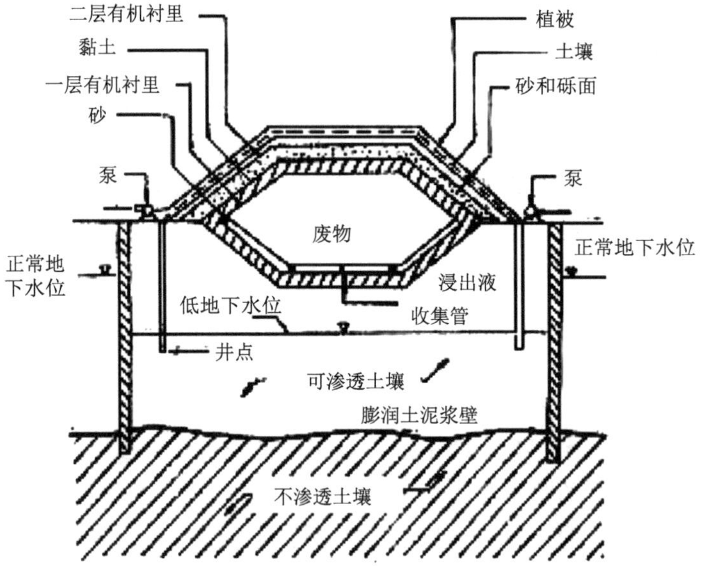

图 7-8　安全填埋场结构

7.3.2　固体废物的海洋处置

固体废物的海洋处置至今仍然是一种有争议的处置方法。海洋处置能做到将有害废物与人类生存、生活环境隔离，是一种高效、经济的最终处置方法。但对于有害固体废物，特别是放射性废物，不管采用何种方式投放海中，也许短期内很难发现其危害，长期并不加控制地投放必将造成海洋污染、杀死鱼类、破坏海洋生物，最终祸及人类自身。

为保护海洋、防止海洋污染、加强对固体废物海洋处置的管理，国际上已制定许多相应法规、标准和国际性协议，明确海洋固体废物处置的范围和处置量。由于海洋有很大的受纳容量，因此只要符合相关的法规，经济上有利可图，并充分考虑到对生态的影响，这种方法还是可供选择的处置途径之一。但随着人们对保护环境生态重要性认识的加深和总体环境保护意识的提高，海洋处置已受到越来越多的限制。

1. 海洋倾倒

海洋倾倒的依据是海洋具有极大的容量和对污染物的稀释能力。但是从环境的安全角度考虑，禁止倾倒以下废物：含有有机卤素、镉及其化合物的废物；强放射性废物；原油、石油炼制的残油及废物；妨碍航行、捕鱼和其他活动或危害海洋生物、能在海面漂浮的废物。需要特殊许可证的严格限制倾倒的废物：含砷、铜、锌、铬、铅、镍、钒等物质及化合物；含氰化合物、氟化物及有机硅化物；弱放射性有机废物；易沉入海底的严重妨碍航行或捕鱼的笨重废物。对于低毒和无毒的废物需要普通的许可证。

海洋倾倒有两种方法：一种方法是将固体废物如垃圾、含有重金属的污泥等有害废物及放射性废物等直接投入海中，借助海水的扩散稀释作用使浓度降低；另一种方法是把含有有害物质的重金属废物和放射性废物用容器密封，用水泥固化，然后投放到约 5000 m 深的海底。固化方法有两种：一种方法是将废物按一定配比同水泥混合，搅匀注入容器，养护后进行处置；另一种方法是先将废物装入桶内，然后注入水泥或涂覆沥青，以降低固化体的浸出率。海洋有足够大的接受能力，且又远离人群，污染物的扩散不容易对人类造成危害，因而是处置多种工业废物的理想场所。处置场的海底越深，处置就越有效。海洋倾倒不需覆盖物，只需将废物倒入海中，因此该方法为一种最经济的处置方法。

固体废物海洋倾倒的工作次序：按法律规定选择处置场；按照处置区域海洋学特性、海洋保护水质标准和废物种类选择倾倒方式；进行技术上可行性分析及经济效益分析；按照设计方案进行投弃。投弃前对放射性及重金属废物都要进行固化，对放射性废物要设置辨识标志。

2. 远洋焚烧

远洋焚烧是利用焚烧船在远海对固体废物进行焚烧处置的一种方法，适于处置各种含卤素的有机废物。由于海水中含有大量的氯化物，氯平衡不会因焚烧污染物而受到破坏；此外，由于海水中碳酸盐的缓冲作用，海水不会由于吸收大量 HCl 而改变 pH。因此，远洋焚烧适宜于处理各种含卤素的有机废物，其突出特点在于焚烧产生的残渣及冷凝后的 HCl 可以直接入海。

焚烧在远海利用焚烧船、焚烧平台或人工构筑物进行。要求燃烧温度高于 1250℃，燃烧效率至少为 99.95%±0.05%；灶台上不应该有黑烟或火焰延露。远洋焚烧也须获得特别的许可证。

阅读材料：太平洋垃圾大板块

——依互联网资料整理

在 21 世纪的今天，垃圾对环境造成破坏越来越难以回避。在夏威夷海岸与北美洲海岸之间出现了一个“太平洋垃圾大板块”，可称为世界“第八大洲”。这个“垃圾洲”由数百万吨被海水冲积于此的塑料垃圾组成。在地球的这一地区，顺时针流动的海水形成了一个可让塑料垃圾飞旋的永不停歇的强大漩涡。数年来，北太平洋亚热带涡流将来自海岸或船队的塑料垃圾聚集起来，卷入漩涡，再通过向心力将它们逐渐带到涡流中心，形成了垃圾大陆。它相当于两个美国得克萨斯州，约 4 个日本大小，是我国香港的 1000 倍。这就是“臭名昭著”的“太平洋垃圾大板块”。这个垃圾堆由数百万吨被海水冲积于此的塑料废物组成，充满了被丢弃的鞋子、瓶子、牙刷、奶嘴、塑料包装，以及其他所能想象得到的垃圾。数年来，在海洋涡流的推动下，这些海船碎片和海洋垃圾聚集起来，形成了这块略低于水面的松散区域。在这一水域的主要部分，塑料垃圾的厚度可达 30 m。

这些海面上漂浮的塑料垃圾，将对水生生物构成严重威胁。例如，鸟类会错误地将塑料当成食物，导致消化系统受到阻塞。塑料垃圾在阳光的照射和海浪的拍打下会慢慢分解，变成小碎片，这些微小的塑料碎片造成的破坏，比那些较大的塑料垃圾导致的危害更大。这些塑料碎片在被小鱼误食以前，就像海绵一样会不断吸附重金属和污染物。它们通过较大的鱼、鸟类和海洋哺乳动物向食物链的上层移动过程，毒性会不断被浓缩。

2009 年华盛顿的一份报告又一次让人们看到了海洋的垃圾之困：从废弃渔网到塑料袋、香烟过滤嘴，危害全球海洋和海岸海洋垃圾问题正在愈演愈烈。报告指出除了少数几个国际、区域和国家在减少海洋污染上有所努力，倾入海洋垃圾数量已经达到警戒位置，进一步在全球危害人类健康安全、伤害野生动物、损坏海中设备和破坏海岸环境。

7.4　固体废物的资源化

固体废物的处理处置技术自 20 世纪 80 年代以来有了很大的发展，处理处置的固体废物量也在不断增加。但是由于固体废物排放量的急剧增加，人们虽然投入了巨大的人力、物力和财力，固体废物的处置问题仍没有从根本上解决。实际上，“废物”中含有许多可利用的资源，将它们分离出来并加以充分利用，实现固体废物的资源化，才是解决固体废物污染环境的根本途径。

固体废物的资源化指对固体废物资源进行综合利用使其成为可利用的二次资源的过程。不少国家通过经济杠杆和行政强制性政策来鼓励与支持固体废物资源化技术的开发及应用，从消极的污染治理转变为回收利用，向废物索取资源，使之成为固体废物处理的替代技术措施。例如，美国已建立废物交换中心，其服务于 5000 多个企业，使固体废物的综合利用率得到提高。许多国家固体废物管理法规中也都强调了废物中有用资源和能源的回收利用，并且将其作为保护环境及自然资源的重要技术手段和政策。

固体废物的资源化和其他生产过程相似，也是由一些基本过程组成的，把这些基本过程组成的综合系统称为固体废物的资源化系统。固体废物的资源化系统构成如图 7-9 所示。根据循环经济思想，整个系统可以分为两大类：第一类称为前端系统，应用于该系统内的有关技术如分选、破碎等的物理方法称为前端技术或前处理技术；第二类称为后端系统，应用于该系统内的技术如燃烧、热解、堆肥等化学和生物的方法称为后端技术或者后端处理技术。

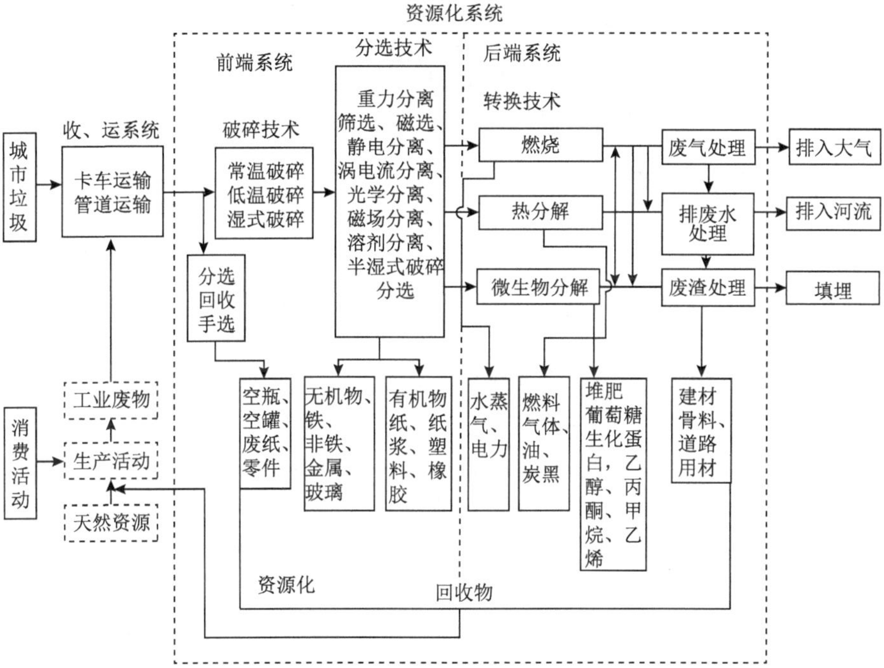

图 7-9　固体废物的资源化系统构成

资料来源：张小平, 2010

1）前端系统

在资源化前端系统中，物质的性质不会改变，是利用物理的方法，对废物中的有用物质进行分离提取型的回收。这一系统又分为两类：一类是保持废物的原型和成分不变的回收利用。例如，对空瓶、空管、设备的零部件等只需经分选、清洗及简单的修补即可直接再利用。另一类是破坏废物原型，从中提取有用成分加以利用。例如，从固体废物中回收金属、玻璃、废纸、塑料等基本原料。

2）后端系统

它是把前端系统回收后的残余物质用化学或生物方法使废物的物性发生改变而加以回收利用。其中，生物方法使废物原材料化、产品化而再生利用；另一类是以回收能源为目的，包括制得燃料气、油、微粒状燃料、发电等可储存或迁移型的能源回收和燃烧、发电、水蒸气、热水等不能储存或随即使用型的能源回收。物质回收和能源回收有时不能截然区分，应用某一技术处理废物时，有时既能回收能源又能回收物质，则应视其主要作用而分类。显然，后端系统比前端系统复杂，实现资源化较为困难，成本也比较高。

资源化系统指从原材料制成的成品，经过市场的消费，最后成为废物又引入新的生产—消费循环系统。就整个社会而言，就是生产—消费—废物的一个不断循环的系统。值得注意的是，由于工业固体废物不同于城市生活固体废物，其成分复杂性随不同的生产行业而具有显著的差异。因此，对工业固体废物的回收必须根据具体的行业生产特点而定。

7.4.1 生活垃圾资源化

1. 生活垃圾概述

生活垃圾是人类社会的必然产物，是一类典型的固体废物，它指在日常生活中或者为日常生活提供服务的活动中产生的固体废物及法律、行政法规规定视为生活垃圾的固体废物。主要来自居民的生活消费、商业活动、市政建设和维护、机关办公等过程中产生的固体废物，包括城乡生活垃圾、城建渣土、商业固体废物、粪便等。具有如下特性：①无主性，即被丢弃后不易找到具体负责者；②分散性，丢弃后分散在各处，需对其进行收集；③危害性，给人们的生产和生活造成不便，危害人体健康；④错位性，一个时空领域的废物在另一个时空领域可能是宝贵的资源。

生活垃圾中存在对人体有危害的物质，包括有害微生物（如致病菌、病毒等）、有机污染物（如氯化烃、碳氢化合物气体等）、无机污染物（如汞、镉、铅、砷、铜、铬等）、物理性污染物（如放射性污染物）及其他污染物（如寄生虫、害虫、臭气等）。这些污染物污染着土壤、空气与水体，并通过多种渠道危害人体健康。

我国大多数地区生活垃圾一般分为厨余垃圾、可回收垃圾、有害垃圾和其他垃圾四大类。

（1）厨余垃圾：指厨房产生的食物类垃圾及果皮等。主要包括剩菜剩饭与西餐糕点等食物残余、菜梗菜叶、动物骨骼内脏、茶叶渣、水果残余、果壳瓜皮、盆景等植物的残枝落叶、废弃食用油等。

（2）可回收垃圾：指再生利用价值较高，能进入废品回收渠道的垃圾。主要包括纸类（如报纸、传单、杂志、旧书、纸板箱及其他未受污染的纸制品等）、金属（如铁、铜、铝等制品）、玻璃（如玻璃瓶罐、平板玻璃及其他玻璃制品）、除塑料袋外的塑料制品（如泡沫塑料、塑料瓶、硬塑料等）、橡胶及橡胶制品、牛奶盒等利乐包装、饮料瓶（如可乐罐、塑料饮料瓶、啤酒瓶等）等。

（3）有害垃圾：指含有有毒有害化学物质的垃圾。主要包括电池（蓄电池、纽扣电池等）、废旧电子产品、废旧灯管灯泡、过期药品、过期日用化妆品、染发剂、杀虫剂容器、除草剂容器、废弃水银温度计、废油漆桶、废打印机墨盒、硒鼓等。

（4）其他垃圾：指除可回收垃圾、有害垃圾、厨房垃圾外的所有垃圾的总称，主要包括受污染与无法再生的纸张（纸杯、照片、复写纸、压敏纸、收据用纸、明信片、相册、卫生纸、尿片等）、受污染或其他不可回收的玻璃、塑料袋与其他受污染的塑料制品、废旧衣物与其他纺织品、破旧陶瓷品、妇女卫生用品、一次性餐具、贝壳、烟头、灰土等。

2020 年施行的《广东省城乡生活垃圾处理条例》将城乡生活垃圾分为以下四类：可回收物、厨余垃圾、有害垃圾、其他垃圾。并明确普通无汞电池属于其他垃圾，而非有害垃圾。

2. 资源化途径

垃圾资源化方法有许多，从利用方式可分为两类，即循环再利用和通过工程手段回收利用，而通过工程手段回收利用又可分为加工再利用和转换再利用。

（1）循环再利用：指对垃圾中的有用物质的利用，如啤酒瓶的回收再利用。

（2）加工再利用：指对垃圾中的某些物质经过加压、加温等物理方法处理，其化学性质未发生改变的利用，如废塑料的熔融再生，用废塑料、废纸生产复合板材等。

（3）转换再利用：指利用垃圾中某些物质的化学和生物性质，经过一系列的化学或生物反应，其物理、化学和生物性质发生改变的利用，如垃圾的焚烧、堆肥等。

显然，在上述垃圾资源化方式中以“循环再利用”最为简便易行，只需增加很少的设备和人力，但其对再利用物的单一性有要求，一般只能通过多源头回收获得；“加工再利用”次之，它需要增加一定的设备，加工再利用物可以是一种物质也可以是几种物质的混合物，可以通过源头回收获得，也可以通过一些分选设备获得；而“转换利用”则要经过化学或生物反应，其工艺过程较难控制，设备较为复杂，二次污染控制措施较难实现，但由于垃圾的特殊性决定垃圾完全的分类是不可能的，最终仍会有大量的混合垃圾，而“转换再利用”中的大部分技术可适用于混合垃圾，因而被广泛采用。

从垃圾产生的源头最大限度地分类回收垃圾是垃圾资源化最有效的方法，也是其他资源化方法能够顺利实施的基础。在垃圾产生的源头通过分类回收，将可直接回收利用的物质通过一定的回收渠道回收，作为再生产原料而不进入垃圾，如丢弃的大量塑料可以再生利用，废旧报纸、废弃办公用纸可送往造纸厂直接制浆造纸，这样既减少垃圾处理总量，又由于没有进入垃圾，污染小、再利用成本低。在选择资源化的方法时，通过源头分类回收实现垃圾的“循环再利用”是最经济、污染最小、最简便的方法，是首选方案。

通过一系列的工艺技术、工程手段，在实现垃圾无害化的前提下，实现垃圾的资源再循环，也是有效的垃圾资源化方法。例如，利用垃圾具有一定的热值这一物性条件，将垃圾焚烧，在高温燃烧下垃圾中有毒有害的病原微生物等被彻底杀灭，有机物变成稳定的无机物，同时体积、质量大大减小，实现垃圾的无害化、减量化；燃烧反应产生的热能经回收加以利用，又实现垃圾的资源化。在这类资源化方法中，“加工再利用”由于设备简单，再利用成本较低、污染较小，也是应大力提倡和优先考虑的；而“转换再利用”由于可供选择的方法较多、适应性较广，但也要在充分考虑垃圾的物性特别是各种资源化方法对垃圾物性的要求后做出合理选取。

7.4.2 工业固体废物的资源化

工业固体废物指工业生产、加工过程中产生的废渣、粉尘、碎屑、污泥等废物。按行业划分，工业固体废物主要包括冶金废渣（如钢渣、高炉渣、赤泥）、矿业废物（如煤矸石尾矿）、能源灰渣（如粉煤灰、炉渣、烟道灰）、化工废物（如磷石膏、硫铁矿渣、铬渣）、石化废物（如酸碱渣、废催化剂、废溶剂）以及轻工业排出的下脚料、污泥、渣糟等废物。工业固体废物的成分与产业性质密切相关。

工业废物的资源化途径主要集中在以下几方面。

（1）生产建材。其优点是：①耗渣量大，投资少，见效快，产品质量高，市场前景好；②能耗低，节省原材料，不产生二次污染；③可生产的产品种类多、性能好，如用作水泥原料与配料、掺和料、缓凝剂、墙体材料、混凝土的混合料与骨料、加气混凝土、砂浆、砌块、装饰材料、保温材料、矿渣棉、轻质骨料、铸石、微晶玻璃等。

（2）回收或利用其中的有用组分，开发新产品，取代某些工业原料如煤矸石沸腾炉发电，如洗矸泥炼焦作工业或民用燃料，钢渣作冶炼熔剂，硫铁矿烧渣炼铁，赤泥塑料，开发型聚合物基、陶瓷基与金属基的废物复合材料，从烟尘和赤泥中提取镓、钪等。

（3）筑路、筑坝与回填。回填后覆土，还可开辟为耕地、林地或进行住宅建设。

（4）生产农肥和土壤改良。许多工业固体废物含有较高的硅、钙及各种微量元素，有些还含磷和其他有用组分，因此改性后，可作为农肥施用，但应取得肥料生产许可证和登记证，确保施用安全。

7.4.3　农业固体废物的资源化

农业固体废物是在农业生产过程中所产生的固体废物，它的种类繁多，如秸秆、树皮、树枝、稻壳、农畜家禽粪便等。我国是一个农业大国，每年所排放的固体废物数量巨大，能加以综合利用，变废为宝，将具有十分重要的意义。

1）农作物秸秆的利用

以前农作物秸秆主要用于厌氧发酵法制取沼气。但是这种方法所能消纳秸秆的数量有限，绝大多数作物秸秆仍得不到合理利用，只能作为燃料烧掉。近几年来，有关人员研究开发出利用作物秸秆制作氨化饲料，作为养牛饲料，给秸秆的合理利用开辟了一条新途径。

2）稻壳的综合利用

稻壳是最难利用、数量最大的农业固体废物，这约占水稻质量的 20%。我国是稻谷生产大国、产量居世界第一，所产生的稻壳数量十分可观，它既是火灾隐患，又是环境污染源。因此，如何有效地处理和利用稻壳，也是当前令人关注的课题。

7.5　电子垃圾污染控制

7.5.1　电子垃圾污染概述

电子垃圾（E-waste），也称电子废物，指废旧的电子产品，包括电脑、打印机、复印机、电视、手机及混合有塑料、金属及其他材料的精密玩具。2012 年全球电子垃圾产量为 4890 万 t，并以约 4%的年增长势头持续增加，电子垃圾已成为全球增长速度最快的固体垃圾。

电子垃圾虽然名为“垃圾”，但从资源可循环的角度来看，电子垃圾中含有大量可以回收利用的器材和贵重的金属。电子垃圾中 80%～90%的物质是有价值的，可以循环再利用，其含有大量的铜、铝、铅、锌等有色金属和金、银、钯、铂等贵重金属。平均 1t 随意收集的电脑及其部件中，约有 0.9 kg 黄金、128.7 kg 铜、

58.5 kg 铅、31 kg 铁、19.8 kg 锑、9.6 kg 锡、270 kg 塑料，废弃线路板中仅铜的含量即高达 20%。因电子垃圾具有比普通城市垃圾高得多的价值，提取回收电子垃圾中的这些成分不仅可以节省日益枯竭的自然资源，同时还能获取巨大的经济效益。

电子垃圾所含化学成分复杂，除了含有大量的贵重金属，也含有大量的有毒重金属和持久性有机污染物（POPs），包括多氯联苯（PCBs）、多环芳烃（PAHs）、多溴联苯醚（PBDEs）和二噁英与呋喃类（PCDDs/Fs）等。电子垃圾中半数以上的材料对人体有害，有一些甚至是剧毒的。例如，一台电脑有 700 多个元件，其中有一半元件含有汞、砷、铬等各种有毒化学物质；电视机、电冰箱、手机等电子产品也都含有铅、铬、汞等重金属；激光打印机和复印机中含有碳粉等。

电子垃圾被填埋或者焚烧时，其中的重金属渗入土壤，进入河流和地下水，将会造成当地土壤和地下水的污染，直接或间接地对当地的居民及其他的生物造成损伤；有机物经过焚烧，释放出大量的有害气体，对自然环境和人体造成危害；铅会破坏人的神经、血液系统及肾脏，影响幼儿大脑的发育；铬化合物（特别是六价铬）会破坏人体的 DNA，引发哮喘等疾病。

电路板似乎更加贵重，在它们身上下的工夫也最多。工人通常首先将能用的元件收集起来重新出售，然后将集成电路芯片投入王水，以溶解里面的金；将废旧电路板投到酸溶液，以提取铜等有色金属。最后剩下的废物就是无用的玻璃纤维基板，它们随后会被焚烧，释放出 PCDDs/Fs 等剧毒物质。

电池、开关、传感器、移动电话中都可能含有汞，在微生物的作用下，无机汞会转变为甲基汞，通过食物链的富集进入人体，会严重破坏神经系统，重者会引起死亡。遗弃后的空调和制冷设备中的氟利昂排放到大气中后将会破坏臭氧层，引起温室效应，并增加皮肤癌的发生概率。溴系阻燃剂和含氯塑料低水平的填埋或不适当的燃烧及再生将会排放有毒有害物质。

电子垃圾的压碎、拆解过程也会造成重金属和持久性有机污染物的泄漏。在粗放式电子垃圾回收处理过程中，这些有毒有害物质被释放到环境中，造成重金属和 POPs 在空气、水、底泥和土壤等环境介质的富集，对生态环境和人体健康产生潜在危害。电子垃圾拆解、回收地区的人群存在两种污染暴露方式，即直接参与拆解、回收工作人员的职业暴露和当地居民的环境暴露。污染物质通过人体呼吸、皮肤接触、摄食等多种途径进入人体，从而危害人体健康。重金属会对人体神经系统产生危害，导致智力发育迟滞，肾脏受损，甚至死亡。而 POPs 会在人体内蓄积，引起内分泌失调、扰乱生殖、诱发癌症等。

7.5.2 电子垃圾处理与处置

电子垃圾包含多种有害物质，所以不能简单地将它送到垃圾焚烧炉进行焚烧。另外，电子垃圾中也包含可以回收再利用的部分，属于可回收垃圾，做好回收利用，可以变废为宝。通过人工拆解和机械拆解分拣，对电子垃圾进行综合处理，不仅会保护自然环境，而且能够对某些资源进行回收再利用，达到降低元器件制造成本的目的。

电子垃圾品种类型非常复杂，各厂家所生产的同种功能的产品在材料选择、设计、生产上也各不相同，一般拆分为印刷电路板、电缆电线、显像管等，其回收处理一直是一个相当复杂的问题。20 世纪 70 年代以前，废电路板的回收技术主要着重于对贵金属回收。但随着技术的发展和资源再利用的要求，已发展为对铁磁体、有色金属、贵金属、有机物质等的全面回收利用。许多国家都对它的处理处置做了很多研究，开发了很多的资源化处理处置工艺，以回收其中的有用组分，稳定或去除有害组分，减少对环境的影响。处理处置电子垃圾的方法主要有化学处理方法、火法、机械处理法、电化学法、微生物处理法或几种方法相结合。

目前我国已进入电器淘汰高峰期。根据工业和信息化部的统计数据，近年来我国手机、计算机、彩电、冰箱等主要电器电子产品年产量超过 20 亿台，每年的报废量超过 2 亿台，质量超过 500 万 t。我国已经成为世界第一大电器电子产品生产和废弃大国，而且未来数年这种淘汰速度还会加快。以手机为例，2014 年，国内手机用户约 50%的换机时间为 18 个月，截至 2015 年初，我国手机使用数量超过 13 亿部。另外，废旧汽车、电动车等也是电子垃圾的一个重要来源。联合国的一份报告指出，欧美发达国家和地区生产的电子垃圾大约 90%流向亚洲，其中又有 80%流向中国，中国已经成为世界最大的电子“垃圾场”，并在浙江台州、广东汕头和清远等地形成全球著名的电子垃圾拆解集散地。

随着当今全球矿产资源的日益匮乏和环境污染治理的迫切需要，世界各国特别是西方发达国家都视电子垃圾为一种可再生资源，并刺激和鼓励电子垃圾的回收利用，形成一个较为完善的回收处理体系。美国每年产生 300 多万吨电子垃圾，这些废弃物带来的环境问题日益严重，美国人不得不开始考虑建立专门的电子垃圾回收中心来解决这个问题。而在欧洲，一些国家要求生产厂商负责回收这些废弃物，同时，还要求产品的设计更加环保，尽量减少使用有害物质。

虽然我国已正式发布了《废弃电器电子产品回收处理管理条例》（于 2011 年 1 月 1 日开始实施），但人们缺乏对电子废弃物回收的意识及处理与处置水平落后，导致电子废弃物的回收率非常低。有调查显示，我国废旧手机回收率仅 1%；人民网对网友如何处理家中旧家电进行了调查，结果表明仅有 19.8%的人选择返厂回收，其他选择通过小商贩流入二手市场。另外，存在一些规模较大的企业，将电子垃圾集中分离后从中获取原料，残余物送往电子垃圾厂处理，但这类企业数量很少。目前，国内大部分的电子垃圾主要涌向两个渠道：收垃圾的小贩和拆解作坊。小贩收来的旧电器一般有两个出路：能用的旧电器改装之后再卖到农村，这些电器既存在安全隐患，又给家电市场带来冲击；对于不能用的旧电器，把玻璃、塑料等能卖钱的卖了，其余的当垃圾扔掉。最后，这些包含大量有害物质的废物多会被当作普通垃圾填埋或焚烧。拆解作坊相对于小贩来说比较高级一些，但也不外乎采用最原始的人工敲打办法，把拆下的电机等价值较高的零件集中卖掉，其余的按废铁、塑料等废品出售；对完全不能用的电子废弃物，如冰箱、空调机中的制冷剂则任意倾倒。

阅读材料：清远——从家庭作坊到工业园建设

——依互联网资料整理

电子垃圾处理不仅是一个环保问题，也是一个资源战略问题。为此，清远市人民政府创办了循环经济区，让分散的电子垃圾拆解户都进园区，进行集中拆解。2002 年，清远市人民政府提出“入园经营、圈区管理”的整体部署。清远市委、市政府在龙塘镇和石角镇规划建设了清远华清循环经济园，将清远数千个体拆解户和拆解、回收、深加工企业逐步集中到园区发展，进行入园统一监督、统一管理。清远市委、市政府进一步引进全新的拆解模式，不用再焚烧，而是通过剥皮、搅碎来获取里面具有利用价值的铜。

2005 年，清远被国家发展和改革委员会等六部委作为再生资源集散市场，列为首批国家循环经济试点单位。2010 年 5 月，清远华清循环经济园被国家发展和改革委员会及财政部列为国家首批“城市矿产”示范基地。这是继 2005 年被国家发展和改革委员会等六部委列为国家首批循环经济试点、2007 年被国家标准化管理委员会列为国家首批循环经济标准化试点后，华清园区承担的又一个国家级示范基地建设项目，这也是广东唯一入选首批试点的示范园区。

目前，清远已完成循环经济标准体系的建立，内容覆盖再生资源回收、拆解、初加工和深加工，包括废杂有色金属分类、回收、分选和拆解，废旧物资储存和运输，污水处理，有毒有害及危险品处理处置等方面。

7.5.3　电子垃圾的资源化

2014 年全球电子垃圾产生量为 4180 万 t，其中蕴藏有银 1000 t、金 300 t、钯 100 t、铜 190 万 t、铝 22 万 t，资源总价值达 480 亿欧元。尤其是废旧手机等新型消费电子产品及线路板中，贵金属含量远高于自然矿产品，是综合冶炼厂的理想冶炼原料。据第 32 届奥林匹克运动会组织委员会介绍，日本从 2017 开始在国内收集废弃家电和旧手机，从中提炼出大量金属，奥运奖牌和火炬均为使用回收提炼的金属制作而成。电子垃圾是稀贵金属最重要的来源保障，被称为“城市矿山”，资源丰富，种类多，质量大，品质比自然矿产品好。

电子废弃物的资源化过程通常分为三步：①对修理或升级后的整机或附属设备重新利用，可以最大限度地利用废弃电子设备；②对可拆解的元器件回收再利用，可以最大限度地利用废弃电子器件；③对不可再利用的有价值物质，实现电子垃圾料的回收利用，可以充分回收其中的有价值物质，尽最大可能实现电子废弃物资源化。电子废弃物种类繁多，成分复杂，其处理涉及环境学、化学、矿物加工学、冶金、电子电力、机械等多学科领域知识及技术，处理过程复杂、难度大。目前对电子废弃物的回收方法主要有火法回收、湿法回收、机械处理电化学及生物回收等方法。回收技术的基本发展方向是实现包括铁磁体、有色金属、贵金属和有机物质的全部材料再利用。

1）火法资源化回收处理

废弃电子设备的火法回收处理指通过焚烧、等离子电弧炉或高炉熔炼、烧结或熔融等火法处理的手段去除电子废弃物中塑料及其他有机成分，使金属得到富集并回收利用的方法。这一方法的优点是它可以处理所有形式的电子废弃物，对废弃物的物理成分要求不像化学处理那么严格，对金属铜及金、银、钯等贵金属均具有非常高的回收效率。

其基本处理过程为：将电子废料经预处理工序除掉硅片、极管、电阻等元器件，然后破碎，放入焚烧炉，通入空气或氧气焚烧，以除去有机物。焚烧后转到铜熔炼炉中与粗铜熔料一起熔融，并使贵金属熔于其中，作为电子主板材料的陶瓷材料或玻璃纤维呈熔融浮渣排出，绝大部分贵金属及其他有色金属与铜形成熔炼合金，再经电解处理，部分有色金属、大部分贵金属从阳极泥中回收。该法的贵金属回收率高达 90%以上。但火法处理存在以下问题：①易造成有毒气体逸出。电子废弃物中的塑料及其他有毒物质是主要的空气污染源，特别是卤素阻燃剂在焚烧过程中易产生有毒气体二噁英及呋喃，造成严重的环境污染；电子废弃物中的贵金属也易以氯化物的形式挥发。②电子废弃物中的陶瓷及玻璃成分使熔炼炉中的炉渣量增加，易造成金属的损失。③废弃物中高含量的铜增加熔炼炉中固体粒子的析出量，减少金属的直接回收。④部分金属的回收率较低，如锡、铅等；或在目前的技术经济条件下还无法回收，如铝、锌等；大量非金属成分如塑料等也在焚烧过程中损失。

2）湿法资源化回收处理

通过湿法浸出回收电子废弃物中的贵金属是电子废弃物回收利用研究中应用最早的方法，始于 20 世纪 60 年代末。湿法处理过程包括破碎后的电子废弃物颗粒在酸性或碱性条件下的浸出，浸出液的溶剂通过萃取、沉淀、置换、离子交换、过滤及蒸馏等一系列的处理过程可获得高品位及高回收率的金、银等贵金属及铜、锌等有色金属，其中金的浸出率可高达 99%。也有研究利用湿法浸出方式回收电子废弃物中的钯、钌等成分。与其他方法相比，湿法处理还具有费用低的优点。80 年代后，许多科研工作者开始从事这方面的研究，并取得技术上的突破，使湿法冶金提取贵金属技术日趋完善。联邦德国中央固体物理与材料研究所的 K.Gloe 等于 90 年代初研究推出硝酸-盐酸、氯气联合浸取工艺，将其不断完善并应用于实际生产中。常见的湿法冶金提取贵金属的步骤大致为：将电子废弃物在高温 400℃预热可使有机物分解除去，再用硝酸溶解 Ag、Al_2O_3、CuO、ZnO、TiO_2 等氧化物，过滤，可得含银及其他有色金属的硝酸盐溶液，电解回收银。金、钯、铂则不溶于硝酸，仍在电路板上，可用王水溶解，过滤，滤液蒸发，再用水稀释，然后用亚硫酸钠还原沉淀金，溶液中的钯、铂则用萃取剂萃取回收。虽然湿法冶金提取贵金属技术比火法工艺技术要优越，但它也存在着一定的缺点。湿法处理的主要缺点：①不能直接处理复杂的电子废弃物；②部分浸出药剂效率低，作用有限，贵金属的浸出剂只能作用于暴露的金属表面，当金属被覆盖或敷有焊锡时回收效率较低，包裹在陶瓷中的贵金属更是无法通过湿法回收；③浸出液及残渣具有腐蚀性及毒性，若处理不当，易引起更为严重的二次污染；④只能回收电子废弃物中的贵金属及铜等，不能回收电子废弃物中的其他金属及非金属成分。而电子工业的发展趋势是电子产品中的贵金属逐渐被贱金属取代，因而这一方法很难达到电子废弃物高度资源化利用的目的。

3）机械/物理资源化回收处理

机械/物理处理方法是根据材料间物理特性的差异（包括密度、导电性、磁性、表面特性等）进行分选的手段，该法广泛应用于原料加工行业，技术发展较成熟。机械/物理处理方法可以使电子废弃物中的有价值物质充分地富集，减少后续处理的难度，与其他方法相比，其主要优点在于污染小、成本低且可对电子废弃物中的金属和非金属等各种成分综合回收利用。其处理过程主要包括拆解、破碎（粉碎）、分选三个阶段。

思　考　题

1. 什么是固体废物？固体废物的主要特点是什么？

2. 固体废物按照来源的不同分为哪几类？各举两三种固体废物说明。

3. 简述固体废物的污染特点及对环境的危害。

4. 简述固体废物的处理、处置方法和污染控制途径。

5. 固体废物压实的目的是什么？设备有哪几种？

6. 固体废物热解处理的原理是什么？试比较热解处理与焚烧处理的区别及各自优缺点。

7. 试述好氧堆肥与厌氧发酵的原理和各自的影响因素。

8. 从个人自身角度考虑，举例说明在日常生活中，我们应如何减少固体废物的产生？如何对生活垃圾进行资源化回收利用？

9. 结合你所在地区实际，简述当地的生活垃圾分类情况。

10. 简述电子垃圾的资源化回收处理技术。

主要参考文献

韩宝平, 王子波. 2013. 环境科学基础[M]. 北京: 高等教育出版社.

环境保护部环境工程评估中心. 2010. 环境影响评价技术导则与标准[M]. 北京: 中国环境科学出版社.

鞠美庭, 邵超峰, 李智. 2010. 环境学基础[M]. 2 版. 北京: 化学工业出版社.

孔昌俊, 杨凤林. 2004. 环境科学与工程概论[M]. 北京: 科学出版社.

廖侃. 2016. 混合洗脱剂对土壤中重金属和多氯联苯的同步高效洗脱[D]. 广州: 华南理工大学.

刘克峰, 张颖. 2012. 环境学导论[M]. 北京: 中国林业出版社.

卢桂宁, 邓冰露, 周兴求, 等. 2015. 一种土壤洗脱液中多氯联苯去除和吐温-80 回收的方法及应用[P]: 中国发明专利, ZL 201510136840.5.

王淑莹, 高春娣. 2003. 环境导论[M]. 北京: 中国建筑工业出版社.

邢宇. 2014. 电子垃圾污染场地土壤中重金属的淋洗去除研究[D]. 广州: 华南理工大学.

张方立. 2014. 多氯联苯重度污染土壤的淋洗修复技术研究[D]. 广州: 华南理工大学.

张小平. 2010. 固体废物污染控制工程[M]. 2 版. 北京: 化学工业出版社.

赵景联, 梁勇. 2005. 环境科学导论[M]. 北京: 机械工业出版社.

赵由才, 牛冬杰, 柴晓利. 2020. 固体废物处理与资源化[M]. 3 版. 北京: 化学工业出版社.

中国环境保护产业协会城市生活垃圾处理专业委员会. 2016. 城市生活垃圾处理行业 2015 年发展报告[J]. 中国环保产业, (8): 5-10.

第 8 章　环境物理性污染控制

本章导读：环境物理性污染指由物理因素引起的环境污染。本章讲述噪声污染、振动污染、光污染、放射性污染、电磁辐射污染和热污染等环境物理性污染的基本概念、特点和分类，阐述这些物理性污染对人体健康和环境的影响与危害，并简要介绍各种物理性污染的防范措施和控制技术。

环境中的声、光、热、电磁等都是人类生活活动和生产活动所必需的物理因素，但这些因素中任何一项的强度过高或过低，都可能会对人类生活产生不利影响，甚至还可能对人体的健康造成危害。这种由物理因素引起的对人或环境的不利影响就称为环境物理性污染，如噪声污染、振动污染、光污染、放射性污染、电磁辐射污染、热污染等。物理性污染与化学性污染和生物性污染相比，不同之处表现在以下两方面：一是物理性污染具有瞬时性，它是以能量形式存在的，在环境中不产生残留物质，一旦污染源消除，污染也消失；二是物理性污染具有局部性，区域或全球性较大范围层面的污染较为少见。

8.1　噪 声 污 染

8.1.1　噪声概述

1. 噪声的定义与分类

古代《说文》中提到：噪，扰也。从物理角度上看，噪声是声波的频率、强弱变化无规律、杂乱无章的声音；而从心理学角度上看，凡是令人生理或心理上觉得不舒服的、不悦的、不想要的声音，或给人带来烦恼的、不受人们欢迎的声音，又或是影响人的交谈或思考、工作学习、休息的声音，都可称为噪声。由于噪声会妨碍人的休息和健康、降低工作效率，因此它对周围环境造成的不良影响称为噪声污染（noise pollution）。例如，听音乐会时，演员和乐队以外的声音都可能被当作噪声；又如，再悦耳的音乐到了睡觉的时候也可能被当作噪声。由此可见，判断一种声音是否为噪声，不单独取决于该声音本身的物理性质，而且与人类的生活状态有关。噪声大致可分为以下四种：①过响声，如喷气发动机发出的轰隆声；②妨碍声，此种声音虽不太响，但妨碍人的交谈、思考、学习、睡眠和休息；③不愉快声，如摩擦声、刹车声等属此类；④无影响声，在日常生活中，人们习以为常的声音，如户外风吹树叶的沙沙声等。

一般人们用分贝（dB）来衡量噪声的强度，用信噪比（S/N）来衡量噪声对有用信号的影响程度。噪声的可能来源十分广泛，有飞机、汽车、工厂、建筑工地、日常生活等。

2. 噪声的特点

噪声污染同水、气、固等物质形式的污染相比，具有显著的特点。

（1）能量性。噪声污染是能量的污染，它不具有物质的累积性，声源关闭，污染便消除。

（2）波动性。声能是以波动的形式传播的，因此噪声特别是低频声具有很强的绕射能力，噪声可以说是“无孔不入”。

（3）局限性。由于声音波束发散、吸收、反射、散射等，声波能量在传播过程中会不断衰减，因此一般的噪声源只能影响它周围的一定区域，其扩散和危害具有局限性。

（4）难避性。突发的噪声是难以逃避的，“迅雷不及掩耳”就是这个意思。人耳这个器官，不会像眼睛那样迅速闭合来防止光污染，也不会像鼻子遇到异味屏气以待，即使在睡眠中，人耳也会受到噪声的污染。

（5）危害隐蔽性。有人认为，噪声污染死不了人，因而不重视噪声的防治。多数暴露在 90 dB 左右噪声条件下的职工也认为能够忍受。然而，这种“忍受”是以听力偏移为代价的。生活环境的噪声污染主要带来的是语言干扰、睡眠干扰和烦恼效应，由此会引起神经衰弱及其他非特异性疾病。可见，噪声的危害不可低估。

3. 噪声的分类

按噪声的来源，可分为工业噪声、交通噪声和生活噪声。

按噪声产生的机理，工业、交通噪声又可分为空气动力性噪声、机械性噪声和电磁性噪声：①空气动力性噪声，又称气流噪声，是因气体流动时的压力和速度波动产生的，如喷气式飞机、风机叶片旋转、管道噪声等；②机械性噪声，由固体振动、金属摩擦、构件碰撞和不平衡旋转零件撞击等产生，如冲击力做功等；③电磁性噪声，由电磁作用引起振动产生，如变压器、励磁机噪声等。

按噪声产生的机理，生活噪声又可分为电声性噪声、声乐性噪声和人类语言性噪声。

按声音的频率大小，可分为小于 400 Hz 的低频噪声、400～1000 Hz 的中频噪声及大于 1000 Hz 的高频噪声。

4. 噪声的度量

空气中传播的声是一种疏密波，描述波动的三个物理量是波长 λ（m）、频率 f（Hz）和声速 c（m/s），它们之间的关系是

$$\lambda=c/f \tag{8-1}$$

对噪声的度量，主要有噪声强弱的度量，主要包括声压、声强、声功率、声强级、声压级、声功率级，在日常生活中，主要用声压级来度量噪声的大小，本书主要对声压及其在生活中常用的相关概念进行介绍，详细的计算方法由于需要引入较多的公式进行计算，读者可以通过本章的参考文献进一步了解学习。

1）声压和声压级

声压指声波在大气中传播时会使空气压强产生起伏变化，出现压强增量，这个增量就称为声压。它的单位是 Pa（N/m^2），这个单位量很小。在 1000 Hz 频率下，正常人能听到的声压（听阈声压）为 2×10^{-5} Pa，一般谈话的声压为 2×10^{-2}～7×10^{-2} Pa，而能使人耳产生疼痛的声压（痛阈声压）为 20 Pa。

由于听阈声压和痛阈声压之间横跨了 6 个数量级，在使用过程中不是很方便，因此人们引入一个成倍比关系的对数量来代替声压，于是就出现了声压级（声压与基础声压的比值的常用对数乘以 20）。声压级的单位就是常见的 dB（分贝）。2×10^{-5}～20 Pa 的声压对应声压级就是 0～120 dB。噪声每增加 20 dB 就相当于增加一个数量级的声压。

2）声强级和声功率级

声强表示单位时间内通过垂直于声波传播方向上单位面积的声能量（声波的能量流密度），与前面的声压一样，它的大小也可以用声强级来表示，定义为声强与基准声强的比值的常用对数乘以 10，单位为 dB。而且声强级的数值实际上是与声压级相等的。

声音的产生伴随着能量的传播，声功率表征的就是声源在单位时间内辐射出来的总的声音能量。它的单位是 W（瓦）。与声压类似，声功率的大小范围很宽，轻声耳语的声功率仅 0.001 μW，而喷气飞机的声功率则高达 10000 W，因此也就有了声功率级，定义为声功率与基准声功率的比值的常用对数乘以 10，单位为 dB。

3）噪声级的合成

在实际生活中，常遇到某些场所并不只有一个噪声源，而是有几个噪声源同时存在，几个噪声源同时向外辐射噪声，它们总的声压级是多少呢？不能把两个

声压级进行简单的代数相加，能进行相加运算的，只能是声音的能量，即声功率。

因此，将对应声源声功率相加后，通过定义转化为声压级后，可以得到以下的结论：①将两个特性相同、声压级相等的噪声相加，其总声压级比单个声源的声压级增加 3 dB，如果有 N 个性质相同、声压级相等的噪声相加，其总声压级可以用式（8-2）表示：

$$L_{总} = L_p + 10\log N \tag{8-2}$$

式中，$L_{总}$为合成之后的总声压级，dB；L_p 为一个声源的声压级，dB；N 为声源的个数。

②声源不相同的声压级相加可以认为是总的声压级等于较大的声压级加上一个根据两声压级差值决定的修正项。通过计算可以得到声压级叠加分贝的增值图（图 8-1）。

由图 8-1 所示，可以得到这样的结论：当两个噪声的声压级差值在 10dB 以上，则修正项小于 0.5dB，即对总声压级影响较小；当差值大于 15dB 时，其对总声压级的影响可以忽略。因此，在噪声控制中，只有把噪声源中主要的、有影响的噪声源降下来，才能够取得良好的降噪效果。

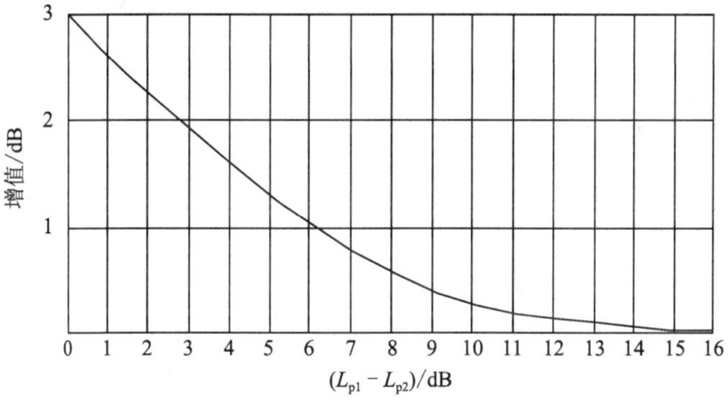

图 8-1 声压级叠加分贝的增值图

4）计权声级

A 计权（A-weighted）是一种用于音频测量的标准权重曲线，用于反映人耳的响应特性。A 计权是广泛采用的噪声的单值评价指标，可以通过声级计测量得到。

由于噪声的测量要反映人耳引起的响度感觉大小，需要充分考虑到人耳的听觉特性。人耳对不同频段的声音变化敏感程度是不一样的，太高或者太低就越不敏感，就像一个 A 字，所以叫 A 计权。A 计权的标准是由美国标准协会在 20 世纪 40 年代制定的，用于描述人耳对不同频段声音变化敏感程度。此外，还有 B 计权、C 计权、D 计权等，它们有各自不同的适用领域。

一般来说，噪声监测的计权方式是 A 计权声级，简称 A 声级。

A 声级的测量结果与人耳对噪声的主观感受近似一致，即对高频敏感，对低频不敏感，A 声级越高，人越觉得吵闹。A 声级同人耳的损伤程度也对应得较为合理，即 A 声级越高，损伤越严重。常见声源的 A 声级如表 8-1 所示。

表 8-1　常见声源的 A 声级表

A 声级/dB	主观感受	声源
20～30	安静	轻声耳语
30～40	安静	静夜，图书馆
40～60	较静	普通房间，吹风机
60～70	较静	普通谈话声，小空调机
70～80	较吵	大声说话，较吵的街道，缝纫机
80～90	较吵	吵闹的街道，公共汽车，空压机站
90～100	很吵	很吵的马路，载重汽车，推土机，压路机
100～110	很吵	织布机，大型鼓风机，电锯
110～120	痛阈	柴油发动机，球磨机，凿岩机
120～130	痛阈	螺旋桨飞机，高射机枪
130～140	无法忍受	风洞，喷气式飞机，大炮
140～160	无法忍受	火箭，导弹

5. 噪声防控相关法律及标准

环境噪声不但干扰人们的工作、学习和休息，而且还危害人们的身心健康。噪声对人的影响既与噪声的物理特性（如声强、频率、噪声持续时间等）有关，又与噪声暴露时的个体差异因素有关。因此，必须对环境噪声加以控制，但控制到什么程度，是一个很复杂的问题。它既要考虑对听力的保护、对人体健康的影响，以及噪声对人们的困扰，又要考虑目前的经济、技术条件的可行性。为此，通过采用调查研究和科学分析的方法，应对不同行业、不同领域、不同时间的噪声暴露分别加以限制，这一限制值就是噪声标准。国家权力机关根据实际需要和可能性，颁布了各种噪声防控相关的法律及标准。

1）《中华人民共和国噪声污染防治法》

为防治环境噪声污染，保护和改善生活环境，保障人体健康，促进经济和社会发展，我国新修订了《中华人民共和国噪声污染防治法》(以下简称新噪声法)，并由第十三届全国人民代表大会常务委员会第三十二次会议通过，自 2022 年 6 月 5 日起实施。

新噪声法重新界定了噪声污染内涵，扩大了法律适用范围，明确“指超过噪声排放标准或者未依法采取防控措施产生噪声，并干扰他人正常生活、工作和学习的现象”，从而解决部分噪声污染行为在现行法律中存在监管空白的问题。新噪声法针对有些产生噪声的领域没有噪声排放标准的情况，在“超标+扰民”基础上，将“未依法采取防控措施”产生噪声干扰他人正常生活、工作和学习的现象均界定为噪声污染。

2）城市环境噪声标准

根据城市中不同的社会功能，按照环境噪声控制的要求可划分为若干类不同控制限制的区域。根据 2008 年 10 月 1 日起实施的《声环境质量标准》(GB 3096－2008)，声环境功能区分为以下五种类型：0 类声环境功能区指康复疗养区等特别需要安静的区域。1 类声环境功能区指以居民住宅、医疗卫生、文化体育、科研设计、行政办公为主要功能，需要保持安静的区域。2 类声环境功能区指以商业金融、集市贸易为主要功能，或者居住、商业、工业混杂，需要维护住宅安静的区域。3 类声环境功能区指以工业生产、仓储物流为主要功能，需要防止工业噪声对周围环境产生严重影响的区域。4 类声环境功能区指交通干线两侧一定距离之内，需要防止交通噪声对周围环境产生严重影响的区域，包括 4a 类和 4b 类两种类型。4a 类为高速公路、一级公路、二级公路、城市快速路、城市主干路、城市次干路、城市轨道交通（地面段）、内河航道两侧区域；4b 类为铁路干线两侧区域。

为了对营业性文化娱乐场所和商业经营活动中可能产生环境噪声污染的设备、设施规定边界噪声排放限值与测量方法，我国批准了《社会生活环境噪声排放标准》(GB 22337－2008)。该标准适用于对营业性文化娱乐场所、商业经营活动中使用的向环境排放噪声的设备、设施的管理、评价与控制。

3）工业企业厂界环境噪声排放标准

为贯彻《中华人民共和国环境保护法》和《中华人民共和国环境噪声污染防治法》，防治工业企业噪声污染，改善声环境质量，我国对《工业企业厂界噪声标准》(GB 12348－90）进行了修订，批准了《工业企业厂界环境噪声排放标准》(GB 12348－2008）为国家环境噪声排放标准，并由生态环境部与国家质量监督检验检疫总局联合发布。根据工业企业厂界外声环境功能区类别对工业企业的噪声排放限值进行了规定。

8.1.2　噪声的危害

一般 40 dB 被认为是噪声的卫生标准，是正常的环境声音。在此以上便是有害的噪声，它影响睡眠和休息、干扰工作、妨碍谈话、使听力受损伤，甚至引起心血管系统、神经系统、消化系统等方面的疾病。归纳起来，噪声的危害主要表现在以下几方面。

1. 噪声对人类及生物的危害

1）损伤听力

噪声可以造成人暂时性的或持久性的听力损伤，后者即耳聋。一般说来，85 dB 以下的噪声不至于危害到听觉，而超过 85 dB 的噪声可能造成危险。平常所说环境噪声值和噪声级是（A）声级，（A）声级能够较好地反映人耳对噪声强度和频率的主观感觉。表 8-2 列出人在不同噪声级下长期工作时，耳聋发病率的统计情况。

表 8-2　工作 40 年后噪声性耳聋发病率

噪声级（A）值/dB	国际统计/%	美国统计/%
80	0	0
85	10	8
90	21	18
95	29	28
100	41	40

由表 8-2 可见，85 dB 的噪声，耳聋发病率明显增加。但是即使高至 90 dB 的噪声也只能产生暂时性的病患，休息后即可恢复。因此噪声的危害关键在于它的长期作用。

2）干扰睡眠和语言交流、引发烦恼

睡眠是人消除疲劳、恢复体力和维持健康的一个重要条件。但是噪声会影响人的睡眠质量和数量，老年人和患者对噪声干扰更为敏感。当人们睡眠受干扰而辗转不能入睡时，就会出现呼吸频繁、脉搏跳动加剧、神经兴奋等现象，第二天会觉得疲劳、易累，从而影响工作效率。久而久之，就会引起失眠、耳鸣多梦、疲劳无力、记忆力衰退，在医学上为神经衰弱症候群。在高噪声环境下，这种病的发病率可达 60%以上。噪声会干扰人们交流的能力，很多噪声即使没有达到引起听力损伤的程度，也会干扰语言交流。噪声引起的烦恼是人们对听觉经历做出的一种反应，在被噪声扰乱或打断的活动中，在对噪声的生理反应及对噪声所带来信息含义上的反应方面，产生的烦恼均有一定规律可循。例如，同样的声音在晚上听起来可能比白天更令人烦恼。

3）影响工作效率和视力

当工作需要用到听觉信号、语言或非语言时，对于任何强度的噪声，当其足以妨碍或干扰人们对这些信号的认知时，该噪声将影响工作效率。不规律的噪声爆发比稳定的噪声更具有破坏性，高于 2000 Hz 的高频噪声对工作效率的影响比低频噪声更严重。噪声不仅影响听力，还影响视力，长时间处于噪声环境中的人很容易产生视疲劳、眼痛、眼花、视物流泪、眼损伤等现象。同时，噪声还会使色觉、视野发生异常。

4）影响胎儿和儿童的发育

研究表明，噪声会使母亲产生紧张反应，引起子宫血管收缩，以致影响供给胎儿发育所必需的养料和氧气。噪声还影响胎儿的体重，此外因儿童发育尚未成熟，各组织器官十分娇嫩和脆弱，无论是体内的胎儿还是刚出生的孩子，噪声均可损伤其听觉器官，使听力减退或丧失。噪声会影响少年儿童的智力发展，有人做过调查，吵闹环境下儿童智力发育比安静环境中低 20%。

5）影响其他生物生长发育

噪声对自然界的生物也是有影响的。例如，强噪声会使鸟类羽毛脱落、不产卵，甚至会使其内出血或死亡。

2. 噪声对设备和建筑物的损坏

除上述影响外，噪声还可能损坏物质结构。140 dB 以上的噪声可使墙开裂、瓦损坏、门窗发生破坏，甚至使烟囱及古老的建筑物发生倒塌，使钢产生“声疲劳”而损坏。强烈的噪声使自动化、高精度的仪表失灵，当火箭发出的低频率噪声引起空气振动时，会使导弹和船产生大幅度的偏离，导致发射失败。

高强度和特高强度噪声能损害建筑物和发声体本身。航空噪声对建筑物的影响很大，如超音速低空飞行的军用飞机在掠过城市上空时，可导致民房玻璃破碎、烟囱倒塌等损害。美国统计了 3000 件喷气飞机使建筑物受损的事件，其中抹灰开裂的占 43%、窗损坏的占 32%、墙开裂的占 15%、瓦损坏的占 6%，其他建筑受损占 4%。

在 160 dB 以上的特高强度的噪声影响下，不仅建筑物受损，发声体本身也可能因声疲劳而损坏，并使一些自动控制和遥控仪表设备失效。

8.1.3　噪声污染控制

噪声从声源出发，经过一定的传播途径达到接收者，才能发生危害作用。因此，噪声污染涉及噪声源、传播途径和接收者三个环节的声学系统。噪声控制方法可以分为三类：防止噪声产生、阻断噪声传播、防止噪声进入耳朵。这三个途径分别从噪声源、传播途径和接收者防护三方面对噪声进行控制。

1. 噪声源控制

从声源入手，改进声源结构的设计、减小声源发出的噪声等级是噪声控制中最有效、最直接的方法。但如今噪声来源数量庞大且种类繁多，从成本和技术方面考虑都不可能将所有的声源结构进行改进设计，因此还不能从根本上杜绝噪声源。随着社会的发展，人们对声音舒适度要求提高，声源的优化设计也在逐步改进中，如电机冷却风扇结构的变化，改变叶片和风叶直径、叶片数量减少，使风扇发出的噪声等级得到降低；改变柴油发动机燃烧室喷嘴的提前角、采用高阻尼材料和壳上加筋等方式一定程度上减少机械外壳表面的振动等，都能够在一定程度上降低声源发出噪声的等级，达到抑制噪声的效果。有时也可以利用人为地发出次级噪声控制原始噪声，达到消除原始噪声的目的。这种方法适用于消除1500 Hz 以下低频无规噪声，以弥补被动隔音的不足。

2. 传播途径控制

目前的技术水平、经济等方面的原因，无法把噪声源的噪声降到人们满意的程度，就可考虑在噪声传播途径上控制噪声。

在总体设计上采用“闹静分开”的原则是控制噪声较有效的措施。例如，在规划新城镇时，应将机关、学校、科研院所与闹市区分开；闹市区与居民区分开；工厂与居民区分开；高噪声车间与办公室宿舍分开；高噪声的机器与低噪声的机器分开。这样利用噪声自然衰减特性，减少噪声污染面。还可因地制宜，利用地形、地轫如山丘、土坡或已有的建筑设施来降低噪声作用。另外，绿化不但能改善环境，而且具有降噪作用。种植不同种树木，使树的疏密及高低合理配置，可达到良好的降噪效果。

当利用上述方法仍达不到降噪要求时，就需要在噪声的传播途径上直接采取声学措施，包括吸声、隔声、消声等常用噪声控制技术。各种噪声控制的技术措施，都有其特点和适用范围，采用何种措施，视噪声源的实际情况，参照有关标准，综合考虑经济因素来决定。下面分别介绍常见的三种不同的降噪方式。

1）吸声降噪

吸声是利用某些吸声材料、结构吸声，来降低噪声强度。吸声材料多是一些多孔材料，当声波进入多孔材料的孔隙中，引起孔隙间空气分子、纤维振动，由于空气与孔隙的摩擦阻力、空气的黏滞阻力、热传导等作用，大部分声能变为热能耗散，起到吸声作用。

常见的效果好的吸声材料是多孔纤维材料，这种材料内部有大量的微小孔隙或空腔，孔隙或空腔彼此沟通，声波入射时引起其中空气分子振动，空气分子不断撞击材料分子，将部分声能转换成热能而被吸收，常见的有矿棉、玻璃棉、泡沫塑料、聚酯纤维吸音板、羊毛毡、棉麻、微孔吸声砖等。

2）隔声降噪

隔声是利用隔声材料或隔声结构阻挡声音的传播，把噪声源发出的噪声限制在局部范围内，不辐射到有噪声声级要求的室内。建筑物墙体、道路声屏障等在声音传播路径上的障碍物都可以阻挡、隔离声音。在噪声源控制由于成本和技术受到限制情况下，往往在易产生噪声的电机等设备外加隔声罩隔绝声音，防止声音外泄，相比噪声源控制来说，更加经济和方便，且隔音效果良好。隔声材料与吸声材料不同，其一般为闭孔结构，密度越大隔音效果越好。常见的隔声材料包括钢材、玻璃、钢筋混凝土、实心砖、花岗岩、大理石、石膏板、橡木、胶合板等。

3）消声降噪

消声降噪是通过消声器对噪声进行消除。消声器是一种既能使气流通过又能有效地降低噪声的设备。通常可将消声器放置在各种空气动力设备进出口或管道的进出口，对噪声进行消防。在通风机、内燃机、鼓风机及各种高气流排放的噪声控制中广泛使用消声器，能达到一定的消声效果。

3. 接收者防护控制

接收者防护指暴露在噪声环境中的人们人为地采取一定的措施保护自己不受到噪声的伤害，属于人们自我保护的行为。一般可采用以下防护措施：①佩戴护耳器，如耳塞、耳罩等；②减少暴露在噪声环境中的时间；③定期做一次听力检测，若听力显著降低，需要立刻调离噪声环境。

阅读材料：新噪声法的亮点

——中国环境报

分类防控噪声污染，对症下药精准施策。

对于工业噪声，增加排污许可管理制度，增加自行监测制度，同时要求可能产生噪声污染的新建、改建、扩建项目进行环评；要求建设项目的噪声污染防治设施应当与主体工程同时设计、同时施工、同时投产使用；在投入生产或者使用之前，建设单位要对配套建设的噪声污染防治设施进行验收，编制验收报告，并向社会公开。

对于建筑施工噪声，一是明确施工单位噪声污染防治责任。要求建设单位将噪声污染防治费用列入工程造价。二是明确建设单位自动监测责任，并对监测数据的真实性和准确性负责。三是增加禁止夜间施工的规定，除非是因生产工艺要求或者其他特殊需要必须连续施工的抢修、抢险施工作业。四是增加优先使用低噪声施工设备的要求，工业和信息化部会同生态环境部、住房和城乡建设部等部门要公布低噪声施工设备指导名录，并适时更新。

对于交通运输噪声，一是基础设施选址要考虑噪声的影响。例如，新建公路、铁路线路的选线设计，要尽量避开噪声敏感建筑物集中区域；新建民用机场的选址，与噪声敏感建筑物集中区域的距离要符合标准的要求。二是在基础设施相关工程技术规范中要有噪声污染防治的要求。三是加强对地铁和铁路噪声的防控。四是加强对使用警报器的管理。

对于社会生活噪声，一是鼓励培养减少噪声产生的良好习惯，日常活动中，要尽量避免产生噪声对周围人员造成干扰。二是预防邻里噪声污染，使用家用电器、乐器或者进行其他家庭场所活动，要控制音量或者采取其他有效措施。三是预防室内装修噪声，要按照规定限定作业时间，采取有效措施。四是鼓励创建宁静区域，在举行中考、高考时，对可能产生噪声影响的活动，做出时间和区域的限制性规定等。

新噪声法还聚焦噪声扰民难点，保障安宁和谐环境。

一是禁止广场舞噪声扰民。规定在公共场所组织或者开展活动，要遵守公共场所管理者有关活动区域、时段、音量等规定，采取有效措施，防止噪声污染。同时，要求公共场所管理者规定娱乐、健身等活动的区域、时段、音量，采取设置噪声自动监测和显示设施等措施来加强监督管理。如果违反规定，首先是说服教育，责令改正；拒不改正的，给予警告，对个人可以处 200 元以上 1000 元以下的罚款，对单位可以处 2000 元以上 2 万元以下的罚款。

二是禁止机动车轰鸣“炸街”扰民。明确禁止驾驶拆除或者损坏消声器、加装排气管等擅自改装的机动车以轰鸣、疾驶等方式造成噪声污染，要求使用机动车音响器材控制音量。违反规定的，由公安机关交通管理部门依照有关道路交通安全的法律法规处罚。

三是禁止酒吧等商业场所噪声扰民。明确要求文化娱乐、体育、餐饮等场所的经营管理者采取有效措施，防止、减轻噪声污染，并且禁止在商业经营活动中使用高音广播喇叭，或者采用其他持续反复发出高噪声的方法进行广告宣传。违反规定的，责令改正，处 5000 元以上 5 万元以下的罚款；拒不改正的，处 5 万元以上 20 万元以下的罚款，并可以报经有批准权的人民政府批准，责令停业。

以上这三种行为，如果经劝阻、调解和处理未能制止，持续干扰他人正常生活、工作和学习，或者有其他违反治安管理行为的，由公安机关依法给予治安管理处罚；构成犯罪的，依法追究刑事责任。

8.2 振动污染

8.2.1 振动概述

1. 振动的定义

物体的运动状态随时间在极大值和极小值之间交替变化的过程称为振动。过量的振动会使人不舒适、疲劳，甚至导致人体损伤。振动污染（vibration pollution）指振动超过一定的界限，从而对人体的健康和设施产生损害，对人的生活和工作环境形成干扰，或使设备和仪表不能正常工作。

环境振动的物理量可分为两类：一类是描述振动大小的量，有位移、速度、加速度。对于稳定态振动，常用振动量大小的有效值表达；对于冲击性振动，有时用振动量的峰值或平均值来表达。另一类是描述振动变化率的量，有周期、频率、频率谱或功率谱密度等。

2. 振动的特点

振动污染与噪声污染是一对孪生兄弟，从物理学角度来看，两者都是因物体振动而产生的一种波，只不过传播的途径不同：噪声污染是通过空气传播的，振动污染则是通过固体传播的。振动污染特点：①主观性，是一种危害人体健康的感觉公害；②局限性，仅涉及振动源邻近地区；③瞬时性，是瞬时性能量污染，在环境中无残余污染物，不积累；振源停止，污染即消失。

3. 振动的分类

振动在自然界里是很普遍的现象，在人们平时的生产、生活中极为常见。例如，自然界的声、光、热等都包含着振动；动物和人类的生命活动都离不开振动，如心脏的搏动、耳膜和声带的振动等；在人类的生产活动中也会产生各种各样的振动，如桥梁和建筑的振动、飞机和船舶在行驶当中的振动、机床和打桩机打桩时的振动、各种动力机械的振动等。

按能否用确定的时间函数关系式描述，将振动分为两大类，即确定性振动和随机振动（非确定性振动）。确定性振动能用确定的数学关系式来描述，对于指定的某一时刻，可以确定一个相应的函数值。随机振动具有随机特点，每次观测的结果都不相同，无法用精确的数学关系式来描述，不能预测未来任何瞬间的精确值，只能用概率统计的方法来描述它的规律。例如，地震就是一种随机振动。

确定性振动又分为周期振动和非周期振动。周期振动包括简谐周期振动和复杂周期振动。简谐周期振动只含有一个振动频率。而复杂周期振动含有多个振动频率，其中任意两个振动频率之比都是有理数。

8.2.2　振动的危害

环境中存在着各种各样的振动现象。振动还是噪声的主要来源，振动是以弹性波的形式在地板、墙壁中传播，并在传播过程中向外辐射噪声，这也是一种噪声污染。振动与噪声相结合严重影响人们的生活，降低工作效率，有时会影响到人的身体健康，造成各种事故。振动会引起机械设备内部构件和人体内部器官的振动或共振，从而导致机械损坏和身体疾病的发生，对机械设备和人体造成危害，严重时会影响机械设备的质量及使用寿命和人们的生命安全，因此振动污染是一种不可忽略的公害。

1. 振动对机械设备的危害和对环境的污染

在工业生产中，机械设备运转发生的振动大多是有害的。振动使机械设备本身疲劳和磨损，从而缩短机械设备的使用寿命，甚至使机械设备中的构件发生刚度和强度破坏。对于机械加工机床，如果振动过大，可使加工精度降低；飞机机翼的颤振、机轮的摆动和发动机的异常振动都有可能造成飞行事故。各种机器设备、运输工具会引起附近地面的振动，并以波动形式传播到周围的建筑物，造成不同程度的环境污染，从而使振动引起的环境公害日益受到人们的关注。

2. 振动对人体的影响

人体具有弹性组织，对振动的反应与一个弹性系统相当。振动对人体的影响不仅决定于振动强度，还与振动的频率和作用的方向有关。根据振动作用于人体的部位，分为全身振动和局部振动。例如，坐车、乘船会出现晕车、晕船等现象都属于全身振动。由使用油锯、凿岩机、砂轮等振动工具而引起的手指麻木、疼痛等症状即属于局部振动。但有时全身振动与局部振动对机体的反应很难严格区分。能使人感觉到的最小振动称为振动感觉阈。振动的增加使人们感到不舒适，继而引起疲劳。对于超过疲劳阈的振动不但有心理反应，而且会有生理反应。

阅读材料：地铁振动扰民之忧

——依互联网资料整理

据媒体报道，上海地铁一号线开通后，每有地铁列车开来，凤阳路上的老宅住户家碗柜里的碗碟便开始抖动，列车经过时，抖动最剧烈，瓷器彼此碰撞，铃铃作响，直到列车开过。此外，广州地铁一号线长寿路站到中山七路站的隧道线路，穿过了一座 9 层住宅楼的地基，虽然成功进行了桩基础托换，有效控制了房屋的沉降变形，但列车经过时，楼内的居民仍能感到较大的振动与噪声，晚上尤为明显。

开通或正在修建地铁的消息正从北京、上海、广州、沈阳、无锡等中国许多大城市乃至中型城市陆续传来。当首都成为“首堵”，成都变身“堵城”，越来越多备受交通拥堵困扰的城市正不约而同地开始大规模发展地铁，以破解城市交通难题。然而不容忽视的是，在以便捷、快速为关键词的地铁发展背景下，地铁振动和噪声扰民问题正在成为地铁建设大潮中的突出问题。

精密仪器对振动往往非常敏感，很微小的工业振动或交通振动都会对仪器的正常工作造成影响。北京地铁 16 号线是城区西部的南北干线，此前规划的线路距离北京大学主校区精密仪器楼较近。北京大学反映建成后将会对学校科研工作产生严重影响，要求调整地铁 16 号线规划方案。为保证北京大学高精密仪器的正常使用，2013 年我国调整了西苑至苏州街这一段的线路走向，本来要经过北京大学西南墙外颐和园路下方的线路，此时向西移动一定距离。此外，2016 年 1 月广州地铁 10 号线规划方案公开征集意见。根据规划，10 号线将穿越中山大学南校区中轴线。中山大学对此表示担忧，认为该规划将对校内国家重点实验室、国家实验教学示范中心及测试中心的实验造成严重影响，中山大学进而建议，将地铁 10 号线的线路调到校园外围。

8.2.3 振动污染控制

在实际工程中，振动现象是不可避免的，因为有许多产生振源（激振力）的因素难以避免。例如，机械设备中的转子不可能达到绝对的平衡（包括静平衡或动平衡）、往复机械的惯性力无法平衡。又如，涡轮机械中气流对叶片的冲击、在机床上加工零件时产生的振动等都是产生振动的来源。机械振动的根本治理方法是通过改变机械的结构来降低甚至消除振动的发生，但实践中很难达到这一点，人们在长期的实践中积累了丰富的控制振动的有效方法。任何一个振动系统都可概括为三部分：振源、振动途径和接受体，并按照振源、振动途径（传递介质）、接受体这一途径进行传播。根据振动的性质及其传播的途径，振动的控制可通过以下途径。

1. 修改结构

这是一个高技术手段，目前非常引人注目。它实际上是通过修改受控对象的动力学特性参数使振动满足预定的要求，不需要附加任何子系统的振动控制方法。所谓动力学特性参数指影响受控对象质量、劲度与阻尼特性的那些参数，如惯性元件的质量、转动惯量及其分布等。在摩天大楼的建设过程中，由于建筑物极高，其受到较大风力或地震时会给大楼带来较大的摇晃，影响建筑物的安全性和居住舒适性。因此，人们通过在超高层建筑物中增加被誉为“定楼神球”的调谐质量阻尼器来应对风致振动，在强风时降低加速度响应、降低大楼晃动幅度，提高建筑内部人员舒适度。

阅读材料：摩天大楼防风抗震的秘密武器——阻尼器

——依互联网资料整理

据媒体报道，上海中心大厦的阻尼器名叫“上海慧眼”，全称为“电涡流摆设式调谐质量阻尼器”，对摩天大楼进行减振，可以抗 7 级地震和 12 级台风。这项技术是世界上首次使用风阻尼器，是中国人首创。

该阻尼器是个重达 1000 t 的“超级巨无霸”，是目前世界上最重的摆式阻尼器质量块。它的工作原理是：质量块和吊索构成一个巨型复摆，它与主体结构共振，削减强风下高层晃动。“上海慧眼”阻尼器由 12 根吊索、质量块、阻尼系统和主体保护系统四部分组成。上海中心大厦工作人员介绍，该阻尼器的极限摆幅可达到 2 m，可以削减强风下高层晃动，帮助超高层建筑保持楼体稳定和安全；可以令大厦内 90%的人感受到较大的舒适度。2018 年在台风“安比”登陆上海时，阻尼器摆幅达到 40～50 cm。在台风利奇马的影响下，上海中心大厦里的阻尼器摆幅达到将近 50 cm。

2. 控制振动源振动

控制振动源振动，即振源消振。消除或减弱振源，这是最彻底和最有效的办法，因为受控对象的响应是由振源激励引起的，振源消除或减弱，响应自然也消除或减弱，如改善机器的平衡性能、改变扰动力的作用方向、增加机组的质量、在机器上装设动力吸振器等。这里特别强调的是，要控制共振。共振是振动的一种特殊状态，当振动机械所受扰动力的频率与设备固有频率相一致时，就会使设备振动得更加厉害，甚至起到放大作用，它可能成为主要噪声源或引起结构疲劳损伤。例如，位于美国华盛顿州的塔科马海峡大桥，在建设时并未考虑大桥的空气动力学和共振实验，导致大桥在微风的吹拂下会产生颤振和涡激共振，使得大桥本体出现晃动甚至扭曲变形的情况。大桥通车仅 4 个月，就在微风形成的共振中轰然倒塌。

控制共振的主要方法：①改变设施的结构和总体尺寸或采用局部加强法等，以改变机械结构的固有频率；②改变机器的转速或改换机型等以改变振动源的扰动频率；③将振动源安装在非刚性的基础上以降低共振响应；④对于一些薄壳机体或仪器仪表柜等结构，用粘贴弹性高阻尼结构材料增加其阻尼，以增加能量远散，降低共振幅。

3. 隔振

隔振指使振动传输不出去，从而消除振动的不良影响。通常是在振源与受控对象之间串加一个子系统来实现隔振，用以减小受控对象对振源激励的响应，这是一个应用非常广泛的减振技术。具体来说，可以分为以下几种方法实现隔振：①采用大型基础，这是最常用、最原始的办法；②防振沟，在机械振动基础的四周开设一定宽度和深度的沟槽，里面填以松软物质（如木屑、沙子等），用来隔离振动的传递；③采用隔振元件，通常在振动设备下安装隔振器，如隔振弹簧、橡胶垫等，使设备和基础之间的刚性连接变成弹性支撑。

4. 吸振

在受控对象上附加一个子系统使得某一频率的振动得到控制，称为吸振，又称动力吸振，也就是利用吸振器产生吸振力以减小受控对象对振源激励的响应，这种技术的应用也十分广泛。其原理是在振动物体上附加质量弹簧共振系统，这种附加系统在共振时产生的反作用力可使振动物体的振动减小。当激发力以单频为主，或频率很低，或不宜采用一般隔振器时，动力吸振器特别有用。

5. 阻振

阻振又称阻尼减振，即在薄板或管道上紧贴或喷涂上一层内摩擦大的材料，如沥青、软橡胶或其他高分子涂料。通过消耗能量使响应最小，也常用外加阻尼材料的方法来增大阻尼。阻尼可使沿结构传递的振动能量衰减，还可减弱共振频率附近的振动，主要原因是它减弱金属板中传播的弯曲波。当薄板发生弯曲振动时，振动能量迅速传递给紧贴在薄板上内摩擦耗损大的阻尼材料，于是引起薄板与阻尼层之间相互摩擦和错动，阻尼材料忽而被拉伸，忽而被压缩，将振动能量转化为热能被消耗。

8.3 光 污 染

8.3.1 光污染概述

大约在 20 世纪 30 年代，国际天文界提出了光污染这个问题，研究人员觉得城市的亮光对天文观测造成了很大的影响。后来，英、美等国又将光污染称为“干扰光”，日本则称其为“杀害”。现如今，大家面临的最常见的光污染是由镜面建筑反光导致的人或司机产生眩晕感，此外还有一些明显不合理的灯光照明带给人体的不适感。如果放任光污染不加以管制，轻则损害人的眼睛，重则诱发癌症，同时也很容易使人产生不良情绪，让人产生焦虑感。

1. 光污染的定义

光污染（light pollution）是由不合理的人工光照或者不恰当反射的自然光导致的违背人的生理与心理需求、有损于生理与心理健康，或对生态环境产生负面影响的现象。在日常生活中，人们常见的光污染多为导致行人和司机产生眩晕感的镜面建筑反光，以及夜晚给人体造成的生理和心理上不适感的灯光。

2. 光污染的分类

国际上一般将光污染分成三类，即白亮污染、人工白昼和彩光污染。有些学者还根据光污染影响的范围的大小将光污染分为室外视环境污染、室内视环境污染和局部视环境污染。其中，室外视环境污染包括建筑物外墙、室外照明等；室内视环境污染包括室内装修、室内不良的光色环境等；局部视环境污染包括书簿纸张和某些工业产品等。

1）白亮污染

当太阳光照射强烈时，城市里建筑物的玻璃幕墙、釉面砖墙、磨光大理石和各种涂料等装饰反射光线，明晃白亮、炫眼夺目。研究发现，长时间在白亮污染环境下工作和生活的人，视网膜和虹膜都会受到不同程度的损害，视力急剧下降，白内障的发病率高达 45%。白亮污染还使人头昏心烦，甚至发生失眠、食欲下降、情绪低落、身体乏力等类似神经衰弱的症状。

2）人工白昼

夜幕降临后，商场、酒店上的广告灯、霓虹灯闪烁夺目，令人眼花缭乱，甚至有些强光束直冲云霄，使得夜晚如同白天一样，即人工白昼。在这样的“不夜城”里，光入侵造成过强的光源影响他人的日常休息，使其夜晚难以入睡，扰乱人体正常的生物钟，导致其白天工作效率低下。过度照明对能源的无意义使用造成浪费，美国每天由于“过度照明”浪费掉的能源相当于 200 万桶石油。人工白昼还对生态环境产生破坏，如伤害鸟类和昆虫，强光可能破坏昆虫在夜间的正常繁殖过程。

3）彩光污染

舞厅、夜总会安装的黑光灯、旋转灯、荧光灯及闪烁的彩色光源构成了彩光污染。据测定，黑光灯所产生的紫外线强度大大高于太阳光中的紫外线，且对人体的有害影响持续时间长。人如果长期接受这种照射，可诱发流鼻血、脱牙、白内障，甚至导致白血病和其他癌变。彩色光源让人眼花缭乱，不仅对眼睛不利，而且干扰大脑中枢神经，使人感到头晕目眩，出现恶心呕吐、失眠等症状。要是人们长期处在彩光灯的照射下，其心理积累效应也会不同程度地引起倦怠无力、头晕、神经衰弱等身心方面的病症。

8.3.2　光污染的危害

1. 光污染使人们不见星空

流光溢彩的夜景曾使众多的游人流连忘返。然而，光污染也正伴随着夜间炫目的灯光开始蔓延。美国最新调查研究显示，夜晚的华灯造成的光污染已使全世界 1/5 的人对银河视而不见，约有 2/3 的人生活在光污染里。

过度的城市照明对天文观测的负面影响受到天文学界的普遍重视。国际天文学联合会就将光污染列为影响天文学工作的现代四大污染之一。各种光污染直接作用于观测系统，使天文系统观测的数据变得模糊，甚至做出错误的判断。由于光污染的影响，洛杉矶附近的威尔逊山天文台几乎放弃了深空天文学的研究，无独有偶，我国南京紫金山天文台也因此使部分机构不得不迁出市区。

2. 光污染造成交通危害

墙体外部采用玻璃钢是目前城市建筑流行的一种新时尚，但它们造成的交通危害不可忽视。金碧辉煌的玻璃幕墙在烈日的照射下仿佛是一个巨大的探照灯，影响周边居民的生活，而在交通繁忙地段建筑物的强烈反光又会有碍司机的视觉。曾有市民在骑自行车外出时，突然发觉眼前一亮，一束强光让其差点摔倒，原来是一辆汽车的水银玻璃反光导致的，光污染已经在悄无声息地影响着市民的日常生活。

3. 光污染加剧热岛效应

光彩照人的建筑物群虽然让城市更加现代、繁华，却将热量反射到四周，加剧城市热岛效应。深圳市气象台表示，因为城市热岛效应的加剧，深圳的年平均气温十年来提高了整整 2℃，相当于把整个城市南移 300 km。而形成被戏称为“人造火山”现象的“元凶”之一就是作为“反光镜”的玻璃建筑物。大面积的玻璃幕墙由于反射太阳光，使之辐射到周围地区，导致辐射区气温升高，造成光热污染。

4. 光污染危害动植物生长发育

光污染影响动物的自然生活规律，受影响的动物昼夜不分，使得其活动能力出现问题。此外，其辨位能力、竞争能力、交流能力及心理皆会受到影响，更甚的是猎食者与猎物的位置互调。

光污染还会破坏植物体内的生物钟节律，有碍其生长，导致其茎或叶变色，甚至枯死；对植物花芽的形成造成影响，并会影响植物休眠和冬芽形成。

5. 眩光污染的危害

过大的亮度对比或过高的亮度可以引起视觉上的不舒适、烦恼或视觉疲劳，这种现象称为“眩光”。按眩光产生的来源和过程可分为直接眩光、间接眩光、反射眩光和光幕眩光。

（1）直接眩光指眼睛直视光源时感到刺眼眩光，如直视太阳或夜间对视来车的车灯、阅读时的直接眩光即看灯管时的刺眼眩光。

（2）间接眩光指当不在观看物体的方向存在着发光体时，由这个发光体引起的眩光。例如，在视野中存在着高亮度的光源，却不在观察物体的方向，这时它引起的眩光就是间接眩光。与直接眩光不同的是，由于间接眩光不在观察物体的方向出现，它对视觉的影响不像直接眩光那样严重。

（3）光幕眩光指在光环境中减少亮度对比，以致本来呈现扩散反射的表面上，又附加定向反射，于是遮蔽了要观看的物体细部的一部分或整体。眼睛在有失能眩光的环境中进行视觉工作时，在视野内会产生光幕。光幕是由眩光光源发射的光在眼睛里发生散乱而掩盖视网膜的映像。例如，当光照射在用光滑的纸打印的文件表面且大部分的光反射到观看者的眼睛内时，如果文章的字是黑亮的，而且也反射到观看者的眼睛内，就会出现光幕反射，使观看者看不清文字。

眩光的出现会严重影响视力，轻者降低工作效率，重者完全丧失视力，从而导致其无法工作，甚至引起工伤事故。例如，在工业建筑的车间、实验室、控制室等场所出现眩光，会降低工作人员眼睛的视觉功效，导致眼睛疲劳、注意力涣散，对于细微复杂的识别工作非常不利，而且眼睛感觉不舒适会造成心绪烦躁、反应迟钝。而在展览馆、美术馆、博物馆、纪念馆、体育馆、大型百货公司和其他展览设施等一些大型公共建筑或有特殊功能的建筑中，都需要限制或防止眩光，因为眩光会大大降低这些建筑的使用价值。

8.3.3 光污染的防治

光污染已经成为现代社会的公害之一，已经引起政府及社会的足够重视，并开始积极控制和预防光污染，改善城市环境。光污染很难像其他环境污染那样通过分解、转化和稀释等方式消除或减轻。因此，其防治应从源头着手，以预防为主。

1. 合理的城市规划和建筑设计可有效地减少可见光污染

在城市规划和建设时，加强预防性卫生监督，竣工验收时卫生、环保部门要积极参与，并且要开展日常的监督检测。限建或少建带有玻璃幕墙的建筑，已经建成的高层建筑则尽可能减少玻璃幕墙的面积，并尽量让这些玻璃幕墙建筑远离交通路口、繁华地段和住宅区。此外，还应选择反射系数较小的材料。特殊部门在建设选址（如天文台）时要注意光环境因素，避免选址错误。人们已经普遍开始注意预防可能产生的光污染，北京在 1999 年否决的玻璃幕墙设计方案就有 30 多起，上海和南京等城市也对高层建筑的设计施工提出限制，防止产生新的光污染。对城市广告牌、霓虹灯等应加强科学指导和管理，应采用发光系数小的材料制作。

2. 对有红外线和紫外线污染的场所采取必要的安全防护措施

加强管理和制度建设，对产生红外线、紫外线的设备定期检查、维护，严防误照；确保紫外消毒设施在无人状态下进行消毒，杜绝将紫外灯作为照明灯使用。

3. 提高市民素质，倡导大家保护环境，以预防为主

教育人们科学合理地使用灯光，注意调整亮度，白天提倡使用自然光。强化自我保护意识，注意工作环境中的紫外、红外及高强度眩光的损伤，劳逸结合，夜间尽量少到强光污染的场所活动。

采用个人防护措施，主要是戴防护眼镜和防护面罩。对于从事电焊、玻璃加工、冶炼等产生强烈眩光、红外线和紫外线的工作人员，应十分重视个人防护工作，可根据具体情况佩戴反射型、光化学反应型、反射-吸收型、爆炸型、吸收型、光电型和变色微晶玻璃型等不同类型的防护镜、防护面罩。使用电脑、电视时，要注意保护眼睛，与光源保持一定的距离并适当休息，同时采取一定的防辐射措施。

4. 加强绿化和恰当的美化

根据暗色吸光、浅色反光、粗糙瓦解光的原理，适当地增加地面、物体表面的粗糙度，以减少光的反射程度。例如，在建筑物和娱乐场所的周围做合理规划，进行绿化和减少对反射系数大的装饰材料的使用。

阅读材料：伦敦对讲机大厦

——依互联网资料整理

对讲机大厦（Walkie Talkie），是英国伦敦一座摩天大楼的别称，其外形独特，犹如对讲机，故称为“对讲机大厦”。该大楼位于芬乔奇街20号，楼高37层，造价达2亿英镑。2007年，该项目在接受公共质询时遭到了英国遗产协会的抨击，认为它是“伦敦最丑陋和最让人郁闷的建筑”。

对讲机大厦是在2015年建成的，当时为了阻止这座大厦的修建，伦敦市民提出了各种各样的抗议，因为他们都觉得这个建筑实在是太丑了，不想让自己的城市拥有如此丑陋的建筑，只不过最后这座大楼还是顶着压力建成了，只是在伦敦的众多高楼中有点格格不入。

不过，这座大楼在投入使用后最让市民头痛的却不再是它的外观。由于大楼的外墙是用玻璃幕墙制作的，而其曲面的外形又形成一个凹形的立面，当有阳光照射在这些玻璃上时就会产生反射，将这些太阳光汇聚到大楼对面的街道上，形成一个热区。曾经还将停在对面街道的一辆汽车给烤化了。当然，这座大楼不仅仅只是烤化了这一辆汽车，甚至还将对面街道的很多商铺的外墙装饰都给烤化了，这难免让当地的市民接受不了。

当地市民为了对这座大厦造成的光污染进行抗议，还在大厦对面的马路上用反射光煎起了鸡蛋。不过，在市民的强烈投诉后，现在大厦的物业也对大厦的外立面进行了一定的整改，每当阳光强烈的时候都会在外面盖上一层保护层以阻止阳光汇聚到街道上。

8.4　放射性污染

8.4.1　放射性污染概述

自从1895年威海尔姆·康拉德·伦琴发现X射线和1898年居里夫妇发现镭

元素后，原子能科学飞速发展。1942 年 12 月，美国科学家首次实现了铀的链式核裂变反应，标志着人类“原子时代”的开端。

1. 放射性污染相关定义与分类

放射性（radioactivity）是一种不稳定的原子核自发地发生衰变的现象，在放射的过程中同时释放出射线，即原子在裂变的过程中释放出射线的物质属性。具有这种性质的物质称为放射性物质。

发生放射性衰变的物质称为放射性核素，根据其来源可分为天然放射性核素和人工放射性核素。天然存在的放射性核素或同位素（同位素指不包括作为核燃料、核原料、核材料的其他放射性物质）具有自发放出放射线的特征，而人工放射线核素或同位素虽然也具有衰变性质，但核素本身必须通过核反应才能产生。

放射性污染主要指人类的生产、生活活动排放的放射性物质所产生的电离辐射超过放射环境标准时，产生污染而危害人体健康的一种现象，主要指给人体健康带来危害的人工放射性污染。放射性物质种类很多，铀、钍和镭就是常见的放射性物质。放射性物质衰变时可从原子核中释放出对人体有危害的 α 射线、β 射线、γ 射线等。

α 射线：其本质是氦的原子核，是具有高速运动的 α 粒子。因此，射线是氦核流，它在空气中的行径很短，天然放射性物质释放的 α 粒子一般射程只有 2～10 cm，最远不超过 12 cm，在固体或生物组织中只有 30～130 μm。它的穿透力虽弱，但电离作用很强。

β 射线：它是一种电子流。其粒子质量只有 α 粒子的万分之几。在空气中的行径最长可达十多米，在生物组织中可达数十毫米，它的穿透力较粒子强，但电离作用则较 α 射线小得多。

γ 射线：它是波长在 10^{-8} cm 以下的电磁波。运动速率等于光速（3×10^{8} m/s），不带电荷，但具有很强的穿透力，对生物组织造成的损伤最大。

2. 核辐射剂量的单位及换算

贝可（Bq，贝可勒尔）：表示每秒一个粒子发生核变，用于描述放射性物质的活度。日本国家原子能安全委员会所设定的辐射污染基准值：每千克自来水中放射性碘含量为 300 Bq、放射性铯含量为 200 Bq。2012 年 5 月，日本东京电力公司公布福岛核电站事故分别在大气与海水中释放 5.2×10^{17} Bq 与 1.8×10^{16} Bq 放射性物质。

居里（Ci）：定义为 $1\text{Ci}=3.7\times10^{10}$ Bq。贝可勒尔和居里其实都是核辐射源强度的单位，由于在核医学的实践中广泛使用各种放射性药物，并且几乎全世界都采用“居里”或“毫居里”对放射性药物进行计量，因此居里虽然不属于 SI 单位制，但依然被保留下来。

戈瑞（Gy）：吸收剂量单位，适合于 γ 射线、β 射线、中子等任何辐射。吸收剂量指被照射物单位质量中所吸收的核辐射能量值。定义为每千克被照射物吸收辐射的能量为 1 J，即 1 Gy=1 J/kg。但是吸收剂量与暴露在核辐射环境中的时间长短有线性关系，所以生态环境部发布的全国辐射环境自动监测站空气吸收剂量率，单位是 mGy/h。

西弗（Sv）：衡量核辐射吸收剂量对生物组织的伤害（剂量当量），与人体暴露部位有关，1 Sv 相当于每千克物质吸收 1 J 辐射能量。在生活，做一次 CT 胸透大概剂量为 0.5 mSv，坐飞机时每小时大约接受 0.005 mSv。

3. 放射性污染的特点

放射性污染之所以受到人们的强烈关注，主要是由于放射性污染同人类生存环境中的其他污染相比，具有以下特点。

（1）一旦产生和扩散到环境中，就不断对周围发出放射线。只是遵循各种放射性核同位素内在固定速率不断减少其活性，其半衰期即活度减少到一半所需的时间从几分钟到几千年不等。

（2）自然条件的阳光、温度无法改变放射性核同位素的放射性活度，人们也无法用任何化学或物理手段使放射性核同位素失去放射性。

（3）放射性污染对人类的作用有累积性。放射性污染是通过发射 α 射线、β 射线、γ 射线或中子射线来伤害人的，α 射线、β 射线、γ 射线、中子射线等辐射都属于致电离辐射。经过长期深入研究，已经探明致电离辐射对人（生物）危害的效果（剂量）具有明显的累积性。尽管人或生物体自身有一定对辐射伤害的修复功能，但效果极弱。实验表明，多次长时间较小剂量的辐照所产生的危害近似等于一次辐照该剂量所产生的危害（后者危害稍大些）。这样一来，极少的放射性核同位素污染发出的很少剂量的辐照剂量率如果长期存在于人身边或人体内，就可能长期累积，对人体造成严重危害。

（4）放射性污染既不像化学污染一样多数有气味或颜色，也不像噪声、振动、热、光等污染一样，公众可以直接感知其存在。放射性污染的辐射，哪怕强到直接致死水平，人类的感官对它都无任何直接感觉，从而采取躲避防范行动，只能继续受害。

（5）绝大多数放射性核素毒性，按致毒物本身质量计算，均远远高于一般的化学毒物。并且辐射损伤产生的效应，可能影响遗传，给后代带来隐患。

4. 放射性污染的来源

1）原子能工业排放的废物

原子能工业中核燃料的提炼、精制和核燃料元件的制造，都会有放射性废物产生和废水、废气的排放。这些放射性“三废”都有可能造成污染，由于原子能工业生产过程的操作运行都采取相应的安全防护措施，“三废”排放也受到严格控制，因此对环境的污染并不十分严重。但是当原子能工厂发生意外事故时，其污染是相当严重的。国外就有因原子能工厂发生故障而被迫全厂封闭的实例，如苏联切尔诺贝利核电站事故和日本福岛核电站泄漏事故。

2）核武器试验的沉降物

在进行大气层、地面或地下核试验时，排入大气中的放射性物质与大气中的飘尘相结合，由于重力作用或雨雪的冲刷而沉降于地球表面，这些物质称为放射性沉降物或放射性粉尘。放射性沉降物播散的范围很大，往往可以沉降到整个地球表面，而且沉降很慢，一般需要几个月甚至几年才能落到大气对流层或地面，衰变则需上百年甚至上万年。1945 年美国在日本广岛和长崎投放了两颗原子弹，使几十万人死亡，大批幸存者也饱受放射性病的折磨。

3）医疗放射性污染

医疗检查和诊断过程中，患者身体都要受到一定剂量的放射性照射。例如，进行一次肺部 X 射线透视，接受（4～20）$\times 10^{-4}$ Sv 的辐射剂量；进行一次胃部透视，接受 0.015～0.03 Sv 的辐射剂量。

4）科研放射性污染

科研工作中广泛地应用放射性物质，除原子能利用的研究单位外，金属冶炼、自动控制、生物工程、计量等研究部门几乎涉及放射性方面的课题和试验。在这些研究工作中都有可能造成放射性污染。

8.4.2　放射性污染的危害

放射性核素排入环境中后，造成对大气、水、土壤的污染，可被生物富集，使某些动、植物特别是一些水生生物体内的放射性核素比环境中高许多倍。放射性物体或放射源缺少防护措施，会导致放射性污染。同时核工业中产生的放射性废水、废气、固体废物等污染物也会带来放射性污染。当核电站发生事故时，也会导致严重的环境污染，典型案例如苏联切尔诺贝利核电站事故、日本福岛核电站泄漏事故等。

放射性污染看不见、摸不着，早期很难察觉。人一旦受到污染，无法隔离，即使受到小剂量的辐射污染，也可能造成不良后果。放射性元素产生的电离辐射能杀死生物体的细胞，妨碍正常的细胞分裂和再生，并且引起细胞内遗传信息的突变。受辐射的人在数年或数十年后，可能出现白血病、恶性肿瘤、白内障、生长发育迟缓、生育力降低等远期躯体效应；还可能出现胎儿性别比例变化、先天性畸形、流产、死产等遗传效应。人体受到射线过量照射所引起的疾病称为放射性病，它可以分为急性和慢性两种。

1）急性放射性危害

急性放射性病是由大剂量的急性辐射引起的，只有意外放射性事故或核爆炸时才可能发生。例如，1945 年在日本长崎和广岛的原子弹爆炸中，患者在原子弹爆炸后 1 h 内就出现恶心、呕吐、精神萎靡、头晕、全身衰弱等症状。经过一个潜伏期后，患者再次出现上述症状，同时伴有出血、毛发脱落和血液成分严重改变等现象，甚至死亡。急性放射性病还有潜在的危险，会留下后遗症，而且有的患者会把生理病变遗传给子孙后代。

2）慢性放射性危害

慢性放射性病是多次照射、长期累积的结果。全身的慢性放射性病通常与血液病变相联系，如白细胞减少、白血病等；局部的慢性放射性病，例如，当手受到多次照射损伤时，指甲周围的皮肤呈红色，并且发亮，同时指甲变脆、变形、手指皮肤光滑、失去指纹、手指无感觉，随后发生溃烂。

放射性照射对人体危害的最大特点是远期的影响。例如，因受放射性照射而诱发的骨骼肿瘤、白血病、肺癌和卵巢癌等恶性肿瘤，在人体内的潜伏期可长达 10～20 年，因此把放射线称为致癌射线。此外，人体受到放射线照射还会出现不育症、遗传疾病、寿命缩短等现象。

8.4.3　放射性污染的防治

对于放射性污染的防治，可以从控制污染排放、建立监测机制和加强防范意识三方面入手。

1. 控制污染排放

目前主要依据废物的形态，即废水、废气、固体废物，分别进行放射性污染的治理。放射性废物处理系统全流程包括废物的收集。废液、废气的净化浓集和固体废物的减容、储存、固化、包装及运输处置等。放射性废物处理流程示意图见图 8-2。放射性废物的处置是废物处理的最后工序，所有的处理过程均应为废物处置创造条件。

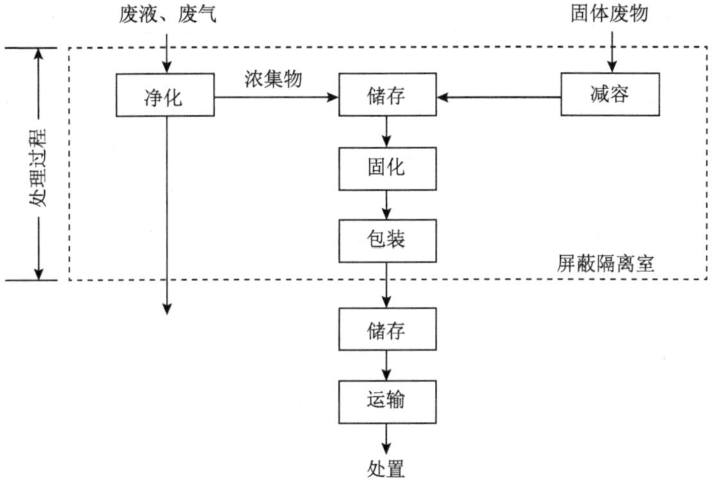

图 8-2　放射性废物处理流程示意图

1）控制放射性废液排放

放射性废液的处理非常重要。现在已经发展起来很多有效的废液处理技术，如化学处理、离子交换、吸附法、膜分离法、生物处理、蒸发浓缩等。根据放射性活度的高低、废水量的大小及水质和不同的处置方式，可选择上述一种方法或几种方法联合使用，达到理想的处理效果。

放射性废液处理应遵循以下原则：处理目标技术可行、经济合理和法规许可，废液应在产生场地分类收集，处理方法应与处理方案相适应，尽可能实现闭路循环，尽量减少向环境排放放射性物质，在处理运行和设备维修期间应使工作人员受到的照射降低到“可合理达到的最低水平”。

2）放射性固态废物处理处置

放射性核素固体废物的处理处置方法主要有焚烧法、压缩法、包装法和去污法等。

核工业废渣，一般指采矿过程中的废石碴及铀前处理工艺中的废渣。这种废渣的放射性活度很低而且体积庞大，处理的方法是筑坝堆放、用土壤或岩石掩埋、种上植被加以覆盖，或者将它们回填到废弃矿坑。

放射性沾染的固体废物，指被放射性沾污而不能再使用的物品，如工作服、手套、废纸、塑料和报废的设备、仪表、管道、过滤器等。对此应根据放射性活度，将高、中、低及非放射性固体废物分类存放，然后分别处理。对可燃性固体废物采用专用的焚烧炉焚烧减容，其灰烬残渣密封于专用容器，贴上放射性标准符号标签，并写上放射性含量、状态等。对不可燃的固体废物，经压缩减容后置于专用容器中。对于中低放射性废液处理后的浓集废液及残渣，可以用水泥、沥青、玻璃、陶瓷及塑料固化方法使其变成固化块。将这些固化块以浅地层埋藏为主，作半永久性或永久性的储存。

高放固体废物，主要指的是核电站的乏燃料、后处理厂的高放废液固化块等。这些固体废物的最终处置是将其完全与生物圈隔绝，避免其对人类和自然环境造成危害。然而，它的最终处置是至今尚未解决的重大问题。世界各学术团体和不少学者经过多年研究提出过不少方案，如深地层埋葬、投放到深海或在深海钻井的处置方案、投放到南极或格陵兰岛冰层以下、用火箭运送到宇宙空间等。

3）放射性废气处理

放射性污染物在废气中存在的形态包括放射性气体、放射性气溶胶和放射性粉尘，对挥发性放射性气体可以用吸附或者稀释的方法进行治理。对于放射性气溶胶，可用除尘技术进行净化。通常，放射性污染物用高效过滤器过滤、吸附等方法处理使空气净化后经高烟囱排放，如果放射性活度在允许限值范围，可直接由烟囱排放。

2. 建立监测机制

应对工作现场和周围环境中的空气、水源、岩石土壤和有代表性的动、植物进行常规监测，以便及时发现和处理污染事故。加强科学研究，建立环境放射性污染地理信息系统，为科学决策提供技术和信息支撑。

3. 加强防范意识

其实放射性污染很有可能发生在身边，只不过由于剂量微小，人们未意识到罢了。氡是铀和镭的衰变产物，由于铀和镭广泛存在于地壳内，因此在通风不良的情况下，几乎任何空间都可能有不同程度的氡的积累，如矿井、隧道、地穴，甚至普通房间内也有氡。当然，氡浓度最高的场所是矿井，特别是铀矿井。而在居室环境中，也常会有氡及其子体存在。居民室内氡的主要来源是建筑材料、室内地面泥土、大气等。预防室内氡气辐射应当引起人们的重视。可以从以下几方面采取措施：①慎重选择建材。例如，最近我国对花岗岩中的放射性核素含量制定了分类标准，一类只适用于空气流通的过道与大厅，另一类适用于室内。②要保持室内通风，稀释氡的室内浓度，这是最简便、最有效的方法。③采用国外已得到推广应用的一种检测片，放在室内，如果氡浓度过大，则检测片变色，可及时提醒主人采取预防措施。

医院里的 X 光片及放射治疗、电视机、夜光手表等都含有放射性，应慎重接触。现在有些医院、工厂和科研单位因工作需要而使用的放射棒或放射球有时会因保管不当而遗失。这种放射棒或放射球制作精细，还会在夜晚发出各种荧光，所以有人捡到后将其收藏起来，但却不知它会造成放射性污染，轻者得病，重者甚至死亡，这应当特别引起注意。

阅读材料：福岛核电事故

——依互联网资料整理

2011 年 3 月 11 日，日本本州岛附近海域发生里氏 9.0 级强震，地震及其引发的海啸导致了日本福岛核电站一站 1～4 号反应堆发生事故，并引发可能的核辐射危机。日本福岛核电站是世界最大的核电站之一，由福岛一站、福岛二站组成，共有 10 台机组（一站 6 台，二站 4 台）。福岛核电站是 20 世纪 70 年代建成并投入商业运行的沸水反应堆。沸水堆核电站的冷却剂流过堆芯后直接变成高压蒸汽和水的混合物，经过气水分离器和蒸汽干燥器，将分离出的蒸汽用来推动汽轮发电机组发电。地震发生时，福岛一站的 1～3 号机组正在运行，4～6 号机组处于停堆检修状态。地震和海啸发生后，1～3 号机组立即自动停堆。但电站的外电网全部瘫痪，同时备用柴油发电机由于被海啸摧毁未能正常工作，致使反应堆停堆余热排出系统完全失效，无法排出 1～3 号反应堆堆芯及 4 号堆乏燃料的衰变余热，导致 1～4 号机组相继发生氢气爆炸或大火。12 日 13:00 左右，日本原子能安全保安院宣布，在福岛第一核电站附近探测到放射性铯元素，确定已出现核燃料棒破损、核燃料泄漏情况，根据国际核事件分级表将福岛核事故定为最高级 7 级。福岛核电站核泄漏事件造成的环境危害包括以下内容。

1. 放射性核素全球扩散造成空气污染

由于核电站反应堆核燃料部分熔化，放射性物质大量扩散，造成日本福岛附近严重的空气污染。这些泄漏的放射性物质随大气环流在北半球地区广泛扩散。美国、加拿大、冰岛、瑞典、英国、法国、俄罗斯、韩国、中国和菲律宾等国在空气中均检测到放射性碘-131、铯-137 和铯-134 等物质。部分国家在饮用水、牛奶和蔬菜中也检测到放射性碘-131、铯-137 和铯-134 等物质。由此可见，福岛核电站核泄漏事件已造成全球性的空气污染。

2. 大量放射性污水直接排入海中造成水体污染

地震造成了核电站设施的损坏，加上早期处置反应堆降温引入大量海水，造成大量含放射性物质的污水泄漏。此外，日本东京电力公司 4 月 4 日宣布，将把福岛第一核电站厂区内 1.15 万 t 含低浓度放射性物质的污水排入海中，为储存高辐射性污水腾出空间。此举引起当地渔民与国际环保人士的抗议与反对。

3. 地下水污染与放射性物质沉降污染附近土壤

福岛核电站周围 40 km 地区的土壤核污染水平超标 400 多倍，已与 1986 年 4 月 26 日乌克兰普里皮亚季邻近的切尔诺贝利事故相当。有分析称，核泄漏依然在持续，核电站周边的土地很可能无法再继续使用。福岛核电站泄漏的放射性物质随时间的推移会降落到地面，造成地面、建筑物表面与土壤的污染，由于放射性物质超标将被限制使用。

福岛核电站泄漏后，核污水一直在积累，截至 2020 年已经达到 130 多万吨。根据日本东京电力公司统计，在 2022 年夏天核废水储存装置将被彻底填满。于是日本东京电力公司想出一个办法，决定将这些核污水进行处理后排放至太平洋中。当地时间 2021 年 4 月 13 日，日本政府召开内阁会议，正式宣布将福岛核废水排放入海。2022 年 7 月 22 日，日本原子能规制委员会正式批准了日本东京电力公司有关福岛第一核电站的核污水排放计划，在排放核污水的管道修建完毕后，所有核污水将直接排放到太平洋中。其不顾国内外质疑和反对，未经与周边国家和国际社会充分协商，单方面决定将百万余吨核废水倾倒入太平洋，日本的“一意孤行”无疑将打开“潘多拉魔盒”，为人类带来灾难。面对日本政府这一决定，日本国内民众和部分相关国家提出强烈反对，但美国国务卿布林肯竟然感谢日本的“努力”，西方媒体大多选择沉默。日本核废水为何要排放入海？危害究竟有多大？国际社会该如何应对？这些问题不仅关系到海洋生态环境保护，更事关人类社会永续发展。

8.5　电磁辐射污染

8.5.1　电磁辐射污染概述

广义地说，一切由电磁波产生的对环境的影响都可以看成环境电磁辐射污染。电磁波谱的范围相当大，从长波、中波、短波、超短波等无线电波，到以热辐射为主的远红外及红外线，再到可见光、紫外光，直至 X 射线、γ 射线等放射性辐射，都属于电磁波范围。这里只讨论狭义的环境电磁辐射污染，即由无线电波范围内的辐射引起的环境污染，以及以似稳态电磁场形式存在的工频电磁辐射污染。

电磁辐射污染（electromagnetic radiation pollution）指天然的和人为的各种电磁波干扰，以及对人体有害的电磁辐射。在环境保护研究中，电磁辐射污染主要指其强度达到一定程度、对人体机能产生不利影响的电磁辐射。

影响人类生活环境的电磁辐射污染源可分为天然污染源和人为污染源两大类。随着科学技术的进步、工业的高速发展，除了自然界的电磁现象，通信、电视及交通运输、大功率用电设备运行带来的人为电磁干扰也会导致局部环境的电磁辐射污染，且日益严重。电磁干扰不但会引发事故，还会导致民事纠纷。由于电磁辐射污染使环境质量变差、变坏，对公众健康方面的危害更是值得重视，此种健康效应可分为躯体效应和种群效应，而躯体效应又可分为热效应和非热效应。因此我国国家环境保护部门已将电磁辐射确定为重要的环境污染要素，电磁辐射环境保护工作是环境保护的重要内容。

1. 天然电磁辐射污染源

天然电磁辐射污染源是由某些自然现象引起的，表 8-3 表示天然电磁辐射污染源。最常见的是雷电，其辐射的频带分布极宽，从几百兆赫兹到几千赫兹，雷电除了可能对电器设备、飞机和建筑物等直接造成危害，还会在广大地区产生严重的电磁干扰。此外，火山喷发、地震和太阳黑子活动引起的磁爆等都会产生电磁干扰。通常情况下，天然辐射的强度一般对人类影响不大，即使局部地区雷电瞬间冲击放电也可使人、畜伤亡，但发生的概率较小。因此，可以认为天然辐射源对人类本身并不构成严重的直接危害，而对短波通信有特别严重的影响。

表 8-3　天然电磁辐射污染源

分类	来源
大气与空气污染	自然界的火花放电、雷电、台风、火山喷烟等
太阳电磁源	太阳的黑子活动与黑体放射
宇宙电磁源	银河系恒星的爆发、宇宙间电子移动

2. 人工电磁辐射污染源

人工电磁辐射污染产生于人工制造的若干系统、电子设备与电气装置(表 8-4)。

表 8-4　人工电磁辐射污染源

污染源类别		产生污染源设备名称	污染源
放电所致的污染源	电晕放电	电力线（送配电线）	由高电压、大电流而引起静电感应、电磁感应、大地泄漏电流造成
	辉光放电	放电管	白炽灯、高压汞灯及其放电管
	弧光放电	开关、电气化铁道	大电流、低电压电路系统
	火花放电	电器设备、发动机、冷藏车、汽车	整流器、发电机、放电管、点火系统
工频辐射场源		大功率输电线、电器设备、电气化铁路	污染来自高电压、大电流的电力线、电器设备

续表

污染源类别	产生污染源设备名称	污染源
射频辐射场源	无线电发射机、雷达	广播、电视与通风设备的振荡与发射系统
	高频加热设备、热合机、微波干燥剂	工业用射频利用设备的电路与振荡系统
	理疗机、治疗仪	医学用射频利用设备的工作电路与振荡系统
建筑物反射	高层楼群以及大的金属构件	墙壁、钢筋、吊车

人工电磁辐射污染源主要有以下三种：①脉冲放电，如切断大电流电路时产生的火花放电，电流强度的瞬时变化很大，产生很强的电磁干扰，它在本质上与雷电相同，只是影响区域较小；②工频交变电磁场，如大功率电机、变电器及输电线等附近的电磁场；③射频电磁辐射，如广播、电视、微波通信等。目前，射频电磁辐射已成为电磁辐射污染环境的主要因素。

工频场源和射频场源同属人工电磁辐射污染源，但频率范围不同。工频场源中，以大功率输电线路所产生的电磁辐射污染为主，同时也包括若干种放电型的污染源，频率变化范围为数十赫兹至数百赫兹。射频场源主要指无线电设备或射频设备工作过程中产生的电磁感应和电磁辐射，频率变化范围为 0.1～3000 MHz。

8.5.2　电磁辐射污染的危害

电磁辐射污染的危害主要包括对电器设备的干扰和对人体健康的负面影响两大方面。

1. 对电器设备的干扰

电磁辐射对电器设备的干扰最突出的情况有三种：①无线通信发展迅速，但发射台（塔）的建设缺乏合理规划和布局，使航空通信受到干扰。②一些企业使用的高频工业设备对广播电视信号造成干扰，使周围居民无法正常收看电视。③一些原来位于城市郊区的广播电台发射站，后来随着城市的发展而被市区包围，周围环境也从人烟稀少变为人口密集，电台发射出的电磁辐射干扰当地居民。例如，1997 年 8 月 13 日，深圳机场附近山头上的数十家无线寻呼台发射的电磁辐射对机场指挥塔的无线电通信系统造成严重干扰，使地对空指挥失灵，机场被迫关闭两小时。北京东城区文具厂就曾因该厂的高频热合机干扰了电视台的体育比赛转播，被愤怒的群众砸坏了工厂的玻璃。

2. 对人体健康的负面影响

（1）电磁辐射是心血管疾病、糖尿病、癌突变的主要诱因。美国一癌症治疗基金会对一些遭电磁辐射损伤的患者抽样化验，结果表明在高压线附近工作的人，其癌细胞生成速度比一般人快 24 倍。

（2）电磁辐射对人体生殖系统、神经系统和免疫系统造成直接伤害。损害中枢神经系统，头部长期受电磁辐射影响后，轻则引起失眠多梦、头痛头昏、疲劳无力、记忆力减退、易怒、抑郁等神经衰弱症，重则使大脑皮细胞活动能力减弱，并造成脑损伤。

（3）电磁辐射是造成孕妇流产、不育、畸胎等病变的诱发因素。电磁辐射对人体的危害是多方面的，女性和胎儿尤其容易受到伤害。调查表明：1～3 个月为胚胎期，受到强电磁辐射可能造成肢体缺陷或畸形；4～5 个月为胎儿成长期，受电磁辐射可导致免疫力功能低下，出生后身体弱，抵抗力差。

（4）过量的电磁辐射直接影响儿童组织发育、骨骼发育、视力下降、肝脏造血功能下降甚至可导致视网膜脱落。伤害眼睛功率密度与形成白内障的时间的阈值曲线不是直线，在每一个频率上照射兔眼似乎都需要一个微波功率密度阈值，低于这个曲线，即使连续照射也不会产生眼损伤。在 500 MHz 以上，白内障形成的最小功率密度约 150 mW/cm^2，低于 500 MHz 的频率引起眼损害的可能性不能完全排除。

（5）电磁辐射可使男性性功能下降，女性内分紊乱、月经失调。1998 年，世界卫生组织在有关电脑屏幕与工人健康问题的最新修正意见中指出：在电脑屏幕工作环境下，有些因素可能影响妊娠结果。首先受到影响的是男方，长期受到电磁波辐照，有可能使男性精子减少，使精子基因畸形并可能变成不育或者畸胎；其次是孕妇，有报道称在电脑前 1 周工作 20h 以上的孕妇生畸形的概率要比普通孕妇高 2～3 倍。

8.5.3　生活中常见的电磁辐射

电磁辐射会对人体健康产生负面影响，而这种负面影响需要多大的剂量才能够产生显著的作用，是一个不能够被忽视的问题。

以日常生活中能够遇到的最强工频率电场-高压输电线为例。电力需要使用高电压的电力传输线传输很远的距离，变压器可以将高电压转换为低电压，用于本地居民和商业机构的电力分配。直接在高压线的下方，电磁场强度较大，地面的磁感应强度可以达到几微特，而在远离电力线的住户中，背景电磁场强度会迅速降低到 0.2 μT，然而，电场和磁场强度还会随着与电力线的距离增加迅速减小。在 50～100 m 的距离，电磁场强度通常会与远离高压输电线区域的强度差不多。此外，相比于房屋外面同样地点测到的值，房屋的墙壁可以明显降低电场强度。我国的《电磁环境控制限值》（GB 8702－2014）中对磁通量密度公众曝露限制规定在 50 Hz 时要控制在 250 μT 以下。

很多人看到各种家用电器周围在不同距离的磁场强度值的时候感到很惊讶。磁场强度的大小与设备的大小、复杂程度、用电多少和产生噪声多少都没有必然联系。不仅如此，就算表面相似的设备之间，磁场强度也会非常不同。例如，一些电吹风的周围会有非常强的磁场，另外一些电吹风几乎不会产生任何磁场。磁场强度的不同与产品的设计有关。表 8-5 显示一些家居和工作场所常见的与家用电器不同距离时典型的磁感应强度值。测量是在德国进行的，这些电器都是工作在 50Hz 的交流电下。值得注意的是，实际的暴露值会随着产品的品牌型号和使用距离变化很大。表 8-5 主要说明两点：①各种电器周围的磁感应强度都会随着人远离它们而迅速减小。②由于大多数的家用电器不会在紧靠身体的时候工作，在距离大多数家用电器周围 30 cm 外，其磁感应强度比公众的安全标准上限 250 μT（50 Hz）低 100 倍以上。

表 8-5　一些家居和工作场所常见的与家用电器不同距离时典型的磁感应强度值

（单位：μT）

电器	3 cm 距离	30 cm 距离	1 m 距离
电吹风	6～2000	0.01～7	0.01～0.03
电动剃须刀	15～1500	0.08～9	0.01～0.03
真空吸尘器	200～800	2～20	0.13～2
荧光灯	40～400	0.5～2	0.02～0.25
微波炉	73～200	4～8	0.25～0.6
便携式收音机	16～56	1	＜0.01
电炉	1～50	0.15～0.5	0.01～0.04
洗衣机	0.8～50	0.15～3	0.01～0.15
电熨斗	8～30	0.12～0.3	0.01～0.03
洗碗机	3.5～20	0.6～3	0.07～0.3
电脑	0.5～30	＜ 0.01	
冰箱	0.5～1.7	0.01～0.25	＜0.01
彩电	2.5～50	0.04～2	0.01～0.15
电磁环境控制限值	250	250	250

资料来源：德国辐射安全联邦办公室。

8.5.4　电磁辐射污染控制

电磁辐射防护与治理的目的是避免、减少或者消除电磁辐射对人体健康和各种电子设备产生的不良影响或危害，以保护人群身体健康、保护环境。基于此目的，对各种产生电磁辐射的设备，从设计、制造到使用都要特别注意电磁辐射的污染问题，既要做到制造出各种低电磁辐射设备或符合电磁辐射产品标准的设备，又要对运行中的设备检查并完善其防护与治理。

1. 电磁辐射防护的基本原则

电磁辐射防护的基本原则主要包括：①屏蔽辐射源或辐射单元；②屏蔽工作点；③采用吸收材料，减少辐射源的直接辐射；④清除工作现场二次辐射，避免或减少二次辐射；⑤屏蔽设施必须有很好的单独接地；⑥加强个人防护，如穿具屏蔽功能的工作服、戴具屏蔽功能的工作帽等。

2. 电磁辐射污染的治理措施

1）强化电磁辐射立法，统一电磁辐射相关国家标准

为贯彻《中华人民共和国环境保护法》，加强电磁环境管理，保障公众健康，我国制定了《电磁环境控制限值》（GB 8702－2014）。该标准是对《电磁辐射防护规定》（GB 8702－88）和《环境电磁波卫生标准》（GB 9175－88）的整合修订。该标准参考了国际非电离辐射防护委员会（ICNIRP）《限制时变电场、磁场和电磁场（300 GHz 及以下）曝露导则，1998》，以及电气与电子工程师学会（IEEE）《关于人体曝露到 0～3 kHz 电磁场安全水平的 IEEE 标准》，考虑了我国电磁环境保护工作实践。在满足该标准限值的前提下，鼓励产生电场、磁场、电磁场设施（设备）的所有者遵循预防原则，积极采取有效措施，降低公众曝露。该标准还规定了电磁环境中控制公众曝露的电场、磁场、电磁场（1Hz～300GHz）的场量限值、评价方法和相关设施（设备）的豁免范围。

2）积极开展部门协作，建立部门联席会议

通过积极开展相关部门的交流与协作，建立部门联席会议方式等共同加强电磁辐射监管工作，有助于发挥各自优势，相互支持，建立起高效的管理机制。

3）加强环保队伍自身素质建设，运用科学建立电磁辐射监测网络

电磁辐射污染作为一个专业的重要的环境污染要素出现，对我国的管理提出了更高的要求。加强环保队伍自身的素质建设，尤其对从事电磁辐射环境管理人员的知识层面、业务水平应当予以拓宽和提高。另外，可以运用先进的环境实时分析监测技术，如 GIS 等实时发现和控制某些可控污染源辐射状况变化，有效控制电磁辐射污染。

4）宣传普及电磁辐射知识是电磁辐射监管工作长效的根本

无线通信终端及基站、高压输变电线路及设备等电子电器设备与产品越来越多，各种各样的电器深入工厂、实验室、办公室及普通居民家庭，这些设备的电磁场对人体健康是否有影响，是人们一直比较关注的问题。由于缺乏必要的防护

知识，人们往往对电磁辐射产生的危害很恐慌。对此应该正确引导舆论媒体，加大正面宣传，普及电磁辐射防护常识，消除人们在电磁辐射方面的错误认识。

阅读材料：电磁辐射对健康的影响

——依互联网资料整理

通过查看最近这些年的新闻头条可以看到各个领域公众最关注的话题是什么。在过去二十多年，无数的电磁场来源，包括电力线、微波炉、电脑、电视屏幕、安全检查设备、雷达，以及最近的手机和手机基站，已经成为公众对健康关注的一个焦点。

为了回应公众日益增长的对暴露在数量和种类越来越多的电磁场来源下可能产生的健康效应的担忧，世界卫生组织在 1996 年启动了一项大型的多学科的国际电磁场研究项目。国际电磁场研究项目整合了现有的知识和主要的国际、国家组织和科研机构可以利用的资源。

在有关非电离性辐射的生物效应和医学应用的领域，在过去 30 年内大约已经有 25000 篇论文发表。虽然部分人士认为需要进行更多的研究，但是这一领域的科学知识广度已经超过大多数的化学物质。根据最近一项对科学文献的深入回顾，世界卫生组织做出结论，目前的证据不足以确认暴露在低强度下的电磁场会造成任何健康后果。但是人们对生物效应认识上的一些分歧仍然存在，需要进一步的研究。

一些社会公众把众多的症状都归结于家中低强度电磁场下的暴露。报告的症状包括头痛、焦虑、自杀和抑郁、恶心、疲劳和性欲减退。到目前为止，科学证据并不支持这些症状与电磁场中的暴露有任何联系。至少这些健康问题中的一部分是由环境中噪声或者其他因素导致的，或者是由于心理上对新技术的焦虑而产生的。

对于生活和工作环境中很多不同来源的电磁场下的暴露，如电脑屏幕、充水床垫和电热毯、射频的电焊机、电疗设备和雷达，世界卫生组织和其他组织都对其进行过评估。总的结果显示，暴露在正常环境的电磁场强度下，不会增加自然流产、胎儿畸形、低出生体重、先天性疾病等不良结果的风险。有少数的报告中，间接推测出电磁场暴露与健康问题之间有关联，如发现在电子行业工作的工人的子女有早熟和低出生体重的现象，但是这些结果没有被科学界认为一定是电磁场辐射造成的（要考虑到其他因素，如接触化学溶剂）。

尽管已经进行了很多研究，电磁场是否会对癌症的发生产生某些效应还有很多争议。但是可以肯定的是，即使电磁场对癌症真的有一定的效应，那么对患癌风险的增加效应也是极其小的。目前的结果存在很多相互矛盾的地方，但是对于成年人和儿童任何一种癌症都没有发现风险的明显增加。

因此，在日常生活中并不需要过度焦虑电磁辐射对身体造成的影响，而更应该关注长时间使用电子产品产生的一些次生危害。例如，久坐、眼疲劳、睡眠不足等不良生活习惯都会对身体造成较为严重的损害。

8.6 热污染

8.6.1 热污染概述

热污染（thermal pollution）指自然界和人类生产、生活产生的废热对环境造成的污染。热污染通过使受纳体水和空气温度升高污染大气和水体。火力发电厂、核电站和钢铁厂的冷却系统排出的热水及石油、化工、造纸等工厂排出的生产性废水中均含有大量废热。在工业发达的美国，每天排放的冷却用水达 4.5 亿 m^3，接近全国用水量的 1/3；废热水含热量约 10450 亿 kJ，足够 2.5 亿 m^3 的水温升高 10℃。水体和大气环境的热污染改变了自然界原有的热平衡，带来一系列问题，已经引起人们的广泛关注。

热污染是一种能量污染，指人类活动危害热环境的现象。若排除人为排放的各种温室气体、臭氧层损耗物质、气溶胶颗粒物等导致的直接或间接影响全球气候变化的这一特殊危害热环境的现象，常见的热污染有：①因城市地区人口集中，建筑群、街道等代替地面的天然覆盖层，工业生产排放热量，大量机动车行驶，大量空调排放热量而形成城市气温高于郊区农村的热岛效应；②热电厂、核电站、炼钢厂等冷却水造成水体温度升高，使溶解氧减少，某些毒物毒性提高，鱼类不能繁殖或死亡，某些细菌繁殖，破坏水生生态环境进行而引起水质恶化的水体热污染。

8.6.2 热污染的危害

1. 污染大气

人类使用的全部能源最终将转化为一定的热量进入大气环境，这些热量会对大气产生严重影响。进入大气的能量会逸向宇宙空间。在此过程中，废热直接使大气升温；同时煤、石油、天然气等矿物燃料在利用过程中产生大量 CO_2 所导致的“温室效应”也会使气温上升。大气层温度升高将会导致极地冰层融化，造成全球范围的严重水患。美国德克萨斯州大学研究小组通过卫星数据评估了 2005～2011 年海洋质量的变化，证实 2005～2011 年平均每年海平面上升 2.39 mm，并且海平面上升趋势并未停止。

一般城区的年平均气温比城郊、周边农村要高 0.5～3℃，这种现象在近地面气温分布图上表现为以城市为中心形成一个封闭的高温区，犹如一个温暖而孤立的岛屿。英国气候学家赖壳·霍德华把这种气候特征称为“热岛效应”。由于热岛中心区域近地面气温高，大气做上升运动，与周围地区形成气压差异，周围地区近地面大气向中心区辐射，从而形成一个以城区为中心的低压旋涡，造成人们生活、工业生产、交通工具运转等产生的大量大气污染物（硫氧化物、氮氧化物、碳氧化物、碳氢化合物等）聚集在热岛中心，危害人们的身体健康甚至生命（图 8-3）。

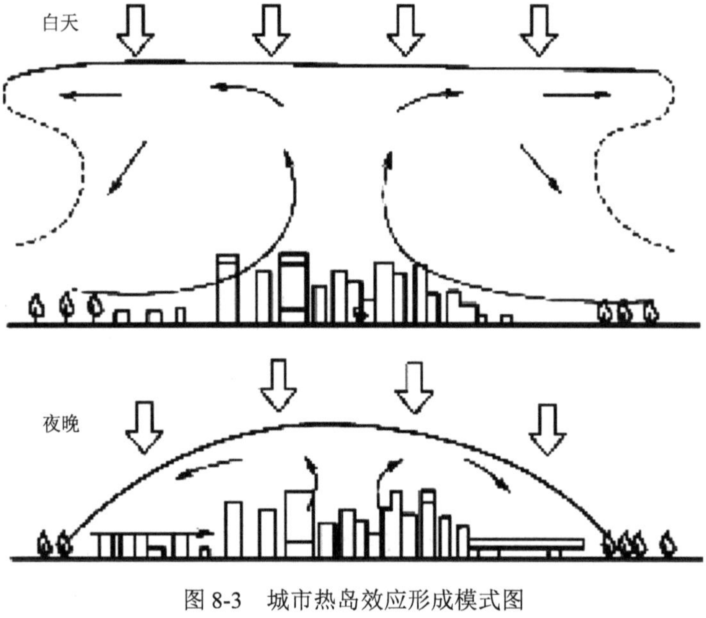

图 8-3　城市热岛效应形成模式图

2. 污染水体

1）影响水质

温度变化会引起水质发生物理、化学和生物化学的变化。温度升高，水的黏度降低、密度减小，水中沉积物的空间位置和数量会发生变化，导致污泥沉积量增多。水温增加，还会引起溶解氧减少，氧扩散系数增大。水质的改变会引发一系列问题。

2）影响水中生物

溶解氧的减少会使存在的有机负荷因消化降解过程加快而加速耗氧，出现亏氧，鱼类会因缺氧而死亡。温度升高还会使水中化学物质的溶解度增大，生化反应加速，影响水生生物的适应能力。

3）使水体富营养化

水体的富营养化是以水体有机物和营养盐（氮和磷）含量的增加为标志的，它会引起水生生物大量繁殖，藻类和浮游生物爆发性生长。这不仅破坏水域的景色，而且影响水质，并对航运造成不利影响。例如，海洋中的赤潮使水中溶解氧急剧减少，破坏水资源，使海水发臭，造成水质恶化，致使水体丧失养殖价值。水温升高，生化作用加强，有机残体的分解速率加快，大量营养元素进入水体，更易形成富营养化。

4）使传染病蔓延，有毒物质毒性增大

水温的升高为水中含有的病毒、细菌形成一个人工温床，使其得以滋生泛滥，造成疫病流行。水中含有的污染物，如毒性比较大的汞、铬、砷、酚和氰化物等，其化学活动性和毒性都因水温的升高而加剧。

5）加快水分蒸发

水温的升高使水分子热运动加剧，也使水面上的大气受热膨胀而上升，加强水汽在垂直面上的对流运动，从而导致液体蒸发加快。陆地上的液态水转化为大气水，使陆地上失水增多，这在贫水地区尤其不利。

6）增加能量消耗

冷却水水温升高，给许多利用循环水生产的工厂在经济和安全方面带来危害。水温直接影响电厂的热机效率和发电的煤耗、油耗，水温超过一定限度，将严重影响发电机的负荷，成为发电机组安全的巨大障碍。

8.6.3　热污染的防治

人类的生活永远离不开热能，但人类面临的问题是，如何在利用热能的同时减少热污染。这是一个系统问题，但解决问题的切入点应在源头和途径上。随着现代工业的发展和人口的不断增长，环境热污染将日趋严重。然而，人们尚未用一个量值来规定其污染程度，这表明人们并未对热污染足够重视。防治热污染可以从以下方面着手。

（1）有关职能部门应加强监督管理，制定法律、法规和标准，严格限制热排放。

（2）提高热能转化和利用率及对废热的综合利用，减少废热排放。例如，对于热电厂、核电站的热能向电能的转化、工厂及人们平时生活中热能的利用，都应提高热能的转化和利用率，把排放到大气中的热能和 CO_2 降低到最小量。在电能的消耗上，应使用节能、散发额外热能少的电器等。这样，既节省能源，又有利于环境。另外，产生的废热可以作为热源加以利用，如用于水产养殖、农业灌溉、冬季供暖、预防水运航道和港口结冰等。

（3）加强绿化，增加森林覆盖面积。绿色植物具有光合作用，可以吸收 CO_2、释放 O_2，还可以产生负离子。植物的蒸腾作用可以释放大量水汽，增加空气湿度，降低气温。林木还可以遮光、吸热、反射长波辐射，降低地表温度。绿色植物对防治热污染有巨大的可持续生态功能。具体措施有：提高城市行道树木建设水平，优化机关、学校、小区等的绿化布局，发展城市周边及郊区绿化等。

思 考 题

1. 什么是环境物理性污染？环境物理性污染有何特点？
2. 什么是噪声？美妙的音乐是噪声吗？
3. 噪声污染源有哪些？噪声对人体有什么危害？如何控制噪声污染？
4. 什么是放射性污染？放射性污染有什么特点？
5. 什么是电磁辐射污染？电磁辐射污染源有哪些？对人体有哪些危害？
6. 光污染是什么？光污染都有哪些？
7. 热污染是什么？热污染是如何产生的？
8. 热污染对环境有哪些危害？如何防治？

主要参考文献

陈杰瑢. 2007. 物理性污染控制[M]. 北京：高等教育出版社.
陈亢利，钱先友，许浩瀚. 2006. 物理性污染与防治[M]. 北京：化学工业出版社.
程发良，常惠. 2002. 环境保护基础[M]. 北京：清华大学出版社.
李连山，杨建设. 2009. 环境物理性污染控制工程[M]. 武汉：华中科技大学出版社.
乔玮. 2005. 环境保护基础[M]. 北京：北京大学出版社.
任连海. 2008. 环境物理性污染控制工程[M]. 北京：化学工业出版社.
盛美萍，王敏庆，孙进才. 2001. 噪声与振动控制技术基础[M]. 北京：科学出版社.
王建龙. 2000. 环境工程导论[M]. 北京：清华大学出版社.
许兆义，杨成永. 2002. 环境科学与工程概论[M]. 北京：中国铁道出版社.
战友. 2004. 环境保护概论[M]. 北京：化学工业出版社.
张宝杰，乔英杰，赵志. 2003. 环境物理性污染控制[M]. 北京：化学工业出版社.
张辉，刘丽，李星. 2005. 环境物理教育[M]. 北京：科学出版社.

第 9 章 环境管理及技术支撑

本章导读：环境管理是解决环境问题的必要手段。本章简述环境管理的内涵与手段，阐述我国环境管理的九项基本制度和环境法组成体系的基本内容，介绍环境监测、环境评价、环境规划和环境统计等支撑环境管理的技术概况，最后讨论环境管理体系的发展历程及 ISO 14000 系列标准的基本内容。

9.1 环境管理概述

自中华人民共和国成立以来，我国的社会经济得到了快速发展，但由于忽视了环境管理，自 20 世纪 80 年代以来，我国的大气、水体、土壤等环境介质都遭到不同程度的污染和破坏。目前，解决环境问题的难点就其本质而言不仅在于技术层面，更重要的在于管理层面。环境管理在环境问题的原因识别、治理方案的提出及实施保障等环节都起着重要作用，强化环境管理是解决环境问题的必要手段。

9.1.1 环境管理的内涵

环境管理（environmental management）是环境保护工作的主要组成部分，运用行政、法律、经济、教育和科学技术等手段，协调社会经济发展同环境保护之间的关系，使社会经济发展在满足人们物质和文化生活需要的同时，防治环境污染和维护生态平衡。

环境管理着力于对损害环境质量的人类活动进行干预、协调发展与环境的关系、以环境制约生产。其核心问题是遵循生态规律与经济规律，正确处理发展与环境的关系，使人与环境和谐共处。发展可能为环境带来污染和破坏，但环境质量的改善也只有在经济、技术发展的基础上才得以实现。因此，关键在于通过全面规划和合理开发利用自然资源，使经济、技术、社会相结合，发展与环境相协调。

环境管理的直接对象是人类作用于环境的行为，包括政府行为、企业行为和公众行为。通过管理人的行为，进而间接管理物质对象，即作为客体的环境，包括水环境、大气环境、土壤环境、生物环境、景观环境、人居环境等。因此，就其本质而言，环境管理就是通过规范和管制人的行为，来调整人与环境的关系。环境管理的主体就是人类社会行为的主体，包括政府、企业和公众，这里的公众包括个人和各种社会群体（也称非政府组织或非营利组织）。

环境管理的内容从管理范围可划分为资源管理、区域环境管理和部门环境管理；从管理的性质可划分为环境计划管理、环境质量管理和环境技术管理。下面从管理的性质划分展开阐述。

（1）环境计划管理：通过计划协调发展与环境的关系。环境计划管理首先是制订好环境规划，使环境规划成为整个经济发展规划的必要组成部分，用规划内容来指导环境保护工作，并在实践中根据情况不断调整和完善规划。

（2）环境质量管理：组织制定各种质量标准、各类污染物排放标准和监督检查工作，对环境质量的现状进行监测和评价，对未来环境质量的变化趋势进行预测和评价。

（3）环境技术管理：主要包括确定环境污染和破坏的防治技术路线与技术政策、确定环境科学技术发展方向、组织环境保护的技术咨询和情报服务、组织环境科学技术合作交流等。

9.1.2　环境管理的手段

1. 以政府为主体的环境管理手段

一直以来，世界上所有国家的环境管理（包括以市场为导向的国家，如美国）都主要采用以政府为主体的命令控制型的直接管理手段，包括法律手段、行政手段和环境标准的执行等（表 9-1）。

表 9-1　环境管理手段分类

类型	手段	管理主体	基本内容
命令控制型	法律手段	政府	宪法、环境保护基本法、环境保护单行法、环境保护条例与部门规章、国家条约和公约等
	行政手段	政府	行政审批或许可、环境监测/处罚、环境影响评价等
	环境标准	政府	环境质量标准、污染物排放标准、环境监测方法标准、环境标准样品标准、环境基础标准等
经济激励型	经济手段	政府	非市场经济手段：排污收费制度、税收减免制度、财政补贴制度、贷款优惠制度等
		企业	市场经济手段：排污权交易制度、环境责任保险制度、使用者收费制度等
自愿鼓励型	自组织与自管理	环境使用者	环境使用者间的合约/协议、环境管理认证等
	公众参与	环境使用者和影响对象	利益相关方的伙伴关系

从 20 世纪 80 年代起，经济激励型的手段作为能与市场经济发展相适应、行之有效的环境管理手段，成为行政手段和法律手段的必要补充。在市场经济体制下采用经济手段，可以提高环境管理的效率并降低成本。基于市场进行环境管理的前提条件是建立私有的产权。实行市场经济的经济手段，必须根据资源环境的具体特征和条件，避免盲目崇尚私有化。我国有关环境管理的现行经济手段主要有排污收费制度、税收减免制度、财政补贴制度、贷款优惠制度、生态补偿制度等，这些都属于非市场经济手段；此外，借鉴国外的成功经验，我国自 20 世纪 90 年代，引入和尝试市场经济手段——排污权交易制度。排污权交易指在一定区域内，在污染物排放总量不超过允许排放量的前提下，内部各污染源之间通过货币交换的方式相互调剂排污量，从而达到减少排污量、保护环境的目的。

2. 以资源环境的直接使用者为主体的环境管理手段

除了上述以政府为主体的命令控制型和经济激励型环境管理手段，以资源环境使用者为主体的自愿鼓励型环境管理手段越来越受到重视，它包括两个层次的内容：直接使用者的自组织与自管理、公众参与。公众参与强调的是不同利益相关方之间伙伴式的关系。通过两个或多个公共、私人或非政府组织之间相互达成共识的一种约定，以实现共同决定的目标，或完成共同决定的活动，从而有利于环境和社会的可持续发展。

阅读材料：农村生态环境保护与乡村振兴

——依互联网资料整理

农村环境管理是区域环境管理的重要组成部分。农村环境是农村经济乃至城市经济发展的物质基础，是农村居民生活和发展的基本条件，因此，保护和改善农村环境成为乡村振兴中重要的一环。2017 年党的十九大报告中提出乡村振兴战略，其五大目标是实现乡村产业振兴、人才振兴、文化振兴、生态振兴、组织振兴。农村地区发展相对落后，与城镇化和信息化改革步伐不相适应，因此在产业振兴的同时，引发一系列生态问题。例如，在工业制造、工业改革过程中部分农村环卫意识较差、生态环境污染加大、难以建设生态文明村等，因此农村的环境保护也是当前环境保护工作的薄弱环节。我国要想实现农业农村现代化治理要求，除了全面打赢脱贫攻坚战，还应该一鼓作气，确保农村生态环境治理高效、高质，建设现代化农村，打造宜居环境，最终实现经济和环境的双赢。

生态振兴是推动乡村“五大振兴”的应有之义，是落实乡村“五位一体”战略布局、推进生态文明建设的重要内容。乡村生态振兴要聚焦四大目标，一是农村生态系统健康目标。提高乡村生态系统的生产力、恢复力和活力，维持生物多样性，重点面向农业生态脆弱区和重要生态功能区，以整体、系统保护为原则，降低人为扰动和利用强度。二是农业资源高效利用目标。有效保护和合理开发水、土、草原、森林等重要农业资源，提高资源质量。推广环境友好型种养品种和模式，采用节水、节地、节能技术和农业废弃物资源化利用模式，提高资源利用率和产出率。三是农业环境污染治理目标。以农村土壤污染、水污染控制为重点，持续推进农业化学投入品减量和替代，加强重金属污染区的种植结构调整和土壤修复，提高农业生产清洁化程度和农业环境的自我修复能力。四是农民居住环境改善目标。以“厕所革命”、农村垃圾和污水治理及村容村貌提升为主攻方向，严格防控工业、城镇污染向农村转移。以农村景观化、景区化建设为抓手，补齐农村基础设施短板，强化乡村旅游的污染问题防治，提高乡村的宜居度。

党的十八大以来，我国不断加强农业农村污染治理工作，取得了阶段性进展。截至 2020 年底，中央财政累计安排专项资金 258 亿元，支持 15 万个行政村完成环境整治，农村生活垃圾收集转运体系覆盖 90%以上的行政村，农村生活污水治理规划和标准体系初步建立。三大粮食作物（水稻、小麦与玉米）的化肥、农药利用率均达到 40%以上，全国畜禽粪污综合利用率和农膜回收率分别达到 75%和 80%。中央农村工作领导小组办公室、国家发展和改革委员会、农业农村部、国家乡村振兴局会同生态环境部、住房和城乡建设部等有关部门编制了《农村人居环境整治提升五年行动方案（2021—2025 年）》，提出到 2025 年，农村人居环境显著改善，生态宜居美丽乡村建设取得新进步。

9.2　环境管理的法制建设

9.2.1　环境法的产生及作用

环境法（environmental law）或环境立法（environmental legislation）是由国家制定或认可的，并由国家强制保证执行的关于保护环境和自然资源、防治污染和其他公害的法律规范的总称。人类社会早期的环境问题，主要是农业生产活动引起的对自然环境的破坏，古代文明国家已经有关于保护自然环境的法律规定。例如，中国《秦律·田律》中就有相关规定。产业革命后，随着工业发展，出现了大规模的工业污染，从 19 世纪中叶开始，一些资本主义国家陆续制定防治污染的法规。环境法的迅速发展是从 20 世纪五六十年代开始的。这时，环境污染和生态破坏日益严重，甚至发展成灾难性的公害，迫使各国政府不得不认真对待并采取各种有力的措施，其中包括制定一系列环境保护法规。

环境法的保护对象是一个国家管辖范围内人的生存环境，主要是自然环境，包括土地、大气、水、森林、草原、矿藏、野生动植物、自然保护区、自然历史遗迹、风景游览区和各种自然景观等，也包括人们用劳动创造的生存环境，即人为的环境，如运河、水库、人造林木、名胜古迹、城市及其他居民点等。

环境法的作用，是通过调整人们（包括组织）在生产、生活及其他活动中产生的与保护和改善环境有关的各种社会关系，协调社会经济发展与环境保护的关系，把人类活动对环境的污染与破坏限制在最小限度内，维护生态平衡，达到人类社会与自然的协调发展。环境法所调整的社会关系可分为两类：一类是同保护、合理开发和利用自然资源有关的各种社会关系；另一类是同防治工业废气、废水、固体废物、放射性物质、恶臭物质、有毒化学物质、生活垃圾等有害物质和废弃物对环境的污染，以及同防治噪声、振动、电磁辐射、地面沉降等公害有关的各种社会关系。

9.2.2　环境法的体系与实施

1. 环境法体系

各种具体的环境法律法规，其立法机关、法律效力、形式、内容、目的和任务等往往各不相同，但从整体上看，又必然具有内在的协调性、统一性，组成一个完整的有机体系。而这种由有关开发、利用、保护和改善环境资源的各种法律规范共同组成的相互联系、相互补充、内部协调一致的统一整体，就是所谓的环境法体系。

关于环境法体系的类型，可以从不同角度加以划分。例如，按照国别来分，包括中国环境法和外国环境法；按照法律规范的主要功能来分，包括环境预防法、环境行政管制法和环境纠纷处理法；按照传统法律部门来分，主要包括环境行政法、环境刑法（或称公害罪法）、环境民法（主要是环境侵权法和环境相邻关系法）等；按照中央和地方的关系来分，包括国家级环境法和地方性环境法等。

从法律效力的层级来看，我国的国家级环境法体系主要包括如下几个组成部分：宪法中关于环境资源保护的规定、环境保护基本法、环境资源单行法、环境标准、其他部门法中关于环境资源保护的法律规范。此外，我国缔结或参加的有关环境资源保护的国际条约，也是我国环境法体系的有机组成部分。

1）宪法中关于环境资源保护的规定

宪法中关于环境资源保护的规定在整个环境法体系中具有最高法律地位和法律权威，是环境立法的基础和根本依据。例如，我国现行《中华人民共和国宪法》第二十六条规定："国家保护和改善生活环境和生态环境，防治污染和其他公害。"第九条规定："矿藏、水流、森林、山岭、草原、荒地、滩涂等自然资源，都属于国家所有，即全民所有；由法律规定属于集体所有的森林和山岭、草原、荒地、滩涂除外。国家保障自然资源的合理利用，保护珍贵的动物和植物。禁止任何组织或者个人用任何手段侵占或者破坏自然资源。"这为其他立法提供了上位法依据。

2）环境保护基本法

环境保护基本法是对环境保护方面的重大问题做出规定和调整的综合性立法，在环境法律体系中，具有仅次于宪法性规定的最高法律地位和效力。我国于 1979 年颁布了《中华人民共和国环境保护法（试行）》，此后于 1989 年 12 月 26 日通过了《中华人民共和国环境保护法》，该法确立了我国环境保护的目的、任务、对象、基本原则和制度等。2014 年 4 月 24 日审议通过了环境保护法修订案，修订后的《中华人民共和国环境保护法》自 2015 年 1 月 1 日起施行。修订后的环境保护法增加了政府、企业各方面的责任和处罚力度，被称为"史上最严的环保法"，对保护和改善环境、保障民众健康、推进生态文明建设、促进经济社会可持续发展具有重要意义。

3）环境资源单行法

环境资源单行法是针对某一特定的环境要素或特定的环境社会关系进行调整的专门性法律法规，具有量多面广的特点，是环境法的主体部分，主要由以下几方面的立法构成：环境污染和其他公害防治法，包括大气污染防治法、水污染防治法、土壤污染防治法、噪声污染防治法、固体废物污染防治法、海洋环境保护法、放射性污染防治法等；自然资源保护法，包括水法、土地管理法、森林法、草原法、渔业法、矿产资源法、可再生能源法、海域使用管理法、循环经济促进法等；自然生态保护法，包括野生动物保护法、水土保持法、湿地保护法、防沙治沙法等。

4）环境标准

环境标准是由行政机关根据立法机关的授权而制定和颁发的，旨在控制环境污染、维护生态平衡和环境质量、保护人体健康和财产安全的各种法律性技术指标和规范的总称。环境标准一经批准发布，各有关单位必须严格贯彻执行，不得擅自变更或降低。作为环境法的一个有机组成部分，环境标准在环境监督管理中起着极为重要的作用，无论是确定环境目标、制定环境规划、监测和评价环境质量，还是制定和实施环境法，都必须以环境标准这一“标尺”为其基础和依据。1983 年 10 月 11 日城乡建设环境保护部发布实施《中华人民共和国环境保护标准管理办法》，1999 年 4 月 1 日环境保护部发布《环境标准管理办法》代替上述管理办法，2020 年 12 月 15 日生态环境部发布《生态环境标准管理办法》并于 2021 年 2 月 1 日起施行，同时《环境标准管理办法》废止。根据《生态环境标准管理办法》，生态环境标准分为国家生态环境标准和地方生态环境标准。国家生态环境标准包括国家生态环境质量标准、国家生态环境风险管控标准、国家污染物排放标准、国家生态环境监测标准、国家生态环境基础标准和国家生态环境管理技术规范。国家生态环境标准在全国范围或者标准指定区域范围执行。地方生态环境标准包括地方生态环境质量标准、地方生态环境风险管控标准、地方污染物排放标准和地方其他生态环境标准。地方生态环境标准在发布该标准的省、自治区、直辖市行政区域范围或者标准指定区域范围执行。

环境标准在使用时地方标准优先于国家标准，凡向已有地方污染物排放标准的区域排放污染物时，应当执行地方污染物排放标准；综合性排放标准与行业排放标准不交叉执行，有行业性排放标准的执行行业排放标准，没有行业性排放标准的执行综合性排放标准。例如，汽车维修企业水污染物排放标准应遵守《汽车维修业水污染物排放标准》（GB 26877－2011），而不是《污水综合排放标准》（GB 8978－1996）。

5）其他部门法中有关保护环境资源的法律规范

在行政法、民法、刑法、经济法、劳动法等部门法中也有一些有关保护环境资源的法律规范，其内容较为庞杂。例如，《中华人民共和国治安管理处罚条例》第二十五条第七项关于对“违反规定，在城镇使用音响器材，音量过大，影响周围居民的工作或者休息，不听制止的”处 50 元以下罚款或者警告的规定；《中华人民共和国民法典》第七编第七章关于环境污染和生态破坏责任的规定；《中华人民共和国对外合作开采海洋石油资源条例》第二十二条关于“作业者和承包者在实施石油作业中，应当遵守中华人民共和国有关环境保护和安全方面的法律规定，并参照惯例进行作业，保护渔业资源和其他自然资源，防止对大气、海洋、河流、湖泊、陆地等环境的污染和损害”的规定；《中华人民共和国刑法》第二编第六章第六节关于“破坏环境资源保护罪”的规定等，均属于环境法体系的重要组成部分。

6）我国缔结或参加的有关保护环境资源的国际条约、国际公约

为了协调世界各国的环境保护活动，保护自然资源和应付日趋严重的气候变

暖、酸雨、臭氧层破坏、生物多样性锐减等全球性环境问题，产生了国际环境法。它是调整国家之间在开发、利用、保护和改善环境资源的活动中产生的各种关系的有拘束力的原则、规则、规章、制度的总称。

中国本着对国际环境与资源保护事业积极负责的态度，参加或者缔结了许多环境与资源保护国际公约和条约，如《联合国海洋法公约》（1982 年）、《保护臭氧层维也纳公约》（1985 年）、《关于消耗臭氧层物质的蒙特利尔议定书》（1987 年）及其修正案、《控制危险废物越境转移及其处置的巴塞尔公约》（1989 年）、《联合国气候变化框架公约》（1992 年）、《生物多样性公约》（1992 年）、《核安全公约》（1994 年）、《京都议定书》（1997 年）、《卡塔赫纳生物安全议定书》（2000 年）、《关于持久性有机污染物的斯德哥尔摩公约》（2001 年）、《巴黎协定》（2016 年）等。另外，中国还积极支持有关国际环境与资源保护的许多重要文件，并把这些文件的精神引入中国的法律和政策之中。这些文件包括 1972 年在瑞典斯德哥尔摩发表的《联合国人类环境宣言》、1980 年许多国家同时发表的《世界自然资源保护大纲》、1982 年在肯尼亚内罗毕发表的《内罗毕宣言》和 1992 年在巴西里约热内卢发表的《里约环境与发展宣言》和《21 世纪议程》等。

阅读材料：《生物多样性公约》昆明峰会

——摘选和整理于新华社北京 2021 年 10 月 12 日电

2021 年 10 月 12 日下午，国家主席习近平以视频方式出席在昆明举行的《生物多样性公约》第十五次缔约方大会领导人峰会并发表主旨讲话。

习近平指出，生物多样性使地球充满生机，也是人类生存和发展的基础。保护生物多样性有助于维护地球家园，促进人类可持续发展。昆明《生物多样性公约》第十五次缔约方大会为未来全球生物多样性保护设定目标、明确路径，具有重要意义。国际社会要加强合作，心往一处想、劲往一处使，共建地球生命共同体。

【人与自然和谐共生】

人与自然应和谐共生。我们要尊重自然、顺应自然、保护自然，构建人与自然和谐共生的地球家园。绿水青山就是金山银山。良好生态环境既是自然财富，也是经济财富，关系经济社会发展潜力和后劲。我们要加快形成绿色发展方式，促进经济发展和环境保护双赢，构建经济与环境协同共进的地球家园。新冠疫情给全球发展蒙上阴影。面对恢复经济和保护环境的双重任务，我们要加强团结、共克时艰，让发展成果、良好生态更多更公平惠及各国人民，构建世界各国共同发展的地球家园。

【高质量发展新征程】

我们处在一个充满挑战、也充满希望的时代。为了我们共同的未来，我们要携手同行，开启人类高质量发展新征程。

第一，以生态文明建设为引领，协调人与自然关系。我们要解决好工业文明带来的矛盾，把人类活动限制在生态环境能够承受的限度内，对山水林田湖草沙进行一体化保护和系统治理。

第二，以绿色转型为驱动，助力全球可持续发展。我们要建立绿色低碳循环经济体系，把生态优势转化为发展优势，使绿水青山产生巨大效益。我们加强绿色国际合作，共享绿色发展成果。

第三，以人民福祉为中心，促进社会公平正义。我们要心系民众对美好生活的向往，实现保护环境、发展经济、创造就业、消除贫困等多面共赢，增强各国人民的获得感、幸福感、安全感。

第四，以国际法为基础，维护公平合理的国际治理体系。我们要践行真正的多边主义，有效遵守和实施国际规则。设立新的环境保护目标应该兼顾雄心和务实平衡，使全球环境治理体系更加公平合理。

【生态文明建设的中国行动】

中国生态文明建设取得了显著成效。中国将持续推进生态文明建设，坚定不移贯彻创新、协调、绿色、开放、共享的新发展理念，建设美丽中国。

中国将率先出资 15 亿元人民币，成立昆明生物多样性基金，支持发展中国家生物多样性保护事业。中方呼吁并欢迎各方为基金出资。

为加强生物多样性保护，中国正加快构建以国家公园为主体的自然保护地体系，逐步把自然生态系统最重要、自然景观最独特、自然遗产最精华、生物多样性最富集的区域纳入国家公园体系。为推动实现碳达峰、碳中和目标，中国将陆续发布重点领域和行业碳达峰实施方案及一系列支撑保障措施，构建起碳达峰、碳中和“1+N”政策体系。中国将持续推进产业结构和能源结构调整，大力发展可再生能源，在沙漠、戈壁、荒漠地区加快规划建设大型风电光伏基地项目。

【共建地球生命共同体】

人不负青山，青山定不负人。生态文明是人类文明发展的历史趋势。让我们携起手来，秉持生态文明理念，站在为子孙后代负责的高度，共同构建地球生命共同体，共同建设清洁美丽的世界！

2. 环境法的实施

环境法的实施，就是在现实社会生活中具体运用、贯彻和落实环境法，使环境法主体之间抽象的权利、义务关系具体化的过程。通过环境法的实施，使义务人自觉地或者被迫地履行其法律义务，将人们开发、利用、保护和改善环境资源的活动调整、限制在环境法允许的范围内，从而协调人类与自然环境之间的关系，实现环境法的目的和任务。根据实施主体的不同，可以将环境法的实施分为公力实施和私力实施两大类别。

公力实施（也称国家实施），指国家机关依照法定权限和程序，凭借国家暴力进行的环境法的实施活动，包括行政机关通过依法行使行政权对环境资源进行的监督管理，司法机关通过行使司法权进行的实施活动，检察机关通过行使检察权进行的实施活动，以及立法机关通过对行政机关、司法机关、检察机关等遵守环境法情况的监督进行的实施活动。其中，行政机关对环境法的实施活动发挥着最为重要、最为基础的作用，而许多国家的环境法也都明文规定设立专门的环境行政机关，由环境行政机关负责环境法的执行和实施。

私力实施（也称公民实施），指公民个人或公民组织依据法律规定进行的环境法的实施活动，其主要形式包括依法参与环境行政决策，依法对违反环境法的国家机关、企事业单位或公民个人提起环境诉讼或进行检举、控告，与排污者签订污染防治协议，通过立法机关的民意代表对行政机关等遵守和实施环境法的活动进行监督，以及针对环境犯罪、环境侵害行为实施正当防卫和其他自力救济等。

由于公众是环境公害的直接受害者，对环境状况最了解、最敏感，是完善和实施环境法制的根本动力来源。因此，无论在理论上还是在实践中，国际社会与世界各国都十分重视社会公众在环境法实施过程中的重要作用，强调维护公众正当环境权益，特别是知情权、参与权和获得救济权等程序意义上的环境权，使行政机关、司法机关等的公力实施与公民私力实施密切配合，以求收到良好的实施效果。

9.2.3 环境法律责任

所谓环境法律责任，指环境法主体因违反其法律义务而应当依法承担的具有强制性否定性法律后果。按其性质可以分为环境行政责任、环境民事责任和环境刑事责任三种。环境行政责任，指违反环境法，实施破坏或者污染环境的单位或者个人应承担的行政方面的法律责任，包括行政处罚和行政处分两类；环境民事责任，指单位或者个人因污染危害环境而侵害公共财产或者他人的人身、财产所应承担的民事方面的责任；环境刑事责任，指行为人故意或过失实施严重危害环境的行为，并造成人身伤亡或公私财产的严重损失，已经构成犯罪要承担刑事制裁的法律责任。《中华人民共和国环境保护法》第六十九条规定："违反本法规定，构成犯罪的，依法追究刑事责任。"《中华人民共和国刑法》第二编第六章第六节对"破坏环境资源保护罪"的刑事责任做了具体规定。例如，第三百四十条规定："违反保护水产资源法规，在禁渔区、禁渔期或者使用禁用的工具、方法捕捞水产品，情节严重的，处三年以下有期徒刑、拘役、管制或者罚金。"

阅读材料：氟利昂污染环境案

——摘自 2020 年度人民法院环境资源典型案例

【基本案情】

被告单位某保温材料有限公司成立于 2017 年 3 月 8 日，主要从事聚氨酯硬泡组合聚醚保温材料的生产，以及聚氨酯保温材料、化工原料（除危险化学品及易制毒化学品）、塑料材料、建筑材料批发零售，法定代表人为被告人祁某明。2017 年 8 月至 2019 年 6 月，被告人祁某明在明知三氯一氟甲烷（氟利昂）系受控消耗臭氧层物质，且被明令禁止用于生产使用的情况下，仍向他人购买，并用于被告单位生产聚氨酯硬泡组合聚醚保温材料。其间，被告单位共计购买三氯一氟甲烷 849.50 t。经核算，被告单位在使用三氯一氟甲烷生产过程中，造成三氯一氟甲烷废气排放为 3049.70 kg。

【裁判结果】

浙江省德清县人民法院一审认为，被告单位违反国家规定，使用三氯一氟甲烷用于生产保温材料并出售，严重污染环境，其行为已构成污染环境罪。被告人祁某明作为被告单位法定代表人，明知三氯一氟甲烷禁止用于生产，主动购入用于公司生产保温材料并销售，造成环境严重污染，亦应当以污染环境罪追究刑事责任。一审法院以污染环境罪，判处被告单位罚金 70 万元，判处被告人祁某明有期徒刑十个月，并处罚金 5 万元。该案一审判决已发生法律效力。

【典型意义】

本案系全国首例因违法使用受控消耗臭氧层物质被判处实刑的污染环境刑事案件。三氯一氟甲烷为受控消耗臭氧层物质，属于对大气具有污染的有害物质。我国是《保护臭氧层维也纳公约》和《关于消耗臭氧层物质的蒙特利尔议定书》的缔约国之一，一贯高度重视国际环境公约履约工作，于 2010 年 9 月 27 日即发布《中国受控消耗臭氧层物质清单》，其中三氯一氟甲烷作为第一类全氯氟烃，被全面禁止使用。本案的正确审理和判决，明确表明人民法院严厉打击受控消耗臭氧层物质违法行为的“零容忍”态度，对聚氨酯泡沫等相关行业和社会公众具有良好的惩戒、警示和教育作用，体现司法机关坚定维护全球臭氧层保护成果，推动构建人类命运共同体的责任担当。

9.2.4　环境管理的基本制度

从 1973 年第一次全国环境保护会议以来，我国在环境管理实践中，根据国情逐步制定和实施了九项环境管理制度。通过推行这些管理制度来控制环境污染、防止生态破坏、有目标地改善环境质量，实现环境保护的总原则和总目标。同时，这些管理制度也是环境保护部门依法行使管理职能的主要方法和手段。

1. “三同时”制度

“三同时”制度是中国最早出台的一项环境管理制度。它是中国的独创，来自 20 世纪 70 年代初防治污染工作的实践。我国《中华人民共和国环境保护法》第四十一条规定：“建设项目中防治污染的设施，应当与主体工程同时设计、同时施工、同时投产使用。防治污染的设施应当符合经批准的环境影响评价文件的要求，不得擅自拆除或者闲置。”

2. 环境影响评价制度

环境影响评价是对规划和建设项目实施后可能产生的环境影响进行分析、预测和评估，提出预防或者减轻不良影响的对策和措施，进行跟踪监测的方法和制度。环境影响评价制度是环境管理中贯彻以预防为主的一项基本原则，也是防止新污染、保护生态环境的一项重要法律制度。美国是世界上第一个建立环境影响评价制度的国家，1969 年就把环境影响评价用法律制度形式固定下来。

3. 排污收费制度

排污收费制度是向环境排放污染物或超过规定的标准排放污染物的排污者，依照国家法律和有关规定，按标准交纳一定费用的制度。我国的排污收费制度是在 20 世纪 70 年代末期根据“谁污染谁治理”的原则，借鉴国外经验，结合我国国情开始实行的。排污费专款专用，主要用于重点污染源治理、区域性污染防治、污染防治新技术和新工艺的开发及示范应用等。

4. 排污许可制度与排污申报登记制度

排污许可制度指凡是需要向环境排放各种污染物的单位或个人，都必须事先向环境保护部门办理申领排污许可证手续，经环境保护部门批准获得排污许可证后方能向环境排放污染物的制度。排污许可制度是以改善环境质量为目标、以污染物总量控制为基础，对排污的种类、性质、数量、方式、去向等的具体规定，是一项具有法律意义的行政管理制度。实施污染物排放许可制度后，容许排污权交易是我国环保制度的重大创新。排污单位经治理或产业（包括产品）调整，其实际排放物总量低于所核准的允许排放污染物总量部分，经环保部门批准，允许进行有偿转让。

排污申报登记是要求具有排污活动行为的单位按一定规格形式就其生产经营活动中的生产工艺设备、原材料产品、污染物排放处理设施，以及污染物排放种类、性质、数量、方式、去向等定期或不定期地向所在地环境主管部门呈报的过程。它是各国环境管理中普遍采取的一项制度，是排污许可制度的组成部分。

5. 环境保护目标责任制

环境保护目标责任制是我国环境体制中的一项重大举措。它是通过签订责任书的形式，具体落实到地方各级人民政府和有污染的单位对环境质量负责的行政管理制度。一个区域、一个部门乃至一个单位环境保护的主要责任者和责任范围，运用目标化、定量化、制度化的管理方法，把贯彻执行环境保护这一基本国策作为各级领导的行为规范，推动环境保护工作的全面、深入发展，是责、权、利、义的有机结合，从而使改善环境质量的任务能够得到层层分解落实，达到既定的环境目标。

6. 城市环境综合整治定量考核制度

所谓城市环境综合整治，就是把城市环境作为一个系统、一个整体，运用系统工程的理论和方法，采取多功能、多目标、多层次的综合战略、手段和措施，对城市环境进行综合规划、综合管理、综合控制，以最小的投入换取城市质量优化，做到经济建设、城乡建设、环境建设同步规划、同步实施、同步发展，从而使复杂的城市环境问题得以解决。这项制度要对环境综合整治的成效、城市环境质量制定量化指标进行考核。城市环境综合整治定量考核工作自 1989 年 1 月 1 日起实施，每年评定一次城市各项环境建设与环境管理的总体水平。

7. 污染集中控制制度

污染集中控制是在一个特定的范围内，为保护环境所建立的集中治理设施和采用的管理措施，是强化环境管理的一种重要手段。污染集中控制，应以改善流域、区域等控制单元的环境质量为目的，依据污染防治规划，按照废水、废气、固体废物等的性质、种类和所处的地理位置，以集中治理为主，用尽可能小的投入获取尽可能大的环境、经济和社会效益。

8. 限期治理污染制度

限期治理污染制度是对严重污染环境的企业事业单位和在特殊保护的区域内超标排污的生产、经营设施和活动，由各级人民政府或其授权的环境保护部门决定、环境保护部门监督实施，在一定期限内治理并消除污染的法律制度。对经限期治理逾期未完成治理任务的企业事业单位，除加收超标准排污费外，可以处以罚款，或者责令停业、关闭。

9. 污染物排放总量控制制度

污染物排放总量控制是将某一控制区域（如行政区、流域、环境功能区等）作为一个完整的系统，采取措施将排入这一区域的污染物总量控制在一定数量之内，以满足该区域的环境质量要求。总量控制包括三方面的内容：①污染物的排放总量；②排放污染物的地域；③排放污染物的时间。我国“十三五”期间污染物排放总量控制指标包括二氧化硫、氮氧化物、化学需氧量和氨氮，其中前两个为大气污染物总量控制指标，后两个为水污染物总量控制指标。

“总量控制”是相对于“浓度控制”而言的。浓度控制指以控制污染源排放口排出污染物的浓度为核心的环境管理方法体系，其核心内容为国家环境污染物排放标准（主要是浓度排放标准）。随着环境管理工作的发展和不断深入，人们越来越意识到，对污染源仅实行排放浓度控制根本无法达到控制环境污染、确保环境质量的目标，必须同时实行污染物排放总量控制，才能有效控制和消除污染。

综合上述九项环境管理基本制度，环境保护目标责任制是其他各项制度的龙头。在防治新的污染方面，主要有两项制度：“三同时”制度、环境影响评价制度；在治理老的污染方面，主要有五项制度：排污许可制度与排污申报登记制度、排污收费制度、限期治理污染制度、污染集中控制制度、污染物排放总量控制制度；而城市环境综合整治定量考核制度则是全面检查和保证这些制度在城市管理中的执行情况。2015 年 1 月 1 日起施行的《中华人民共和国环境保护法》提出，从国家层面上建立健全环境监测制度、生态保护补偿制度和环境与健康监测、调查和风险评估制度，这些制度的建立健全将进一步完善环境管理基本制度。

阅读材料：未取得排污许可证排放污染物案

——摘自生态环境部公布各地排污许可违法违规典型案例（第一批）

重庆市某科技有限公司主要从事再生源动力电池及新能源开发行业，产品为锂电池。该企业于 2020 年 4 月 14 日申领排污许可证，重庆市潼南区生态环境局审查后，发现该企业存在污染物排放不符合标准等问题，书面下达了《排污限期整改通知书》（91500223089134346G001R），要求其于 2021 年 4 月 7 日前完成整改并取得排污许可证。2021 年 6 月 7 日，因该企业超过整改期限，未按要求完成整改并取得排污许可证，潼南区生态环境局行政审批服务和环境督导科将该公司存在的环境违法行为移送执法部门调查处理。2021 年 6 月 10 日，潼南区环境行政执法人员根据线索前往该企业进行了现场核查，发现该企业在未取得排污许可证的情况下，正常生产，违法排放污染物。

重庆市某科技有限公司未取得排污许可证擅自排放污染物的行为违反《中华人民共和国大气污染防治法》第十九条和《排污许可管理条例》第二条的规定。2021 年 7 月 29 日，重庆市潼南区环境行政执法支队依据《排污许可管理条例》第三十三条第一项的规定，责令该公司立即改正上述违法行为，并处罚款 50 万元。

9.3　环境管理的技术支撑

9.3.1　环境监测

环境监测（environmental monitoring）指运用物理的、化学的和生物的技术手段，对环境中的污染物及其有关的组成成分进行定性、定量和系统的综合分析，确定环境质量（或污染程度）及其变化趋势。

环境监测具有两大特征：一是综合性，它以分析化学和数理统计学为基础，互相渗透又相互结合的自然科学和社会科学知识组成。二是社会性，一方面，环境监测分析研究环境，造福人民，有初具规模的社会机构；另一方面，环境监测分析有广泛的社会服务性。有效的环境监测分析数据，是环境监测部门的基本产品。它是环境规划、管理、评价的基石，也是执行环境保护法规、进行排污收费、监督污染治理的科学依据。

环境监测的过程一般为现场调查→监测计划设计→优化布点→样品采集→运送保存→分析测试→数据处理→综合评价。从信息技术角度看，环境监测是环境信息的捕获→传递→解析→综合的过程。只有在对监测信息进行解析、综合的基础上，对各种有关污染因素、环境因素在一定范围、时间、空间内进行测定，分析其综合测定数据，才能全面、客观、准确地揭示监测数据的内涵，对环境质量及其变化做出正确的评价。环境监测的对象包括反映环境质量变化的各种自然因素、对人类活动与环境有影响的各种人为因素、对环境造成污染危害的各种成分。

通常环境监测内容以监测的介质（环境要素）为对象来分，可分为空气污染监测、水体污染监测、土壤污染监测、生物监测、生态监测、物理性污染监测（包括噪声污染、振动污染、光污染等）；以监测目的来分，可分为监视性监测、特定目的监测和研究性监测。以下根据不同的监测目的展开论述。

1. 监视性监测

监视性监测又称例行监测或常规监测，是纵向指令性任务，包括对污染源的监测和环境质量监测，以确定环境质量及污染源状况，评价控制措施的效果、衡量环境标准实施情况和环境保护工作的进展。这是监测工作中量最大、面最广的工作。

2. 特定目的监测

特定目的监测又称特例监测或应急监测，是横向服务性任务，包括以下几方面。

（1）污染事故监测：在发生污染事故时及时深入事故地点进行应急监测，确定污染物的种类、扩散方向、速率和污染程度及危害范围，查找污染发生的原因，为控制污染事故提供科学依据。这类监测常采用流动监测（车、船等）、简易监测、低空航测、遥感等手段。

（2）纠纷仲裁监测：主要针对污染事故纠纷、环境执法过程中产生的矛盾进行监测，提供公证数据。

（3）考核验证监测：包括人员考核、方法验证、新建项目的环境考核评价、排污许可制度考核监测、“三同时”项目验收监测、污染治理项目竣工时的验收监测。

（4）咨询服务监测：为政府部门、科研机构、生产单位提供的服务性监测。为国家政府部门制订环境保护法规、标准、规划提供基础数据和手段。例如，建设新企业应进行环境影响评价，需要按评价要求进行监测。

3. 研究性监测

研究性监测又称科研监测，针对特定目的科学研究而进行的高层次监测，是通过监测了解污染机理、弄清污染物的迁移变化规律、研究环境受到污染的程度，如环境本底的监测及研究、有毒有害物质对从业人员的影响研究、为监测工作本身服务的科研工作的监测（如统一方法和标准分析方法的研究、标准物质研制、预防监测）等。这类研究往往要求多学科合作进行。

为了达到监测计划所规定的监测质量而对监测过程采用有效措施进行控制，所采用的这些措施就是环境监测质量控制。环境监测质量控制包括实验室内部控制和实验室外部控制。实验室内部控制包括空白试验、仪器设备的定期标定、平行样分析、加标回收率分析、密码样分析、质量控制图等，控制结果反映实验室监测分析的稳定性，一旦发现异常情况，及时采取措施进行校正，是实验室自我控制监测分析质量的程序；实验室外部控制包括分析监测系统的现场评价、分发标准样品进行实验室间的评价等，目的在于找出实验室内部不易发现的误差，特别是系统误差，及时予以校正，提高数据质量。

9.3.2　环境评价

环境评价又称环境质量评价（environmental quality assessment），即按照一定的评价标准和评价方法对一定区域范围内的环境质量进行描述和分析，以便查明该区域环境质量的历史和现状，确定影响环境质量的主要因素，掌握该区域环境质量的变化规律，预测未来的发展趋势及评价人类活动对环境的影响。从广义上说，环境评价是对环境系统状况的价值进行评定、判断和提出对策。

根据环境管理的要求，环境评价可以分为多种不同的类型。按照环境要素可分为大气环境评价、水环境评价、土壤环境评价、噪声环境评价等；从评价内容可分为经济影响评价、社会影响评价、区域环境评价、生态影响评价、环境风险评价等；从评价层次上可分为项目环境评价、规划环境评价、战略环境评价；从时间上可分为环境回顾评价、环境现状评价和环境影响评价。

环境质量评价的主要目的包括：较全面揭示环境的质量状况及其变化趋势；找出污染治理重点对象；为制定环境综合防治方案和城市总体规划及环境规划提供依据；研究环境质量与人群健康的关系；预测和评价拟建的工业或其他建设项目对周围环境可能产生的影响。比较全面的区域环境质量评价应包括对污染源、环境质量和环境效应三部分的评价，并在此基础上做出环境质量综合评价，提出环境污染综合防治方案，为环境污染治理、环境规划制定和环境管理提供参考。

9.3.3　环境规划

环境规划（environmental planning）是人类为使环境与经济、社会协调发展而对自身活动和环境所做的空间和时间上的合理安排。其目的是指导人们进行各项环境保护活动，按既定的目标和措施合理分配排污削减量、约束排污者的行为、改善生态环境、防止资源破坏、保障环境保护活动纳入国民经济和社会发展计划，以最小的投资获取最佳的环境效益，促进环境及经济和社会的可持续发展。

环境规划是环境管理工作的一个重要组成部分，可分为多种不同的类型。按照环境组成要素可分为大气环境规划、水环境规划、固体废物环境规划、噪声及物理性污染防治规划等；按规划地域可分为国家、省域、城市、流域、区域、乡镇乃至企业环境规划；从规划性质可分为污染综合防治规划、生态建设规划、自然保护规划、环境保护科技与产业发展规划等；按规划的时间可分为长期环境规划、中期环境规划、短期环境规划和年度环境保护计划。

环境规划种类较多，内容侧重点各不相同，因此环境规划的编制没有一个固定模式，但其基本内容有许多相近之处，主要为环境调查与评价、环境预测、环境功能区划、环境规划目标、环境规划方案的设计、环境规划方案的选择和实施、环境规划的支持与保证等。

9.3.4　环境统计

环境统计（environmental statistics）是用数字反映并计量人类活动引起的环境变化和环境变化对人类影响的工作。环境统计的任务是对环境状况和环境保护工作情况进行统计调查、统计分析，提供统计信息和咨询，实行统计监督。在环境统计调查中，污染物排放量数据应当按照自动监控、监督性监测、物料衡算、排污系数及其他方法综合比对获取。环境统计的内容包括环境质量、环境污染及其防治、生态保护、核与辐射安全、环境管理及其他有关环境保护事项。环境统计的类型有普查和专项调查、定期调查和不定期调查。定期调查包括统计年报、半年报、季报和月报等。

我国国务院环保办与国家统计局于 1980 年联合建立了环境保护统计制度。环境统计是国民经济和社会发展统计的重要组成部分，是环境保护事业的一项十分重要的基础工作。在环境管理中要做出正确的决策，编制合乎实际的规划和计划，搞好科学分析预测，以进行有效的环境监督和检查，就必须掌握准确、丰富、灵通的环境统计信息。因此，环境统计数据在综合反映环境状况、服务环境管理和科学决策方面起到重要的基础性作用，可客观反映环境状况和环境保护事业发展的现状与变化趋势，为环境决策、计划和管理提供科学依据。

我国环境统计内容主要包括：①土地环境统计，以反映土地及其构成的现有量、利用量和保护情况；②自然资源环境统计，以反映食物、森林、水、矿物资源及文化古迹、自然保护区、风景游览区、草原、水生生物等现有量、利用量和保护情况；③能源环境统计，以反映能源及其构成的现有量，开采、消耗、回收和利用情况及对环境的影响；④人类居住区环境统计，以反映人群健康状况、营养状况、劳动条件、居住条件、娱乐和文化条件及公用设施等方面的状况；⑤环境污染统计，包括大气、水、土壤等污染状况及污染源排放和治理状况；⑥环境保护机构自身建设统计，反映环境保护专业人员的组成和工作发展情况的统计。

9.4　环境管理体系

环境管理体系（environmental management system）是一个组织内全面管理体系的组成部分，它包括为制定、实施、实现、评审和保持环境方针所需的组织机构、规划活动、机构职责、惯例、程序、过程和资源。还包括组织的环境方针、目标和指标等管理方面的内容。

9.4.1　环境管理体系发展历程

伴随着 20 世纪中期发达国家爆发的公害事件，人类开始认识到环境问题的出现及其严重性。环境污染与公害事件的产生使人们从治理污染的过程中逐步认识到，要有效地保护环境，人类必须对自身的经济发展行为加强管理。因此世界各国纷纷制定各类法律法规和环境标准，并试图通过许可证等手段强制企业执行这些法律法规和标准来改善环境。

从 20 世纪 80 年代起，美国和西欧的一些公司为了响应持续发展的号召、减少污染、提高其公众形象以获得商品经营支持，开始建立各自的环境管理方式，这是环境管理体系的雏形。1985 年荷兰率先提出建立企业环境管理体系的概念，1990 年进入标准化和许可制度。1990 年欧盟在慕尼黑的环境圆桌会议上专门讨论了环境审核问题。英国也在质量体系标准（BS 750）基础上，制定了 BS 7750 环境管理体系。英国的 BS 7750 和欧盟的环境审核实施后，欧洲的许多国家纷纷开展认证活动，由第三方予以证明企业的环境绩效。这些实践活动奠定了 ISO 14000 系列标准产生的基础。1992 年在巴西里约热内卢召开的联合国环境与发展大会，各国政府领导、科学家和公众认识到要实现可持续发展的目标，就必须改变工业污染控制的战略，从加强环境管理入手，建立污染预防的新观念。通过企业的“自我决策、自我管理”方式，把环境管理融于企业全面管理之中。

在这种环境管理国际大趋势下，考虑到各国、各地区、各组织采用的环境管理手段工具及相应的标准要求不一致，可能会为一些国家制造新的“保护主义”和技术壁垒提供条件，从而对国际贸易产生影响，国家标准化组织（ISO）为响应联合国实施可持续发展的号召，于 1993 年 6 月成立了 ISO/TC207 环境管理技术委员会，正式开展环境管理系列标准的制定工作，期望通过环境管理工具的标准化工作，规范企业和社会团体等组织的自愿环境管理活动，促进组织环境绩效的改进，支持全球的可持续发展和环境保护工作。

ISO 14000 系列标准是国际标准化组织于 1996 年推出的一项环境管理体系标准，该标准是由 ISO/TC207 环境管理技术委员会制定的，包括环境管理体系（EMS）、环境管理体系审核（EA）、环境标志（EL）、生命周期评价（LCA）、环境绩效评价（EPE）、术语和定义（T&D）等国际环境管理领域的研究与实践的焦点问题，向各国政府及各类组织提供统一的环境管理体系、产品的国际标准和严格、规范的审核认证办法。ISO 14000 系列标准有 14001～14100 共 100 个号，其中 ISO 14001 是环境管理体系标准的主干标准，它是企业建立和实施环境管理体系并通过认证的依据。ISO 14001 规定对环境管理体系的要求，使一个组织能够根据法律法规和它应遵守的其他要求，以及关于重要环境因素的信息，制定和实施环境方针与目标。它适用于那些组织确定能够控制、有可能施加影响的环境因素，要求组织通过建立环境管理体系来达到支持环境保护、预防污染和持续改进的目标，并可通过取得第三方认证机构认证的形式，向外界证明其环境管理体系的符合性和环境管理水平。ISO 14000 环境管理体系可以带来节能降耗、增强企业竞争力、赢得客户、取信于政府和公众等诸多好处，所以自发布之日起即得到了广大企业的积极响应，被视为进入国际市场的“绿色通行证”。同时，ISO 14000 的推广和普及在宏观上可以起到协调经济发展与环境保护的关系、提高全民环保意识、促进节约和推动技术进步等作用，因此其也受到了各国政府和民众越来越多的关注。为了更加清晰和明确 ISO 14001 标准的要求，国际标准化组织对标准进行了修订，并于 2004 年 11 月 15 日颁布了新版标准，即 ISO 14001：2004。

许多国家明确规定生产产品的企业应通过 ISO 14001 认证，未通过 ISO 14001 认证已成为企业争取国内更大的市场份额，以及进行国际贸易的技术障碍，因此只有实施 ISO 14001 环境管理体系，提高企业综合管理水平和改善企业形象，降低环境风险，企业才能更好地占领国内外市场。通过 ISO 14001 标准认证，可以有效地促进企业环境与经济的协调持续发展，使企业走向良性和长期发展的道路。当前环境污染给人类生存造成了极大威胁，引起世界各国的关注。保护人类赖以生存的环境是全世界全社会的责任，每个企业都有责任为使环境影响最小化而努力。通过 ISO 14001 标准认证，可以减少污染事故或违反法律、法规所造成的环境风险，增加企业获得优惠信贷和保险政策的机会。

9.4.2　环境管理体系审核方法

环境管理体系审核是组织内部对环境管理体系的审核，是组织的自我检查与评判，内审的过程应有程序控制，定期开展。内审应判断环境管理体系是否符合预定安排，是否符合 ISO 14001 标准要求，环境管理体系是否得到正确实施和保持，并将审核结果向管理者汇报。我国采取第三方独立认证来验证组织（公司、企业）对环境因素的管理是否达到改善环境绩效的目的，在满足相关方要求的同时，也要满足社会对环境保护的要求。

环境管理体系审核对象是环境管理体系，一次完整的内审应全面完整地覆盖组织的所有现场及活动，覆盖 ISO 14001 环境管理体系标准的所有要素，并包括组织的重要环境因素受控情况、目标批标的实现程度等内容。

环境管理体系审核应保证其客观性、系统性和文件化的要求，应按审核程序执行。内审的程序应对以下内容进行规定：①审核的范围，可包括审核的地理区域、部门或体系要素；②审核的频次，应根据组织自身的管理状况和外部机构要求确定；③审核的方法，一般可包括检查文件及记录，观察现场及操作，与相关人员面谈等；④审核组的要求和职责，如审核组长及组员的能力与职责等；⑤审核报告及结果的要求和报送办法等。

在开展每次审核前应制定审核计划（方案），包括人员与时间的安排。审核的内容应立足于涉及活动的环境重要性和以前审核的结果。

9.4.3　环境管理体系指导原则

ISO 14000 环境管理体系标准是创建绿色企业的有效工具，而且它是一个国际通用的标准，可以通过标准的认证，对企业持续地开展环境管理工作及对企业的可持续发展起到有效的推动作用。ISO 14000 是一个适用于任何组织的标准，由于行业之间、组织之间具体情况的差异，许多组织不能理解标准的这一特点。标准的这一广泛适用性正反映该标准是一个基本标准，是一个管理的框架。每个组织首先要理解标准的精要，才能在此基础上实施标准。ISO 14000 是一个有关环境管理的标准，如何把握环境效益、社会效益和企业效益是一个难题。根据实践工作的经验，实施 ISO 14001 的指导原则主要有五方面。

1. 环境管理服务于社会的环境问题的改善

一般情况，一个组织的经营管理服务于组织自身发展的需要，但是环境管理工作的根本目标是满足社会环境保护和持续发展的需要。在许多情况下，环境保护和企业发展是一对尖锐的矛盾，企业为了生存和发展会选择后者而不顾及环境保护。随着全球环境状况的恶化，保护环境、改善环境急不可待，公众的环境保护意识逐渐提高，政府的环境管理法律法规日趋严厉，因此，企业必须实施环境管理。

2. 领导的作用

企业的最高管理层的高度重视和强有力的领导是企业实施环境管理的保障，也是取得成功的关键。最高管理层是组织的决策层，决定和控制着组织的发展情况，同时为管理活动提供资金、人力等方面的保障，并在实施过程中起到协调和引导作用，所以领导的作用是重要的。在环境管理中，领导作用不能很好地发挥有两个主要表现：一是领导不能很好地了解环境问题，无法在这方面做出决策判断，只是把这一工作交给某个部门去做，这样的工作往往会发生较大的偏离，二是领导不力，不能较好地协调各部门的管理，使环境管理工作障碍很大，往往中途失败。

3. 全员参与环境管理工作

环境管理是一项管理工作，但并不意味着管理工作只是管理层的事。员工参与管理若能很好地把握，对管理也很有帮助的。在企业环境管理中发现，管理者并不与员工进行有效沟通，只是对员工下命令，所以员工对命令不理解甚至抵触，这使命令得不到有效执行。当命令得不到有效执行时，管理者更愿意把它归结为员工素质低，造成这一问题不能解决。

4. 实施过程控制

过程是将输入转化为输出所使用资源的各项活动的系统。过程的目的是提高其价值。任何一项活动都可以作为一个过程来管理。过程管理能够极大地提高效率。要真正解决污染问题需要实施过程控制，减少污染的产生，从根本上解决环境问题。

5. 持续改进

持续改进是一个组织积极寻找改进的机会、努力提高有效性和效率的重要手段。环境问题是一个不断发展、不断改进的问题，所以环境管理的目标是持续改进的，这也符合可持续发展的原则。

思 考 题

1. 简述环境管理、环境监测、环境评价、环境规划和环境统计的概念。
2. 环境管理的手段有哪些？

3. 简述我国环境法体系的组成。
4. 简述我国环境管理的基本制度。
5. 环境管理需要哪些技术支撑？
6. 简述 ISO 14000 系列标准的基本内容。
7. 组织（公司、企业）为什么需 ISO 14001 标准认证？

主要参考文献

韩德培. 2015. 环境保护法教程[M]. 7 版. 北京：法律出版社.
刘利，潘伟斌，李雅. 2013. 环境规划与管理[M]. 2 版. 北京：化学工业出版社.
刘绮，潘伟斌. 2005. 环境监测[M]. 广州：华南理工大学出版社.
刘绮，潘伟斌. 2008. 环境质量评价[M]. 2 版. 广州：华南理工大学出版社.
龙湘犁，何美琴. 2007. 环境科学与工程概论[M]. 上海：华东理工大学出版社.
钱易，唐孝炎. 2010. 环境保护与可持续发展[M]. 2 版. 北京：高等教育出版社.
吴婧，张一心. 2020. 中国环境管理：政策与制度[M]. 北京：化学工业出版社.
许兆义，李进. 2010. 环境科学与工程概论[M]. 2 版. 北京：中国铁道出版社.
姚建，郑丽娜，余江. 2019. 环境规划与管理[M]. 2 版. 北京：化学工业出版社.
叶文虎，张勇. 2006. 环境管理学[M]. 北京：高等教育出版社.
易斌，张远航，陈永梅. 2018. 环境管理知识问答[M]. 北京：中国环境出版集团.

第 10 章　环境保护职业与产业

本章导读：人类环保意识的日益增强和社会环保呼声的逐渐高涨极大地推动了世界环保事业的蓬勃发展。本章简要介绍行政机构、企事业单位和民间组织等环保相关组织机构的发展情况，概述节能环保产业的定义、分类及其特征，分析节能环保产业的发展现状、未来趋势及人才需求，并归纳节能环保相关的执业资格考试种类。

环境保护（environmental protection，简称环保）是人类为解决现实或潜在的环境问题，协调人类与环境的关系，保护人类生存环境、保障经济社会的可持续发展而采取的各种行动的总称。1972 年联合国人类环境会议以后，“环境保护”这一术语被广泛采用。例如，苏联将“自然保护”这一传统用语逐渐改为“环境保护”；中国 1956 年提出了“综合利用”工业废物方针，20 世纪 60 年代末提出“三废”处理和回收利用的概念，到 70 年代改用“环境保护”这一比较科学的概念。

1973 年第一次全国环境保护会议确定了“全面规划、合理布局、综合利用、化害为利、依靠群众、大家动手、保护环境、造福人民”的环境保护 32 字方针。1983 年第二次全国环境保护会议制定了我国环境保护事业的大政方针，明确提出“环境保护是我国的一项基本国策”，确定了“经济建设、城乡建设与环境建设同步规划、同步实施、同步发展，实现经济效益、社会效益和环境效益的统一”的战略方针。2018 年第八次全国生态环境保护大会提出“加大力度推进生态文明建设、解决生态环境问题，坚决打好污染防治攻坚战，推动中国生态文明建设迈上新台阶”，大会将建设生态文明上升为关系中华民族永续发展的“根本大计”。近年来，持续的雾霾天气及反常的气候灾害严重影响着老百姓的日常生活，尤其在全球变暖的大背景下，超强台风、高温、特大干旱、雷电、局地强对流，以及极端天气事件发生的频率和强度都表现出增加的趋势。人们通过自身的经历和新闻媒体的报道，深刻地感受到环境危机给人类带来的种种潜在威胁和巨大灾难。严峻的环境形势迫使人们必须做出选择：是可持续的协调式发展还是不计代价的粗放式发展？

10.1　环保组织机构

随着人类环保意识的日益增强，世界各国政府和人民都积极投入到环境保护事业中，越来越多的环保志愿者和环保组织机构涌现。组织机构是把人力、物力、智力等按一定的形式和结构，为实现共同的目标、任务或利益有秩序、有成效地组合起来而开展活动的社会单位，一般包括国家机关、企业和事业单位、社会团体及其他依法设立的组织。

10.1.1　环保行政机构

1962 年美国生物学家蕾切尔·卡森在《寂静的春天》一书中阐释了农药杀虫剂滴滴涕对环境的污染和破坏。由于该书的警示，美国政府开始对剧毒杀虫剂进行调查，并于 1970 年成立了环境保护局，各州也相继通过禁止生产和使用剧毒杀虫剂的法律。1972 年 6 月 5～16 日由联合国发起，在瑞典斯德哥尔摩召开“第一届联合国人类环境会议”，会上提出了著名的《人类环境宣言》，是环境保护事业正式引起世界各国政府重视的开端。目前世界上绝大多数国家和地区的政府机构均设立了环境保护相关的职能部门，如美国国家环境保护局（Environmental Protection Agency）、英国环境署（Environment Agency）、日本环境省（Ministry of the Environment）、澳大利亚环境与能源部（Department of the Environment and Energy）等。

中国的环境保护事业是从 1972 年开始起步的。例如，国务院成立了官厅水系水源保护领导小组，北京成立了官厅水库保护办公室，河北省成立了三废处理办公室，这些是我国成立最早的环保部门。1973 年成立了国务院环境保护领导小组办公室，该办公室以中华人民共和国政府的名义加入了联合国环境规划署。1982 年国务院环境保护领导小组撤销，其办公室并入新成立的中华人民共和国城乡建设环境保护部，下设环境保护局，1984 年更名国家环境保护局。1988 年成立由国务院直属的副部级国家环境保护局。1998 年国家环境保护局升格为正部级国家环境保护总局。2008 年国家环境保护总局升格为环境保护部，成为国务院组成部门。2018 年组建生态环境部，不再保留环境保护部。

目前，我国县（区）级以上政府均设有环境管理职能部门（如生态环境厅/局、自然资源厅/局、人居环境委员会、环境运输和城市管理局等），部分基层政府（乡镇、街道）设有环保所。政府的生态环境部门主要职责是执行各级人民代表大会制定的控制污染物排放政策，鼓励开发污染物排放控制技术，从而控制污染、保护和改善环境。2016 年起，我国开始试点省以下环保机构监测监察执法垂直管理制度，市级生态环境局作为市级政府工作部门，实行以省级生态环境厅（局）为主的双重管理；县级生态环境局调整为市级生态环境局的派出分局，由市级生态环境局直接管理。

2008 年起，我国多地试点设立了环保警察，负责侦办管辖范围内环境保护领域犯罪案件；参与环境保护部门集中专项整治行动；分析、研究环境犯罪信息和规律，制定预防、打击对策；查处违反国家规定运输、处置有毒有害污染物行为；建立信息共享，鼓励群众举报环境违法线索，完成联合执法、日常巡查等。

10.1.2　环保企事业单位

企业单位一般是自负盈亏的生产性单位，它的特点是自收自支，通过成本核算，进行盈亏配比，通过自身的盈利解决企业人员供养、提供社会服务、创造财富价值。事业单位一般是国家设置的带有一定公益性质的机构，但不属于政府机构。它参与社会事务管理，履行管理和服务职能，其上级部门多为政府行政主管部门或者政府职能部门，其行为依据有关法律，所做出的决定多具有强制力。一般情况下国家会对事业单位予以财政补助，依据经费来源可分为全额拨款事业单位、差额拨款事业单位和国家不拨款的自主事业单位。环保企事业单位是直接从事环境保护相关业务的单位，如为数众多的环保企业和从事环境监测、环境督查、环境规划、环保科研、环保宣教等业务的各级各类事业单位。近年来，随着国内环境治理目标的不断提高，对从事环保事业的单位也提出了更高的要求。大量的民营环保企业进行了混合所有制改革，通过引入国有资本，提升公司整体管理能力和风控能力。事业单位的改革也为环保事业单位企业化助力，推动了政府采购公共服务，促进了环境服务外部化，为混合所有制发展提供了更多机会。

尽管大多数企事业单位从事的业务可能与环境保护无直接关系，但他们都有保护环境的义务。我国环境法规定：一切单位和个人都有保护环境的义务。企事业单位和其他生产经营者应当防止、减少环境污染和生态破坏，并对造成的损害依法承担责任；还应当按照国家有关规定制定突发环境事件应急预案，报环境保护主管部门和有关部门备案；在发生或者可能发生突发环境事件时，企事业单位应当立即采取措施处理，及时通报可能受到危害的单位和居民，并向环境保护主管部门和有关部门报告。随着人们环境保护意识的提高，越来越多的非环保领域的企事业单位建立起自己的环境管理体系和负责单位内部环境保护工作的组织部门。

10.1.3　环保民间组织

民间组织是除党政机关、企事业单位外的社会中介性组织，包括社会团体、民办非企业单位和基金会等。社会团体是公民自愿组成，为实现会员共同意愿，按照其章程开展活动的非营利性社会组织。民办非企业单位是企事业单位、社会团体和其他社会力量及公民个人利用非国有资产举办的，从事非营利性社会服务活动的社会组织。基金会是利用自然人、法人或其他组织捐赠的财产，以从事公益事业为目的而成立的非营利性法人。

环保民间组织是以环境保护为主旨，不以营利为目的，不具有行政权力并为社会提供环境公益性服务的民间组织。随着国家对环境保护、生态文明建设的重视程度进一步提升和公众对环境改善的需要进一步强烈，公众参与环保志愿活动的热情越发高涨，各类环保民间组织也迅速发展。目前，中国环保民间组织已经形成一个完整的系统体系，成为推动中国和全球环境保护事业发展与进步的重要力量，主要经历了 3 个阶段。

（1）中国环保民间组织诞生和兴起阶段。1978 年 5 月，中国环境科学学会成立，这是最早由政府部门发起成立的环保民间组织。1991 年辽宁盘锦市黑嘴鸥保护协会注册成立，1994 年自然之友在北京成立。从此，我国环保民间组织相继成立。

（2）中国环保民间组织发展阶段。1995 年，自然之友组织发起了保护滇金丝猴和藏羚羊行动，这是我国环保民间组织发展的第一次高潮。这一时期，环保民间组织从公众关心的物种保护入手，发起了一系列的宣传活动，树立了环保民间组织良好的公众形象。1999 年，“北京地球村”与北京市人民政府合作，成功进行了绿色社区试点工作，中国环保民间组织开始走进社区，把环保工作向基层延伸，逐步为社会公众所了解和接受。

（3）中国环保民间组织成熟阶段。2003 年的“怒江水电之争”和 2005 年的“26℃空调”行动，让多家环保民间组织开始联合起来，为实现环境与经济发展的一致目标而行动。中国环保民间组织已由初期的单个组织行动，进入相互合作的时代。环保民间组织活动领域也从早期的环境宣传及特定物种保护等，逐步发展到组织公众参与环保、为国家环保事业建言献策、开展社会监督、维护公众环境权益、提起环境公益诉讼、推动可持续发展等诸多领域。例如，公众环境研究中心（IPE）、绿色江南、自然资源保护协会、朝露环保、环友科技 5 家环保民间组织，2014 年 12 月在北京发布的第Ⅳ期纺织业调研报告中指出，印染废水集中处理机制存在显著缺陷，建议多方合力完善集中处理责任制，守住污水处理的底线。

我国现有各类环保民间组织数千家，具有年轻人多、学历层次高、奉献精神强、影响面广等显著特点。环保民间组织主要分为四种类型：一是由政府部门发起成立的环保民间组织，如中华环保联合会、中华环保基金会、中国环境文化促进会、各地环境科学学会、环保产业协会、野生动物保护协会等；二是由民间自发组成的环保民间组织（如自然之友、地球村等）和以非营利方式从事环保活动的其他民间机构；三是学生环保社团及其联合体，包括学校内部的环保社团（如清华大学学生绿色协会、北京大学环境与发展协会、华南理工大学 Fresh 环保协会等）和多个学校环保社团联合体（如中国绿色校园社团联盟、首都大学生环保志愿者协会、广西绿色联盟、广州市绿点公益环保促进会等）；四是国际环保民间组织驻华机构，如世界自然保护联盟（International Union for Conservation of Nature and Natural Resources，IUCN）、国际绿色和平组织（Greenpeace）、国际环境保护组织协会（International Environmental Protection Organization Association，IEPOA）、全球环境基金（Global Environment Facility，GEF）、世界自然基金会（World Wide Fund for Nature，WWF）、国际地球之友（Friends of the Earth International，FoEI）、湿地国际（Wetlands International）、太平洋环境组织（Pacific Environment）等。

阅读材料：地球一小时

——依互联网资料整理

地球一小时（earth hour）是世界自然基金会应对全球气候变化提出的一项倡议，希望家庭及商界用户关上不必要的电灯及耗电产品一小时，来表明他们对应对气候变化行动的支持。过量二氧化碳排放导致的气候变化目前已经极大地威胁到地球上人类的生存。只有通过改变全球民众对二氧化碳排放的态度，才能减轻这一威胁对世界造成的影响。地球一小时在 3 月的最后一个星期六 20:30～21:30 熄灯。

地球一小时活动于 2007 年 3 月 31 日首次在澳大利亚的悉尼展开，吸引了超过 220 万悉尼家庭和企业参加；随后，该活动以惊人的速度迅速席卷全球。2013 年，包括悉尼歌剧院、帝国大厦、东京塔、迪拜塔、白金汉宫在内的各国标志性建筑也在当地时间晚 8:30 熄灯一小时。而在中国北京，鸟巢、水立方、世贸天阶等标志性建筑同时熄灯；同一时段，从上海东方明珠到武汉黄鹤楼，从台北 101 到香港天际 100 观景台，中国各地多个标志性建筑均熄灯一小时，全国共有 127 个城市加入地球一小时活动。

不少人担心，地球一小时集体关灯的行为，会造成瞬时电压波动，导致供电线路瘫痪，给电网造成过重的负担。但事实上，地球一小时带来电网负荷的影响非常有限，加之电网具备一定的调节能力，地球一小时的影响基本可以忽略不计。

地球一小时活动的象征意义大于实际意义。我们既不要担心其对电网有多大损害，也不要对其节能效果寄予太大希望。地球一小时的主要目的是让全球社会民众了解到气候变化所带来的威胁。熄灯一小时，对于节约能源、减少发电造成的温室气体和其他污染性气体排放或许只是杯水车薪。但是当由此激发的环保意识深入人心化为思想，当思想化为行动，当行动变成习惯，那对全球环保事业的贡献将绝不限于数字。

我国环保民间组织的不断兴起，对环境保护和可持续发展都起着重要作用。2015 年 1 月起实施的新环保法规定，依法在设区的市级以上人民政府民政部门登记、专门从事环境保护公益活动连续 5 年以上且无违法记录的社会组织，对污染环境、破坏生态、损害社会公共利益的行为，可以向人民法院提起诉讼。标志着社会组织参与环境公益诉讼主体资格被正式确认。在未来，环保民间组织将在我国环境保护历程中继续发挥积极的作用，成为推动我国环保事业发展的不可或缺的力量。然而，随着环保民间组织的不断发展，他们面临的困难和挑战也接踵而至。

首先，资金紧缺问题。由于缺乏完善的税制，环保民间组织在国内筹资非常困难。这些组织经费最普遍的来源是会费，其次是成员和企业捐赠、政府及主管单位拨款。很多组织一直没有固定的经费来源，学生环保社团的经费来源则更加困难。相对市场经济成熟的发达国家而言，我国政府对民间组织的资助极少，国家对公益捐助缺乏必要的财税鼓励政策支持，社会公益捐助意识淡薄，以环境公益事业为主旨的我国环保民间组织生存和发展的经费问题尤为突出。中华环保联合会 2005 年的调查数据表明，我国 76.1%的环保民间组织没有固定经费来源。由于经费的严重不足，超过 60%的环保民间组织没有自己的办公场所，96%的全职人员薪酬在当地属中等以下水平，其中 43.9%的全职人员基本没有薪酬。

其次，注册登记问题。我国现行《社会团体登记管理条例》中规定：民间组织“应当经其业务主管单位审查同意”和“有 50 个以上的个人会员或者 30 个以上的单位会员”方可在民政部门注册登记。中华环保联合会 2005 年的调查数据表明，限于上述条件，我国环保民间组织在各级民政部门正式注册登记率较低，仅为 23.3%；有 63.9%在单位内部登记（学生环保社团在学校登记）或在工商注册为民办非企业；仍有部分环保民间组织未办理任何注册登记手续。

最后，区域覆盖问题。我国环保民间组织主要分布在北京、天津、上海及东部沿海地区，其次是湖南、湖北、四川、云南等生态资源丰富地区，其他地区的环保民间组织则相对较少。

10.2 节能环保产业

自 20 世纪以来，全球人口规模的急剧膨胀和工业化进程的持续推进，造成资源和能源消耗日益剧增，致使人类福祉所依的生态环境日渐恶化。随着人们对环境问题认识的进一步提高，以及国际社会环保呼声的高涨，环境保护已成为席卷全世界的热潮，越来越多的国家正在抛弃传统的工业发展模式，而代之以经济与环境相协调的“可持续发展”战略。在此宏观背景下，以金属、塑料、纸张等废旧资源的回收、加工再利用为基础的资源循环利用产业迅速发展；以末端治理为目标的污染治理技术与装备、环保服务业相继涌现，并形成环保产业；与此同时，以降低能耗、节约能源为目标的技术与设备、产品与服务相继出现，逐渐发展为节能产业。

在全球性会议（1972 年联合国人类环境会议、1992 年联合国环境与发展大会、2009 年哥本哈根世界气候大会等）的大力推动下，资源循环利用产业、环保产业及节能产业都取得了长足发展。这些行业由于目标一致、相互关联、相互依赖，逐渐发展成为一种融合高新技术的战略性新兴产业——“节能环保产业”。节能环保产业是在有限的资源和能源及脆弱的生态环境条件下形成与发展起来的，也是人类社会寻求可持续发展的必然结果。

10.2.1 节能环保产业概述

环保产业，在美国称为“环境产业”，在日本称为“生态产业”或“生态商务”，是一个跨产业、跨领域、跨地域，与其他经济部门相互交叉、相互渗透的综合性新兴产业之一。国际上有狭义和广义两种理解。狭义理解是终端控制，即在环境污染控制与减排、污染清理及废物处理等方面提供产品和服务；广义理解则包括生产中的清洁技术、节能技术，以及产品的回收、安全处置与再利用等。在我国，只要与环境保护相关的产业就统称为“节能环保产业”。所谓节能环保产业，是以节能环保技术、装备及产品为对象的研究开发、生产制造、销售和相关配套服务等行业的总和。

我国《"十二五"节能环保产业发展规划》中将节能环保产业分为节能产业、环保产业和资源循环利用三个领域，每个细分产业领域均包含装备、产品和服务三方面内容。为满足统计上测算战略性新兴产业的发展规模、结构和速度的需要，2019 年国家统计局印发了《战略性新兴产业分类（2018）》（国家统计局令第 23 号），将节能环保产业明确划分为高效节能、先进环保、资源循环利用三大产业类型（具体细分子行业见表 10-1）。

表 10-1　国家统计局节能环保产业分类

细分产业	细分子行业
高效节能产业	• 高效节能通用设备制造 • 高效节能专用设备制造 • 高效节能电气机械器材制造 • 高效节能工业控制装置制造 • 绿色节能建筑材料制造 • 节能工程施工 • 节能研发与技术服务
先进环保产业	• 环境保护专用设备制造 • 环境保护监测仪器及电子设备制造 • 环境污染处理药剂材料制造 • 环境评估及监测服务 • 环境保护及污染治理服务 • 环保工程施工 • 环保研发与技术服务
资源循环利用产业	• 矿产资源与工业废弃资源利用设备制造 • 矿产资源综合利用 • 工业固体废物、废气、废液回收和资源化利用 • 城乡生活垃圾与农林废弃资源利用设备制造 • 城乡生活垃圾综合利用 • 农林废弃物资源化利用 • 水与海水资源利用设备制造 • 水资源循环利用与节水活动 • 海水淡化活动

节能环保产业的特征简述如下。

1. 明显的政策法规驱动特征

节能环保产业区别于其他产业的一个突出特点在于它是政策法规驱动型产业。纵观世界各国环保的发展历程，可以看到，环保法规越健全、环境标准与环境执法越严格的国家，环保产业就越发达，也就越具有在国际市场占有优势的环保技术。因此，政府的环境法规、环境标准与环境执法因素是环保产业发展的首要驱动因素。主要原因如下：第一，环保产业主要是由公众需求驱动的，即根源于社会公众对环境质量的需求，不是由个体需求驱动的；第二，社会公众对环境质量的需求，只有经过政府制定的环境法规、标准和各种环保方针政策及强化执法力度，才会转化为巨大的现实市场需求，才会形成产业发展的土壤；第三，政府通过制定有关的环境标准并采取经济刺激手段（包括财政补贴、减免税、低息贷款、折旧优惠、奖励制度、处罚制度、贸易许可证等）来引导环保产业投资方向与投资强度，使该产业发展具有原动力；第四，政府的环保政策引导着社会公众的消费方式和消费习惯，使公众的环保意识不断增强，成为推动该产业发展的重要力量；第五，随着世界经济一体化的发展潮流，各国在环境保护法规和政策方面的相互影响越来越大，国际环境条约和发达国家的环境法规体系对很多国家特别是新兴工业化国家、地区的经济与环境保护产生了很大影响，对各国环保产业的发展构成重要的压力和推动力。

环保产业是服务于社会经济发展的产业，其产出的装备、产品和服务的消费受到区域社会经济发展状况的影响，同时也会对社会经济发展产生正面推动作用。在当今社会，环保不仅仅是一种理念，还是需要通过付诸行动来补偿能源短缺和解决环境污染的一种方式。随着社会和经济的发展，传统产业的非环保性和不经济性逐渐显露出来，大量能源和资源的消耗给环境带来巨大的危害。从环保产品的概念可知，环保产品需要符合国家环境保护标准，以利于环境的整治、社会的可持续发展，实现社会经济效益和环境生态效益的“双赢”。

2. 先进制造业和生产服务业紧密结合的综合性产业

从产业组织的角度来看，节能环保产业是先进制造业和生产服务业紧密结合的综合性产业，它表现出来的产业链和价值创造关系显得尤为复杂。产业链是基于最终交易产品或服务生产需要和最终用户需求而向上下游或旁侧延伸的企业集合，一般是由制造商、经销商、分销商、最终用户等若干企业依据产业的前后关系组成的经济系统。目前，节能环保产业中比较典型的一些企业类型和这些企业主要呈现为上下游关系（图 10-1）。节能环保产业的上游是装备制造、产品生产企业和技术研发机构形成的以产品供应为主的单位，它面对的市场是一些经销商、工程实施单位和服务提供商；在产业链的中游，是一个以项目或工程分包为主要形式的市场，一些第三方服务机构参与其中；在产业链的下游，是以业主和公共机构向总集成、总承包商发包项目为主的市场，是整个产业链形成的最终目标，也是价值增值最为关键的环节。从企业数量的分布来看，节能环保产业的市场结构呈一个倒金字塔的形状（图 10-2）。

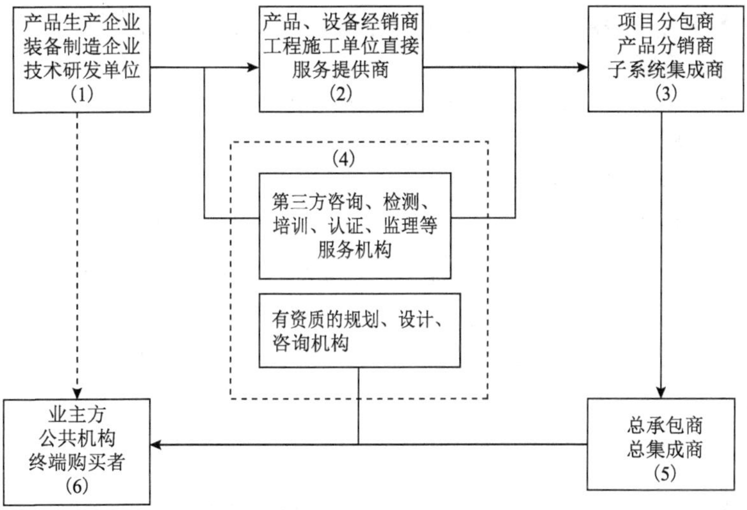

图 10-1　节能环保产业典型产业链

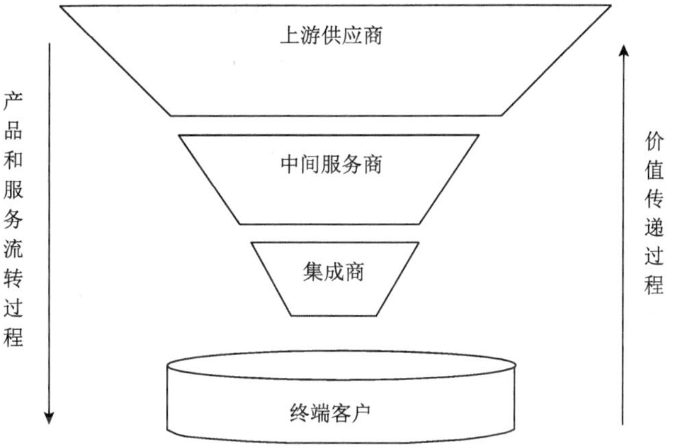

图 10-2　节能环保产业市场结构

10.2.2　节能环保产业的发展意义

在全球性能源危机和生态环境恶化的大背景下，节能环保产业成为 21 世纪最具发展潜力的产业之一。2010 年 10 月我国发布《国务院关于加快培育和发展战略性新兴产业的决定》，其将节能环保放在七大战略性新兴产业的首位。积极推动节能环保产业发展，对我国的经济发展和经济增长方式转变意义深远。

1. 加快发展节能环保产业，有利于产业结构调整

产业结构调整包括高级化和合理化两部分内容，是当今各国发展经济的重要

课题。2008年全球金融危机之后，世界各国为应对各种经济、资源、环境等问题提出了一系列策略和措施。然而，全球经济体系的深层次结构问题难以在短时期内解决，单纯依靠资源消耗、牺牲生态环境的经济增长模式难以为继，这已成为各国共识。调整和建立合理的产业结构，目的是促进经济、环境和社会的协调持续发展，进一步改善人类物质文化生活境况。目前，世界范围内经济呈现出以高新技术和服务业为主的发展趋势。节能环保产业作为高新技术、综合服务和循环经济的集成，备受各国青睐。在能源危机不断加深和生态环境日趋恶化的刺激下，节能环保产业发展迅速，市场规模逐年扩大，成为各国争先发展的重点行业。加快节能环保产业发展可以促进产业的调整和经济增长方式的转变，实现经济的可持续发展。

2. 加快发展节能环保产业，有利于培植经济增长点

节能环保产业将成为我国乃至全球的新兴经济增长点之一。发达国家利用新兴产业技术优势抢占未来发展的制高点，并以生态环境保护为理由要求发展中国家承担与发达国家相似的环境义务。因此，我国应该大力发展节能和环保技术，争取新兴产业市场空间，以抢占新兴经济发展的制高点与增长点。节能环保产业的发展将有利于带动研发、设计、制造加工、施工运营和维护服务等整个产业链，培植出新的经济增长点，带动相关产业特别是传统行业的转型升级，提升我国整体经济发展水平。

3. 加快发展节能环保产业，有利于保护生态环境

节能环保产业的迅速发展，将大力推动一系列能源节约和环境保护项目的实施，在一定程度上缓解能源危机和改善人类居住的生态环境。发达国家的工业化过程导致了严重的生态破坏和环境污染问题。四十余年来，发达国家环境管理制度的完善和环境标准的逐步提高推动了节能环保产业的兴起，其环境状况得到一定程度的改善。然而，发展中国家目前正处于工业化过程，能源利用效率不高，环境保护工作相对滞后，导致能源与环境问题日益严峻。我国作为发展中的大国，更应加快发展节能环保产业，支持我国生态环境保护工作的开展，提高整体能源利用效率。此外，生态环境恶化是影响社会和谐的因素，落实科学发展观、构建和谐社会必须大力发展节能环保事业，加强生态环境建设。

4. 加快节能环保产业发展，有利于科技人才培养

技术进步是推动节能环保产业发展的重要因素之一。通过大力发展节能环保产业，势必会开展节能环保技术研发并有望突破一系列关键共性技术，推动整个行业产业链和技术链的升级。在此过程中，一大批科研、管理、施工、运营维护

等技术人才的大量涌现，形成有竞争力的科研技术团队，提升行业整体竞争力。通过节能环保产业的技术创新，可以提高我国整体科研水平和创新能力，有利于培养科研和高新技术人才。

10.2.3　节能环保产业的市场规模

随着环境问题越来越受关注，环保概念不断升温，各国政府加大了对节能环保产业的扶持力度。四十余年来，全球节能环保产业保持稳定增长，在国民经济中所占份额不断上升，对经济发展的促进作用越来越大。2019年全球节能环保产业规模已达到11682亿美元，同比增长3.60%，是当今世界的“朝阳产业”。细分领域中，水处理（含给水）领域规模最大，达到6606.20亿美元，占比为56.60%，固体废物处理和环境服务领域规模位列其后，三个领域合计规模超过1万亿美元，总占比为87.80%。

节能环保产业已成为全球经济的重要组成部分。经济合作与发展组织（OECD）研究表明，世界环保产业的发展速度明显高于其他产业，美国、加拿大、德国、法国、英国、日本等发达国家是全球节能环保产业的主导国家，占据了国际市场大部分份额。其中，北美和欧洲2019年环保产业规模分别达到4386.90亿美元和3710.00亿美元，分别约占全球环保总收入的37.56%和31.77%。日本成为亚太地区环保产业发展代表国家，2019年产业规模达到1893.30亿美元，占据亚太地区产业总规模的60%以上，位居世界第三位。近年来，发达国家环保产业增长速度有所放缓，同时发展中国家尤其是除日本外的亚洲地区的环保市场成长迅速，逐渐改变了全球环保产业格局。全球环保产业在地域上已经形成了北美、欧洲、亚洲三足鼎立的局面。

自2000年以来，我国加大了环保基础设施的建设投资，有力拉动了相关产业的市场需求，节能环保产业总体规模迅速扩大，产业领域不断拓展，产业结构逐步调整，产业水平明显提升。例如，我国节能环保产业总产值由2015年的4.5万亿元上升至2020年的7.5万亿元，产业增加值占GDP的比例从2%提升至3%，从业人数超3000万人；涌现出170多家挂牌新三板的节能环保龙头企业，形成了一批节能环保产业基地。产业领域不断扩大，技术装备迅速升级，产品种类日益丰富，服务水平显著提高，形成了门类较为齐全的产业体系。在节能领域，干法熄焦、纯低温余热发电、高炉煤气发电、炉顶压差发电、等离子点火、变频调速等一批重大节能技术装备得到推广；高效节能产品推广取得较大突破，市场占有率大幅提高；节能服务产业快速发展，到2020年，采用合同能源管理行业产值规模达2821亿元。在资源循环利用领域，“三废”（废水、废气、固体废物）综合利用技术装备广泛应用，再制造表面工程技术装备达到国际先进水平，再生铝蓄热式熔炼技术、废弃电器电子产品和包装物资源化利用技术装备等取得一定突破，无机改性利废复合材料在高速铁路上得到应用。在环保领域，已具备自行设计、建设大型城市污水处理厂、垃圾焚烧发电厂及大型火电厂烟气脱硫设施的能力，关键设备可自主生产，电除尘、袋式除尘技术和装备等达到国际先进水平；环保服务市场化程度不断提高，大部分烟气脱硫设施和污水处理厂采取市场化模式建设运营。

我国环保产业发展规模较大的区域主要包括以江苏、浙江、上海为主的华东长江三角洲区域，以广东、湖南为主的华南泛珠江三角洲区域和以北京、天津为主的京津唐地区。江苏节能环保产业规模全国领先，在苏州、南京、无锡等市形成了几个初具规模的节能环保产业聚集区。目前，我国常规节能环保技术水平与国际基本同步，各类节能环保装备已广泛应用于工程实践，合同能源管理、环境污染第三方治理等服务模式得到广泛应用，一批生产制造型企业快速向生产服务型企业转变。但是部分关键技术及设备与国际先进水平有一定差距，部分高端产品尚依赖进口，节能环保产品质量保证方面还达不到国际一流水平。

10.2.4　节能环保产业的发展趋势

由于全球范围环保意识的提升、各国环境保护法规和环境标准的日益严格，世界节能环保市场仍保持快速、稳健发展，目前世界节能环保市场大部分份额仍被日本、美国和欧洲发达国家占据。由于发达国家节能环保技术水平相近，市场竞争异常激烈。例如，日本的除尘和垃圾处理技术、美国的脱硫和脱氮技术、德国的污水处理技术在世界上遥遥领先。在资源回收上，日本和欧洲展开了争夺、在无氟制冷技术方面，美国和欧洲进行角逐。由于发展中国家节能环保技术明显落后，发达国家纷纷采取措施，鼓励节能环保技术的输出，致使其市场容量也成了发达国家争夺的对象。美国政府公开表示，环保产品享受出口免税、出口信贷优惠，并在商务部下设环保产品出口办公室，专门负责环保产品的全球促销。德国历届政府都把环境保护和新能源置于优先发展的地位。荷兰、澳大利亚、意大利等国家在节能环保技术上也都拥有各自的优势。在争夺国外市场的同时，发达国家不断以“环境标准”“能耗标准”等手段设立新的贸易壁垒。美国、欧盟都以保护环境和高能耗为由扩大禁止进口污染较重、能耗高的产品，提高进口产品的环境质量标准。德国、法国、荷兰等国家已率先提出进口的纺织品染料必须符合不含偶氮物质的检验要求。

发达国家环境和能耗标准更加严格，以及国内市场日趋饱和，引进高新技术、增强产品的环保效果和降低能耗成为节能环保企业保持竞争优势的主要途径。随着发达国家节能环保产业逐步进入成熟期，为了保持竞争优势，电子及计算机技术、新材料技术、生物工程技术已广泛应用于节能环保产业各个领域，其技术正逐步向深度化、尖端化方面发展，产品不断向智能化、标准化、成套化、系列化方向发展。从企业发展规模看，主要发达国家的节能环保企业正逐步向着综合化、大型化、集团化方向发展。伴随着全球第三次大规模的产业转移浪潮，越来越多的环保设备制造厂商选择将设备制造环节安置在发展中国家。与此同时，发展中国家对环境保护的认识日益加深，大规模环境治理工程的开展造成环保设备需求不断扩大。因此，发达国家渐趋饱和的国内市场和发展中国家新兴市场的日益成长，将加快全球环保产业的重心向发展中国家转移。

提高资源利用效率、保护和改善生态环境，是人类社会发展的永恒主题，也是我国发展面临的紧迫任务之一。我国资源环境形势严峻，具有世界上最强烈的环境改善诉求、最强大的节能环保市场、最雄厚的产业发展基础，节能环保产业将大有可为。“十二五”以来，我国各类促进节能环保产业发展的重磅政策层出不穷，以大气、水、土壤三大领域为例，自 2013 年以来我国先后公布了《大气污染防治行动计划》（简称“大气十条”）、《水污染防治行动计划》（简称“水十条”）、《土壤污染防治行动计划》（简称“土十条”）等政策文件。因此，节能环保产业规模将持续扩大，有望成为国民经济的一大支柱产业，而且 2016 年的中国环保产业高峰论坛指出，未来十年我国环保产业的增速有望达 GDP 增速的 2 倍以上，成为国家和投资者共同关注的明星产业之一。

“碳达峰、碳中和”（简称双碳）的目标将全面加速我国构建绿色低碳循环发展经济体系，构建绿色低碳技术产业支撑体系，向高质量、可持续发展迈进。“双碳”是以能源为主的系统性工程，关系到经济与产业结构调整，核心是降低二氧化碳排放强度与总量，由近及远重点是“节能减排”“调整能源结构”“发展碳技术与市场”。“双碳”的重点虽在能源，但非单纯的能源结构调整，还对节能环保、工业、能源、技术和消费等领域的转型与升级提出新的发展要求。这些都与环保产业市场密切相关，环保企业必须坚持科技创新，抓紧绿色技术研发，加速绿色技术应用，以数字化转型和绿色化转型的深度融合推动经济高质量发展与“双碳”目标实现。

“双碳”背景下，对钢铁、化工等传统工业企业提出了更高的降废增效要求：从过去的以“末端治污”为主，逐渐过渡到以“减污降碳协同增效”为核心。《中华人民共和国国民经济和社会发展第十四个五年规划和 2035 年远景目标纲要》提出，城乡环境综合治理及实现绿色可持续发展两条主线是国内环保政策的两条主线，搭建固体废物产业链、环境污染水体治埋、大气污染物防治依然是国内环境保护“十四五”规划的主旋律。为推进“双碳”工作，绿色低碳成为我国经济高质量发展的主基调，环保企业的发展方向将逐步转化为摸索绿色低碳技术、提升自身高质量发展。从细分领域来看，垃圾焚烧、垃圾填埋、污水处理、再生资源、环卫设备、土壤修复、监测监管、环境咨询等节能环保业务在落实碳减排举措过程中均面临重大机遇。

10.2.5　节能环保产业的人才需求

伴随着我国工业化和城市化的高速发展，高能耗和高污染等带来的环境问题日益严峻。我国生态环保类专业人才存在四方面的机遇：一是环境管理部门、相关企业对环境科学专业人才的吸纳，加强环境管理、加大污染控制与治理的力度；二是中国加入世界贸易组织（WTO）必将刺激 ISO 14000 认证等环境服务业的快速发展；三是对于一些新建、待建项目，需要从规划、项目论证、可行性研究到项目实施与验收等全过程进行环境污染预防、治理和管理；四是在很长一段时间内仍需实施末端治理为主的措施。

节能环保产业每年提供的就业岗位处于稳定快速增长的趋势，除了环境类专业，节能环保产业的人才需求重点是会计、经管类、人力资源类、营销类，对热能、机械、电气、土建、化工、材料等专业。以节能环保行业的就业状况来看，以下三类人才是节能环保行业青睐的对象：具有跨学科知识、跨行业经验和广阔视野的自主创新型领军式人才，掌握高新技术或先进工艺的高级技能人才，以及具有专业优势的经营管理人才。目前相对缺乏的人才包括专业技术人员、市场营销人员、环境咨询人员。

（1）专业技术人员：从事技术创新，给工程项目提供技术支持的技术研发人员；有一定技术背景，依托技术说明进行市场开拓，有商务技术沟通能力的商务技术支持人员；进行工程设计、工程实施、系统调试等工作的工程技术人员。节能环保产业是个高技术含量的产业，企业需要优秀的技术人才来研制高附加值、高技术含量、满足特种工艺污染治理需求的产品。现在的环保人才中，能够驾驭大工程，有同时承担多项大型环境工程设计项目的能力，可独立设计多项大型环境工程项目的技术人才非常缺乏。

（2）市场营销人员：有了高技术环保人才设计制造的产品，但是没有优秀的营销人员，也难以开辟国内外市场。了解国际对环境污染控制的立法和标准，并能开展海外营销的销售类环保人才也非常缺乏。

（3）环境咨询人员：目前环境服务业的份额还比较低，随着市场需求的增长，对能为政府部门制定政策、规划及为大型项目的设计方案、可行性研究等方面提供咨询的人才需求将会持续扩大。

执业资格制度是国家对关系国家、社会和公众利益的重要专业岗位实行的一项管理制度。这项制度在发达国家已实行了近百年，对保证执业人员素质、促进市场经济有序发展具有重要作用。1986 年，我国颁布《注册会计师条例》，建立起第一项专业技术执业资格制度。1994 年，我国开始制定各类职业的资格标准和录用标准，实行学历文凭和职业资格两种证书制度，在涉及国家和人民生命财产安全及公共利益的专业技术领域，积极稳妥、有步骤地推行专业技术执业资格制度。目前，执业资格考试由国家定期举行，考试实行全国统一大纲、统一命题、统一组织、统一时间。经执业资格考试合格的人员，由国家授予相应的执业资格证书。取得执业资格证书后，要在规定的期限内到指定的注册管理机构办理注册登记手续。所取得的执业资格经注册后，在全国范围内有效。如果超过规定的期限不进行注册登记，执业资格证书及考试成绩就不再有效。我国节能环保类执业资格考试种类见表 10-2。

表 10-2 节能环保类执业资格考试种类

序号	执业资格证书名称	基本介绍
1	环境影响评价工程师	环境影响评价工程师是取得《中华人民共和国环境影响评价工程师职业资格证书》，并经登记后，从事环境影响评价工作的专业技术人员
2	注册环保工程师	注册环保工程师是经考试取得《中华人民共和国注册环保工程师资格证书》，并依法注册取得《中华人民共和国注册环保工程师注册执业证书》和执业印章，从事环保专业工程设计及相关业务活动的专业技术人员
3	注册公用设备工程师	注册公用设备工程师是取得《中华人民共和国注册公用设备工程师执业资格证书》和《中华人民共和国注册公用设备工程师执业资格注册证书》，从事公用设备专业工程设计及相关业务的专业技术人员
4	注册核安全工程师	注册核安全工程师是取得《中华人民共和国注册核安全工程师执业资格证书》并经注册登记后，从事核安全相关专业技术工作的人员
5	咨询工程师（投资）	咨询工程师（投资）是合法取得《中华人民共和国咨询工程师（投资）职业水平证书》后，在中国工程咨询协会登记合格并取得《中华人民共和国咨询工程师（投资）登记证书》的人员
6	二级建造师	建造师是从事建设工程项目总承包和施工管理关键岗位的执业注册人员
7	一级建造师	建造师是懂管理、懂技术、懂经济、懂法规，综合素质较高的复合型人员，既要有理论水平，又要有丰富的实践经验和较强的组织能力

思 考 题

1. 简述环境保护组织机构的类型及其职能。
2. 简述我国环保民间组织的发展历程与分类。
3. 什么是节能环保产业？节能环保产业有哪些特征？
4. 节能环保产业包括哪些领域？
5. 简述节能环保产业的发展意义和发展趋势。
6. 节能环保产业的发展需要什么样的人才？

主要参考文献

国家统计局. 2018. 战略性新兴产业分类(2018)[Z]. 国家统计标准.

侯鹏, 高吉喜, 陈妍, 等. 2021. 中国生态保护政策发展历程及其演进特征[J]. 生态学报, 41(4): 1656-1667.

黄润华, 贾振邦. 1997. 环境科学基础教程[M]. 北京: 高等教育出版社.

李博洋, 李金惠. 2011. 我国节能环保产业发展回顾与展望[J]. 中国科技投资, 10(2): 23-26.

李春梅, 郭佳雯. 2019. 超越“地球一小时”: 低碳城市建设[J]. 生态经济, 35(6): 1-4.

刘芳. 2012. 中国民间环保组织[M]. 合肥: 安徽文艺出版社.

刘芳. 2012. 世界环保组织[M]. 合肥: 安徽文艺出版社.

刘利, 伍健东, 党志. 2014. 广东节能环保产业及促进政策研究[M]. 广州: 华南理工大学出版社.

刘伟, 满彩霞. 2022. 依势而行: 结构-组织视角下的环保组织行动策略[J]. 中国行政管理, (2): 67-76.

牛桂敏. 2014. 我国节能环保产业发展探析[J]. 理论学刊, (5): 43-47.

曲向荣. 2011. 清洁生产与循环经济[M]. 北京: 清华大学出版社.

王欢, 杨勇, 林兴浩, 等. 2021. 广东省节能环保装备产业发展现状分析与对策建议[J]. 广东科技, 30(4): 71-76.

王淑莹. 高春娣. 2004. 环境学导论[M]. 北京: 中国建筑工业出版社.

王金南, 董战峰, 蒋洪强, 等. 2019. 中国环境保护战略政策 70 年历史变迁与改革方向[J]. 环境科学研究, 32(10): 1636-1644.

张其仔, 张拴虎, 于远光. 2015. 环保产业现状与发展前景[M]. 广州: 广东经济出版社.

中华环保联合会. 2006. 中国环保民间组织发展状况报告[J]. 环境保护, 34(10): 60-69.

祝光耀, 张塞. 2016. 生态文明建设大辞典: 第一册[M]. 南昌: 江西科学技术出版社.

第 11 章　环境通识实验知识

本章导读： 实验室是培养学生实验能力及专业技能的重要场所，亦是培养学生创新能力和科研素质的重要基地，在实验室内不仅要注重科学实验的合理性，更要保证实验人员的健康安全。本章从实验室基本要求、实验室安全知识、环境监测常见器皿及仪器、环境监测及污染控制实验及实验室常见安全事故与应急处理办法五部分介绍环境实验的基础知识。

11.1　实验室基本要求

为使学生养成良好的实验习惯和严谨细致、实事求是的科学态度，使实验达到预期的目的并取得较好的实验结果，基本要求如下。

充分了解实验室以后再开展实验。熟知并遵守实验室的规则，了解耗材、试剂等的位置及仪器的使用规范，知晓水电开关的位置及消防通道。

实验前做好准备工作。做好实验设计以后提前做好准备工作，实验前查阅药品的性质、潜在危险，弄懂实验原理和方法，熟悉实验步骤、操作方法及注意事项，做到心中有数。切勿未经培训使用不熟悉的仪器或开展未经老师允许的实验。

实验时认真操作和记录，切忌擅自离开岗位。实验时应正确操作，仔细观察，善于思考，合理安排时间，保持实验仪器整齐清洁，客观、及时、准确地记录各种数据及相关现象。

实验完毕将仪器、试剂和耗材放回原处，擦拭桌面、清洗仪器，实验垃圾根据要求分类处理，打扫卫生，关好水、电及门窗。

及时处理数据，认真撰写实验报告。根据实验记录，对实验现象和数据进行归纳、分析和总结，写出报告。报告要求简洁、避免大量文字，尽量图表化。

11.2　实验室安全知识

环境分析实验中，经常使用水、电、易破损的玻璃仪器和一些具有腐蚀性甚至易燃易爆或有毒的化学试剂。为确保人身和实验室的安全且不污染环境，实验中须严格遵守实验室的安全规则。主要包括如下规则。

进实验室必须遵守实验室的各项规定，严格执行操作规程，如有必要做好各类记录，了解实验室潜在的实验风险和应急方式，采取必要的安全防护措施。

使用适当的安全设施及个人防护装备，进入实验室要穿实验服、戴手套和口罩，实验中注意不要用手摸脸、眼等部位，不要让化学试剂等接触皮肤，实验完毕必须洗手。

禁止在实验室内吸烟、饮食、睡觉、使用燃烧型蚊香等，禁止放置与实验室无关的物品，严禁打闹、追逐、严禁穿露趾鞋、短裤进入实验室。

危险品，包括放射性同位素及其废物、剧毒品、麻醉药品、精神药品、易燃易爆品、高致病性病原微生物菌（毒）等，须严格按照国家和学校的规定进行管理，领取和使用需做好规范的记录。

使用试剂前要阅读说明书，对危险试剂使用需要严格按照规定，如使用挥发性物质应在通风橱内进行，取用剧毒品要特别小心避免洒出，仪器使用需理解规程并规范操作。

实验产生的废渣、废液和废气不可随意处置，应根据相关规定进行处理，安全使用水、电。离开实验室时，应关闭水、电、气、门、窗。

一旦发生火灾、爆炸及实验品被盗、丢失、泄漏、严重污染和超剂量辐照等安全事故，须立即根据情况启动事故应急处理方案，采取有效的应急措施，并及时上报。

严禁堆放杂物堵塞消防通道及安全出口。

11.3　环境监测常见器皿与仪器

在环境监测过程中，化学定量分析中常用的器皿大部分属玻璃制品，按玻璃材质的性能，有的玻璃器皿如烧杯、烧瓶、锥形瓶和试管可加热，而如试剂瓶、量筒、容量瓶、滴定管等各类器皿都不能用于加热。另外，还有特殊用途的玻璃器，如干燥器、漏斗、称量瓶等。一般带有精确刻度的器皿应倒置晾干，防止烘干使刻度模糊。实验中应根据具体要求来选用器皿。环境监测常见器皿见表 11-1。

表 11-1　环境监测常见器皿

名称	图片	主要用途	名称	图片	主要用途
药匙		取用粉末状或小颗粒状的固体试剂	称量瓶		适用于称量易吸潮的试样

续表

名称	图片	主要用途	名称	图片	主要用途
玻璃棒		加速溶解、促进互溶、引流、蘸取液体等	烧杯	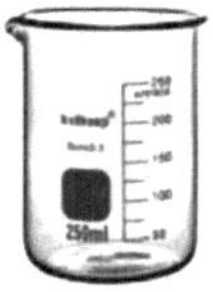	配制溶液、溶解样品等
锥形瓶	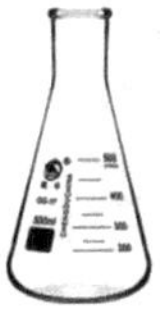	加热处理试样和容量分析滴定等	容量瓶		透明或棕色，配制准确体积溶液
a.滴瓶 b.滴管	 a　b	滴瓶：装试剂； 滴管：加试剂	碘瓶		碘量法或其他生成挥发性物质的定量分析
玻璃比色管		比色、比浊分析	石英试管	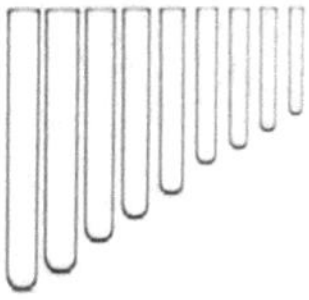	可用于比色，主要用于光照实验
漏斗	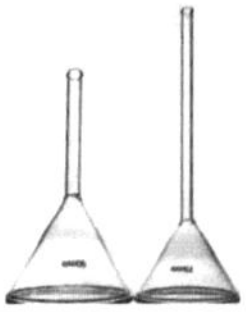	过滤沉淀	培养皿		用于微生物或细胞培养
洗瓶		装纯化水或其他液体	洗耳球		一般搭配移液管使用
a.量筒 b.量杯	 a　b	粗略量取一定体积的液体用	移液管		准确移取液体
移液枪		准确移取少量或微量非挥发性溶液	瓶口分液器		准确移取液体

续表

名称	图片	主要用途	名称	图片	主要用途
分液漏斗	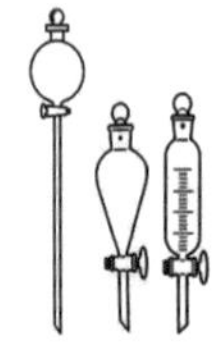	分为球型、梨型和筒型等多种样式，用于液体分离	滴定管	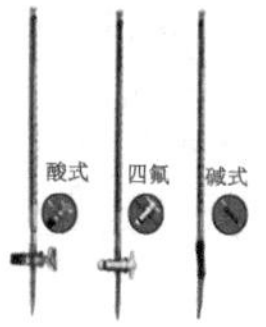	准确滴加溶液，滴定分析法所用
冷凝管	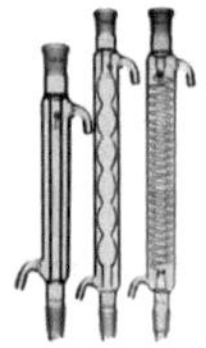	利用热交换使冷凝性气体冷却凝结为液体，有直形、球形和蛇形	烧瓶	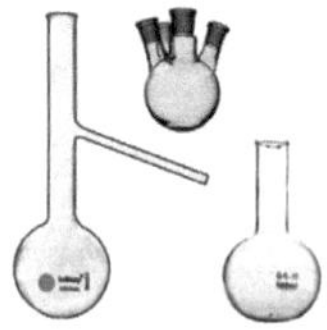	有颈玻璃器皿，用来盛液体物质，可加热
a.布氏漏斗 b.抽滤瓶		真空或负压力抽吸进行固液过滤	砂芯过滤装置		真空抽滤，溶剂微孔过滤
研钵		研磨固体如：土壤	筛网		不锈钢或塑料，对颗粒进行分级、筛选
干燥器		保持物质的干燥；也可干燥少量制备的产品	比色皿	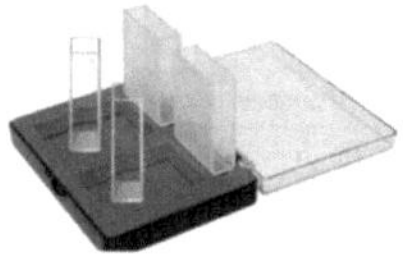	用于光谱分析，有玻璃、石英等种类
蒸发皿		用于蒸发浓缩溶液或灼烧固体	坩埚 坩埚钳		用于溶液的蒸发浓缩或结晶
a.广口瓶 b.细口瓶		广口：装固体试剂； 细口：存放液体试剂	色谱瓶		气相、液相进样瓶

续表

名称	图片	主要用途	名称	图片	主要用途
蓝盖瓶	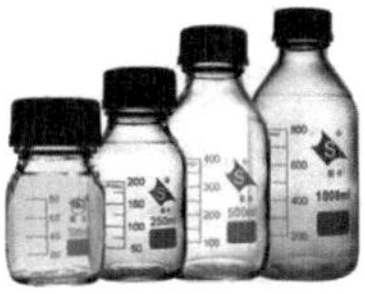	透明或棕色，储存化学试剂	试管架	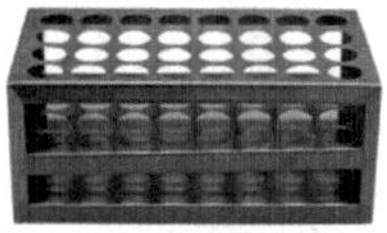	放置试管
离心管	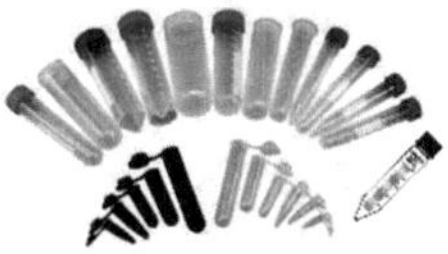	借离心作用分离溶液和沉淀	反应釜		外壳：不锈钢 内胆：聚四氟乙烯 用途：水热合成

环境监测实验室常见监测仪器见表 11-2。

表 11-2　实验室常见监测仪器

名称	图片	主要用途	名称	图片	主要用途
酸度计		测定液体的酸碱度（pH）	电导率仪		测定液体电导率
噪声仪（声级计）		环境噪声检测	风速仪		测定风速
尾气检测仪		可燃、有毒、挥发气体检测	甲醛测定仪		测定空气中甲醛的含量
浊度仪		测定水体浊度	溶氧仪	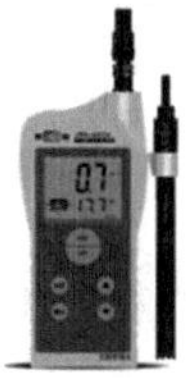	测定水中溶解氧的浓度

续表

<table>
<tr><th>名称</th><th>图片</th><th>主要用途</th><th>名称</th><th>图片</th><th>主要用途</th></tr>
<tr><td>照度计</td><td></td><td>光强测试</td><td>环境振动测量仪</td><td></td><td>分析环境振动强度</td></tr>
<tr><td>便携式土壤氧化还原电位测定仪</td><td>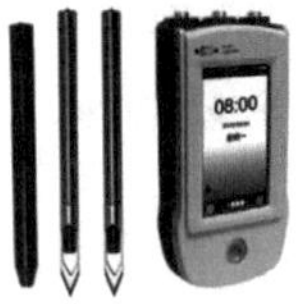</td><td>氧化还原电位测定</td><td>电磁辐射检测仪</td><td></td><td>分析环境中电磁辐射的污染</td></tr>
<tr><td>烘箱</td><td></td><td>用于实验室器皿及样品烘干</td><td>马弗炉</td><td></td><td>高温灼烧</td></tr>
<tr><td>紫外-可见光分光光度计</td><td colspan="2"></td><td colspan="3">利用物质分子对紫外可见光谱区的辐射吸收来进行分析，主要由光源、单色器、吸收池、检测器和信号处理器等部件组成</td></tr>
<tr><td>原子吸收光谱仪</td><td colspan="2"></td><td colspan="3">由光源、原子化系统、分光系统和检测系统组成，广泛用于冶金、地质、农业环境监测等方面的常量及微痕量元素分析，主要用于重金属元素的检测</td></tr>
<tr><td>高效液相色谱仪</td><td colspan="2"></td><td colspan="3">由储液器、泵、进样器、色谱柱、检测器、记录仪等几部分组成，主要用于分析高沸点不易挥发的、受热不稳定的和分子量大的有机化合物</td></tr>
<tr><td>离子色谱仪</td><td colspan="2"></td><td colspan="3">高效液相色谱的一种，利用被测物质的离子性进行分离和检测，用于定量分析阴阳离子</td></tr>
</table>

续表

名称	图片	主要用途
气相色谱仪		由气路系统、进样系统、分离系统（色谱柱系统）、检测及温控系统、记录系统组成。通常可用于分析热稳定且沸点不超过 500℃的有机物，如挥发性有机物、有机氯、有机磷、多环芳烃、酞酸酯等
X 射线衍射仪		X 射线衍射仪可进行物质的定性分析、晶格常数确定和应力测定等，可通过峰面积计算进行定量分析、材料晶体结构的表征，X 射线衍射分析方法是材料微观结构表征更常规和更有效的方法之一

11.4　环境监测及污染控制实验

环境科学与工程是研究人类生活的环境质量及其保护与改善的一门学科，实践课程（如环境监测实验、生产实习）在教学中占有十分重要的地位，以实验联系学科基础理论与知识，培养学生的实操技能。环境监测及污染控制常见实验见表 11-3～表 11-7。

表 11-3　水质监测及水污染控制实验

序号	实验名称	实验目的
实验 1	水的物理性质监测	了解相关色度、浊度、透明度、pH、电导率等物理指标的基本概念，掌握测定方法
实验 2	生物化学需氧量（BOD）的测定	了解 BOD 测定的意义及稀释法测定 BOD 的原理，掌握稀释法的操作技能
实验 3	化学需氧量（COD）的测定	了解测定 COD 的意义和方法，掌握重铬酸钾法测定 COD 的原理和方法
实验 4	总磷的测定	掌握总磷的测定方法和原理，了解水体中过量的磷对水环境的影响
实验 5	氨氮、亚硝酸盐氮和硝酸盐氮的测定	了解水中三种形态氮测定的意义，并掌握方法与原理
实验 6	水中铬的测定	掌握用分光光度计测定六价铬和总铬的原理与方法
实验 7	水中挥发酚的测定	了解挥发酚的性质，掌握测定方法
实验 8	活性污泥性质的测定	掌握活性污泥性能指标的测定方法，了解活性污泥的性能与污水处理系统运行状况之间的关系

续表

序号	实验名称	实验目的
实验 9	活性污泥比阻的测定	加深理解污泥比阻的概念，掌握污泥脱水性能的评价方法，学会确定污泥脱水的药剂种类、浓度和投药量
实验 10	混凝实验	掌握一般天然水体最佳混凝条件的基本方法，加深对混凝机理的理解
实验 11	废水可生化性实验	了解工业污水可生化性的意义并掌握测定方法
实验 12	颗粒自由沉降实验	研究浓度较稀时的单颗粒沉降规律，加深对其沉淀特点、基本概念的理解，掌握颗粒自由沉降实验的方法，并能绘制颗粒自由沉降曲线
实验 13	亚铁活化过氧化氢降解罗丹明 B	了解高级氧化法的基本原理，学会分光光度法测罗丹明 B

表 11-4　大气污染监测及控制实验

序号	实验名称	实验目的
实验 1	总悬浮颗粒物（TSP）的测定	学习和掌握质量法测定大气中 TSP 的方法，掌握中流量 TSP 采样器的基本技术及采样方法
实验 2	空气中氮氧化物的测定	掌握大气采样器及吸收液采集大气样品的操作技术，学会用盐酸萘乙二胺分光光度法测定空气中的氮氧化物
实验 3	空气中二氧化硫的测定	学会用比色法测定 SO_2
实验 4	碱液吸收法测二氧化硫	了解用吸收法净化废气中 SO_2 的原理和效果
实验 5	吸附法废气处理：活性炭吸附 SO_2	深入理解吸附法净化有害废气的原理和特点，加深对吸附过程和穿透曲线的理解，掌握活性炭吸附法的工艺流程和吸附装置的特点及样品分析和数据处理的技术

表 11-5　固体环境样品污染监测及固体废物处置实验

序号	实验名称	实验目的
实验 1	土壤有机质含量的测定	了解土壤理化性质及测定方法
实验 2	土壤和茶叶中铜和锌的含量测定	了解原子吸收分光光度法的原理，掌握土壤和茶叶样品的消化方法，掌握原子吸收分光光度计的使用方法
实验 3	土壤中农药残留量的测定	了解从土样中提取有机氯农药的方法，掌握气相色谱法的定性、定量方法，初步了解气相色谱仪的结构及操作技术
实验 4	固体废物的采样和制样	了解固体废物采样和制样的目的与意义，掌握基本方法，根据固体废物的性质及分析需要，学会制定采样和制样的方案
实验 5	固体废物化学性质的测定	了解固体废物的物理和化学基本性质，掌握相应的测定方法
实验 6	厨房垃圾好氧堆肥化处理实验	了解影响堆肥的因素，学会准备堆肥材料、控制堆肥过程、获取实验数据及判断堆肥的稳定化
实验 7	废塑料的热分解	了解废塑料热分解的原理，初步掌握热分解的研究方法

表 11-6　物理污染监测及控制实验

序号	实验名称	实验目的
实验 1	环境噪声监测	掌握噪声的监测，熟悉声级计的使用，掌握数据的处理
实验 2	电磁辐射的测定	掌握电磁辐射环境监测的方法与电磁辐射检测仪的使用
实验 3	城市区域环境振动的测量	掌握环境振动测量仪的使用、监测布点与测量方法，学会监测数据的处理及报告编制
实验 4	减振降噪材料能力测试	了解减振及降噪的基本原理，比较沥青、橡胶及石膏板等材料的降噪隔声能力，学会物理污染控制的方法

表 11-7　环境微生物和分子生物学实验

序号	实验名称	实验目的
实验 1	培养基的制备和灭菌	了解并掌握培养基的配制、分装方法，学习常用玻璃器皿的包扎技术，掌握各种实验室灭菌的方法与技术
实验 2	显微镜的使用	了解普通光学显微镜的基本构造和工作原理，学习并掌握显微镜的使用方法、油镜的使用技术和维护知识
实验 3	微生物基本形态的观察	在油镜下观察细菌、酵母菌、放线菌的基本形态并绘图，学会用悬滴法在高倍镜下观察细菌运动
实验 4	微生物的分离、接种及培养方法	了解微生物分析和纯化的原理，掌握常用的分离纯化微生物的方法、菌落特征的观察方法和微生物的几种接种技术，建立无菌操作的概念并掌握无菌操作的基本环节
实验 5	水中细菌菌落数和大肠菌群数的测定	学习水样的采取方法、水样细菌总数的测定方法、平板菌落计数的原则和大肠杆菌数的测定方法
实验 6	苯酚降解菌的驯化与分离	了解微生物在苯酚降解中的作用，掌握微生物驯化的方法与使用高效液相色谱仪测苯酚的方法

11.5　实验室常见安全事故与应急处理办法

依据相关实验室的安全管理制度和坚持 “预防为主，防处结合、安全第一” 的基本原则，制定和完善安全事故应急处理的步骤措施，遵循先处理，后报告；先救人，后救物；先救治，后处理；先制止，后教育的顺序和原则。对于由于使用实验室做实验而引起的实验安全事故，要有充分的应变准备和应急处理措施，处理好突发事故发生后的善后和补救工作，确保实验室事故发生后能有效地科学合理地实施处置，把事故的危害降到最低并得到有效的控制。

1. 火灾事故

火灾事故的发生具有普遍性，几乎所有实验室都可能发生，酿成这类事故的直接原因有：①忘记关电源，致使仪器设备或用电器具通电时间过长，温度过高，引起着火；电源线路老化、超负荷运行，导致线路发热，引起着火。②违反操作规程，忽视安全注意事项（如擅离职守），或实验操作不当引燃化学反应生成的易燃、易爆气体或液态物质。③仪器设备老化，或者未按要求使用。④对易燃易爆物品操作不慎或保管不当，使火源接触易燃物质，引起着火。⑤一些实验火源未做处理，接触易燃物质，引起着火。

应急处理：首先快速地切断电源和火源，就近取消防工具如灭火器、水桶、湿毛巾等措施有效灭火。如果火势较小，应尽可能快速扑灭，沙土和水是灭火材料中最常用的；如果火势较大短时间难以控制和扑灭，需及时拨打 119 消防救火电话，如果在火灾附近有易燃易爆化学试剂或随时都有可能爆炸的危险，应快速有序地组织人员撤离，如果能够方便切断电源应果断拉电闸切断电源，防止险情继续扩展。一些物质如金属钠、乙醇钠等能与水发生化学反应且非常剧烈，这些物质着火应用沙土或干粉灭火器切断其与氧气和水的接触快速扑灭，不可盲目用水来扑灭，以免措施不当使事态扩张造成更大的损害。如果在电路线路短路故障发生着火时使用一些大功率用电设备或仪器，要果断拉下电闸切断电源，疏散在场无关人员，再用适当措施组织人员用沙土、干粉灭火器等灭火。

2. 爆炸事故

爆炸事故多发生在具有易燃易爆物品和压力容器的实验室，酿成这类事故的直接原因有：①违反操作规程使用设备、压力容器而导致爆炸；仪器老化，存在故障或缺陷，造成易燃易爆物品泄漏，遇火花而引起爆炸。②对易燃易爆物品处理不当，导致燃烧爆炸；该类物品受到高热摩擦、撞击、振动等外来因素的作用或会发生剧烈的化学反应，产生大量的气体和高热，引起爆炸。③强氧化剂与性质有抵触的物质混存能发生分解，引起燃烧和爆炸；由火灾事故发生引起仪器设备、药品等的爆炸。

应急处理：首先将受伤人员撤离现场，送往医院急救，同时立即切断电源，关闭煤气和水龙头，并迅速清理现场以防引发其他着火中毒等事故。如果已引发其他事故，则按相应办法处理。

3. 中毒事故

中毒事故多发生在具有化学药品和剧毒物质的实验室与具有毒气排放的实验室，有毒物质往往通过呼吸吸入、皮肤渗入、误食等方式导致中毒。酿成这类事故的直接原因有：①使用挥发性有毒试剂时，未佩戴口罩；将食物带进有毒物的实验室或使用实验室的器皿装食物，造成误食中毒。②通风设施存在故障或缺陷，造成有毒物质泄漏或有毒气体排放不出，酿成中毒。③管理不善，操作不慎或违规操作，实验后有毒物质处理不当，造成有毒物品散落流失，引起人员中毒。

应急处理：①发生化学气体中毒应立刻开门开窗打通风透气，并疏散学生迅速有序离开实验室到空旷安全的地方，有需要及时打 120 急救电话联系医院救治。②如果不慎发生试剂误入或溅入口中，应根据化学试剂毒物种类采用对应的处理方法，毒物为非腐蚀性，立即用导泻、洗胃、催吐等办法使毒物尽快排出体外，尽快送医。③腐蚀性酸碱类试剂中毒时，应大量喝水，有条件的或服用蛋清和牛奶，不建议自行洗胃与催吐，应立即送医院救治。

4. 强酸、强碱化学试剂腐蚀事故

强酸、强碱等具有强腐蚀性的化学试剂如氢氧化钠浓溶液、氢氧化钾浓溶液，浓硝酸、浓硫酸、浓盐酸等，不小心沾到皮肤或衣物容易发生腐蚀性化学事故，造成脱皮、烧伤、烫伤等。在做实验时要做好人身安全保护措施，如穿实验服、戴手套等，同时应在通风橱内操作，并备好清水。

应急处理：不小心沾到外露皮肤时，应及时用大量清水将皮肤冲洗干净，并用弱碱性溶液如碳酸钠、碳酸氢钠（针对强酸性腐蚀物质），弱酸性溶液如硼酸（针对强碱性腐蚀物质）进行中和保持创伤面烧伤面的洁净，沾到衣物时，应及时脱掉被沾染的衣物，用大量清水冲洗并用弱碱性溶液如碳酸钠、碳酸氢钠（针对强酸性腐蚀物质），弱酸性溶液如硼酸（针对强碱性腐蚀物质）进行中和浸泡。还应密切观察局部烧伤的程度和范围，若烧伤严重出现发黑和坏死应立即到医院进行治疗。

5. 玻璃器具伤害事故

玻璃器具在实验过程中经常使用，因其发生的事故也较为常见。玻璃器具材质（包括硬度、强度和耐热性）差和人员操作不当是酿成这类事故的主要原因。例如，在加工玻璃管及玻璃棒时，不戴防护手套导致伤到手部；玻璃器具从胶塞、胶管上拔不下时用力过猛容易导致受到伤害；使用烧瓶前未充分观察其有无伤、裂纹、变形、针眼等，烧瓶破裂也容易造成伤害事故发生；玻璃器具加热和冷却时出现骤热、骤冷、局部加热，造成伤害事故发生；废弃玻璃碎片不及时清理也会留下隐患。

应急处理：如果是一般轻伤应及时挤出污血，并用消过毒的镊子取出玻璃碎片，用蒸馏水洗净伤口，涂上碘酒，再用创可贴或绷带包扎；大伤口应立即用绷带扎紧伤口上部，使伤口停止流血，急送医院就诊。

6. 仪器设备损坏事故

这类事故多发生在有高速旋转、冲击运动、带电、高温加热的实验室，事故表现和直接原因有：①操作不当或缺少防护，造成挤压、甩脱和碰撞伤人；②违

反操作规程或因仪器设备老化而存在故障和缺陷，造成漏电、触电和电弧火花伤人；使用不当造成高温气体、液体对人的伤害；③线路故障造成突然停电，致使被加热的介质不能按要求恢复原来状态，造成仪器设备损坏。

应急处理：发生触电时，应先切断电源或拔下电源插头，若来不及切断电源，可用绝缘物挑开电线。触电者脱离电源后，应就地仰面躺平，禁止摇动伤员头部。检查触电者的呼吸和心跳情况，呼吸停止或心脏停搏时应立即施行人工呼吸或心脏按压，并尽快联系医疗部门救治。

阅读材料：实验室安全事故案例

——依互联网资料整理

（1）2016 年 9 月 21 日，某大学发生实验室爆炸，起因为高锰酸钾加入浓硫酸时发生爆炸，碳粉、火光猛烈地直击学生，造成 2 人重伤 1 人轻伤。

（2）2018 年 12 月 26 日，北京某大学市政与环境工程实验室发生爆炸燃烧，造成 3 名学生死亡。事故直接原因为镁粉粉尘云爆炸，爆炸引起周边镁粉和其他可燃物燃烧。

（3）2021 年 3 月 31 日，某化学研究所发生实验室安全事故，此次事故的原因是反应釜高温高压爆炸，1 名研究生当场死亡。

（4）2021 年 7 月 13 日，位于深圳的某大学一间化学实验室在实验时发生火情，1 名博士后实验人员头发着火，被诊断为轻微烧伤。

（5）2021 年 7 月 27 日，某大学药学院发生一起实验安全事故。事发当天，该学院发布通报称，实验室在清理此前毕业生遗留在烧瓶内的未知白色固体，1 名博士生用水冲洗时发生炸裂，炸裂产生的玻璃碎片刺穿该生手臂动脉血管，幸无生命危险。

（6）2021 年 7 月 24 日，江西省吉安市吉水县工业园区的某化学实验室发生爆炸。据悉，该爆炸是化学实验室实验员操作不当所致，事故造成 1 人死亡 1 人轻伤。

（7）2021 年 10 月 24 日，南京某大学将军路校区材料科学与技术学院材料实验室发生爆燃，引发火情，共造成 2 人死亡 9 人受伤。新民周刊报道，爆燃实验室是粉末冶金实验室，原因或与镁铝粉爆燃有关。

（8）2022 年 4 月 20 日，某大学实验室内发生爆燃事故，该校材料科学与工程学院 1 名博士生在事故中大面积烧伤。

思　考　题

1. 带有刻度线的玻璃仪器为什么不能烘干？
2. 是否可以使用实验室的器皿装食物？
3. 是否可以用移液枪移取强酸、强碱？
4. 被浓硫酸溅到手臂时，应该怎么做？
5. 实验室发生爆炸火情时，应该怎么做？

主要参考文献

陈铭祥, 何树华, 郑明彬, 等. 2021. 医药院校化学实验室安全事故预防与处理管理研究[J]. 广州化工, 49(7): 174-176.
陈雄. 2019. 实验室常见安全事故及应急处理办法[J]. 现代职业安全, 2019(S1): 64-68.
施召才. 2017. 环境通识实验[M]. 广州: 华南理工大学出版社.
王强, 张才. 2019. 高校实验室安全准入教育[M]. 南京: 南京大学出版社.
银玉容, 朱能武. 2014. 环境工程实验[M]. 广州: 华南理工大学出版社.